华东交通大学教材基金资助项目

普通高等教育一流本科专业建设成果教材

数 控 技 术

唐晓红　王朝兵　主编

Numerical
Control
Technology

·北京·

内容简介

本书在国家级一流本科专业建设、"新工科"建设和工程教育认证背景下,为适应专业人才培养方案改革以及课程体系改革编写而成。本书对数控工艺及编程、数控机床、机械CAD/CAM三门课程中与数控相关的教学内容进行了有机整合和更新。本书紧密围绕教学大纲,运用大量工程案例,着力强化工程实践应用。内容主要包括绪论、数控加工工艺基础、数控加工的程序编制、计算机数控系统、伺服系统与数控机床的驱动控制、数控机床的机械结构、应用Creo软件自动编程。全书各章既有联系,又有一定的独立性。每章末均附有思考题与习题。

本书可作为普通高等院校机械设计制造及其自动化专业、机械电子工程专业、车辆工程专业、智能制造专业和材料成型及控制工程等相关专业本科生的教材,也可供从事数控技术开发与应用的工程技术人员、研究人员参考使用。

图书在版编目(CIP)数据

数控技术/唐晓红,王朝兵主编.—北京:化学工业出版社,2024.3

ISBN 978-7-122-44787-6

Ⅰ.①数… Ⅱ.①唐… ②王… Ⅲ.①数控技术-高等学校-教材 Ⅳ.①TP273

中国国家版本馆CIP数据核字(2024)第002303号

责任编辑:郝英华　　　　　　　　文字编辑:孙月蓉
责任校对:宋　玮　　　　　　　　装帧设计:张　辉

出版发行:化学工业出版社
　　　　(北京市东城区青年湖南街13号　邮政编码100011)
印　　装:大厂聚鑫印刷有限责任公司
787mm×1092mm　1/16　印张21　字数521千字
2024年7月北京第1版第1次印刷

购书咨询:010-64518888　　　　售后服务:010-64518899
网　　址:http://www.cip.com.cn
凡购买本书,如有缺损质量问题,本社销售中心负责调换。

定　价:69.00元　　　　　　　　版权所有　违者必究

《数控技术》编写人员名单

主　　编：唐晓红　王朝兵

副 主 编：付　伟　张　龙

参　　编：林凤涛　陈　慧

前言

制造业是国民经济的支柱产业，数控技术是制造业中的基础和关键技术，对制造业实现柔性自动化、集成化、智能化起着至关重要的作用。因此，数控技术的发展水平是体现国家的制造能力，彰显综合国力的重要标志之一。

近年来，我国制造业水平不断提高，需要大批熟练掌握数控技术的高素质应用型工程技术人才。在国家级一流本科专业建设、"新工科"建设和工程教育认证背景下，立足国家和地区机械制造业快速发展的需求，全面提高人才培养能力，很多高校进行了专业人才培养方案改革以及课程体系改革。部分高校将数控工艺及编程、数控机床、机械CAD/CAM三门课程中与数控相关的教学内容整合成一门课程——数控技术（或数控机床），同时开设CAD/CAM综合实践教学环节，以培养学生综合运用机械设计、机械制造、机械CAD/CAM（计算机辅助设计/制造）等多方面技术知识和原理解决机械及轨道交通领域零部件设计及制造的复杂工程问题的能力。教学课程体系的改革需要对课程教材的内容进行整合和更新，使学生能通过课程教材系统全面地掌握课程教学内容，这是本书的编写目的。本书以数控工艺及编程作为重点，培养学生对数控机床的综合应用能力。本书可作为应用型本科高校机械类专业数控技术或数控机床课程教材，也可作为CAD/CAM综合实践课程的参考教材。

本书由华东交通大学唐晓红、王朝兵担任主编，付伟、张龙担任副主编。全书共7章，其中第1章由林凤涛编写，第2章由王朝兵编写，第3章由付伟编写，第4章和第7章由唐晓红编写，第5章由陈慧编写，第6章由张龙编写。全书由唐晓红统稿和定稿。

本书在编写过程中得到了许多同行、专家的支持和帮助，并获得了华东交通大学教材基金资助以及机械设计制造及其自动化专业国家级一流本科专业建设经费资助，在此一并表示衷心的感谢。

由于编者水平有限，书中难免存在疏漏和不妥之处，恳请广大读者提出宝贵意见。

编者

2024年3月

第1章 绪论 ——————————————————————————— 1

1.1 数控技术的基本概念 ·· 1
1.2 数控机床的产生与发展 ··· 2
1.2.1 数控机床的产生 ··· 2
1.2.2 数控机床的发展历程 ··· 2
1.2.3 我国数控机床的发展 ··· 3
1.2.4 数控机床的发展趋势 ··· 4
1.3 数控机床组成及工作原理 ·· 7
1.3.1 数控机床的组成 ··· 7
1.3.2 数控机床的工作原理 ··· 9
1.4 数控机床的分类、特点与应用 ··· 9
1.4.1 数控机床的分类 ··· 9
1.4.2 数控机床的特点 ·· 12
1.4.3 数控机床的应用范围 ·· 13
1.5 数控技术与现代制造系统 ··· 14
1.5.1 柔性制造系统 ··· 14
1.5.2 计算机集成制造系统 ·· 15
思考题与习题 ·· 17

第2章 数控加工工艺基础 ——————————————————— 18

2.1 数控加工工艺分析 ·· 18
2.1.1 数控加工工艺的基本特点 ·· 18
2.1.2 数控加工工艺的主要内容 ·· 19
2.1.3 数控加工内容选择 ··· 19
2.1.4 对零件图样的工艺性分析 ·· 20
2.1.5 生产纲领、生产类型及工艺特征 ··· 22
2.1.6 毛坯的确定 ·· 23
2.2 数控加工工艺路线设计 ·· 25
2.2.1 数控机床典型表面加工方法及加工方案 ································ 25

  2.2.2 加工阶段的划分 … 29
  2.2.3 加工工序的划分 … 31
 2.3 数控加工工序设计 … 34
  2.3.1 数控机床的合理选用 … 34
  2.3.2 零件的装夹与夹具的选择 … 35
  2.3.3 数控加工刀具与工具系统 … 39
  2.3.4 加工路线的确定 … 50
  2.3.5 加工余量的确定 … 50
  2.3.6 切削用量的选择 … 51
  2.3.7 切削液的选用 … 57
 2.4 数控加工工艺文件的制定 … 58
 思考题与习题 … 64

第3章 数控加工的程序编制 65

 3.1 零件程序编制 … 65
  3.1.1 概述 … 65
  3.1.2 零件程序编制的内容与步骤 … 65
  3.1.3 零件程序编制的方法 … 66
 3.2 数控机床的坐标系统 … 67
  3.2.1 数控机床坐标系的确定 … 67
  3.2.2 数控机床上的有关点 … 69
 3.3 零件加工程序的程序结构与指令代码 … 71
  3.3.1 零件加工程序的结构与组成 … 71
  3.3.2 零件加工程序的有关功能指令及其代码 … 73
  3.3.3 常用指令的编程方法 … 77
 3.4 数控车床的程序编制 … 86
  3.4.1 数控车床的编程特点 … 87
  3.4.2 数控车床的刀具补偿 … 87
  3.4.3 简化编程功能指令 … 90
  3.4.4 数控车床编程实例 … 103
 3.5 数控铣床的程序编制 … 106
  3.5.1 数控铣床的加工对象 … 106
  3.5.2 数控铣床的主要功能 … 106
  3.5.3 数控铣床的编程特点 … 107
  3.5.4 孔加工固定循环 … 107
  3.5.5 数控铣床编程实例 … 119
 3.6 加工中心的程序编制 … 121
  3.6.1 加工中心的编程特点 … 121

  3.6.2 加工中心自动换刀功能及应用 …………………………………………… 122
  3.6.3 加工中心编程实例 …………………………………………………………… 122
 思考题与习题 …………………………………………………………………………… 127

第4章 计算机数控系统 — 130

4.1 概述 …………………………………………………………………………………… 130
 4.1.1 CNC系统的组成及CNC装置的主要功能 ……………………………………… 130
 4.1.2 CNC系统的一般工作过程 ……………………………………………………… 133

4.2 CNC系统的硬件结构 ………………………………………………………………… 135
 4.2.1 CNC系统的硬件结构分类 ……………………………………………………… 135
 4.2.2 单微处理器结构和多处理器结构构成及特点 ………………………………… 136
 4.2.3 开放式数控系统 ………………………………………………………………… 138

4.3 CNC系统的软件结构 ………………………………………………………………… 139
 4.3.1 CNC系统的软件组成 …………………………………………………………… 139
 4.3.2 CNC系统软件结构特点 ………………………………………………………… 140

4.4 插补原理 ……………………………………………………………………………… 142
 4.4.1 插补概念及插补方法的分类 …………………………………………………… 142
 4.4.2 逐点比较法 ……………………………………………………………………… 143
 4.4.3 数字积分法 ……………………………………………………………………… 149
 4.4.4 数据采样插补法 ………………………………………………………………… 156

4.5 刀具半径补偿原理 …………………………………………………………………… 157

4.6 进给速度控制和加减速控制 ………………………………………………………… 161
 4.6.1 进给速度控制 …………………………………………………………………… 161
 4.6.2 加减速控制 ……………………………………………………………………… 162

 思考题与习题 …………………………………………………………………………… 166

第5章 伺服系统与数控机床的驱动控制 — 168

5.1 概述 …………………………………………………………………………………… 168
 5.1.1 伺服系统的基本概念 …………………………………………………………… 168
 5.1.2 对伺服系统的基本要求 ………………………………………………………… 169
 5.1.3 伺服系统的分类 ………………………………………………………………… 170
 5.1.4 常用伺服执行元件 ……………………………………………………………… 172

5.2 进给驱动 ……………………………………………………………………………… 182
 5.2.1 步进电机驱动控制系统 ………………………………………………………… 182
 5.2.2 直流伺服电机速度控制单元 …………………………………………………… 187
 5.2.3 交流伺服电机速度控制单元 …………………………………………………… 192
 5.2.4 直线电机在进给驱动中的应用 ………………………………………………… 195

5.3 主轴驱动 ……………………………………………………………………………… 197

  5.3.1 对主轴驱动的要求 ································ 197
  5.3.2 直流主轴驱动系统 ································ 198
  5.3.3 交流主轴驱动系统 ································ 198
  5.3.4 主轴准停控制 ···································· 202
 5.4 位置检测装置 ·· 204
  5.4.1 位置检测装置的要求及分类 ··············· 204
  5.4.2 脉冲编码器 ······································ 205
  5.4.3 光栅测量装置 ···································· 208
  5.4.4 旋转变压器 ······································ 211
  5.4.5 感应同步器 ······································ 213
  5.4.6 磁栅传感器 ······································ 215
 5.5 位置控制系统 ·· 217
  5.5.1 数字脉冲比较伺服系统 ······················ 217
  5.5.2 相位比较伺服系统 ···························· 219
  5.5.3 幅值比较伺服系统 ···························· 220
  5.5.4 全数字控制伺服系统 ························· 221
 思考题与习题 ··· 222

第6章 数控机床的机械结构 —— 224

 6.1 数控机床的结构要求与总体布局 ···················· 224
  6.1.1 数控机床机械结构的特点与基本要求 ····· 225
  6.1.2 数控机床的总体布局 ························· 231
 6.2 数控机床的主传动系统 ································ 235
  6.2.1 数控机床对主传动系统的要求 ············· 236
  6.2.2 主传动系统的传动方式 ······················ 236
  6.2.3 主轴箱与主轴组件 ···························· 238
  6.2.4 主轴准停装置 ···································· 241
  6.2.5 主轴组件的润滑和密封 ······················ 242
 6.3 数控机床的进给传动机构 ····························· 245
  6.3.1 进给系统概述 ···································· 245
  6.3.2 齿轮传动副 ······································ 246
  6.3.3 丝杠副 ·· 248
  6.3.4 导轨 ··· 255
 6.4 数控机床的自动换刀装置 ····························· 260
  6.4.1 自动换刀装置的分类 ························· 260
  6.4.2 刀库 ··· 263
  6.4.3 刀具的选择与识别 ···························· 266
  6.4.4 机械手的形式及其夹持结构 ················ 268

  6.4.5 主轴刀具自动夹紧装置 ………………………………………………………… 272
 6.5 数控机床的辅助装置 ……………………………………………………………… 275
  6.5.1 自动排屑装置 …………………………………………………………………… 275
  6.5.2 回转工作台 ……………………………………………………………………… 276
 思考题与习题 …………………………………………………………………………………… 281

第 7 章　应用 Creo 软件自动编程 ……………………………………………………… 283

 7.1 Creo 软件自动编程基础 …………………………………………………………… 283
  7.1.1 基本流程 ………………………………………………………………………… 283
  7.1.2 Creo NC 术语 …………………………………………………………………… 284
  7.1.3 Creo NC 加工环境及设置 ……………………………………………………… 285
 7.2 Creo 铣削自动编程 ………………………………………………………………… 288
  7.2.1 零件分析 ………………………………………………………………………… 289
  7.2.2 Creo 制造模型及操作设置 ……………………………………………………… 290
  7.2.3 创建铣削 NC 序列 ……………………………………………………………… 293
  7.2.4 使用制造工艺表查看和处理相关信息 ………………………………………… 307
 7.3 Creo 车削自动编程 ………………………………………………………………… 309
  7.3.1 零件分析 ………………………………………………………………………… 309
  7.3.2 Creo 制造模型及操作设置 ……………………………………………………… 310
  7.3.3 创建车削 NC 序列 ……………………………………………………………… 313
  7.3.4 使用制造工艺表查看和处理相关信息 ………………………………………… 323
 思考题与习题 …………………………………………………………………………………… 325

参考文献 …………………………………………………………………………………………… 326

第 1 章 绪论

数控技术是涉及计算机技术、现代控制技术、传感检测技术、信息处理技术、网络通信技术、机电电子技术及机械制造技术等的一门交叉学科,是现代制造技术的基础。制造业是各种产业的支柱,直接影响一个国家的经济发展和综合国力,关系到国家的战略地位。数控技术的应用水平已成为衡量一个国家制造能力、工业化程度和技术水平的重要标志。

1.1 数控技术的基本概念

数控是数字控制(numerical control,NC)技术的简称,是用数字化代码实现自动控制技术的总称。根据不同的控制对象,存在各种数字控制系统。其中最为典型、应用最为广泛的是机械制造行业中的各种机床数控系统。

数控机床是采用数字化代码程序控制、能完成自动化加工的通用机床,是一种典型的光机电一体化的加工设备,它集现代机械制造技术、自动控制技术及计算机信息技术等于一体,采用数控装置或计算机来全部或部分地取代一般通用机床在加工零件时对机床的各种人工控制动作——启动、加工顺序、改变切削用量、主轴变速、刀具选择、冷却液开停以及停车等,是高效率、高精度、高柔性和高自动化的光机电一体化的加工设备。

数控加工技术是指高效、优质地实现产品零件,特别是复杂形状零件在数控机床上完成加工的技术,它是自动化、柔性化、敏捷化和数字化制造加工的基础与关键技术。数控加工过程包括由给定零件的加工要求(零件图纸、CAD 数据或实物模型)到完成加工的全过程,其主要内容涉及数控机床加工工艺和数控编程技术两大方面。

图 1-1 所示为数控机床加工过程框图,可以看出,在数控机床上,加工零件涉及的范围比较广,与相关的配套技术有着密切的关系。程序编制人员需要掌握工艺分析、工艺设计和切削用量的选择,能够正确地提出刀辅具和零件的装夹方案,懂得刀具的测量方法,了解数控机床的性能和特点,熟悉程序编制方法和程序的输入方式等。

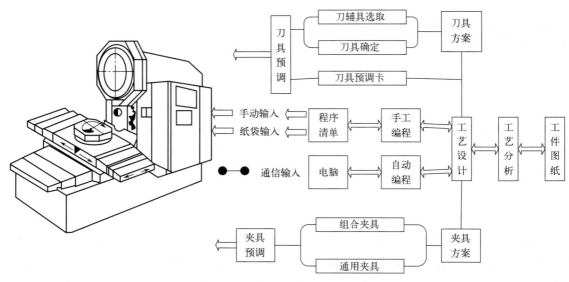

图 1-1 数控机床加工过程框图

1.2 数控机床的产生与发展

1.2.1 数控机床的产生

数控机床是在机械制造技术和控制技术基础上发展起来的。第一台电子计算机——电子数字积分计算机 ENIAC（Electronic Numerical Integrator and Computer）于 1946 年研制成功，为产品制造由刚性自动化朝着柔性自动化方向发展奠定了基础。自 20 世纪 40 年代以来，航空航天技术的发展对各种飞行器的加工提出了更高的要求，这类零件的形状复杂，材料多为难加工合金。为了提高强度、减轻质量，通常将整体材料铣成蜂窝式结构，这用传统的机床和工艺方法加工不能保证精度，也很难提高生产率。1948 年，美国帕森斯公司在研制加工直升机叶片轮廓检查用样板的机床时，提出了数控机床的初始设想。后来，其受美国空军的委托，与麻省理工学院合作，在 1952 年研制成功了世界上第一台三坐标数控铣床，这标志着数控技术的开创和机械制造数字控制时代的开始。

1.2.2 数控机床的发展历程

随着电子技术、计算机技术、自动控制技术和精密测量技术等的发展，数控机床也在迅速地发展和不断地更新换代，作为数控机床核心的数控系统由当初的电子管式起步，经历了分立式晶体管式、集成电路式、小型计算机式、超大规模集成电路、微处理器式、PC（个人计算机）式数控系统几个发展阶段，具体发展历程见表 1-1。

表 1-1 数控系统的发展历程

发展阶段		年代标志	数控系统	数控装置硬件构成	数控系统特点
硬件数控	第一代	1952 年	电子管数控系统	采用了电子管、继电器等元件构成模拟电路	主要是由硬件和连接电路组成，节点多，电路复杂，体积大，可靠性不高
	第二代	1959 年	晶体管数控系统	广泛采用晶体管和印刷线路板构成晶体管数字电路，使体积缩小	
	第三代	1965 年	集成电路数控系统	采用小规模集成电路，使体积更小，功率更低，系统可靠性进一步提高	

续表

发展阶段		年代标志	数控系统	数控装置硬件构成	数控系统特点
软件数控	第四代	1970 年	小型计算机数控系统	数控系统中的一些功能可由软件实现，简化了系统设计，并增加了系统的灵活性和可靠性	利用计算机硬件和软件共同控制系统工作。体积小，柔性好，可靠性高
	第五代	1974 年	微处理器数控系统	数控系统采用微处理器及大规模或超大规模集成电路，具有很强的程序存储能力和控制功能，进一步简化了系统设计，系统的灵活性和可靠性进一步提高。1986 年出现了 32 位微机数控系统，CNC（计算机数字控制）系统进入了面向高速、高精度、柔性制造系统和自动化工厂的发展阶段	
	第六代	1990 年	基于 PC 的通用 CNC 系统	数控系统借助 PC 丰富的软硬件资源，具有更好的通用性、柔性、适应性、扩展性，并向智能化、网络化方向发展	

数控系统经过几十年的不断发展，从控制单机到生产线以至整个车间和整个工厂，也即由 NC 发展为 CNC、DNC（分布式数字控制）、FMC（柔性制造单元）、FMS（柔性制造系统）、CIMS（计算机集成制造系统）、FA（工厂自动化），其成果正在不断地渗透到机械制造的各个领域中。数控技术已成为先进制造技术的基础和关键技术。

许多数控系统生产厂家利用 PC 丰富的软硬件资源开发开放式体系结构的新一代数控系统，大量地采用通用微机的先进技术，如多媒体技术，实现声控自动编程、图形扫描自动编程等，使数控系统具有更好的通用性、柔性、适应性、扩展性，并向智能化、网络化方向发展。高端数控系统利用多 CPU（中央处理器）的优势，实现故障自动排除，可靠性大大提高。

1.2.3 我国数控机床的发展

我国从 1958 年开始研究数控机床，于 1966 年研制成了晶体管数控系统，并生产出了数控铣床、线切割机等机床。由于受当时条件的限制，数控系统的稳定性及可靠性较差，数控机床品种不全，数量较少，数控机床的发展处于初步阶段。

20 世纪 80 年代初期，我国先后从德国、日本等国家引进了一些数控系统和伺服技术，在一定程度上促进了数控机床的发展，数控机床性能逐步提高，品种和数量不断增加。到 1985 年，我国已经拥有加工中心、数控铣床、数控磨床等 80 多个品种的数控机床，数控机床的发展进入了实用阶段。

20 世纪 90 年代以后，研究开发数控系统、应用数控机床已经成了各企业的自发行为，数控机床的发展速度逐年加快，多轴、全功能中高档数控系统及交直流伺服系统相继研制成功，FMS 和 CIMS 也先后投入使用，数控机床的发展进入了快速阶段。

自 20 世纪 90 年代起，我国便形成了数控车床、数控铣床和加工中心的产业化生产基地。从产量来看，2010 年我国机床产值和数控机床产量均列世界第一位。从技术发展水平来看，我国所生产的中档普及型数控机床的功能、性能和可靠性已具有较强的市场竞争力。在 2017 年 6 月由我国科技部与工信部共同召开的"高档数控机床与基础制造装备"国家科技重大专项成果发布会上，工信部装备工业司副司长表示，数控机床是工业的"工业母机"，尤其是五轴联动高档数控机床对一个国家的航空、航天、军事、科研、精密器械、高精医疗设备等行业有着举足轻重的影响力。经过 8 年连续攻关，我国数控机床领域在多项关键技术和装备方面实现了突破，解决了国防重点工程中的"卡脖子"问题，满足了国民经济重点领域对重大、关键高档数控装备的急需，先后为核电、大飞机等国家重大专项和新型战机、运载火箭等一批国家重点工程提供了关键制造装备。部分产品达到了国际先进水平并进入发达国家市场。统计显示，专项实施之初确定的57种重点主机产品中已有38种达到国际先进水平。机床主机平均无故障运行时间从500小时提升至1200小时左右，部分产品达到国际先进的2000小时。在高档数控系统领域还打破了国外技术垄断，关键功能部件实现批量配套。国内市场占有率由不足1%提高到了5%左右。专项提出的"五轴联动机床用S形试件"实现了我国在高档数控机床国际标准领域"零"的突破。

我国在数控系统方面已经开发出多轴多通道、总线式高档数控装置产品，武汉华中数控股份有限公司、沈阳高精数控智能技术股份有限公司等已完成开放式全数字高档数控装置的生产。国产数控机床产品覆盖超重型机床、高精度机床、特种加工机床、锻压设备、前沿高技术机床等领域。特别是在五轴联动数控机床、数控超重型机床、立式卧式加工中心、数控车床、数控齿轮加工机床等领域，部分技术已经达到世界先进水平。国产五轴联动数控机床品种日趋增多，改变了国际强手对数控机床产业的垄断局面。当前我国已进入世界高速数控机床和高精度数控机床生产国的行列，正从机床生产大国向机床制造强国迈进。

1.2.4 数控机床的发展趋势

市场需求的个性化与多样化促进了先进制造技术的发展。数控机床作为先进制造系统和敏捷制造系统的基础装备，要求其向高速、高精度、高可靠性、高效、多轴化、复合化、网络化、智能化等方向发展。

（1）高速

高速和超高速加工技术可以大幅度提高加工效率、降低加工成本，也是加工难切削材料、提高加工精度、控制振动的重要保障。高速和超高速加工技术的关键是提高机床的主轴转速和进给速度。新一代高速数控机床的高速主轴单元（电主轴）转速可达15000～100000r/min；高速且高加/减速度的进给运动部件移动速度可达60～120m/min，切削进给速度高达60m/min；高性能数控和伺服系统以及数控工具系统都出现了新的突破，达到了新的技术水平。超高速切削机理、超硬耐磨长寿命刀具材料和磨料磨具、大功率高速电主轴、高加/减速度直线电机驱动进给部件以及高性能控制系统（含监控系统）和防护装置等一系列技术领域中关键技术的解决，为开发应用新一代高速数控机床提供了技术基础。

目前，在超高速加工中，车削和铣削的切削速度已达到5000～8000m/min；主轴转速在30000r/min以上（有的高达100000r/min）；工作台的移动速度（进给速度）在分辨率为$1\mu m$时，达100m/min以上（有的达200m/min），在分辨率为$0.1\mu m$时，达24m/min以上；自动换刀速度在1s以内；小线段插补进给速度达到12m/min。

（2）高精度

从精密加工发展到超精密加工，其精度从微米级到亚微米级，乃至纳米级（<10nm），其应用范围日趋广泛。

当前，在机械加工高精度的要求下，普通级数控机床的加工精度已由$\pm 10\mu m$提高到$\pm 5\mu m$；精密级加工中心的加工精度则从$\pm(3\sim 5)\mu m$，提高到$\pm(1\sim 1.5)\mu m$，甚至更高；超精密加工精度进入纳米级，主轴回转精度要求达到 $0.01\sim 0.05\mu m$，加工圆度为 $0.1\mu m$，加工表面粗糙度 Ra 达 $0.003\mu m$ 等。这些机床一般都采用矢量控制的变频驱动电主轴（电机与主轴一体化），主轴径向跳动小于 $2\mu m$，轴向窜动小于 $1\mu m$，轴系不平衡度达到 G0.4 级。

高速高精度加工机床的进给驱动，主要有回转伺服电机加精密高速滚珠丝杠驱动和直线电机直接驱动两种类型。此外，新兴的并联机床也易于实现高速进给。

滚珠丝杠由于工艺成熟，应用广泛，不仅精度能达到较高（ISO 3408 1 级），而且实现高速化的成本也相对较低，所以迄今仍为许多高速加工机床所采用。当前使用滚珠丝杠的高速加工机床最大移动速度 90m/min，加速度 1.5g。

滚珠丝杠属机械传动，在传动过程中不可避免会存在弹性变形、摩擦和反向间隙，相应地会造成运动滞后和其他非线性误差，为了排除这些误差对加工精度的影响，1993 年开始在机床上应用直线电机直接驱动，由于是没有中间环节的"零传动"，它不但运动惯量小、系统刚度大、响应快，可以达到很高的速度和加速度，而且行程长度理论上不受限制，定位精度在高精度位置反馈系统的作用下也易达到较高水平，是高速高精度加工机床特别是中大型机床较理想的驱动方式。目前使用直线电机驱动的高速高精度加工机床最大移动速度已达 208m/min，加速度 2g，并且还有发展余地。

（3）高可靠性

随着数控机床网络化应用的发展，高可靠性已经成为数控系统制造商和数控机床制造商追求的目标。对于每天工作两班的无人工厂而言，如果要求在 16 小时内连续正常工作，无故障率 $\lambda(t)$ 在 99% 以上，则数控机床的平均无故障工作时间（MTBF）就必须大于 3000 小时，而其中的数控装置、主轴及驱动等的 MTBF 就必须大于 10 万小时。

（4）高效

为了减少机床辅助时间，提高机床效率，可采取一系列措施：缩短换刀时间（目前数控机床换刀时间最短仅为 0.5s）；采用各种形式的交换工作台，使装卸工件的时间与机动时间重合，同时缩短工作台交换时间；广泛采用脱机编程、图形模拟等技术，实现后台输入修改编辑程序，前台加工，缩短新的加工程序在机调试时间；采用快换夹具、刀具装置以及实现对工件原点快速确定等措施，缩短机床及刀具的调整时间。

（5）多轴化

随着五轴联动数控系统和编程软件的普及，五轴联动控制的加工中心和数控铣床已经成为当前的一个开发热点。在加工自由曲面时，五轴联动控制球头铣刀的数控编程比较简单，并且能使球头铣刀在铣削三维曲面的过程中始终保持合理的切削速度，从而显著改善加工表面的粗糙度和大幅度提高加工效率；而在三轴联动控制的机床上无法避免切削速度接近于零的球头铣刀端部参与切削。因此，五轴联动机床以其性能优势已经成为许多机床厂家积极开发和竞争的热点。

（6）复合化（工序集中）

柔性制造范畴的机床复合加工概念是指将工件一次装夹后，机床便能按照数控加工程序，自动进行同一类工艺方法或不同类工艺方法的多工序加工，完成一个复杂形状零件的主要乃至车、铣、镗、磨、攻螺纹、铰孔、钻孔和扩孔等全部加工工序。就棱体类零件而言，加工中心便是最典型的进行同一类工艺方法多工序复合加工的机床。

加工中心机床可使工序集中在一台机床上完成，减少了由于工序分散、工件多次装夹引起的定位误差，提高了加工精度，同时也减少了机床的台数与占地面积，压缩了工序间的辅助时间,有效地提高了数控机床的生产率和数控加工的经济效益。

先进的复合车铣加工中心,在工件一次性装夹调整后,可全自动完成从车削到铣削、淬火和磨削的一系列工序,大大缩短了零件的加工时间,提高了零件的加工质量和重复精度。一台机床可以一次完成以往需要数台机床完成的工作量,不仅提高了效率,而且节省了大量的厂房面积。

(7) 网络化

数控机床的网络化,主要指机床通过所配装的数控系统与外部的其他控制系统或上位计算机进行网络连接和网络控制。数控机床一般首先面向生产现场和企业内部的局域网,然后再经由因特网通向企业外部。

随着网络技术的成熟和发展,最近业界又提出了数字制造的概念。数字制造,又称"e制造",是机械制造企业现代化的标志之一,也是国际先进机床制造商当今标准配置的供货方式。随着信息化技术的大量采用,越来越多的国内用户在进口数控机床时要求具有远程通信服务等功能。机械制造企业在普遍采用 CAD/CAM 的基础上,越加广泛地使用数控加工设备。数控应用软件日趋丰富和人性化,虚拟设计、虚拟制造等高端技术也越来越多地为工程技术人员所追求。软件智能替代复杂的硬件,正在成为当代机床发展的重要趋势。在数字制造的目标下,通过流程再造和信息化改造、ERP(enterprise resource planning,企业资源计划)等一批先进企业管理软件已经脱颖而出,为企业创造出更高的经济效益。

先进的多功能复合加工机床,可为操作和管理人员设置带有指纹认证系统的 E(电子)操作塔,通过操作塔可以观察生产进程并给予指导,将闲置的非生产时间缩短至最低限度;"求助"功能可帮助操作者改进所有的加工操作;通过网络与手机相连,手机上能够显示目前的加工状态、进程以及维修要求提示等数据,是精密机床与信息技术的完美结合。

(8) 智能化

智能化是 21 世纪制造技术发展的一个大方向。智能加工是一种基于神经网络控制、模糊控制、数字化网络技术和理论的加工,在加工过程中模拟人类专家的智能活动,以解决加工过程中许多不确定性的、要由人工干预才能解决的问题。智能化的内容包括在数控系统中的各个方面:

① 追求加工效率和加工质量的智能化,如自适应控制,工艺参数自动生成;

② 提高驱动性能及使用连接方便的智能化,如前馈控制、电机参数的自适应运算、自动识别负载、自动选定模型、自整定等;

③ 简化编程、简化操作的智能化,如智能化的自动编程、智能化的人机界面等;

④ 智能诊断、智能监控,方便系统的诊断及维修等。

(9) 柔性化

数控机床柔性自动化发展趋势是:从点(数控单机、加工中心和数控复合加工机床)、线(FMC、FMS、FTL❶、FMF)向面(工段车间独立制造岛、FA)、体(CIMS、分布式网络集成制造系统)的方向发展。柔性自动化技术是制造业适应动态市场需求及产品更新速度的主要手段,是各国制造业发展的主流趋势,是先进制造领域的基础技术。其重点是以提高系统的可靠性、实用化为前提,以易于联网和集成为目标;注重加强单元技术的

---

❶ flexible transfer line,可调组合自动线,也称柔性生产线。

开拓、完善；CNC 单机向高精度、高速度和高柔性方向发展；数控机床及其柔性制造系统能方便地与 CAD（计算机辅助设计）、CAM（计算机辅助制造）、CAPP（计算机辅助工艺设计）、MTS（制造技术系统）连接，向信息集成方向发展。

（10）绿色化

绿色化就是实现切削加工工艺的环保与节能，目前绿色加工工艺主要指切削加工不使用切削液即干切削。切削液既污染环境、危害工人健康，又增加资源和能源的消耗。干切削一般是在大气氛围中进行，但也包括在特殊气体氛围中（氮气中、冷风中或采用干式静电冷却技术）不使用切削液进行的切削。不过，对于某些加工方式和工件组合，完全不使用切削液的干切削目前尚难应用于实际，故又出现了使用微量润滑（MQL）的准干切削。目前在欧洲的大批量机械加工中，已有 10%~15% 的加工使用了干切削和准干切削。准干切削通常是让极微量的切削液与压缩空气混合，形成的混合物经机床主轴与工具内的中空通道喷向切削区。滚齿机是采用干切削最多的金属切削机床。

1.3 数控机床组成及工作原理

1.3.1 数控机床的组成

现代数控机床都是计算机数字控制（computer numerical control，CNC）机床，其组成如图 1-2 所示。

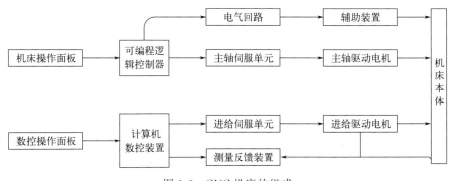

图 1-2 CNC 机床的组成

（1）CNC 装置

CNC 装置是 CNC 系统的核心，由中央处理器（CPU）、存储器、各种 I/O（输入/输出）接口及外围逻辑电路等组成，其主要作用是对输入的数控程序及有关数据进行存储与处理，通过插补运算等形成运动轨迹指令，控制伺服单元和驱动装置，实现刀具与工件的相对运动。对于离散的开关控制量，可以通过可编程逻辑控制器实现对机床电器的逻辑控制。

CNC 装置有单 CPU 和多 CPU 两种基本结构形式，随着 CPU 性能的不断提高，CNC 装置的功能越来越丰富，性能越来越高，除了上述基本控制功能外，还有图形功能、通信诊断功能、生产统计和管理功能等。

（2）操作面板

数控机床的操作是通过人机操作面板实现的，人机操作面板由数控操作面板和机床操作面板组成。

数控操作面板是数控系统的操作面板，由显示器和手动数据输入（manual data input，MDI）键盘组成，又称为 MDI 面板。显示器的下部常设有菜单选择键，用于选择菜单。键盘除各种符号键、数字键和功能键外，还可以设置用户定义键等。操作人员可以通过键盘和显示器实现系统管理，对数控程序及有关数据进行输入、存储和编辑修改。在加工中，屏幕可以动态地显示系统状态和进行故障诊断报警等。此外，数控程序及数据还可以通过磁盘或通信接口输入。

机床操作面板主要用于手动方式下对机床的操作，以及自动方式下对机床的操作或干预。其上有各种按钮与选择开关，用于机床及辅助装置的启停、加工方式选择、速度倍率选择等；还有数码管及信号显示等。中小型数控机床的操作面板常和数控面板做成一个整体，但二者之间有明显界线。数控系统的通信接口，如串行接口，常设置在机床操作面板上。

(3) 可编程逻辑控制器

可编程逻辑控制器（programmable logic controller，PLC）也是一种以微处理器为基础的通用型自动控制装置，又称为可编程控制器（programmable controller，PC）或可编程机床控制器（programmable machine controller，PMC），用于完成数控机床的各种逻辑运算和顺序控制，如机床启停、工件装夹、刀具更换、冷却液开关等辅助动作。PLC还接收机床操作面板的指令：一方面直接控制机床的动作；另一方面将有关指令送往CNC，用于加工过程控制。

CNC 系统中的 PLC 有内置型和独立型。内置型 PLC 与 CNC 是综合在一起设计的，又称集成型，是 CNC 的一部分；独立型 PLC 由独立的专业厂生产，又称外装型。

(4) 进给伺服系统

进给伺服系统主要由进给伺服单元和伺服进给电机组成，对于闭环或半闭环控制的进给伺服系统，还应包括位置检测反馈装置。进给伺服单元接收来自 PLC 装置的运动指令，经变换和放大后，驱动伺服电机运转，实现刀架或工作台的运动。CNC 装置每发出一个控制脉冲，机床刀架或工作台的移动距离，称为数控机床的脉冲当量或最小设定单位，脉冲当量或最小设定单位的大小直接影响数控机床的加工精度。

在闭环或半闭环控制的伺服进给系统中，位置检测装置被安装在机床最终的运动部件上（闭环控制）或伺服电机轴或丝杠上（半闭环控制），其作用是将机床或伺服电机的实际位置信号反馈给 CNC 系统，以便与指令位移信号相比较，用其差值控制机床运动，达到消除运动误差、提高定位精度的目的。

一般说来，数控机床功能的强弱主要取决于 CNC 装置，而数控机床性能的优劣，如运动速度与精度等，则主要取决于伺服驱动系统。

随着数控技术的不断发展，对伺服进给驱动系统的要求越来越高。一般要求定位精度为 $10\sim1\mu m$，高精设备要求达到 $0.1\mu m$；为了保证系统的跟踪精度，一般要求动态过程在 $200\mu s$ 甚至几十微秒内，同时要求超调要小；为了保证加工效率，一般要求进给速度为 $0\sim24m/min$；此外，要求低速时，能输出较大的转矩。

(5) 主轴驱动系统

数控机床的主轴驱动与进给驱动的区别很大，电机输出功率应为 $2.2\sim250kW$；进给电机一般是恒转矩调速，而主电机除了有较大范围的恒转矩调速外，还要有较大范围的恒功率调速。对于数控车床，为了能够加工螺纹和实现恒线速度控制，要求主轴和进给驱动能同步控制；对于加工中心，还要求主轴进行高精度准停和分度功能。因此，中高档数控机床的主轴驱动都采用电机无级调速或伺服驱动，经济型数控机床的主传动系统与普通机床类似，仍需要手工机械变速，CNC 系统仅对主轴进行简单的启动或停止控制。

（6）机床本体

数控机床机械结构的设计与制造要适应数控技术的发展，具有刚度大、精度高、抗振性强、热变形小等特点；由于普遍采用伺服电机无级调速技术，机床进给运动和多数数控机床的主运动的变速机构被极大地简化甚至取消；广泛地采用滚珠丝杠、滚动导轨等高效率、高精度的传动部件；采用机电一体化设计与布局，机床布局主要考虑有利于提高生产率，而不像传统机床那样，主要考虑方便操作；此外，还采用自动换刀装置、自动交换工作台和数控夹具等。

1.3.2 数控机床的工作原理

数控机床是一种高度自动化的机床，它在加工工艺与加工表面形成方法上与普通机床基本相同，其根本的不同在于实现自动化控制的原理与方法，数控机床是用数字化的信息来实现自动控制的。

在数控机床上加工零件时，首先要将被加工零件图上的几何信息和工艺信息数字化。先根据零件加工图样的要求确定零件加工的工艺过程、工艺参数、刀具参数，再按数控机床规定采用的代码和程序格式，将与加工零件有关的信息，如工件的尺寸、刀具运动中心轨迹、位移量、切削参数（主轴转速、进给量、背吃刀量）以及辅助操作（换刀、主轴的正转与反转、切削液的开与关）等编制成数控加工程序，然后将程序输入数控装置中，经数控装置分析处理后，发出指令控制机床进行自动加工。

1.4 数控机床的分类、特点与应用

1.4.1 数控机床的分类

数控技术现已广泛应用于各类机床及非金属切削机床，品种繁多。根据数控机床的功能和组成的不同，可以从多种角度对数控机床进行分类。

按运动轨迹分类，有点位控制、点位直线控制与轮廓控制（连续控制）。

按伺服驱动系统控制方式分类，可分为开环、闭环和半闭环控制。

按功能水平分类，可分为高、中、低（经济型）三类。

按工艺用途分类，有金属切削类、金属成形类、特种加工类等数控机床。

（1）按运动轨迹分类

① 点位控制数控机床　点位控制数控机床的特点是刀具相对工件的移动过程中不进行切削加工，对定位过程中的运动轨迹没有严格要求，仅要求实现从一坐标点到另一坐标点的精确定位。为了尽可能地减少刀具的运动时间并提高定位精度，刀具先是快速移动到接近终点的位置，然后降低移动速度，使之慢速趋近定位点，以确保定位精度。这类数控机床主要有数控坐标镗床、数控钻床、数控冲床、数控测量机、数控点焊机、数控弯管机等。图1-3是点位控制钻孔加工示意图。

② 点位直线控制数控机床　点位直线控制数控机床的特点是不仅要控制从一坐标点到另一坐标点的精确定位，还要控制两相关点之间的移动速度

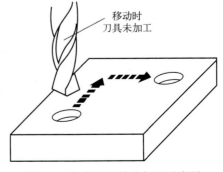

图1-3　点位控制钻孔加工示意图

和轨迹。其轨迹是平行机床各坐标轴的直线,或两轴同时移动形成的45°的斜线。点位直线控制数控机床虽然比点位控制数控机床的工艺范围广,但在实用中仍受到很大的限制,主要在早期的经济型数控车床、数控铣床中应用。图1-4是点位直线控制铣削加工示意图。

③ 轮廓控制数控机床　轮廓控制（连续控制）数控机床的特点是能够同时对两个或两个以上的坐标轴进行加工控制。加工时不仅能控制起点和终点坐标,而且能控制整个加工过程中每一个点的坐标和速度,即控制刀具运动轨迹,将工件加工成一定的轮廓形状。这类数控机床应用最为广泛,目前的数控车床、数控铣床和加工中心等机床都广泛使用轮廓控制系统。图1-5是轮廓控制铣削加工示意图。

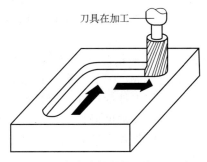
图1-4　点位直线控制铣削加工示意图

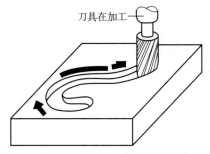
图1-5　轮廓控制铣削加工示意图

(2) 按伺服控制方式分类

① 开环控制数控机床　开环控制数控机床不带检测反馈装置,这类数控机床驱动电机主要使用步进电机。图1-6所示是典型的开环数控系统结构框图,数控装置将工件加工程序处理后,输出数字指令脉冲信号,通过驱动电路控制功率步进电机转动,再经减速器带动丝杠转动,从而使工作台移动。改变进给脉冲的数目和频率,就可以控制工作台的位移量和速度。指令信息单方向传送,称开环控制。

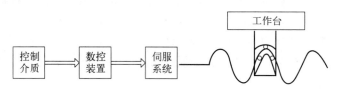
图1-6　开环控制数控系统的结构框图

开环控制系统由于没有检测装置,也就没有纠正偏差的能力,因此它的控制精度较低。但由于其结构简单、调试方便、维修容易、造价低廉等优点,现仍被广泛应用于经济型数控机床及旧机床的数控化改造上。

② 闭环控制数控机床　闭环控制数控机床位置测量反馈装置安装在机床最终的运动部件上。加工过程中,安装在工作台上的检测元件（直线光栅、直线感应同步器、磁栅等）将工作台的实际位移量反馈到计算机中,与所要求的位置指令进行比较,用比较的差值进行控制,直到差值消除。可见,闭环控制系统理论上可以消除机械传动的各种误差及工件加工过程中干扰的影响,使加工精度大大提高。图1-7所示为闭环控制系统结构框图。

闭环控制系统的加工精度高、速度快。这类数控机床常采用直流伺服电动机或交流伺服电动机作为驱动元件,电动机的控制电路比较复杂,检测元件价格昂贵,调试维修复

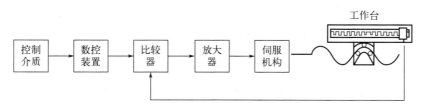

图 1-7　闭环控制数控系统的结构框图

杂，成本高。闭环控制系统主要用于一些精度要求很高的数控机床以及大型、精密的数控机床等。

③ 半闭环控制数控机床　半闭环控制系统检测装置装在伺服电动机轴或丝杠端头等中间部件上检测其角位移。由于反馈环内没有包含工作台，故称为半闭环控制。如图 1-8 所示的半闭环控制系统结构框图中，由转角检测元件（如圆光栅、旋转变压器、圆感应同步器、编码盘等）检测出伺服电动机或丝杠的转角，推算出工作台的实际位移量，反馈到计算机中与指令值进行比较，用比较的差值进行控制。

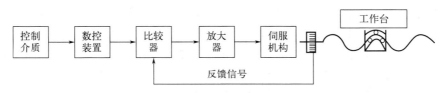

图 1-8　半闭环控制系统的结构框图

目前，角位移检测装置与伺服电机被设计成一个整体，使系统的结构简单，安装调试都比较方便。半闭环控制系统精度较闭环控制系统差，但稳定性好，成本较低，调试维修也比较容易，兼顾了开环控制和闭环控制两者的特点，因此应用非常普遍。

（3）按数控系统的功能水平分类

按数控系统的功能水平分为高、中、低档（或称经济型）数控机床，目前高、中、低三档的界限还没有统一的界定标准，不同时期划分的标准也不同。表 1-2 列出按功能水平分类的一般项目指标，供参考。

表 1-2　按数控系统的功能水平分类

项目	低档	中档	高档
分辨率和进给速度	$10\mu m$、$8\sim15m/min$	$1\mu m$、$15\sim24m/min$	$0.1\mu m$、$15\sim100m/min$
伺服进给类型	开环	半闭环	闭环
进给电机	步进电机	直流或交流伺服电机	直流或交流伺服电机
联动轴数	2 轴～3 轴	3 轴～5 轴	3 轴～5 轴
主轴功能	不能自动无级变速	自动无级变速	自动无级变速、C 轴功能
通信能力	无	有	有
显示功能	数码管显示、CRT（阴极射线管）字符	CRT 显示、图形	三维图形显示、图形编程
内装 PLC	无	有	有
主 CPU	8 位 CPU	16 或 32 位 CPU	64 位 CPU

(4) 按工艺用途分类

① 金属切削类机床：数控车床、数控铣床、加工中心、数控磨床与齿轮加工机床等；

② 金属成形类机床：数控冲压机、数控弯管机、数控裁剪机等；

③ 特种加工类机床：数控电火花切割机、火焰切割机、点焊机、激光加工机等。

近年来，在非加工设备中也大量采用数控技术，如数控测量机、自动绘图机、装配机、工业机器人等。

加工中心是一种带有自动换刀装置的数控机床，其突破了一台机床只能进行一种工艺加工的传统模式，能以工件为中心，实现一次装夹后多种工序的自动加工。常见的有以加工箱体类零件为主的镗铣类加工中心和几乎能够完成各种回转体类零件所有工序加工的车削中心。近年来，一些复合加工的数控机床也开始出现，其基本特点是集中多工序、多刀刃、复合工艺加工在一台设备中完成。

1.4.2 数控机床的特点

(1) 加工精度高

数控机床的加工精度，一般可达到 $0.005 \sim 0.1 mm$，数控机床由数字信号来控制，数控装置每输出一个脉冲信号，机床移动部件就移动一个脉冲当量（一般为 $0.01 \sim 0.001 mm$），而且机床进给传动链的反向间隙与丝杠螺距平均误差可由数控装置进行补偿，因此数控机床定位精度比较高。加工中心、车削中心、磨削中心、电加工中心等具有刀库和换刀功能，可减少装夹次数，提高定位精度，还可通过计算机软件实现精度补偿和优化控制。

机床回转精度一般达 $2\mu m$，超精密加工可达到纳米级（$0.01\mu m$），加工圆度可达 $0.1\mu m$，表面粗糙度 Ra 可达 $0.03\mu m$，而且加工稳定、可靠。

(2) 生产效率高

数控机床可有效地减少零件的加工时间和辅助时间，数控机床的主轴转速和进给量的范围大，允许机床进行大切削量的强力切削。数控机床目前正进入高速加工时代，数控机床移动部件的快速移动和定位及高速切削加工，减少了半成品的工序间周转时间，提高了生产效率。数控机床的生产效率一般为普通机床的 3~4 倍。

(3) 柔性好

柔性好即适应性强。在数控机床上加工零件，主要取决于加工程序，它与普通机床不同，不必制造、更换许多工具、夹具，不需要经常调整机床。因此，数控机床适用于零件频繁更换的场合。特别适合多品种、单件小批生产及新产品的开发，缩短了生产准备周期，节省了大量工艺设备的费用。

由几台数控机床（加工中心）组成的柔性制造系统是具有更高柔性的自动化制造系统，包括加工、装配和检验等环节。柔性加工不仅适合于多品种、中小批量生产，也适合于大批量生产，且能交替完成两种或更多种不同零件的加工，实现夜间无人看管的操作。

(4) 工人劳动强度低

数控机床加工前经调整好后，输入程序并启动，机床就能自动连续地进行加工，直至加工结束。操作者主要完成程序的输入、编辑、装卸零件、刀具准备、加工状态的观测、零件的检验等工作，劳动强度极大地降低。另外，数控机床一般是封闭式加工，既清洁又安全。

(5) 有利于现代化生产管理

数控加工程序应用的是数字化信息，数控机床使用数字信号与标准代码为控制信息，利用数控机床的通信接口与计算机联网，可以实现计算机辅助设计、制造和管理一体化。数控加工可预先精确估计加工时间，所使用的刀具、夹具可进行规范化、现代化管理。易于实现加工信息的标准化，目前已与计算机辅助设计与制造（CAD/CAM）有机地结合起来，是现代集成制造技术的基础。多轴联动、复杂异形零件加工的计算机集成制造系统，更有利于管理现代化。

尽管数控机床具备以上优点，但其设备昂贵、使用费用高、生产准备工作复杂、维修困难，使用时应选择适合在数控机床上加工的零件和加工部分，尽可能发挥数控机床应有的价值。

1.4.3 数控机床的应用范围

金属切削机床按照其自动化程度和适用范围分为通用机床、专用机床、数控机床，不同类型的机床适用范围不同。数控机床具有普通机床没有的优点，其在一定类型的零件加工中具有较大的优势，但不能完全取代其他类型的机床。根据数控加工的特点和国内外大量应用实践，数控机床通常最适合加工具有以下特点的零件。

① 多品种、小批量生产的零件或新产品试制中的零件。图1-9可大致从零件的复杂程度、零件批量、加工成本方面表示三类机床加工的适合范围。随着数控机床的普及，制造成本逐步下降，数控机床的适用范围也越来越广，对于一些形状不太复杂的零件也开始选用数控机床作为加工设备，加工批量大的零件也有选用数控机床加工的情况，即图1-9（a）中数控机床的适用范围会向左移（即由分界线 BCD 移向 EFG）。

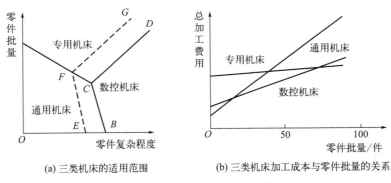

(a) 三类机床的适用范围　　(b) 三类机床加工成本与零件批量的关系

图1-9　各类机床加工的适合范围

② 形状复杂、加工精度要求高、通用机床无法加工或很难保证加工质量的零件。

③ 表面粗糙度值小的零件。在工件和刀具的材料、精加工余量及刀具角度一定的情况下，表面粗糙度取决于切削速度和进给速度。普通机床是恒定转速，工件直径不同切削速度就不同，而数控车床具有恒线速度切削功能，车端面、不同直径外圆时可以用相同的线速度，保证表面粗糙度值既小且一致。在加工表面粗糙度不同的表面时，粗糙度小的表面选用小的进给速度，粗糙度大的表面选用大些的进给速度，可变性很好。

④ 轮廓形状复杂的零件。任意平面曲线都可以用直线或圆弧来逼近，数控机床具有圆弧插补功能，可以加工各种复杂轮廓的零件。

⑤ 适于加工难测量、难控制进给、难控制尺寸的不敞开内腔的壳体或盒形零件。

⑥ 必须在一次装夹中完成铣、镗、锪、铰或攻螺纹等多工序的零件。

⑦ 价格昂贵，加工中不允许报废的关键零件。

⑧ 需要最短生产周期的急需零件。

⑨ 在通用机床加工时极易受人为因素（如情绪波动、体力强弱、技术水平高低等）干扰，零件价值又高，一旦质量失控会造成重大经济损失的零件。

1.5 数控技术与现代制造系统

从全球制造业的发展历程来看，20世纪70年代以来，为了适应迅速变化的市场需求，提高市场竞争能力，制造企业提出TQCSE解决之道，即以最短的时间（time，T）、最好的质量（quality，Q）、最低的成本（cost，C）、最优的服务（service，S）和最小的生态环境（environment，E）代价来满足顾客的需求。最近二三十年，在制造业中涌现出许多新型自动化生产系统与加工技术，如CNC、CAD/CAPP/CAM、RPM（快速原型制造）、FMS等。相继出现了许多制造技术新概念、新思想和新模式，诞生了计算机集成制造系统（CIMS）、并行工程（CE）、精益生产（LP）、敏捷制造（AM）、虚拟制造（VM）、绿色制造（GM）等先进制造技术。数控加工已从单机发展到柔性制造系统（FMS）、计算机集成制造系统（CIMS）等现代制造系统。

1.5.1 柔性制造系统

（1）柔性制造单元

柔性制造单元（flexible manufacturing cell，FMC）是由加工中心与自动交换工件的装置组成，同时数控系统还增加了自动检测与工况自动监控等功能。FMC根据不同的加工对象、CNC机床的类型与数量以及工件更换和存储方式的不同，可以有多种类型。但主要有托盘搬运式和机器人搬运式两大类型。

柔性制造单元既可以作为独立运行的生产设备进行自动加工，也可以作为柔性制造系统的加工模块。由于柔性制造单元自成体系，占地面积小，便于扩充，成本低而且功能完善，加工适应范围广，因此特别适于中小型企业使用。因此，近年来FMC的发展速度很快。

（2）柔性制造系统

柔性制造系统（flexible maufacturing system，FMS）是20世纪70年代末发展起来的先进的机械加工系统，它由多台数控机床或加工中心组成，并具有自动上下料装置、仓库和输送系统，在分布式计算机的控制下，实现加工自动化。它具有高度的柔性，是一种计算机直接控制的自动化制造系统。

一个典型的FMS由计算机辅助设计系统、生产系统、数控机床、智能机器人、全自动化输送系统和自动仓库组成，全部生产过程由一台中央计算机进行生产调度，由若干台控制计算机进行工作控制，组成一个各种制造单元相对独立而又便于灵活调节、适应性很强的制造系统，其系统构成如图1-10所示。

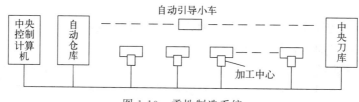

图1-10 柔性制造系统

FMS通常具有多台制造设备，这些设备不限于切削加工设备，也可以是电加工、激光加工、热处理、冲压剪裁设备以及装配、检验设备等，或者是上述多种加工设备的综合。组成FMS的设备大多在10台以下，一般为4～6台。FMS系统由一个物料运输系统将所有设备连接起来，可以进行没有固定加工顺序和无节拍的随机自动制造。它用计算机进行高度自动的多级控制与管理，对一定范围内的多品种、中小批量的零部件进行制造。

柔性制造系统由加工、物流和信息流三个分系统组成，每一个分系统还可以有子系统。

① 加工分系统 加工分系统多数由CNC机床按照DNC的控制方式构成，系统中的机床有互补和互替两种配置原则：互补是指在系统中配置完成不同工序的机床，彼此互相补充而不能代替，一个工件顺次通过这些机床进行加工；互替是指在系统中配置相同的机床，一台机床有故障时，另一台机床可以代替加工，以免整个系统停工等待。当然，一个系统的机床设备也可以按照这两种方式混合配置，这要根据预期生产性质来确定。

② 物流分系统 物流分系统包括工件和刀具两个物流子系统。系统设有中央刀库，由机器人在中央刀库和各机床的刀库之间进行输送与交换刀具。刀具的数目要少，必须采用标准化、系列化，并有较长寿命的刀具。系统应有监控刀具寿命和刀具故障的功能。对刀具寿命的监控，目前多采取定时换刀的方法，即记录每一把刀具的使用时间，达到预定的使用寿命后，即强行更换。还有一种是采用直接检测刀具磨损情况更换刀具的方法，由于这一技术尚不成熟，还没有在生产中得到广泛应用。

工件子系统包括工件、夹具的输送、装卸以及仓储等装置。在FMS中，工件和夹具的存储仓库多用立体仓库，由仓库计算机进行控制和管理。其控制功能为：记录在库货物的名称、货位、数量、质量以及入库时间等内容；接收中央计算机的出、入库指令，控制堆垛机和输送台车运动；监督异常情况和故障报警等。各设备之间的输送路线以直线往复方式居多，输送设备中使用最多的是有轨小车和使用灵活的无轨小车（又称自动引导小车）。小车上有托盘交换台，工件放在托盘上，托盘由交换台推上机床，对工件进行加工。加工好的工件连同托盘被拉回到小车上的交换台，送装卸工位，由人工卸下，并装上新的待加工件。小车的行走路线常用电线或光电引导。

③ 信息流分系统 信息流分系统包括加工系统和物流系统的调度与自动控制、在线状态监控及其数据和信息处理，以及故障在线检测和处理等。

此外，在FMS中，还应该有排屑、去毛刺、清洗等工作设备，这些工作设备都要纳入系统的管理与自动控制范围内。

1.5.2 计算机集成制造系统

计算机集成制造系统（computer intergrated manufacturing system，CIMS）是一种先进的生产模式，它是在柔性制造技术、计算机技术、信息技术、自动化技术和现代管理科学的基础上，将企业的全部生产、经营活动所需的各种分散的自动化子系统，通过新的生产管理模式、工艺理论和计算机网络，有机地集成起来，以获得适用于多品种、中小批量生产的高效益、高柔性和高质量的智能制造系统。

CIMS的最基本内涵是用集成的观点组织生产经营，即用全局的、系统的观点处理企业的经营和生产。因此，CIMS可由经营管理信息分系统、工程设计自动化分系统、制造自动化分系统、质量保证分系统、数据库分系统和计算机网络分系统6个分系统组成，它们之间的关系如图 1-11 所示。企业能否获得最大的效益，在很大程度上取决于这些子系统各种功能的协调程度。为了实现以 TQCSE 为目标的企业整体优化，需要信息的集成、功能的集成、技术的集成以及人、技术、管理的集成。

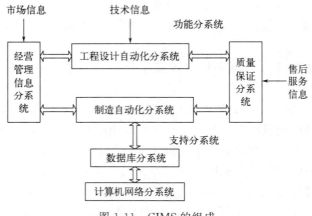

图 1-11 CIMS 的组成

以下简单介绍 CIMS 的 6 个分系统。

① 经营管理信息分系统 包括预测、经营决策、各级生产计划、生产技术准备、销售、供应、财务、成本、设备、工具、人力资源等管理信息功能，通过信息集成，达到缩短产品生产周期、减少占用的流动资金、提高企业的应变能力的目的。

② 工程设计自动化分系统 使用计算机来辅助产品设计、制造准备和产品性能测试等阶段工作，即 CAD/CAPP/CAM 系统。其目的是使产品的开发更高效、优质、自动化地进行。

③ 制造自动化分系统 常用的是 FMS 系统，这个系统根据产品的工程技术信息、车间层的加工指令，完成对工件毛坯加工的作业调度、制造等工作。

④ 质量保证分系统 包括保证质量决策、质量检测的数据采集、质量评估、控制与跟踪等功能。系统要保证从产品设计、制造、检验到售后服务的整个过程的质量。

⑤ 数据库分系统 是支持 CIMS 各分系统的数据库，以实现企业数据的共享和信息集成。

⑥ 计算机网络分系统 是支持 CIMS 各个分系统的开放型网络通信系统，采用国际标准和工业标准规定的网络协议进行互联，以满足各应用分系统对网络支持服务的不同需求，支持资源共享、分布处理、分布数据库和实时控制等。

开发与实施 CIMS 的核心是将各分系统通过集成、综合及一体化等手段，融合成一个高效、统一的有机整体。集成范围概念可以包括侧重于系统硬件及软件技术平台构成的系统集成，侧重于如何发挥人、机器、过程等因素作用的应用集成，侧重于信息的采集、传送、加工、存取等方面的信息集成。具体地说，它包括企业各种经营活动的集成、企业各个生产系统与环节的集成、各种生产技术的集成、企业部门组织间的集成和各类人员的集成。集成的发展大体可以划分为信息集成、过程集成和企业集成 3 个阶段。

目前，CIMS 的集成已经从原先的企业内部的信息集成和功能集成，发展到当前的以并行工程为代表的过程集成，并正在向以敏捷制造为代表的企业间集成发展。

虽然 CIMS 涉及的领域很广泛，但数控机床仍是 CIMS 不可缺少的基本工作单元。高级自动化技术的发展将进一步证明数控机床的价值,并且正在更为广阔地开拓数控机床的应用领域。

思考题与习题

1-1 什么是 CNC?
1-2 CNC 装置的主要工作内容是什么?主要功能是什么?
1-3 数控机床由哪几部分组成?各有什么作用?
1-4 数控机床的主要工作过程是怎样的?
1-5 数控机床按伺服控制方式不同分为哪三种?
1-6 数控技术的发展方向是什么?
1-7 柔性制造系统由哪几部分组成?柔性体现在哪些方面?
1-8 CIMS 的核心思想是什么?CIMS 与一般的计算机辅助技术有什么相同之处和不同之处?

第 2 章　数控加工工艺基础

数控加工技术是指高效、优质地实现产品零件特别是复杂形状零件数控加工的有关理论、方法与实现技术，它是自动化、柔性化、敏捷化和数字化制造加工的基础与关键技术。数控加工是在数控机床上按照事先编制好的加工程序自动地对零件进行加工的过程。因此，加工程序水平的高低将直接影响零件加工的质量、生产效率和刀具寿命。

理想的数控加工程序不仅应保证加工出符合图样要求的合格零件，同时应能使数控机床的功能得到合理的应用与充分的发挥，使数控机床安全、可靠及高效地的工作。因此，程序编制前的工艺分析是一项十分重要的工作。

2.1　数控加工工艺分析

数控加工工艺是采用数控机床加工零件时所运用的各种方法和技术手段的综合，它是数控编程的前提和依据。确定数控加工工艺对实现优质、高效和经济的数控加工具有极为重要的作用，其内容包括选择合适的机床、刀具、夹具、走刀路线及切削用量等，只有选择合适的加工方法和工艺参数及切削策略才能获得较理想的加工效果。

2.1.1　数控加工工艺的基本特点

数控加工工艺问题的处理与普通加工工艺基本相同，在设计零件的数控加工工艺时，首先要遵循普通加工工艺的基本原则和方法，同时还必须考虑数控加工本身的特点和零件编程要求。数控加工工艺的基本特点如下所述。

（1）内容十分明确而具体

数控加工工艺与普通加工工艺相比，在工艺文件的内容和格式上都有较大区别，如在加工部位、加工顺序、刀具配置与使用顺序、刀具轨迹、切削参数等方面，都要比普通机床加工工艺中的工序内容更详细。数控加工工艺必须详细到每一次走刀路线和每一个操作细节，即普通加工工艺通常留给操作者完成的工艺与操作内容（如工步的安排、刀具几何形状及安装位置等），都必须由编程人员在编程时予以预先确定。也就是说，在普通机床加工时本来由操作工人在加工中灵活掌握并通过适时调整来处理的许多工艺问题，在数控加工时就必须由编程人员事先具体设计和明确安排。

（2）工艺要求相当准确而严密

数控机床自动化程度高，它不像普通加工时那样可以根据加工过程中出现的问题自由地进行人为调整，例如，在数控机床上加工内螺纹时，并不知道是否挤满了切屑，何时需要退一次刀待清除切屑后再进行加工。所以，在数控加工的工艺设计中必须注意加工过程中的每一个细节，尤其是对图形进行数学处理、计算和编程时一定要力求准确无误。否则，可能会出现重大机械事故和质量事故。

(3) 采用多坐标联动自动控制加工复杂表面

对于一般简单表面的加工方法，数控加工与普通加工无太大的差别。但是对于一些复杂表面、特殊表面或有特殊要求的表面，数控加工与普通加工有着根本不同的加工方法。如，对于曲线和曲面的加工，普通加工是用画线、样板、靠模、钳工、成形加工等方法进行，不仅生产效率低，还难以保证加工质量。而数控加工则采用多坐标联动自动控制加工方法，其加工质量与生产效率是普通加工方法无法比拟的。

(4) 采用先进的工艺装备

为了满足数控加工中高质量、高效率和高柔性的要求，数控加工中广泛采用先进的数控加工刀具、组合夹具等工艺装备。

(5) 采用工序集中

由于现代数控机床具有刚度大、精度高、刀库容量大、切削参数范围广及多坐标、多工位等特点。因此，在工件的一次装夹中可以完成多个表面的多种加工，甚至可在工作台上装夹几个相同或相似的工件进行加工，从而缩短了加工工艺路线和生产周期，减少了加工设备、工装和工件的运输工作量。

实践证明，数控加工中失误的主要原因多为工艺方面考虑不周和计算、编程粗心大意。因此，编程人员除必须具备较扎实的工艺知识和较丰富的实际工作经验外，还必须具有耐心、细致的工作作风、精益求精的工匠精神和高度的工作责任感。

2.1.2 数控加工工艺的主要内容

数控加工工艺要根据实际应用需要拟定，主要包括以下内容：

① 选择适合数控加工的零件及零件的数控加工内容。

② 分析零件图样，根据零件图样上尺寸精度、表面粗糙度、材料及技术要求等，确定零件的毛坯。

③ 拟定零件的数控加工工艺路线。在拟定工艺路线时，应当考虑零件表面加工方法及加工方案的确定、加工阶段的划分、加工工序的划分等问题。

④ 当零件的工艺路线确定之后，便进行工序的设计。工序设计的主要任务是为每一道工序选择机床、夹具、刀具及量具，确定定位夹紧方案，确定进给路线，确定加工余量及切削用量，编写数控加工工艺文件等。

2.1.3 数控加工内容选择

(1) 适合数控加工的零件

随着数控机床的普及率不断提高，数控加工的应用日益广泛，但并非所有零件都适合在数控机床上加工。适合数控加工的零件通常可归纳为两类：一类是通用机床无法加工或很难保证加工质量的零件；另一类是采用数控加工后其生产效率、加工质量及经济性有明显改善的零件。

零件选定后，由于并非全部加工过程都适合在数控机床上完成，往往只是其中的一部分适合于数控加工，因此需要对零件图样进行仔细的工艺分析，选择那些最适合、最需要进行数控加工的内容和工序。在选择并作出决定时，应结合本企业设备的实际情况，立足于解决难题、攻克关键问题和提高生产效率，充分发挥数控加工的优势。同时也要考虑生产批量、生产周期、工序间周转情况等。总之,要尽量做到合理使用数控机床,达到多、快、好、省的目的,不要将数控机床当作通用机床使用。

(2) 适合数控加工的内容

选择数控加工的内容时,一般可按下列顺序考虑。

① 通用机床无法加工的内容,应作为优先考虑内容,如模具型腔、涡轮叶片等。

② 通用机床难加工、质量也难以保证的内容,应作为重点选择的内容。如车圆锥面、端面时,普通车床的转速恒定,使表面粗糙度不一致,而数控车床具有恒线速度车削功能,选择最佳线速度,可以使加工后的表面粗糙度小且均匀一致。

③ 通用机床效率低、工人手工操作劳动强度大的加工内容,可在数控机床尚存在富余能力基础上选择。

一般来说,上述这些加工内容采用数控加工后,在产品质量、生产效率和综合效益等方面都会得到明显提高。

(3) 不适合数控加工的内容

① 需要数控机床上占机调整时间长的加工内容,需用专用工装协调的加工内容。如以毛坯的粗基准定位加工第一个精基准。

② 加工部位分散,要多次安装、设置原点的加工内容。这时采用数控加工很麻烦,效果不明显,可安排通用机床加工。

③ 按某些特定的样板等加工的型面轮廓。这类型面轮廓若采用数控加工,获取数据困难,且容易与检验依据发生矛盾,增加程序编制的难度。

2.1.4 对零件图样的工艺性分析

在拟订数控加工工艺路线之前首先要认真分析与研究产品的用途、性能和工作条件,了解零件在产品中的位置、装配关系及其作用,弄清各项技术要求对装配质量和使用性能的影响,找出主要的和关键的技术要求,然后对零件图样进行工艺性分析。

零件的工艺性分析主要包括结构工艺性分析、精度及技术要求分析、定位基准分析、热处理及变形分析。

(1) 结构工艺性分析

零件结构的工艺性是指所设计零件的结构,在满足使用要求的前提下制造的可行性和经济性。好的工艺性会使零件加工容易,节省工时,降低消耗;差的工艺性会使零件加工困难,甚至无法加工,增大消耗。在分析零件的结构工艺性时,需要结合所使用的工艺方法进行具体分析。

① 仔细地阅读零件图样,明确加工内容,分析组成零件轮廓的几何元素的特征,分析是否存在直线或圆弧之外的其他曲线。对于直线或圆弧之外的其他曲线,手工编程时数值计算复杂、工作量大,在条件允许的情况下可以考虑采用自动编程。

② 审查零件图样上几何元素的给定条件是否充分,要保证编程的数值计算能顺利进行。

③ 分析零件图样上尺寸标注方法是否适应数控加工的特点。由于数控加工的精度和重复定位精度很高,不会产生较大的累积误差,因此,数控加工倾向于以同一基准标注尺寸或直接给出坐标尺寸。这样既有利于设计基准、工艺基准及测量基准和程序原点的统一,以保证零件的加工精度,同时又方便编程。图 2-1 所示的零件,所有轴向尺寸都是以零件右端面为基准,编程时将右端面的回转中心作为程序原点,以保证零件加工质量。

④ 审查和分析零件结构的合理性，当存在不合理结构时，会增大加工费用和降低加工效率。

⑤ 零件内轮廓圆弧半径的大小会影响加工的工艺性。当加工内轮廓的底平面时可选用较大直径的铣刀来加工，进给的次数少，得到的表面加工质量较好。若内轮廓的圆弧半径较小，可先采用较大直径的铣刀来加工，然后使用较小直径的刀具对其进行局部铣削加工。

⑥ 零件内轮廓侧壁与底面的过渡圆角半径也会影响加工的工艺性。如图 2-2 所示，刀具直径 D 受到过渡圆角半径 r 的限制，加工底面的有效直径 $d=D-2r$。r 越大，铣刀端部切削刃加工的能力越差，切削效率越低。当底面面积较大，且过渡圆角半径也较大时，为了保证加工质量和提高加工效率，可以采用两把圆角不同的铣刀，分别加工轮廓底面。

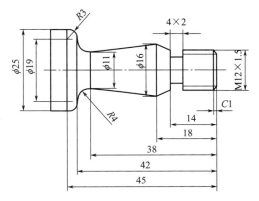 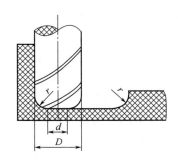

图 2-1　以同一基准标注尺寸　　　图 2-2　零件侧壁与底面的过渡圆角半径对刀具直径的影响

对零件进行结构工艺性分析时发现的问题，工艺人员可提出修改意见，经设计部门同意并通过一定的审批程序后方可修改零件图样。

(2) 精度及技术要求分析

① 仔细阅读零件图样，了解零件的材料、毛坯类型和生产批量。

② 详细了解零件图样所标注的尺寸精度、形位公差、表面粗糙度及技术要求。

③ 对零件图样上有较高位置精度要求的表面，应尽量安排在一次装夹下加工完成。

④ 采用数控车床加工的零件，其圆锥面、端面对表面粗糙度要求较高时，精车时应安排恒线速度切削。

(3) 定位基准分析

分析零件上有无统一的定位基准，以保证两次装夹后其相对位置的正确性。在数控加工中，加工工序往往较集中，可对零件进行双面、多面的顺序加工，因此以同一基准定位十分必要，否则很难保证两次安装加工后两个面上的轮廓位置及尺寸协调。如零件本身有合适的孔，最好就用它作为定位基准孔，即使没有合适的孔，也可设置工艺孔。如果无法加工工艺孔，可考虑以零件轮廓的基准边定位或在毛坯上增加工艺凸台，并加工工艺孔，在零件加工完后再除去。

(4) 热处理及变形分析

即分析零件的形状及原材料的热处理状态，分析零件是否会在加工过程中变形，哪些部位最容易变形。若零件在加工过程中变形，不但无法保证加工质量，而且经常会使加工不能继续进行下去，造成中途报废。这时应当考虑采取一些必要的工艺措施进行预防，如对钢件进行调质处理、对铸铝件进行退火处理。对不能用热处理方法解决的，也可考虑粗、精加工及对称铣去余量等常规方法。此外，还要分析加工后的变形问题，也应采取相应的工艺措施去解决。

2.1.5 生产纲领、生产类型及工艺特征

各种机械产品的结构、技术要求不同，但其制造工艺存在着很多共同的特征。这些共同的特征取决于企业的生产类型，而生产类型又由生产纲领决定。

(1) 生产纲领

生产纲领是指企业在计划期内应当生产的产品产量和进度计划。计划期常定为一年，所以产品的生产纲领也称产品的年产量。

零件的生产纲领要计入备品和废品的百分率，可按下式计算：

$$N = Qn(1+\alpha)(1+\beta)$$

式中　N——零件的年产量，件/年；

　　　Q——产品的年产量，台/年；

　　　n——每台产品中该零件数量，件/台；

　　　α——备品的百分率，一般为3%～5%；

　　　β——废品的百分率，一般为1%～5%。

(2) 生产类型及工艺特征

根据生产纲领的大小和产品品种的多少，一般生产类型分为以下三种类型。

① 单件生产　产品的品种繁多，而每个品种数量较少，各工作地加工对象很少有重复生产。例如，新产品试制、专用设备制造、重型机械制造、大型船舶制造等，都属于单件生产。

② 大量生产　产品的品种少，产量大，大多数工作地点长期进行某种零件的某道工序的重复加工。例如，汽车、拖拉机、手表、轴承的制造，多属于大量生产。

③ 成批生产　一年中分批轮流地制造若干种不同的产品，每种产品有一定的数量，生产对象周期性地重复，例如，机床制造、一般光学仪器及液压传动装置等的生产属于成批生产类型。而每批所制造的相同零件的数量，称为批量。按批量的大小和产品的特征，成批生产又可分为小批生产、中批生产和大批生产三种情况。小批生产在工艺方面接近单件生产，二者常相提并论，称为单件小批生产。大批生产在工艺特征方面接近于大量生产，常合称为大批大量生产；中批生产的工艺特征介于小批生产和大批生产之间。生产类型不同，零件的加工工艺、所用设备及工艺装备、对工人的技术要求等工艺特点也有所不同。

随着技术进步和市场需求的变化，生产类型的划分正在发生着深刻的变化，传统的大批大量生产，往往不能适应产品及时更新换代的需要，而单件小批生产的生产效率又跟不上市场需求，因此，各种生产类型的企业既要适应多品种生产的要求，又要提高经济效益。它们的发展趋势是推行成组技术，采用数控机床、柔性制造系统和计算机集成制造系统等现代化的生产手段和方式，实现机械产品多品种、中小批量生产的自动化，是当前机械制造工艺的重要发展方向。各种零件类型在不同的生产类型下的生产纲领及工艺特点如表2-1所示。

表 2-1 各种零件类型在不同的生产类型下的生产纲领及工艺特点

项目		生产类型			
		单件生产	成批生产		大量生产
			小批	中批	大批	
不同零件类型的生产纲领/(件/年)	重型零件	<5	5~100	>100~300	>300~1000	>1000
	中型零件	<20	20~200	>200~500	>500~5000	>5000
	轻型零件	<100	100~500	>500~5000	>5000~50000	>50000
工艺特点	毛坯的制造方法及加工余量	自由锻造、木模手工造型；毛坯精度低，余量大	部分采用模锻、金属模造型；毛坯精度及余量适中等		广泛采用模锻、机器造型等高效方法；毛坯精度高，余量小
	机床设备及机床布置	通用机床按机群式排列；部分采用数控机床及柔性制造单元	通用机床和部分专用机床及高效自动机床；机床按零件类别分工段排列		广泛采用自动机床、专用机床，采用自动线或专用机床流水线排列
	夹具及尺寸保证	通用夹具、标准附件或组合夹具；划线试切保证尺寸	通用夹具、专用或成组夹具；定程法保证尺寸		高效专用夹具；定程及自动测量控制尺寸
	刀具、量具	通用刀具，标准量具	专用或标准刀具、量具		专用工具、量具，自动测量
	零件的互换性	配对制造，互换性低，多采用钳工修配	多数互换，部分试配或修配		全部互换，高精度零件采用分组装配、配磨
	工艺文件的要求	编制简单的工艺过程卡片	编制详细的工艺规程及关键工序的工序卡片		编制详细的工艺规程、工序卡片、调整卡片
	生产率	用传统加工方法，生产率低，用数控机床可提高生产率	中等		高
	成本	较高	中等		低
	对工人的技术要求	需要技术熟练的工人	需要有一定熟练程度的技术工人		对操作工人的技术要求较低，对调整工人的技术要求较高
	发展趋势	采用成组工艺、数控机床、加工中心及柔性制造单元	采用成组工艺，采用柔性制造系统或柔性自动线		用计算机控制的自动化制造系统、车间或无人工厂，实现自适应控制

2.1.6 毛坯的确定

根据零件的技术要求、结构特点、材料、生产纲领等方面的情况，合理地确定毛坯的种类、毛坯的制造方法、毛坯的形状和尺寸等，同时还要从工艺角度出发，对毛坯的结构、形状提出要求。

（1）毛坯的种类

毛坯的种类很多，同一毛坯又有很多制造方法，常用的毛坯有以下几种。

① 铸件　形状复杂的零件，常采用铸造毛坯。按铸造材料的不同可分为铸铁、铸钢和有色金属。根据制造方法的不同又可分为：砂型铸造、金属型铸造、离心铸造、压力铸造和精密铸造。

② 锻件　机械强度较高的钢件，一般要采用锻件毛坯。锻件有自由锻造和模锻两种。

自由锻造是在锻锤或压力机上手工操作而成形的，其精度低，加工余量大，生产率也低，适用于单件小批生产及大型锻件。

模锻是在锻锤或压力机上通过专用锻模锻制而成的，其精度和表面质量均比自由锻造好，加工余量小，机械强度高，生产率也高。但需要专用的模具，且锻造设备的吨位比自由锻造大，主要适用于加工批量较大的中小型零件。

③ 型材　型材有冷拉和热轧两种。热轧型材的尺寸精度低，价格便宜，用于一般零件的毛坯。冷拉型材的尺寸较小，尺寸精度高，易于实现自动送料，但价格贵，多用于批量较大、在自动机床上进行加工的毛坯。

型材按截面形状可分为圆钢、方钢、六角钢、扁钢、角钢、槽钢及其他截面形状的型材。

④ 焊接件　焊接件是指将型材或钢板焊接成所需的结构，适用于单件小批生产中制造大中型零件。其优点是制造简单，周期短，毛坯重量轻；其缺点是焊接件的抗振性差，焊接变形大。因此在机械加工前要进行时效处理。

⑤ 冲压件　冲压件是在冲床上用冲模将板料冲制而成。冲压件的尺寸精度高，可以不再进行加工或只进行精加工，生产率高。适用于加工批量较大而厚度较小的中小型零件。

⑥ 冷挤压件　冷挤压件是在压力机上通过挤压模挤压而成。这种毛坯生产率高，毛坯精度高，表面粗糙度小，只需进行少量的机械加工。但要求材料塑性好，主要为有色金属和塑性好的钢材。适用于大批量生产中制造简单的小型零件。

⑦ 粉末冶金件　粉末冶金件是以金属粉末为原料，在压力机上通过模具压制成坯料后经高温烧结而成。这种毛坯生产效率高，表面粗糙度值小，一般只需进行少量的精加工，但粉末冶金件成本较高。适用于大批大量生产中加工形状较简单的小型零件。

（2）毛坯种类的选择

毛坯的种类和制造方法对零件的加工质量、生产效率、材料消耗及加工成本都有影响。提高毛坯精度，可减少机械加工工作量，提高材料利用率，降低机械加工成本，但毛坯的制造成本会增加，这两者是相互矛盾的。在选择毛坯时应综合考虑以下几个方面的因素。

① 零件的材料及对零件力学性能的要求　例如零件的材料是铸铁或青铜，只能选铸造毛坯，不能选锻件；若材料是钢材，当零件的力学性能要求较高时，不论形状简单还是复杂，都应选锻件；当零件的力学性能无过高要求时，可选型材或铸钢件。

② 零件的结构形状与外形尺寸　一般用途的钢质阶梯轴，如台阶直径相差不大，可用棒料；若台阶直径相差大，则宜用锻件，以节约材料和减少机械加工工作量。大型零件受设备条件限制，其毛坯一般只能用自由锻造和砂型铸造；根据需要，中小型零件的毛坯可选用模锻和各种先进的铸造方法来制造。

③ 生产类型　在大批量生产时，应选毛坯精度和生产效率都较高的先进的毛坯制造方法，使毛坯的形状、尺寸尽量接近零件的形状、尺寸，以节约材料，减少机械加工工作量，由此而节约的费用会远远超出毛坯制造所增加的费用。单件小批生产时，采用先进的毛坯制造方法所节约的材料和机械加工成本，相对于毛坯制造所增加的设备和专用工艺装备费用来说很小，因此有些得不偿失，故应选择一般的毛坯制造方法，如自由锻造和手工木模造型等方法。

④ 生产条件　选择毛坯时，应考虑现有的生产条件，如现有毛坯的制造水平、设备状况和外协的可能性等。应尽可能地组织外协，实现毛坯制造的社会专业化生产，以获得好的经济效益。

⑤ 新工艺、新技术和新材料　随着毛坯制造专业化生产的发展，目前，毛坯制造方面的新工艺、新技术和新材料的应用越来越多，如精铸、精锻、冷轧、冷挤压、粉末冶金

和工程塑料的应用日益广泛，这些应用可大大减少机械加工工作量，节约材料，有十分显著的经济效益。在选择毛坯时，应予以充分考虑，在可能的条件下尽量采用。

（3）毛坯形状和尺寸的选择

选择毛坯形状和尺寸总的原则：毛坯形状要力求接近成品形状，以减少机械加工的工作量。具体应注意以下几点。

① 不论是锻件、铸件还是型材毛坯，其加工表面均应有较充足的余量。

② 对于热轧的中、厚铝板毛坯，经淬火时效后很容易在加工中与加工后出现变形现象，因此需要考虑加工时是否分层切削，尽量做到各个加工表面的切削余量均匀，以减少变形。

③ 对尺寸小或薄的零件，为便于装夹并减少材料浪费，可采用组合毛坯，待机械加工到一定程度后再分割开来。

④ 装配后形成同一工作表面的两个相关零件，为保证加工质量并使加工方便，常把两件或多件合为一个整体毛坯，加工到一定阶段后再切开。如发动机连杆和曲轴轴瓦盖等毛坯通常采用整体毛坯。

⑤ 对于不便装夹的毛坯，可考虑在毛坯上另外增加装夹余料或工艺凸台、工艺凸耳等辅助基准。工艺凸台、工艺凸耳在加工后一般均应切除，如对零件使用没有影响，也可保留。

2.2 数控加工工艺路线设计

2.2.1 数控机床典型表面加工方法及加工方案

机械零件的结构形状是多种多样的，但他们都是由平面、外圆面、内孔、曲面、成型面等基本表面组成，每一种表面都有多种加工方法，甚至加工同一表面且满足同样精度要求的加工方法也有若干种。具体选择时应根据零件的加工精度、表面粗糙度、材料、形状、尺寸及生产类型等因素，选用相应的加工方法和加工方案。各种加工方法（如车、铣、刨、磨、钻等）所能达到的经济精度和表面粗糙度是有一定范围的，选用时可查阅有关工艺手册或根据经验值来确定。

（1）平面的主要加工方法及加工方案

平面的主要加工方法有铣削、刨削、车削、磨削、拉削等。精度及表面粗糙度要求高的平面还须安排研磨、刮研、高速精铣等精加工及光整加工工序。

平面的粗加工根据毛坯种类、批量、加工余量以及加工面的形状等具体情况，并考虑生产实际中的设备条件，采用不同的加工方案。成批大量生产大多采用粗铣，以提高生产效率。单件、小批量或狭长平面（如导轨等）常用粗刨，其特点是刀具简单，调整方便。毛坯精度较高、余量较小（如冲压件、精铸件、平整的钢板等），可直接采用粗磨。与圆柱面相垂直的平面，一般都与圆柱面在同一工序内加工，如用车床车出或用外圆磨床磨出。

平面的精加工往往采用与粗加工同一工种进行，但要减少切削用量，主要是为了提高零件表面的加工精度和表面粗糙度。平面光整加工主要为了提高平面度、减小表面粗糙度以及改善材料加工表面性能。

平面加工方案中最终工序的选择，主要考虑平面的精度要求、材料、是否淬火等因素。一般淬火后的平面采用磨削，不淬火的导轨面可用细刨、刮研或磨削。内平面小批量时用插削，批量大时用拉削（如游标卡尺等）。精度要求很高时用研磨，如只有粗糙度要求而没有精度要求，则用抛光加工即可。

① 平面主要加工方法的特点及适用场合　刨削、铣削和车削常用于平面的粗加工和半精加工，而磨削和拉削则用于平面的精加工。

刨削加工的特点是刀具结构简单、机床调整方便。在龙门刨床上可以利用几个刀架，在一次装夹中同时或依次完成若干个表面的加工，从而能经济地保证这些表面间相互位置精度要求。精刨还可以代替刮削。

一般情况下，铣削生产率高于刨削，在中批以上生产中多用铣削加工平面。当加工尺寸较大的箱体平面时，常在多轴龙门铣床上用几把铣刀同时加工几个平面（多刀铣削）。

平面磨削和拉削的加工质量比刨和铣都高。生产批量较大时，平面常用磨削或拉削来精加工。磨削适用于直线度及表面粗糙度要求高的淬硬工件和薄片工件，也适用于未淬硬钢件上面积较大的平面的精加工，但不宜加工塑性较大的有色金属，因有色金属韧性大，磨削时易堵塞砂轮。为了提高生产率和保证平面间的相互位置精度，工厂还常采用组合磨削来精加工平面。拉削平面适用于大批量生产中的加工质量要求较高且面积较小的平面。

车削主要用于回转体零件的端面加工，以保证端面与回转轴线的垂直度要求。

最终工序为刮研的加工方案多用于单件小批生产中配合表面要求高且不淬硬平面的加工。当批量较大时可用宽刀细刨代替刮研。宽刀细刨特别适用于加工像导轨面这样的狭长平面，能显著提高生产率。最终工序为研磨的加工方案适用于高精度、小表面粗糙度的小型零件的精密平面，如量规等精密量具的表面。

② 平面的主要加工方案及适用范围　表2-2列出了平面各种加工方案的经济精度和表面粗糙度，供选择加工方法时参考。

表2-2　平面加工方案的经济精度及表面粗糙度

加工方案	经济精度公差等级（IT）	表面粗糙度 $Ra/\mu m$	适用范围
粗车	11~13	12.5~50	适用于回转体工件的端面加工
粗车→半精车	8~10	3.2~6.3	
粗车→半精车→精车	7~8	0.8~1.6	
粗车→半精车→磨	6~7	0.2~0.8	
粗刨（或粗铣）	11~13	12.5~50	适用于不淬硬的平面（用面铣刀加工，可得更低的表面粗糙度值）
粗刨（或粗铣）→精刨（或精铣）	8~10	1.6~6.3	
粗刨（或粗铣）→精刨（或精铣）→刮研	6~7	0.1~0.8	
粗刨（或粗铣）→精刨（或精铣）→宽刃精刨	6~7	0.2~0.8	适用于批量较大时，宽刃精刨效率高
粗刨（或粗铣）→精刨（或精铣）→粗磨	6~7	0.2~0.8	主要用于除有色金属以外的高精度零件加工
粗刨（或粗铣）→精刨（或精铣）→粗磨→精磨	5~6	0.025~0.4	
粗铣→精铣→粗磨→精磨→研磨	5~6	0.025~0.2	主要用于除有色金属以外的超高精度钢件加工
粗铣→精铣→粗磨→精磨→研磨→抛光	<5	0.025~0.1	
粗铣→拉削	6~9	0.2~0.8	适用于大量生产中加工较小的不淬火平面

（2）孔的主要加工方法及加工方案

孔加工方案的选择需要考虑零件材料、结构、孔径大小、长径比大小、有无预留孔，以及精度、表面粗糙度、生产纲领和设备条件等一系列因素。

孔分为通孔、阶梯孔、不通孔、交叉孔等。通孔工艺性最好，通孔中又以孔长 L 与孔径 D 之比 $L/D \leqslant 1 \sim 1.5$ 的短圆柱孔工艺性最好。$L/D > 5$ 的孔称为深孔，深孔精度要求较高、表面粗糙度值较小时，加工就很困难；阶梯孔的工艺性较差，孔径相差越大、最小孔径越小，工艺性越差。相贯通的交叉孔的工艺性也较差，不通孔的工艺性最差。

内孔的加工方法有钻孔、扩孔、铰孔、镗孔、拉孔、磨孔和光整加工。精度要求高的小直径孔一般采用钻孔、扩孔、铰孔，$D > 20$mm 的孔可采用镗削加工，有些盘类的孔采用拉削加工。精度要求高的孔有时采用磨削加工。孔径的精度一般取决于所用刀具的精度和所用机床的精度。

① 加工精度为IT9级的孔，当孔径小于10mm，毛坯上无预留孔时，可采用钻-铰方案；当孔径小于30mm时，可采用钻-扩方案；当孔径大于30mm时，可采用钻-镗方案。工件材料为淬火钢以外的各种金属。

② 加工精度为IT8级的孔，当孔径小于20mm时，可采用钻-铰方案；当孔径为20～80mm时，可采用钻-扩-铰方案，适用于加工淬火钢以外的各种金属。此外也可采用最终工序为精镗或拉削的方案。淬火钢可采用磨削加工。

③ 加工精度为IT7级的孔，当孔径小于12mm时，可采用钻-粗铰-精铰方案；当孔径在12～60mm范围时，可采用钻-扩-粗铰-精铰方案或钻-扩-拉方案。若毛坯上已铸出或锻出孔，可采用粗镗-半精镗-精镗方案或粗镗-半精镗-磨方案。最终工序为铰孔的方案适用于未淬火钢或铸铁，对有色金属铰出的孔表面粗糙度较大，常用精细镗孔替代铰孔。最终工序为拉的方案适用于大批量生产，适用工件材料为未淬火钢、铸铁和有色金属。最终工序为磨孔的方案适用于加工除硬度低、韧性大的有色金属以外的淬火钢、未淬火钢及铸铁。

④ 加工精度为IT6级的孔，最终工序采用手铰、精细镗、研磨或珩磨等均能达到，视具体情况选择。韧性较大的有色金属不宜采用珩磨，可采用研磨或精细镗。研磨对大、小直径孔均适用，而珩磨只适用于大直径孔的加工。

常用的单一内孔加工方案见表2-3。

表2-3 孔加工方案的经济精度及表面粗糙度

加工方案	经济精度公差等级（IT）	表面粗糙度 $Ra/\mu m$	适用范围
钻	11～13	12.5～50	主要加工除淬火钢以外的各种金属材料，直径小于30mm的中小尺寸孔（毛坯无预留孔）；加工有色金属时 Ra 值稍大。当直径为12～30mm时需扩孔
钻→扩	10～11	12.5～25	
钻→扩→铰	8～9	1.6～3.2	
钻→扩→粗铰→精铰	7～8	0.8～1.6	
钻→铰	8～9	1.6～3.2	
钻→粗铰→精铰	7～8	0.8～1.6	
钻→半精镗→精镗	7～8	0.8～1.6	主要用于单件、小批量生产中非标准的中小尺寸的孔（毛坯无预留孔）加工，适用于除淬火钢以外的各种金属材料

续表

加工方案	经济精度公差等级（IT）	表面粗糙度 $Ra/\mu m$	适用范围
钻→（扩）→拉	7～8	0.8～1.6	用于大批大量生产中盘、套类零件的圆孔、单键孔及花键孔加工。当加工要求较高时，拉削可分为粗拉和精拉
粗镗（或扩）	11～12	6.3～12.5	用于除淬火钢外的各种金属材料、箱体类零件上大直径的孔加工，毛坯上有预留孔（如铸出、锻出等）
粗镗（或扩）→半精镗（或精扩）	9～10	1.6～3.2	
粗镗（或扩）→半精镗（或精扩）→精镗	7～8	0.8～1.6	
粗镗（或扩）→半精镗（或精扩）→精镗→浮动镗	6～7	0.2～0.4	
粗镗（或扩）→半精镗（或精扩）→粗磨	7～8	0.2～0.8	主要用于精度要求高的淬火钢，毛坯有预留孔。精度和表面粗糙度要求更高时，最终工序可用珩磨或研磨。磨削不适用于形状比较复杂、尺寸较大的零件上的孔
粗镗（或扩）→半精镗（或精扩）→粗磨→精磨	6～7	0.1～0.2	
粗镗→半精镗→精镗→金刚镗	6～7	0.05～0.2	主要用于精度要求高的有色金属，毛坯已预留孔

(3) 外圆柱面的主要加工方法及加工方案

外圆面的加工方法常用的有车削和磨削。当表面粗糙度要求较高时，还要经光整加工。

① 车削是加工外圆表面的主要方法。轴向尺寸较长或小型盘类零件的外圆表面车削加工主要采用卧式数控车床，回转直径较大的盘类零件车削加工主要采用立式数控车床。最终工序为车削的加工方案，适用于除淬火钢以外的各种金属。

② 磨削是精加工外圆表面的重要方法。随着科学技术的进步与生产的发展，零件的精度要求愈来愈高，磨削加工的比重还将继续增加。最终工序为磨削的加工方案适用于淬火钢、未淬火钢和铸铁，不适用于有色金属。

③ 对于精度要求高的加工表面，如精密的主要外圆面还需要光整加工，如研磨、超精磨及超精加工等，为提高生产效率和加工质量，一般在光整加工前进行精磨。

④ 最终工序为精细车或金刚车的加工方案，适用于要求较高的有色金属的精加工。

⑤ 对表面粗糙度要求高，而尺寸精度要求不高的外圆，可采用滚压或抛光。

外圆柱面的加工方案及所能达到的经济精度及表面粗糙度见表2-4。

表2-4 外圆柱面加工方案的经济精度及表面粗糙度

加工方案	经济精度公差等级（IT）	表面粗糙度 $Ra/\mu m$	适用范围
粗车	11～13	12.5～50	适用于除淬火钢以外的金属材料
粗车→半精车	8～10	3.2～6.3	
粗车→半精车→精车	7～8	0.8～1.6	
粗车→半精车→精车→滚压（或抛光）	7～8	0.025～0.20	

续表

加工方案	经济精度公差等级（IT）	表面粗糙度 $Ra/\mu m$	适用范围
粗车→半精车→粗磨	8～9	0.4～0.8	主要用于淬火钢件的加工，不宜用于有色金属
粗车→半精车→粗磨→精磨	6～7	0.1～0.4	
粗车→半精车→粗磨→精磨→超精磨	5	0.012～0.1	
粗车→半精车→精车→金刚车	5～7	0.025～0.4	适用于铜、铝等有色金属材料及其他不宜采用磨削加工的外圆表面
粗车→半精车→粗磨→精磨→镜面磨	5级以上	0.006～0.025	主要用于高精度要求的钢件加工
粗车→半精车→粗磨→精磨→研磨		0.006～0.10	
粗车→半精车→粗磨→精磨→粗研→抛光		0.025～0.08	

（4）平面轮廓和曲面轮廓的加工方法及加工方案

① 平面轮廓常用的加工方法及加工方案　平面轮廓常用的加工方法有数控铣削、线切割及磨削等。对内平面轮廓，当曲率半径较小时，可采用数控线切割方法加工。若选择铣削方法，因铣刀直径受最小曲率半径的限制，直径太小，刚性不足，会产生较大的加工误差。对外平面轮廓，可采用数控铣削方法加工，常用粗铣-精铣方案，也可采用数控线切割方法加工。对精度及表面粗糙度要求较高的轮廓表面，在数控铣削加工之后，再进行数控磨削加工。数控铣削加工适用于除淬火钢以外的各种金属，数控线切割加工可用于各种金属，数控磨削加工适用于除有色金属以外的各种金属。

② 立体曲面轮廓的加工方法及加工方案　主要采用数控铣削，多用球头铣刀以行切法加工。根据曲面形状、刀具形状以及精度要求等通常采用二轴半联动或三轴联动。对精度和表面粗糙度要求高的曲面，行切法加工不能满足要求时，可用模具铣刀进行四坐标或五坐标联动加工。

表面加工方法的选择，除了考虑加工质量、零件的结构形状和尺寸、零件的材料和硬度以及生产类型外，还要考虑到加工的经济性。任何一种加工方法获得的精度只在一定范围内才是经济的，这种一定范围内的加工精度即为该种加工方法的经济精度。它是在正常加工条件下（采用符合质量标准的设备、工艺装备和标准技术等级的工人，不延长加工时间）所能达到的加工精度。相应的表面粗糙度称为经济粗糙度。在选择加工方法时，应根据工件的精度要求选择与经济精度相适应的加工方法。常用加工方法的经济精度及表面粗糙度可查阅有关工艺手册。

各种表面由于加工精度和表面粗糙度的要求，一般不是只用一种方法、一次加工就能达到要求的。设计时要根据加工精度和表面粗糙度的要求，先确定各表面的最终加工方法，然后再确定从毛坯到最终成形的加工工艺路线（加工方案）。工艺路线的合理与否将直接影响整个零件的机械加工质量、生产率和经济性。因此，工艺路线的拟定是制定工艺规程的关键性一步，在确定加工方案时，设计者应先根据从生产实践中总结出来的一些综合性工艺原则及相关工艺手册，再结合本企业的实际生产条件，在充分分析的基础上，提出几种可行的加工方案，后通过对比分析，选择最佳的工艺路线。

2.2.2　加工阶段的划分

（1）加工阶段的划分原则

当零件的加工质量要求较高时，往往不可能在一道工序内完成一个或几个表面的全部加工。必须把整个加工过程按工序性质不同划分为几个阶段。

① 粗加工阶段　在这一阶段中要切除大量的加工余量，使毛坯在形状和尺寸上接近零件成品，因此主要目标是提高生产率。

② 半精加工阶段　在这一阶段中应为主要表面的精加工做好准备（达到一定加工精度，保证一定的加工余量），并完成一些次要表面的加工（钻孔、攻螺纹、铣键槽等），一般在热处理之前进行。

③ 精加工阶段　保证各主要表面达到图样规定的尺寸精度和表面粗糙度要求，主要目标是全面保证加工质量。

④ 光整加工阶段　对于零件上精度要求很高（≤IT6）、表面粗糙度值要求很小（$Ra \leq 0.2\mu m$）的表面，还需进行光整加工。主要目标是提高尺寸精度和减小表面粗糙度值，一般不用来纠正形状精度和位置精度。

⑤ 超精密加工阶段　该阶段是按照超稳定、超微量切除等原则，实现加工尺寸误差和形状误差在 $0.1\mu m$ 以下的加工技术。

（2）加工阶段的划分原因

① 有利于保证加工质量　粗加工时因加工余量大，切削力和所需的夹紧力也较大，导致整个加工工艺系统受力变形和热变形都比较严重，零件的内应力重新分布，将产生一定的变形。如果粗加工后立即进行精加工，其变形将直接影响精加工质量。粗、精加工分阶段进行，粗加工产生的加工误差可以通过精加工来纠正，有利于保证精加工质量。

② 有利于合理使用设备　粗加工余量大、切削用量大，应采用功率大、刚性好、生产率高、精度要求不高的设备。而精加工切削力小，对机床破坏小，故可采用精度高的设备。这样可避免因粗加工受力过大而损坏精加工机床的精度，有利于提高高精度机床在使用中的精度保持性，发挥机床设备各自的性能特点。

③ 便于安排热处理工序，使冷、热加工工序配合得更好　例如，粗加工后工件残余应力大，一般要安排去应力热处理（如时效处理），以消除残余应力，精加工前要安排淬火等最终热处理，热处理引起的变形又可在精加工中予以消除。

④ 便于及时发现毛坯缺陷　对毛坯的各种缺陷，如铸件的气孔、夹砂和余量不足等，在粗加工各表面后及时发现，可便于及时报废或修补，以免继续进行精加工而浪费工时和制造费用。

⑤ 便于保护加工表面　精加工、光整加工安排在最后，可保护精加工后的表面不受损伤。

综上所述，当零件的加工质量要求较高、批量较大时，工艺过程应当尽量划分阶段进行。具体划分为几个阶段较合适，需要根据零件的加工精度要求和零件的刚度来决定。一般来说，零件的精度要求越高、刚度越小，划分阶段应越细。

应当指出，划分加工阶段是对整个工艺过程而言的，因而要以工件的主要加工面来分析，不要以工件的个别主要表面（或次要表面）和个别工序判断。加工质量要求不高、工件刚性好、毛坯精度高、加工余量小、生产批量不大时，过细划分阶段会使机床台数和工序数增加，机床负荷率低，不经济，此时可以不分或少分阶段。对刚性好的重型工件，由于装夹和运输费时，也常在一次装夹下完成全部粗、精加工。对于不划分加工阶段的工件，为减少粗加工中产生的各种变形对加工质量的影响，可在粗加工后，松开夹紧机构，停留一段时间，让工件充分变形，然后再用较小的夹紧力重新夹紧，进行精加工。

2.2.3 加工工序的划分

2.2.3.1 工序划分的原则

工序的划分可采用两种不同原则，即工序集中原则和工序分散原则。

(1) 工序集中原则

所谓工序集中，就是指在每道工序中包括尽可能多的加工内容，从而使整个工艺过程中安排的工序数量最少。在批量较大时，常采用多轴、多面、多工位、自动换刀机床和复合刀具来实现工序集中，从而有效地提高生产率。在多品种、小批量生产中，越来越多地使用加工中心机床，这是一个工序集中的典型例子。

工序集中的优点有：①有利于采用高效的数控机床和专用的工艺装备，提高生产效率；②可减少零件的装夹次数，有利于保证各表面之间的位置精度，缩短辅助加工时间；③减少机床数量和机床占地面积；④简化生产组织和计划调度工作，因为工序集中后，工序数目少，设备数量少，操作工人少。

但工序集中程度过高也会带来以下问题：①使机床结构过于复杂，机床的精度要求较高，一次投资费用高，机床的调整和维修较麻烦；②不利于转产；③不利于划分加工阶段。

(2) 工序分散原则

工序分散原则与工序集中相反，是将整个工艺过程分散在较多的工序内进行，而每道工序所完成的加工内容很少。

工序分散的优点有：①所用的数控机床和工艺装备结构简单，调整和维修方便，操作简单；②转产容易；③有利于为每道工序选择最佳的切削用量。

但工序分散的工艺路线较长，其缺点有：①所需设备及工人人数较多，占地面积大；②装夹次数多，各表面之间的位置精度不易保证。

2.2.3.2 工序划分的方法

工序的集中与分散各有优缺点，因此，在划分工序时，恰当地选择工序集中与分散的程度是十分重要的，必须根据生产类型、零件的加工要求、设备条件等具体情况进行分析，确定最佳方案。

在单件、小批量生产中，常常将同工种的加工内容集中在一台数控机床上进行，以避免机床负荷不足。在大批量生产中，若使用高效的加工中心，可按工序集中原则划分工序；若使用由组合机床组成的自动线加工，可按工序分散原则划分工序。

对于大尺寸或重型零件，应采用工序集中原则划分工序。对于刚性差、精度高的零件，应采用工序分散原则。

随着现代数控技术的发展，特别是加工中心的应用，工序的划分更趋向于工序集中原则。但对于某些零件（如活塞、轴承等）采用工序分散的原则仍然可以体现较大的优越性，工序分散加工中的每个工序都可以采用效率高而结构简单的专用机床和专用夹具，投资少又易于保证加工质量，同时也方便按节拍组织流水生产。

数控加工工序的划分，一般采用工序集中原则，具体划分方法如下。

① 以安装次数划分工序　以一次安装完成的那一部分加工内容作为一道工序，这种方法适合于加工内容不多的零件。

② 以所用刀具划分工序　以同一把刀具加工完成所有可以加工的内容作为一道工序，然后换刀加工另一道工序。这种方法适合于加工内容较多的零件，可以减少换刀次数，缩

短辅助时间。加工中心常采用这种方法。

③ 以粗、精加工划分工序　以粗加工中完成的那一部分加工内容作为一道工序，精加工中完成的那一部分加工内容作为另一道工序。这种方法适合于加工精度要求高、刚性差的零件。

④ 以加工部位划分工序　对于加工内容较多的零件，按其结构特点将其分成几个加工部位，一个部位作为一道工序。一般先加工平面、定位面，再加工孔；先加工简单的几何形状，再加工复杂的几何形状；先加工精度比较低的部位，再加工精度比较高的部位。

在划分工序时，一定要根据零件的工艺性、机床功能、零件加工内容多少、安装次数及本企业生产组织状况灵活掌握。在生产实际中，许多工序的安排常基于几种方法综合考虑。

2.2.3.3　工序的安排

零件的加工工序通常包括切削加工工序、热处理工序和辅助工序，这些工序的顺序直接影响到零件的加工质量、生产效率和加工成本。因此，应合理安排好各工序的顺序，并解决好工序间的衔接问题。

（1）切削加工工序的安排

切削加工工序安排的基本原则如下：

① 基准先行原则　在工序安排时，应首先安排零件粗、精加工时要用到的定位基准的加工。如轴类零件，第一道工序一般为车端面、钻中心孔，然后以中心孔定位加工其他表面。再如箱体零件，通常先加工基准平面和其上的两个孔，再以一面两孔为精基准，加工其他表面。被加工零件的基准面或基准孔等可考虑在普通机床上预先加工，但一定要保证精度要求。当零件在数控机床上重新装夹进行加工时，应考虑精修基准面和孔，也可考虑使用数控机床上加工过的表面作为新的定位基准。

② 先粗后精原则　对于精度要求较高、刚性较差的零件，加工时应划分粗、精加工阶段。先粗加工，后精加工。例如，薄壁类零件的结构刚性差，承受切削力和夹紧力能力差，在切削过程中容易产生振动和变形，因此，对于薄壁类零件在安排加工工序时，应按粗、精加工阶段划分工序。由于粗加工时零件产生的变形需要一定的时间恢复，最好粗加工后不要紧接着安排精加工。

③ 先主后次原则　零件上的加工表面一般可以分为主要表面和次要表面两大类。主要表面通常是指位置精度要求较高的基准面和工作表面；次要表面则是指那些精度要求相对较低，对零件整个工艺过程影响较小的辅助表面，如键槽、螺孔、紧固小孔等。次要表面与主要表面间也有一定的位置精度要求，一般是先加工主要表面，再以主要表面定位加工次要表面，次要表面的加工通常安排在主要表面最终精加工之前进行。

④ 先面后孔原则　当零件上有较大的平面可以用来作为定位基准时，总是先加工平面，再以平面定位加工孔，保证孔和平面之间的位置精度，尤其对于钻孔来说，孔的轴线不易偏斜，定位稳定、可靠。

⑤ 先内到外原则　即先进行内腔内形加工工序，后进行外形加工工序。

此外，安排加工工序还应注意的是，上道工序的加工不能影响下道工序的定位和夹紧；以相同安装方式或用同一刀具加工的工序，最好连续进行，以减少重复定位次数；在同一次安装中进行的多道工序，应先安排对工件刚性破坏较小的工序。

由于数控加工的对象复杂多样，加上材料不同、批量不同等多方面因素的影响，在对具体零件制订加工顺序时，应该具体分析，区别对待，灵活处理。这样，才能使所制订的加工顺序合理，从而达到质量优、效率高和成本低的目的。

(2) 热处理工序的安排

热处理工序对改善零件的金属切削加工性能，减少内应力和提高力学性能起着重要的作用，它是加工过程中不可缺少的一部分。但热处理工序往往会使零件产生变形，有时也会使零件表面产生明显的缺陷层，例如脱碳、氧化等。因此，应根据零件的材料和热处理的目的，合理地安排各种热处理工序。

对于铸造类零件，最常用的热处理为退火和时效。铸件退火有完全退火和低温退火两种方式。完全退火的目的是降低硬度和改善切削加工性能。低温退火和时效的目的是消除内应力，通常安排在粗加工之前或粗加工之后进行。对于精度要求较高的复杂铸件，在加工过程中通常安排两次时效处理：铸造→粗加工→时效→半精加工→时效→精加工。

对于钢件，热处理方法很多，主要有退火、正火、时效处理、调质处理、淬火、渗碳、渗氮、氰化、渗金属等。

① 退火　退火是为了改变材料的力学性能，改善高碳钢的加工性能，降低硬度，减少内应力，使组织均匀，为以后的淬火作好金相组织的准备。退火应在锻造之后、机械加工之前进行。

② 正火　正火适用于低碳钢、中碳钢的零件，使组织均匀，改善力学性能，减少以后热处理过程中的变形，并能提高硬度，改善低碳钢的加工性能。正火常在机械加工前进行。

③ 时效处理　毛坯在制造和切削加工中都会在其内部产生残余应力，将会引起零件的变形，影响加工质量甚至造成废品。为了消除残余应力，在工艺路线中需安排时效处理。对于精密量具、模具等零件，在精加工前安排一次时效处理。对于一些刚性较差、精度要求特别高的重要零件（如精密丝杠、主轴等），常常在各个加工阶段之间均安排时效处理。

④ 调质处理　将已经淬火的钢件加热到一定温度后，再进行高温回火的热处理称为调质。调质主要用于提高钢件的力学性能，有时用于改善低碳钢的加工性能。调质常安排在粗加工之前或粗加工之后进行。

⑤ 淬火　淬火主要提高零件的强度和硬度，但往往会产生较大的变形。淬火后的材料因其硬度高且不易切削，一般安排在精加工阶段的磨削加工之前进行。

⑥ 渗碳　渗碳是使低碳钢的表层含碳量增加到0.85%～1.1%，然后再经淬火、回火处理，使零件获得高的表面硬度和耐磨性及疲劳强度等，而心部仍保持原有的塑性及韧性。零件渗碳后变形较大，一般安排在精加工之前进行，但由于渗碳层的厚度较薄，渗碳表面常预先安排粗磨，以减少淬火后的磨削余量，保证渗碳层的厚度。渗碳时对零件上不需要淬硬的部位（如装配时需要配铰的销孔等）应注意保护，或者预先留下较大的余量，待渗碳后淬火前切除。

⑦ 渗氮　渗氮处理主要是为了提高零件表面硬度和耐磨性及疲劳强度，零件渗氮后变形较小，氮化层很薄。渗氮应安排在最终加工之前或之后进行。

⑧ 氰化　氰化又称碳氮共渗，是指在钢件表面层同时渗入碳原子与氮原子，使钢件表面具有渗碳和渗氮的特性。一般安排在最终加工之前或之后进行。

⑨ 渗金属　渗金属是指将金属原子渗入钢件表面，使钢件表面层合金化，即具有某些合金钢、特殊钢的特性，如耐热、耐磨、抗氧化、耐腐蚀等。常用的有渗铝、渗铬、渗硼、渗硅等。

表面装饰性镀层和发蓝处理一般都安排在最终加工之后进行。

（3）辅助工序的安排

辅助工序包括检验、清洗、去毛刺、防锈、去磁和平衡等。辅助工序也是必要的工序，若安排不当或遗漏，将会给后续工序带来困难，影响产品质量，甚至无法正常使用。

① 检验工序　为了确保零件的加工质量，在工艺路线中必须合理安排检验工序。一般在关键工序前后、各加工阶段之间、送往外车间前后及工艺路线的最后，都应当安排检验工序，以保证零件加工质量。

对于重要的零件，还需要安排 X 射线检查、磁粉探伤等内部质量检验工序，这些工序一般在精加工阶段进行。密封性检验、平衡和重量检验，一般安排在最终加工之后进行。

② 清洗和去毛刺　切削加工后，在零件表层或内部有时会留下毛刺，它们将影响装配的质量甚至产品的性能，应当安排去毛刺处理。

零件在进入装配之前，一般应安排清洗。特别是研磨、珩磨等光整加工工序之后，砂粒易附着在零件表面上，必须认真清洗，以免加剧零件在使用中的磨损。

③ 其他辅助工序　可根据需要安排平衡、去磁、涂防锈油等其他辅助工序。

2.3　数控加工工序设计

2.3.1　数控机床的合理选用

在对零件加工时，一般应根据零件毛坯的类型、生产批量、零件轮廓的几何形状、尺寸的大小、加工精度等条件，合理地选用数控机床的型号。

（1）零件的类型决定机床类型

轴类、套类等回转体零件加工适合选用数控车床；当回转体零件上具有键槽、端面孔、槽等加工要求时，适合选用车削中心；小型板类零件的轮廓加工或孔系加工、三维型面的加工等适合选用数控铣床；壳体类、模具类、箱体类、涡轮叶片和具有多孔加工的板类零件等适合选用加工中心；盘类零件根据加工要求的不同，有的适合选用数控车床，有的则适合选用加工中心。

（2）零件尺寸的大小决定机床的规格

中小型零件加工宜选用中小型数控机床；对于大型或重型零件的加工，应选用大型或重型数控机床。具体应根据加工零件的尺寸大小选择数控机床的行程，即机床数控装置能够控制的刀具或工作台的进给运动范围。

（3）零件的复杂程度决定机床应具备的控制轴数和联动轴数

控制轴数是指数控机床所配备的数控装置能够控制的独立运动的进给运动轴数，包括移动进给轴和回转进给轴。通常用 X、Y、Z 表示3个相互垂直的移动进给轴，A、B、C 分别表示绕 X、Y、Z 回转的进给轴。联动轴数是指控制轴数中可按一定的规律同时协调运动的进给轴数。联动轴数与控制轴数是两个不同的概念，一台数控机床的联动轴数小于或等于控制轴数。联动轴数越多，说明数控装置加工复杂空间曲面的能力越强，当然编程也越复杂。

根据加工零件的复杂程度和加工要求决定选用的数控机床应具备的控制轴数和联动轴数。一般加工回转体零件采用数控车床两轴联动控制；加工具有平面曲线类零件（如平面凸轮）采用数控铣床两轴联动控制；加工具有空间曲线曲面类零件采用三轴及以上联动控制。

(4) 零件的精度要求决定数控机床的定位精度和重复定位精度

一般来说，精度要求不高的零件加工，选用经济型数控机床；形状复杂或精度要求较高的零件加工选用全功能型数控机床；精密零件和超精密零件加工应选用精密型数控机床。具体按照零件的加工精度要求选用。

机床定位精度指刀具实际位置与指令位置的一致程度，用定位误差表示。定位误差是指在一次定位操作中系统达到稳定状态以后实际位置和指令位置之差。定位误差越小，定位精度越高。重复定位精度指在相同的条件下，操作方法不变，进行规定次数的定位操作所得到的刀具实际位置的一致程度，其最大不一致量为重复定位误差。重复定位误差越小，重复定位精度越高。定位精度和重复定位精度与脉冲当量有关，也受机床机械部分的传动精度影响，是影响零件加工精度的重要指标。

脉冲当量是指若不考虑机械传动误差，机床数控装置每发出一个进给脉冲，刀具沿相应的进给运动方向应该移动的距离。脉冲当量与机床数控装置的运算精度和数控机床机械部分的传动比有关，反映了数控机床的加工精度，也称为控制分辨率。一般地说，脉冲当量越小，数控机床的加工精度越高。数控机床的脉冲当量按照零件的加工精度选择，一般为所加工零件公差带的 1/10～1/5。

目前，数控机床的应用几乎扩展到了所有的加工领域。制造业的许多生产企业为了适应产品的频繁更新换代，以及提高加工精度、降低生产成本、缩短产品交货周期和减轻劳动强度等，对于形状不太复杂的零件，在中批甚至大批生产中应用了数控机床，仍能取得良好的经济效益。

总之，选用数控机床时要特别注意两点：其一是综合考虑性能和成本因素，在满足零件加工要求的前提下应该尽量降低加工成本；其二是根据企业的设备条件，要充分利用现有设备。

2.3.2 零件的装夹与夹具的选择

(1) 零件装夹的基本原则

零件的装夹就是将零件在机床或夹具中定位、夹紧的过程。在数控机床上加工零件时，零件装夹的原则基本上与在普通机床上加工相同，即合理地选择定位基准和夹紧方案。为了提高数控机床的加工效率，在确定定位基准和夹紧方案时，应符合以下原则。

① 力求使零件的设计基准、工艺基准与编程计算的基准统一。

② 尽量将工序集中，减少零件的装夹次数，尽可能在一次定位装夹后加工出全部待加工表面。

③ 避免采用占机人工调整时间长的装夹方案，以充分发挥数控机床的效能。

(2) 数控机床夹具的要求

夹具可用来保证零件在加工过程中准确地定位，避免由于切削力、离心力、重力或惯性力等作用而产生位置的变化和振动，以保证加工精度和操作安全。数控机床用夹具的要求如下。

① 精度要求　由于数控机床具有连续加工、多型面加工和强力自动加工的特点，所以对数控机床夹具也就要求比一般机床夹具精度与刚度高，这样可减少零件在夹具中因定位和夹紧所产生的误差以及粗加工时的变形误差。

② 定位、装夹要求　零件在数控机床夹具中定位与在普通机床上定位原理相同，一

般都按六点定位原则消除自由度，即实现完全定位。零件的定位基准相对于机床坐标系的原点应有严格的确定关系，以满足在数控机床坐标系中实现零件与刀具相对运动的要求。同时，夹具上的每个定位面相对数控机床的坐标原点均应有精确的坐标尺寸，以满足数控加工中简化定位和安装的要求。零件的装夹、定位要考虑到重复安装的一致性，以减少对刀时间，提高同一批零件加工的一致性要求。

③ 空间要求　在数控机床上加工零件，由于工序集中，往往在一次装夹中完成全部工序的加工。零件定位、夹紧的部位应考虑到不妨碍各部位的加工、更换刀具以及重要部位的测量，尤其要注意不要发生刀具与零件、刀具与夹具的干涉碰撞。有些定位件可设计成在零件夹紧后可以卸去的结构形式，以满足多面加工的需要。

④ 夹紧力要求　夹紧力大小要适当，既能确保零件加工需要，又不能使夹具、零件产生变形，影响零件的加工精度。夹紧力应力求通过主要支承点或在该支承点所组成的三角形内，尽量靠近切削部位，并作用在刚性较好的地方，以减小零件变形。

⑤ 快速夹紧调整要求　零件在夹具中装夹要迅速，调整要方便可靠，减少非加工时间，提高加工效率。数控加工可通过快速更换加工程序而变换加工对象，为了减少更换工装的辅助时间，减少贵重设备等待闲置时间，宜采用高效的组合夹具，以使夹具在更换加工零件的过程中能快速调整或更换定位夹紧元件。

（3）数控机床夹具的选择原则

① 一般应以通用夹具和组合夹具为主，以缩短生产准备时间和降低加工成本。

② 在加工形状不规则的零件时，或是需在加工中心的托盘上同时加工多个相同或不相同的零件时，一般设计专用夹具，并力求结构简单、装卸方便。

（4）数控车削加工夹具的选择

在数控车床或车削中心上加工零件，常用的通用夹具有三爪自定心卡盘、四爪单动卡盘、顶尖、弹簧夹头、中心架、自定心跟刀架、通用芯轴和花盘等。对于必须在数控车床上加工又不能使用通用夹具装夹的零件，通常需要设计专用夹具完成非轴套、非轮盘类零件的孔、轴、槽和螺纹等的加工，以扩大机床的使用范围。下面介绍几种在数控车床上装夹零件的常用方法。

① 用三爪自定心卡盘装夹零件　数控车床的三爪自定心卡盘为液压卡盘或气动卡盘，装夹零件方便、省时。对于零件轴向尺寸和径向尺寸的比值 $L/D<4$ 的短轴类零件和普通的盘类零件，使用零件或毛坯的外圆作为定位基准，常采用三爪自定心卡盘装夹一端来进行车削加工。

由于三爪自定心卡盘定心精度不高，当加工同心度要求高的零件且需要二次装夹时，常常使用软爪夹持零件。软爪是在使用前根据被加工零件定位夹紧面尺寸的大小特别制造的，要保证软爪内圆直径与零件外圆直径相同，略小更好，目的是消除夹盘的定位间隙，增加软爪与零件的接触面积，以获得理想的夹持精度。

三爪自定心卡盘夹持零件一般不需要找正，装夹速度快，但夹紧力较四爪卡盘小，适用于中小尺寸零件的大批量生产中。

② 用四爪单动卡盘装夹零件　四爪单动卡盘的四个卡爪是各自独立运动的，因此用四爪卡盘装夹零件时，需要对零件进行找正，通过调整卡爪，使零件加工面的回转中心与数控车床的回转中心重合后才能加工。

四爪单动卡盘夹紧力大，但找正零件比较费时，适用于装夹精度要求不高、偏心距较小、零件长度较短的零件，以及大型或形状不规则的零件。

③ 用卡盘和顶尖装夹零件　对于 $4 \leqslant L/D \leqslant 10$ 的轴类零件，必须在零件的一端用三爪卡盘或四爪卡盘夹持，另一端用尾座的回转顶尖顶紧。在批量生产时，为了保证同批加工零件轴向尺寸的一致性，要在卡盘内安装一个限位支承，也可以利用零件的轴肩定位，还可以在设计软爪时沿轴向设计出定位台阶。

用卡盘和顶尖装夹零件比较安全，能承受较大的轴向力，因此应用较广泛。

④ 用两顶尖装夹零件　对于较长的或必须经过多次装夹才能加工好的零件（如长轴、长丝杆或车削后还要铣、磨的零件），可用两顶尖装夹，装夹前必须先在零件端面钻出标准的中心孔。两顶尖装夹零件方便，不需要找正，装夹精度高，但刚度较小，易使工件弯曲变形。

⑤ 其他装夹方法　除了以上常见的装夹方法外，根据零件的不同结构特点还有一些其他的装夹方法。

如弹簧夹头，装夹方便快捷，适用于大批量的中小型零件的加工。中心架用于长轴零件加工时，可提高其刚度。当长轴零件加工不允许接刀时，需使用自定心跟刀架，以提高零件刚度。

对于轴向尺寸较短的零件，当需要使用零件的内孔定位加工外圆时，通常使用芯轴定位装夹，必要时与卡盘、顶尖配合使用。

对于外形复杂的异形零件加工，可以使用花盘、角铁和其他附件装夹零件。

（5）数控镗铣加工夹具的选择

在数控铣床和加工中心上可对零件进行镗铣加工及孔加工，其夹具可分为通用夹具、组合夹具和专用夹具。

① 通用夹具　数控铣床和加工中心上使用的通用夹具包括平口虎钳、夹具基础板、万能分度头、三爪自定心卡盘及其他机床附件。

根据应用情况不同，通用夹具可分为不可调夹具、可调通用夹具及机床标准附件。不可调夹具适用于小批生产，可供多次重复使用；可调通用夹具适用于成组加工，它由基础组合件组装而成，仅需制造少量专用调整安装件；机床标准附件通用性强，适用于成批生产。

图 2-3 所示为可更换支承钳口的气动夹紧虎钳，固定钳口位置的快速调整是由手柄反转使支承板的凸块从槽中退出实现的。当夹紧工件时，压缩空气驱动活塞杆进而带动杠杆使活动钳口右移，完成零件的夹紧过程。

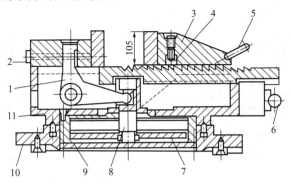

图 2-3　可更换支承钳口的气动夹紧虎钳

1—杠杆；2—活动钳口；3—固定钳口；4—支承板；5—手柄；6—限位组件；
7—活塞；8—活塞杆；9—气缸；10—下钳体；11—上钳体

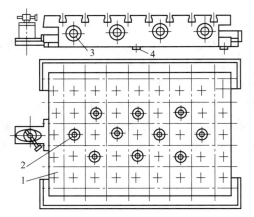

图 2-4 数控铣床通用可调夹具基础板
1—基础板；2，3—液压缸；4—定位键

图 2-4 为数控铣床通用可调夹具基础板，内装立式液压缸和卧式液压缸，通过定位键与机床工作台的 T 形槽连接。零件可通过定位键、压板、锁紧螺钉等元件直接固定在基础板上，也可通过定位夹紧装置固定在基础板上。

② 组合夹具 组合夹具是由一套结构已经标准化、尺寸已经规格化的通用元件和组合元件所构成，它根据不同零件的加工需要能组成各种功用的夹具，可用于成批生产的零件的装夹。因此，组合夹具是实现夹具柔性化的理想途径。

组合夹具的结构主要分为槽系和孔系两种基本形式。槽系为传统组合夹具的基本形式，可调性好，应用较广泛。图 2-5 为槽系组合夹具示意图。其中，图 2-5（a）为构成槽系组合夹具的标准元件，图 2-5（b）为组装后的夹具结构示意图。

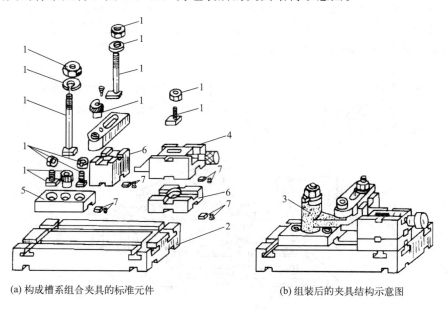

(a) 构成槽系组合夹具的标准元件   (b) 组装后的夹具结构示意图

图 2-5 槽系组合夹具示意图
1—紧固件；2—基础板；3—零件；4—活动 V 形块组合件；5—支承板；
6—垫铁；7—定位键与紧定螺钉

孔系组合夹具相比槽系组合夹具,在结构上有较多优点。孔系元件结构简单,定位精度高,制造工艺性好,刚性较好,组装方便。孔系组合夹具特别适用于数控及柔性制造系统的夹具配置,因此近年来在国内外均得到了广泛的应用。图2-6是我国生产的孔系组合夹具组装元件的分解图。

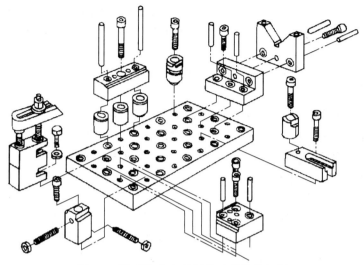

图 2-6 孔系组合夹具组装元件的分解图

③ 专用夹具 专用夹具是专门为某个零件的某道工序设计制造的,它应具有刚性好、效率高、装夹稳定可靠及操作方便等特点。但是,专用夹具的设计和制造周期长,制造成本高,不适应产品的频繁更新换代。使用专用夹具,可以保证一批零件加工尺寸比较稳定,互换性较好。在加工中心上加工批量较大、精度要求高的零件时,可以选用液压或气动的专用夹具,以减轻操作者的劳动强度,提高生产率。

2.3.3 数控加工刀具与工具系统

数控加工要实现高速度、高精度与高效率的目标,除数控机床要具有高速度(主轴转速和进给速度)、高精度和高自动化程度外,加工刀具的性能也具有极为重要的影响。因此,刀具材料及类型的合理选用是数控加工工序设计中的一项重要内容。

2.3.3.1 数控加工刀具的材料

刀具材料是指刀具切削部分的材料,其切削性能直接影响着生产效率、加工质量及加工成本。因此,数控加工刀具材料应具有高硬度,足够的强度和韧性,高耐磨性和耐热性,良好的导热性、工艺性、经济性、抗黏接性及化学稳定性等性能。目前数控加工常用刀具的材料主要有高速钢、硬质合金、涂层刀具陶瓷、立方氮化硼和聚晶金刚石。

(1) 高速钢 (high speed steel,HSS)

高速钢是一种含钨(W)、钼(Mo)、铬(Cr)、钒(V)等合金元素较多的工具钢,具有较好的力学性能和良好的工艺性,可以承受较大的切削力和冲击。但切削速度低,耐磨性差。常用于制成铣刀、拉刀、高速滚刀、剃(插)齿刀、丝锥、滚挤压刀具等,适用于低速、小功率和断续切削。

高速钢的品种繁多,按其切削性能不同,可分为普通高速钢和高性能高速钢;按制造工艺不同,可分为熔炼高速钢和粉末冶金高速钢。

① 普通高速钢 国内外使用最多的普通高速钢是 W6Mo5Cr4V2 及 W18Cr4V 钢,硬

度63～66HRC，不适于高速和硬材料切削。新牌号的普通高速钢W9Mo3Cr4V（W9）是根据我国资源情况研制的含钨量较多、含钼量较少的钨钼钢，其硬度为65～66.5HRC，有较好硬度和韧性的配合，热塑性、热稳定性都较好，焊接性能、磨削加工性能都较高。

② 高性能高速钢　即在普通高速钢中加入一些合金，如Co、Al等，使其耐热性、耐磨性进一步提高，热稳定性高。但其综合性能不如普通高速钢，不同牌号只有在各自规定的切削条件下，才能达到良好的加工效果。我国正努力提高高性能高速钢的应用水平，如发展低钴高碳钢W12Mo3Cr4V3Co5Si、含铝的超硬高速钢W6Mo5Cr4V2Al、W10Mo4Cr4V3Al，提高韧性、热塑性、导热性，其硬度达67～69HRC，可用于制造出口钻头、铰刀、铣刀等。

③ 粉末冶金高速钢　可以避免熔炼法炼钢时产生的碳化物偏析，其强度、韧性比熔炼钢有很大提高。可用于加工超高强度钢、不锈钢、钛合金等难加工材料。用于制造大型拉刀和齿轮刀具，特别是切削时受冲击载荷的刀具效果更好。

（2）硬质合金（cemented carbide）

硬质合金是用高硬度、难熔的金属化合物（WC、TiC等）微米数量级的粉末与Co、Mo、Ni等金属黏接剂烧结而成的粉末冶金制品。具有硬度高（大于89HRC）、熔点高、化学稳定性好、热稳定性好的特点，但其韧性差，脆性大，承受冲击和振动能力低。其切削效率是高速钢刀具的5～10倍，因此，硬质合金是目前数控加工刀具的主要材料。常用的有以下4类。

① 钨钴类（WC+Co）硬质合金（YG）　常用牌号有YG3、YG6、YG8等，此类硬质合金强度好，硬度和耐磨性较差，主要用于加工铸铁及有色金属。

② 钨钴钛类（WC+TiC+Co）硬质合金（YT）　常用牌号有YT5、YT15、YT30等。此类硬质合金硬度、耐磨性、耐热性都明显提高，但韧性、抗冲击振动性差，主要用于加工钢料。

③ 钨钛钽钴类（WC+TiC+TaC+Co）硬质合金（YW）　在YT类硬质合金的基础上，添加少量TaC（NbC），可以提高其抗弯强度、冲击韧性、高温硬度、抗氧能力和耐磨性。既可用于加工钢料，又可加工铸铁和有色金属，因此常称为通用硬质合金。目前主要用于加工耐热钢、高锰钢、不锈钢等难加工材料。

④ 钨钽钴类硬质合金（YA）　在YG类硬质合金的基础上添加TaC（NbC），提高了常温、高温硬度与强度、抗热冲击性和耐磨性，可用于加工铸铁和不锈钢。

此外，还有TiC（或TiN）基硬质合金（又称金属陶瓷）、超细晶粒硬质合金（如YS2、YM051、YG610、YG643）等。

（3）涂层刀具材料

即在硬质合金、粉末冶金高速钢等刀具基体上涂覆一薄层耐磨性高的难熔金属（或非金属）化合物而得到的刀具材料，较好地解决了刀具材料硬度、耐磨性与强度、韧性之间的矛盾。使用涂层刀具，可缩短切削时间，减少换刀次数，提高加工精度，延长刀具寿命，可减少或取消切削液的使用。涂层刀具可加工各种结构钢、合金钢、不锈钢和铸铁，干切或湿切均可正常使用。超硬材料涂层刀片，可加工硅铝合金、铜合金、石墨、非铁金属及非金属，其应用范围从粗加工到精加工，寿命比硬质合金提高10～100倍。对于孔加工刀具材料，用粉末冶金高速钢及硬质合金为基体的涂层刀具，可进行高速切削。

（4）陶瓷（ceramic）

陶瓷刀具硬度可达91～95HRA，耐磨性比硬质合金高十几倍，具有良好的高温切削性能，但其脆性大、强度低、导热性差。适于加工冷硬铸铁、淬硬钢及铝合金、铜合金、镍基合金材料。

(5) 立方氮化硼（cubic boron nitride，CBN）

有很高耐磨性、热硬性及热稳定性，其硬度及导热性仅次于金刚石。立方氮化硼刀具适于加工钢铁材料及高速切削高温合金，还可加工以前只能用磨削方法加工的特种钢，非常适合数控机床加工。

(6) 金刚石（diamond）

金刚石是目前最硬的刀具材料，有天然金刚石和人造金刚石。除少数超精密及特殊用途外，工业上多使用人造聚晶金刚石作为刀具及磨具材料。金刚石具有极高的硬度、很好的耐磨性、很高的导热性，刃磨非常锋利，得到表面粗糙度值小，摩擦系数较低，可在纳米级稳定切削。

金刚石刀具主要用于超精加工各种有色金属，如铝合金、铜合金、镁合金等，也用于加工铁合金、金、银、铂、各种陶瓷和水泥制品；对于各种非金属材料，如石墨、橡胶、塑料、玻璃及其聚合材料的加工效果都很好。例如，激光扫描器和高速摄影机的扫描棱镜、特形光学零件、录像机及照相机零件等光学零件的超精加工均广泛使用金刚石刀具。金刚石通常也作为砂轮的主要成分，用来磨削硬质合金刀具，修正其他陶瓷砂轮的外形。但人造金刚石与铁族元素亲和力强，不宜加工含有铁元素的零件，不可以加工韧性强的材料，而且受冲击时容易碎裂。

2.3.3.2 数控车削刀具

(1) 数控车削刀具的种类

车削刀具（车刀）是金属切削刀具中应用最广泛的刀具，按用途可分为外圆车刀、内孔车刀、端面车刀、螺纹车刀、切槽车刀、仿形车刀等，其常用种类如图 2-7 所示。车刀在结构上可分为整体车刀、焊接车刀、机械夹固刀片的车刀（机夹式车刀）。机夹式车刀按刀体结构的不同，又可分为不转位刀片车刀和可转位刀片车刀。目前数控车床及车削中心大多使用机夹可转位车刀。

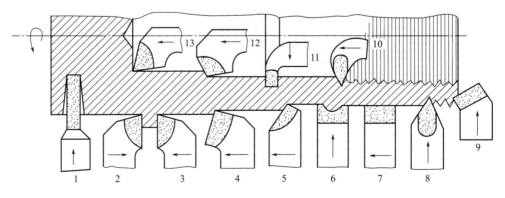

图 2-7 常用的车刀种类

1—切断刀；2—90°左偏刀；3—90°右偏刀；4—弯头车刀；5—直头车刀；6—仿形车刀；7—宽刃精车刀；8—外螺纹车刀；9—端面车刀；10—内螺纹车刀；11—内槽车刀；12—通孔车刀；13—盲孔车刀

(2) 机夹可转位车刀的结构形式

机夹可转位车刀的典型结构形式如图 2-8 所示，其中，刀片和刀垫通过夹固元件紧固在刀杆槽中，由此形成车刀的前后角。可转位刀片中的一条切削刃用钝后无须重磨，只需

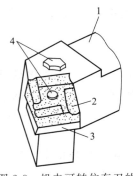

图 2-8 机夹可转位车刀的典型结构形式
1—刀杆；2—刀片；3—刀垫；4—夹固元件

转位换成相邻的切削刃即可继续加工，直到刀片上所有切削刃全部用钝后刀片才报废。

由于可转位刀片种类和所用材料品种很多，ISO（国际标准化组织）和我国国家标准化组织（GB）都对机夹可转位刀具的型号、刀片形状代码、刀垫等做出了规定，可查阅相关标准。

（3）机夹可转位车刀的特点

① 刀片各切削刃可转位轮流使用，减少换刀时间，提高生产效率。

② 刀刃不用重磨，有利于推广使用涂层刀片、陶瓷刀片、CBN 刀片等新型刀片。

③ 断屑槽型压制而成，尺寸稳定，节省刀具材料（如硬质合金、陶瓷、CBN 等）。

2.3.3.3 数控铣削刀具

铣刀为多齿回转刀具，其每一个刀齿都相当于一把车刀固定在铣刀的回转面上。铣削时各刀齿依次间歇地切去工件的余量，同时参加铣削的切削刃较长，且无空行程，生产率较高。通用规格的铣刀已标准化，一般均由专业工具厂生产。铣刀种类很多，结构不一，应用范围很广，常用的铣刀类型有圆柱形铣刀、面铣刀、立铣刀、三面刃铣刀、锯片铣刀、键槽铣刀、模具铣刀、成形铣刀等，主要用于铣削平面、台阶、沟槽、曲面、成形表面、模具型腔或凸模曲面和切断工件等，如图 2-9 所示。

图 2-9 常用的铣刀类型及应用

（1）圆柱形铣刀　用于卧式铣床上铣平面，刀齿分布在铣刀的圆周上，如图 2-9（a）所示。按齿形分为直齿和螺旋齿两种；按齿数分为疏齿和密齿两种。螺旋齿与疏齿铣刀的齿数少，刀齿强度高，容屑空间大，适用于粗加工；而密齿适用于精加工。

（2）面铣刀（又称盘铣刀）　主切削刃分布在圆柱或圆锥表面上，端面切削刃为副切削刃，铣刀的轴线垂直于被加工表面。主要用在立式铣床或卧式铣床上加工台阶面和平面，特别适合较大面积平面的加工，如图 2-9（b）所示。主偏角为 90°的面铣刀可铣底部较宽的台阶面，以减少进给次数，提高加工效率与表面质量。面铣刀有粗齿和细齿之分，其结构有整体式、镶齿式和可转位式三种。

（3）立铣刀　圆柱表面和端面都有切削刃，圆柱表面的切削刃为主切削刃，端面上的切削刃为副切削刃，它们可同时进行铣削，也可单独进行铣削。主切削刃一般为螺旋齿，这样可以增加切削平稳性，提高加工精度。立铣刀端面切削刃分不过中心刃和过中心刃两种，不过中心刃的立铣刀不能沿轴向进给，过中心刃的立铣刀可沿轴向进给，但其端面切削刃越靠近端面回转中心处，切削效果越差。立铣刀制造方便，是铣削加工的主要刀具，常用于台阶面、周边轮廓、侧壁垂直的平底沟槽或型腔等铣削加工，如图 2-9（c）、（d）、（e）所示。立铣刀按齿数分为粗齿和细齿，一般粗齿立铣刀齿数 $z=3\sim4$，细齿立铣刀齿数 $z=5\sim8$。立铣刀直径的选择应主要考虑工件的加工尺寸的要求，保证刀具所需功率在机床额定功率范围内。如果是小直径立铣刀，主要考虑的应该是机床的最大转速能否满足刀具的最小切削速度（60m/min）。

（4）三面刃铣刀　其两侧面和圆周上均有刀齿，用于加工各种沟槽和台阶面。如图 2-9（f）所示。

（5）锯片铣刀　主要用于大多数材料的切削深槽、切断工件、内外槽铣削等，其圆周上有较多的刀齿，如图 2-9（g）所示。为了减少铣削时的摩擦，刀齿两侧有 $15'\sim1°$ 的副偏角。

（6）键槽铣刀　主要用于铣键槽等槽，如图 2-9（h）所示。圆柱面和端面都有切削刃，端面刃延至中心，它有两个刀齿，既像立铣刀，又像钻头。铣键槽时，先轴向进给达到槽深，然后沿键槽方向铣出键槽全长。由于切削力引起刀具和工件的变形，一次走刀铣出的键槽形状误差较大，槽底一般不是直角。为此，通常采用两步法铣削，即先用小号铣刀粗铣出键槽，然后以逆铣方式精铣四周，可得到真正的直角，能获得最佳的精度。国家标准规定，直柄键槽铣刀直径 $d=2\sim22$mm，锥柄键槽铣刀直径 $d=14\sim50$mm。键槽铣刀的圆周切削刃仅在靠近端面的一小段长度内发生磨损，重磨时，只需刃磨端面切削刃，因此重磨后直径不变。键槽铣刀直径的偏差有 e8 和 d8 两种。

（7）成形铣刀　如双角度铣刀铣 V 形槽，如图 2-9（i）所示；燕尾槽铣刀铣燕尾槽，如图 2-9（j）所示；T 形槽铣刀铣 T 形槽，如图 2-9（k）所示，齿轮铣刀铣齿形槽，如图 2-9（l）所示。此外还有反 R 圆弧刀（内 R 铣刀）用于倒圆角，倒角刀用于倒角，圆弧 T 形槽刀用于开带圆角槽等多种成形铣刀。

（8）模具铣刀　模具铣刀是由立铣刀发展而成的，是加工金属模具型腔或凸模成型表面的铣刀的统称。按工作部分外形可分为圆锥形平头、圆柱形球头、圆锥形球头三种，它的特点是端面或球头上布满了切削刃，圆周刃与球头刃圆弧连接，可以做径向和轴向进给。铣刀工作部分用高速钢或硬质合金制造，国家标准规定直径 $d=4\sim63$mm。高速钢模具铣刀如图 2-10 所示；小规格的硬质合金模具铣刀多制成整体结构，

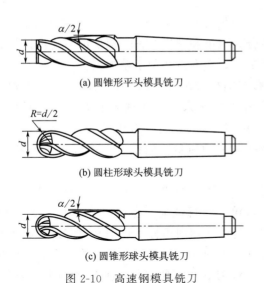

(a) 圆锥形平头模具铣刀

(b) 圆柱形球头模具铣刀

(c) 圆锥形球头模具铣刀

图 2-10 高速钢模具铣刀

直径 φ16 以上的硬质合金模具铣刀制成焊接或可转位刀片结构（如图 2-11 所示）。硬质合金模具铣刀用途非常广泛，除可铣削各种模具型腔外，还可代替手用锉刀和砂轮磨头清理铸、锻、焊工件的飞边，以及对某些成形表面进行光整加工等。

其中，立铣刀还有特殊刀型设计，根据其工作部分的外形分为环形刀、鼓形刀等，工作部分外形尺寸示意图如图 2-12 所示。如图 2-12（a）所示，环形刀（又称圆鼻铣刀、牛鼻刀、圆弧立铣刀）的周边切削刃与底面切削刃之间以一段小圆弧过渡，它结合了球头刀（球头模具铣刀）与立铣刀的优点，刀头曲面不像球头刀弧度那么大，只有一段小的弧度，同时刀头底部保持了立铣刀的特点，在加工小角度的曲面的同时，对相对平坦的加工部位也有比较好的铣削质量。如果工件较大，曲面曲率变化较小，相对平坦的区域较多，狭小凹陷区域较少，则选用环形刀加工优势明显。它不存在球头刀的那种静止磨削情况，所以它的磨损比较小，使用寿命相对较长，特别适合用于材料硬度高的模具粗加工。但如果工件上存在小的凹陷区域，环形刀由于存在刀刃盲区，会发生"顶刀"现象，对加工不利，此时应避免使用。如图 2-12（b）所示鼓形刀（鼓形立铣刀）的切削刃呈圆弧形（圆弧半径 R 大于刀具标称半径 r_{max}）。使用五轴机床加工复杂表面时，可实现鼓形刀的充分利用，使用多刀路铣削技术的鼓形刀加工与球头刀相比可显著增加步距，有效减少进给次数，提高加工效率与表面质量。鼓形刀刃口的圆弧半径越小，刀具所能适应的斜角变化范围就越大，但是行切得到的零件表面质量就越差或加工效率越低。鼓形刀的缺点是刃磨较困难，切削条件较差。

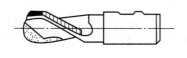

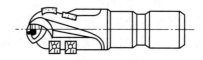

(b) 圆柱形球头可转位硬质合金刀片模具铣刀

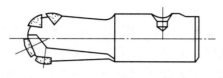

(a) 圆柱形球头焊接硬质合金刀片模具铣刀

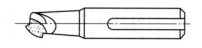

(c) 圆锥形球头焊接硬质合金刀片模具铣刀

图 2-11 焊接或可转位刀片结构的硬质合金模具铣刀

（9）螺纹铣刀　螺纹铣刀是通过三轴或三轴以上联动加工中心实现螺纹铣削加工的刀具。螺纹铣削加工与传统螺纹加工方式相比，在加工精度、加工效率方面具有极大优势，且加工时不受螺纹结构和螺纹旋向的限制，如一把螺纹铣刀可加工多种不同旋向的内、外

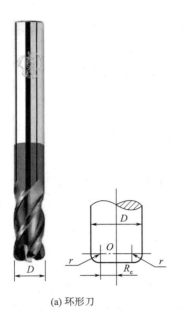

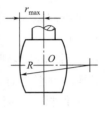

(a) 环形刀　　　　　　　　　　(b) 鼓形刀

图 2-12　环形刀和鼓形刀

螺纹。螺纹铣刀的耐用度是丝锥的十多倍甚至数十倍，而且在数控铣削螺纹过程中，对螺纹直径尺寸的调整极为方便。随着数控加工技术的发展，采用铣削加工螺纹的方式在机械制造业的应用越来越广泛。

2.3.3.4　孔加工刀具

孔加工主要有钻孔、扩孔、铰孔、镗孔和攻螺纹等，常用刀具有普通麻花钻、可转位浅孔钻、喷吸钻、扩孔钻、铰刀、镗刀及丝锥等，应根据零件材料、加工尺寸及精度等要求合理选用。

（1）钻孔刀具

在加工中心上钻孔，普通麻花钻应用最广泛，尤其是加工 $\phi 30 mm$ 以下的孔时，以麻花钻为主，麻花钻有高速钢和硬质合金两种材料。对于直径 $\phi 20 mm \sim \phi 60 mm$、深径比≤3 的中等浅孔，可选用硬质合金刀片直柄浅孔钻。对深径比大于 5 而小于 100 的深孔，由于加工中散热差，排屑困难，钻杆刚性差，易使刀具损坏和引起孔的轴线偏斜，影响加工精度和生产率，故可选用喷吸钻。喷吸钻是一种效率高、加工质量好的内排屑深孔钻。

（2）铰刀

铰刀属于定径刀具，容易保证孔的尺寸精度，效率也较高。但由于大直径的定径刀具成本高，故适用于中小尺寸的孔加工。主要用于加工 $\phi 30 mm$ 以下的标准孔的半精加工和精加工。

（3）镗刀

套类、壳体类和箱体类上的直径大于 $\phi 80 mm$ 的孔，一般要用镗刀加工，其加工精度可以达到 IT7～IT6，表面粗糙度为 $Ra 6.3 \sim 0.8 \mu m$，精镗孔可达到 $Ra 0.4 \mu m$。

按镗刀切削刃数量不同，分为单刃镗刀和双刃镗刀。单刃镗刀的结构简单，一般均有调整装置，粗、精加工都适用。但镗刀效率低，主要用于单件、小批量生产中。

使用双刃镗刀镗孔时，其上对称的两切削刃同时参与切削，零件的孔径尺寸与精度由镗刀径向尺寸保证。双刃镗刀与单刃镗刀相比，每转进给量可提高1倍左右，生产效率提高。

此外，在大批大量生产中盘套类零件的圆孔、单键孔及花键孔需要使用拉刀，拉刀属于定径的专用刀具，加工质量稳定，生产率高，但大直径拉刀成本高。

2.3.3.5 数控加工刀具的选择

数控加工刀具的选择与加工性质、工件形状和机床类别等因素有关。

(1) 选择刀片（刀具）应考虑的要素

选择刀片或刀具应考虑的因素是多方面的。随着机床种类、型号的不同，生产经验和习惯的不同以及其他种种因素而得到的效果是不相同的，归纳起来应该考虑的要素有以下几点。

① 工件材料类别，如有色金属（铜、铝、铁及其合金）、黑色金属（碳钢、低合金钢、工具钢、不锈钢、耐热钢等）、复合材料、塑料类等。

② 工件材料性能状况，包括硬度、韧性、组织状态（铸、锻、轧、粉末冶金）等。

③ 切削工艺类别，分车、钻、铣、镗，粗加工、精加工、超精加工，内孔切削、外圆切削，切削流动状态，刀具变位时间间隔等。

④ 工件几何形状（影响到连续切削或间断切削、刀具的切入或退出角度）、零件精度（尺寸公差、形位公差、表面粗糙度）和加工余量等因素。

⑤ 要求刀片（刀具）能承受的切削用量（切削深度、进给量、切削速度）。

⑥ 生产现场的条件（操作间断时间、振动、电力波动或突然中断）。

⑦ 工件的生产批量，它影响到刀片（刀具）的经济寿命。

(2) 数控铣刀选用注意事项

① 在数控机床上铣削平面时，应采用可转位式硬质合金刀片铣刀。一般采用两次走刀，一次粗铣、一次精铣。当连续切削时，粗铣刀直径要小些以减小切削扭矩，精铣刀直径要大一些，最好能包容待加工表面的整个宽度。加工余量大且加工表面又不均匀时，刀具直径要选得小一些，否则，粗加工时会因接刀痕过深而影响加工质量。

② 高速钢立铣刀多用于加工凸台和凹槽，最好不要用于加工毛坯面，因为毛坯面有硬化层和夹砂现象，会加速刀具的磨损。

③ 加工余量较小，并且要求表面粗糙度较低时，应采用立方氮化硼（CBN）刀片端铣刀或陶瓷刀片端铣刀。

④ 镶硬质合金的立铣刀可用于加工凹槽、窗口面、凸台面和毛坯表面。

⑤ 镶硬质合金的玉米铣刀可以进行强力切削，铣削毛坯表面和用于孔的粗加工。

⑥ 加工精度要求较高的凹槽时，可采用直径比槽宽小一些的立铣刀，先铣槽的中间部分，然后利用刀具的半径补偿功能铣削槽的两边，直到达到精度要求为止。

⑦ 在数控铣床上钻孔，一般不采用钻模，钻孔深度为直径的5倍左右的深孔加工容易折断钻头，可采用固定循环程序，多次自动进退，以利于冷却和排屑。钻孔前最好先用中心钻钻一个中心孔或采用一个刚性好的短钻头锪窝引正。锪窝除了可以解决毛坯表面钻孔引正问题外，还可以替代孔口倒角。

(3) 镗孔刀具选择要点

镗孔刀具选择的主要问题是刀杆的刚性，要尽可能地防止或消除振动。其考虑要点如下。

① 尽可能选择大的刀杆直径，接近镗孔直径。

② 尽可能选择短的刀臂（工作长度），当工作长度小于 4 倍刀杆直径时可用钢制刀杆，孔加工要求高时，最好采用硬质合金刀杆。当工作长度为 4～7 倍的刀杆直径时，小孔用硬质合金刀杆，大孔用减振刀杆。当工作长度为 7～10 倍的刀杆直径或镗削大孔时，要采用减振刀杆。

③ 选择主偏角应接近 90°或大于 75°，以提高刀具的寿命。

④ 精加工采用正切削刃（正前角）刀片和刀具，粗加工采用负切削刃（负前角）刀片和刀具。

⑤ 镗深的盲孔时，要采用压缩空气或切削液来排屑和冷却。

2.3.3.6 工具系统

由于加工中心类数控机床要适应多种形式零件的不同部位加工，使用的刀具和装夹工具的结构、形式、尺寸也是多种多样的，同时要做到刀具更换迅速，因此，刀具及与其相配套的辅具的标准化和系列化显得十分重要。把通用性较强的刀具和配套的装夹工具系列化、标准化就构成了通常所说的工具系统。目前我国建立的工具系统是镗铣类工具系统，它由与机床主轴孔相适应的工具柄部（刀柄）、与工具柄部相连接的工具装夹部分和各种刀具组成。采用工具系统进行加工，虽然工具系统成本高，但它能可靠地保证加工质量，最大限度地提高加工质量和生产率，充分地发挥加工中心的效能。

(1) 工具柄部

工具柄部是机床主轴和刀具之间的连接工具，习惯上称作刀柄。它除了能够准确地安装各种刀具外，还应满足在机床主轴上的自动松开和拉紧定位、刀库中的存储和识别及机械手的夹持和搬运等需要。在数控铣床、加工中心等机床上一般都采用 7∶24 圆锥刀柄，这种刀柄不能自锁，换刀比较方便，与直刀柄相比有较高的定心精度和较高的刚度。对于有自动换刀装置的加工中心类机床，在加工零件时主轴上的工具要频繁地更换，为了达到较高的换刀精度，要求工具柄部必须有较高的制造精度。GB/T 10944.1—2013、GB/T 10944.2—2013 标准对锥柄部分和机械手夹持部分做了统一的规定。GB/T 10944.3—2013 与 GB/T 10944.5—2013 标准中包括 AC、AD、AF、UC、UD、UF、JD、JF 型拉钉与国际标准 ISO 7388-1 和 ISO 7388-2 等效，选用时，对不同规格的刀柄和拉钉的具体尺寸可查阅对应的国家标准。

(2) 镗铣类工具系统

镗铣类工具系统一般分为整体式结构和模块式结构两大类。

① 整体式结构　图 2-13 所示的 TSG82 工具系统是我国已经实行标准化的整体式结构的工具系统，是联系镗铣类数控机床（含加工中心）的主轴与刀具的辅助系统。它把工具柄部和装夹刀具的工作部分做成一体，要求不同工作部分都具有同样结构的工具柄部，以便与机床的主轴相连，所以具有可靠性强、使用方便、结构简单和调换迅速等特点。TSG82 工具系统的代码及意义见表 2-5。该系统中各种工具型号用汉语拼音字母和数字进行编码，前后分段，两段之间用"-"隔开。编程人员可以根据加工需要，按标准刀具目录和标准工具系统选取并配置所需的刀具和辅具，供加工时使用。

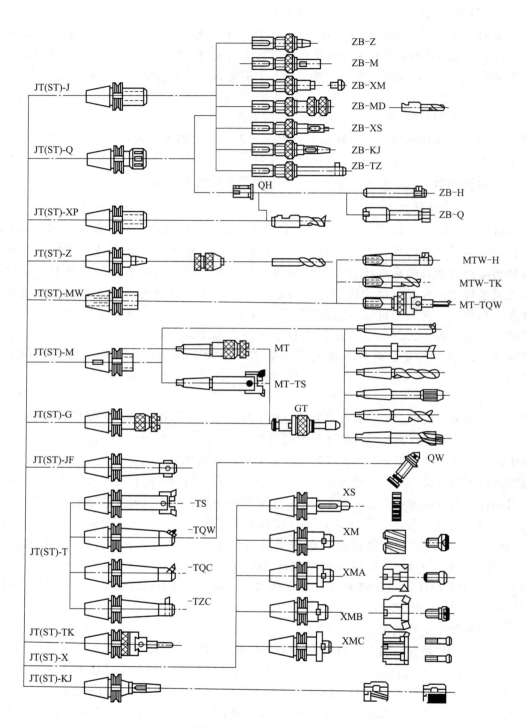

图 2-13 TSG82 工具系统

表 2-5 TSG82 工具系统的代码及意义

代码	代码的意义	代码	代码的意义	代码	代码的意义
JT	自动换刀机床用 7∶24 圆锥工具柄（锥柄）	ST	手动换刀机床用 7∶24 圆锥工具柄	MW	无扁尾莫氏圆锥工具柄
MT	带扁尾莫氏圆锥工具柄	JF	装浮动铰刀工具	TS	双刃镗刀
ZB	直柄工具柄	MD	装短莫氏圆锥工具柄	XP	装削平型直柄工具柄
QH	过渡卡簧套	MTW	带扁尾莫氏圆锥刀柄	Z	用于莫氏短锥柄钻夹头
J	装直柄接长刀杆工具	KJ	用于装扩、铰刀	TF	浮动镗刀
Q	弹簧夹头	BS	倍速夹头	TK	可调镗刀
KH	7∶24 锥柄快换夹头	H	倒锪端面刀	X	用于装夹铣刀具
ZJ	用于装莫氏锥柄钻夹头	T	镗孔刀具	XS	装三面刃铣刀
MW	装无扁尾莫氏锥柄刀具	TZ	直角镗刀	XM	装面铣刀
M	装有扁尾莫氏锥柄刀具	TQW	倾斜式微调镗刀	XDZ	装直角端铣刀
G	攻螺纹夹头	TQC	倾斜式粗镗刀	XD	装端铣刀
C	切内槽工具	TZC	直角形粗镗刀		

② 模块式结构　镗铣类模块式工具系统即 TMG 工具系统如图 2-14 所示。它是把整体式刀具分解成主柄模块、中间连接模块和工作模块三个主要部分，通过不同规格的中间

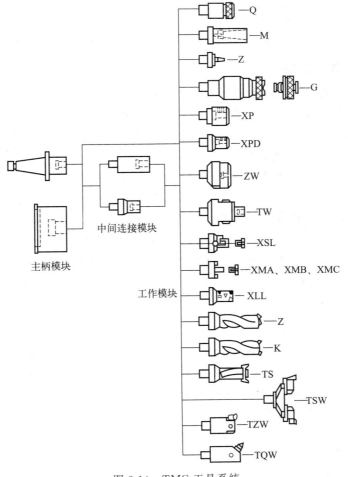

图 2-14 TMG 工具系统

连接模块，组成不同用途、不同规格的模块式工具系统。TMG 工具系统工作模块的代号及名称见表 2-6。使用者可根据加工需要，将这三部分模块组合成钻、铣、镗、铰及攻螺纹的各种工具，以进行切削加工。这种工具系统以最少的工具数量来满足不同零件的加工需要，增加了工具系统的柔性，既灵活、方便，又经济、可靠，目前已成为数控加工刀具发展的方向。

表 2-6 TMG 工具系统工作模块的代号及名称

工作模块类别	代号	名称	工作模块类别	代号	名称
另外配刀具的工作模块	Q	弹簧夹头模块	自身就带有刀具的工作模块	Z	浅孔钻模块
	M	带扁尾莫氏锥孔模块		K	扩孔钻模块
	G	丝锥夹头模块		TS	双刃（可调）镗刀模块
	XP	装削平型圆柱柄铣刀模块		TSW	双刃微调镗刀模块
	XPD	装削平型直柄铣刀模块（带轴向定位）		TZW	直角微调镗刀模块
	ZW	微调钻夹模块		TQW	倾斜微调镗刀模块
	TW	微调镗头模块		XLL	螺旋立铣刀模块
	XSL	装三面刃铣刀、套式立铣刀模块			
	XMA	装 A 类面铣刀			
	XMB	装 B 类面铣刀			
	XMC	装 C 类面铣刀			

2.3.4 加工路线的确定

加工路线是指数控机床在加工过程中刀具相对零件的运动轨迹和方向。每道工序加工路线的确定，都与零件的加工精度和表面粗糙度密切相关，故妥善地安排加工路线，对于提高加工质量和保证零件的技术要求是非常必要的。加工路线的确定要考虑以下几点：

① 尽量减少进退刀时间和其他辅助时间。

② 在铣削加工零件轮廓时，要恰当地考虑顺铣或逆铣加工方式：零件表面有硬皮时，粗加工时应选用逆铣，避免刀具崩刃，精加工时选用顺铣；零件表面无硬皮时，粗、精加工均应选用顺铣，顺铣既有利于提高零件的表面加工质量又有利于减少刀齿磨损。

③ 选择合理的进、退刀位置，尽量避免沿零件轮廓的法向切入、切出及进给中途停顿，确保零件轮廓平滑过渡，以免在切入点、切出点和停顿点处留下接刀痕。

2.3.5 加工余量的确定

加工余量是指加工过程中所切去的金属层厚度。余量有总加工余量和工序余量之分。由毛坯转变为零件的过程中，在某加工表面上切除金属层的总厚度，称为该表面的总加工余量（亦称毛坯余量）。一般情况下，总加工余量并非一次切除，而是分在各工序中逐渐切除的，故每道工序所切除的金属层厚度称为该工序加工余量（简称工序余量）。工序余量是相邻两工序的工序尺寸之差，毛坯余量是毛坯尺寸与零件图样的设计尺寸之差。由于毛坯尺寸、零件尺寸和各道工序的工序尺寸都存在误差，因此无论是总加工余量，还是工序加工余量都是一个变动值，存在最大和最小加工余量。工序加工余量（公称值）除可用相邻工序的工序尺寸表示外，还可以用另外一种方法表示，即：工序加工余量（除粗加工工序）等于最小加工余量与前工序尺寸公差之和。

在确定工序的具体内容时，其工作之一就是合理地确定工序的加工余量。工序加工余量的大小对零件的加工质量和制造的经济性均有较大的影响。加工余量过大，必然增加机械加工的劳动量，降低生产率，增加原材料、设备、工具及电力等的消耗；加工余量过小，又不能确保去除上一工序形成的各种误差和表面缺陷，影响零件的质量，甚至产生废品。

在讨论影响加工余量的因素时，应首先研究影响最小加工余量的因素。

(1) 影响最小加工余量的因素

影响最小加工余量的因素较多，现将主要影响因素介绍如下。

① 前工序形成的表面粗糙度和缺陷层深度（Ra 和 Da） 为了使工件的加工质量逐步提高，一般每道工序都应切到待加工表面以下的正常金属组织，将上道工序形成的表面粗糙度和缺陷层切掉。

② 前工序形成的形状误差和位置误差（Δx 和 Δw） 当形状公差、位置公差和尺寸公差之间的关系是独立的时，尺寸公差不控制形位公差。此时，最小加工余量应保证将前工序形成的形状和位置误差去除。

③ 本工序的装夹误差。

(2) 确定加工余量的方法

① 查表修正法 根据生产实践和试验研究，已将毛坯余量和各种工序的工序余量数据列于手册，确定加工余量时，可从手册中获得所需数据，然后结合工厂的实际情况进行修正。查表时应注意表中的数据为公称值，对称表面（轴孔等）的加工余量是双边余量，非对称表面的加工余量是单边的。这种方法目前应用最广。

② 经验估计法 此法是根据实践经验确定加工余量。为防止加工余量不足而产生废品，往往估计的数值总是偏大，因而这种方法只适用于单件、小批生产。

③ 分析计算法 此法是根据加工余量计算公式和一定的试验资料，通过计算确定加工余量的一种方法。采用这种方法确定的加工余量比较经济合理，但必须有比较全面可靠的试验资料及先进的计算手段方可进行，故目前应用较少。

在确定加工余量时，总加工余量和工序加工余量要分别确定。总加工余量的大小与的毛坯制造精度有关。用查表法确定工序加工余量时，粗加工工序的加工余量不应通过查表来选择，而应用总加工余量减去其余各工序余量求得，同时要对求得的粗加工工序加工余量进行分析。如果过小，要增加总加工余量；过大，应适当减少总加工余量，以免造成浪费。

2.3.6 切削用量的选择

切削用量的大小对切削力、切削功率、刀具磨损、加工质量和加工成本均有显著影响。合理选择切削用量对于发挥数控机床的最佳效益有着至关重要的关系。在保证加工质量和刀具耐用度的前提下，应充分发挥机床性能和刀具切削性能，使切削效率最高，加工成本最低。

(1) 选择切削用量的原则

粗加工时，一般以提高生产效率为主，但也应考虑经济性和加工成本；粗加工时首先选取尽可能大的背吃刀量，以尽量保证较高的金属切除率；其次要根据机床动力和刚性的限制条件等，选取尽可能大的进给量；最后根据刀具耐用度确定最佳的切削速度。

半精加工和精加工时,应在保证加工质量的前提下,兼顾切削效率、经济性和加工成本。精加工时,首先应根据粗加工后的余量选用较小的背吃刀量;其次根据已加工件表面粗糙度要求,选取较小的进给量;最后在保证刀具耐用度的前提下尽可能选用较高的切削速度。

具体数值应根据机床说明书、刀具说明书、切削用量手册等参考资料,并结合经验而定。

（2）切削用量的选择方法

① 切削深度　铣削加工的切削深度为端铣时背吃刀量 a_p 或圆周铣时的侧吃刀量 a_e,分别如图 2-15（a）和（b）所示。背吃刀量 a_p 为平行于铣刀轴线测量的切削层尺寸,端铣时为切削层深度,圆周铣时为切削层宽度。侧吃刀量 a_e 为垂直于铣刀轴线测量的切削层尺寸,端铣时为切削层宽度,圆周铣时为切削层深度。

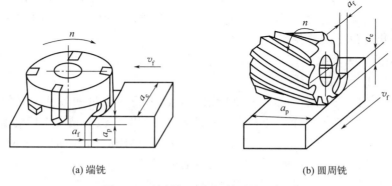

(a) 端铣　　　　　　　　　　(b) 圆周铣

图 2-15　铣削加工中切削用量示意图

车削加工的切削深度即背吃刀量 a_p,为工件上已加工表面和待加工表面之间的垂直距离,如图 2-16 所示。

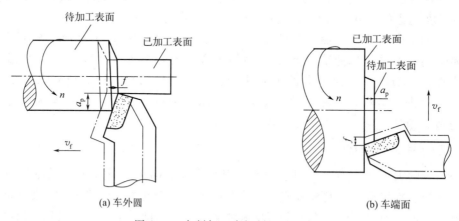

(a) 车外圆　　　　　　　　　　(b) 车端面

图 2-16　车削加工中切削用量示意图

在机床、工件和刀具刚度允许的情况下,应以最少的进给次数切除待加工余量,最好一次切除待加工余量,以提高生产效率。在工艺系统刚性不足或毛坯余量很大,或余量不均匀时,粗加工要分几次进给,并且应当尽量把第一、第二次进给的背吃刀量取得大一些,一般第一次走刀为总加工余量的 2/3～3/4。在加工铸、锻件时应尽量使背吃刀量大于硬皮层的厚度,以保护刀尖。

为了保证零件的加工精度和表面粗糙度,一般切削深度方向应留有一定的余量进行精加工。a. 在零件表面粗糙度要求为 $Ra12.5\mu m \sim Ra25\mu m$ 时,如果端铣的加工余量小于 6mm,圆周铣的加工余量小于 5mm,粗铣一次进给就可以达到要求。但在工艺系统刚性较差、毛坯余量较大或余量不均匀时,粗加工要分两次进给。b. 在零件表面粗糙度要求为 $Ra3.2\mu m \sim Ra12.5\mu m$ 时,可分粗铣和半精铣两步进行,粗铣时切削深度选取同前,粗铣后为半精铣留 0.5~1mm 余量。c. 在零件表面粗糙度要求为 $Ra0.8\mu m \sim Ra3.2\mu m$ 时,可分粗铣、半精铣和精铣三步进行,粗铣时切削深度选取同前,半精铣时切削深度取 1.5~2mm,精铣时圆周铣取 0.3~0.5mm,端铣取 0.5~1mm。

② 进给速度 铣削加工中进给速度 v_f 是单位时间内工件与铣刀沿进给方向的相对位移,单位为 mm/min。v_f 是切削用量中的重要参数,它与铣刀转速 n(r/min)、铣刀齿数 z 及每齿进给量 f_z(单位为 mm/齿)的关系为

$$v_f = nzf_z$$

铣刀每齿进给量 f_z 可查阅切削用量手册等参考资料选取,或参考刀具供应商提供的推荐值。

车削加工中进给速度 v_f 是单位时间内车刀切削刃选定点相对于工件的进给运动的瞬时速度,单位为 mm/min。v_f 与单位时间主轴旋转圈数 n(单位 r)、每转进给量 f 之间的关系为

$$v_f = nf$$

车削加工中每转进给量 f 为工件(主轴)每转一圈(r)刀具沿进给方向上相对于工件的位移量,有时简称为进给量或进给速度,单位为 mm/r。

粗加工时,由于对工件表面质量没有太高的要求,进给量的选择主要受切削力的限制,这时在机床进给机构的强度和刚性及刀杆的强度和刚性等良好的情况下,可以根据加工材料、刀杆尺寸、工件直径及已确定的背吃刀量来选取较大的进给量。在半精加工和精加工时,则应按表面粗糙度要求,根据工件材料、刀尖圆弧半径、切削速度来选择合理的进给量。

当加工精度和表面粗糙度要求高时,进给速度或进给量应该选择得小些,一般精铣时 v_f 可取 20~50mm/min,精车时 f 可取 0.1~0.3mm/r。最大进给速度或进给量受机床刚度和进给系统的性能影响,并与数控系统中脉冲当量的大小有关。当切削速度提高、刀尖圆弧半径增大,或刀具磨有修光刃时,可以选择较大的进给量以提高生产率。增加 v_f 也可以提高生产效率,但是刀具的耐用度也会降低。

依据切削用量手册等参考资料,铣刀每齿进给量 f_z 见表 2-7。硬质合金车刀粗车外圆、端面的进给量 f 可参考表 2-8 选取,半精车、精车进给量参考值见表 2-9。

表 2-7 铣刀每齿进给量 f_z 单位:mm/齿

工件材料	每齿进给量 f_z			
	粗铣		精铣	
	高速钢铣刀	硬质合金铣刀	高速钢铣刀	硬质合金铣刀
钢	0.10~0.15	0.10~0.25	0.02~0.05	0.10~0.15
铁	0.12~0.20	0.15~0.30		

表 2-8　硬质合金车刀粗车外圆、端面的进给量 f

工件材料	车刀刀杆截面尺寸 /(mm×mm)	工件直径 D_w/mm	背吃刀量 a_p/mm ≤3	>3～5	>5～8	>8～12	>12
			进给量 f/(mm/r)				
碳素结构钢 合金结构钢 耐热钢	16×25	20	0.3～0.4	—			
		40	0.4～0.5	0.3～0.4			
		60	0.5～0.7	0.4～0.6	0.3～0.5	—	
		100	0.6～0.9	0.5～0.7	0.5～0.6	0.4～0.5	
		400	0.8～1.2	0.7～1.0	0.6～0.8	0.5～0.6	—
	20×30 25×25	20	0.3～0.4				
		40	0.4～0.5	0.3～0.4			
		60	0.5～0.7	0.5～0.7	0.4～0.6		
		100	0.8～1.0	0.7～0.9	0.5～0.7	0.4～0.7	
		400	1.2～1.4	1.0～1.2	0.8～1.0	0.6～0.9	0.4～0.6
铸铁 铜合金	16×25	40	0.4～0.5	—			
		60	0.5～0.8	0.5～0.8	0.4～0.6		
		100	0.8～1.2	0.7～1.0	0.6～0.8	0.5～0.7	
		400	1.0～1.4	1.0～1.2	0.8～1.0	0.6～0.8	
	20×30 25×25	40	0.4～0.5	—			
		60	0.5～0.9	0.5～0.8	0.4～0.7		
		100	0.9～1.3	0.8～1.2	0.7～1.0	0.5～0.8	
		400	1.2～1.8	1.2～1.6	1.0～1.3	0.9～1.1	0.7～0.9

注：1. 加工断续表面及有冲击的工件时，表内进给量应乘系数 $k=0.75～0.85$。
2. 在无外皮加工时，表内进给量应乘系数 $k=1.1$。
3. 加工耐热钢及其合金时，表内进给量不大于 1mm/r。
4. 加工淬硬钢时，进给量应减小。当钢的硬度为 44～56HRC 时，乘以系数 $k=0.8$；当钢的硬度为 57～62HRC 时，乘以系数 $k=0.5$。

表 2-9　按表面粗糙度选择的半精车、精车时进给量参考值

工件材料	表面粗糙度 Ra/μm	切削速度 v_c /(m/min)	刀尖圆弧半径 r/mm 0.5	1.0	2.0
			参考进给量 f/(mm/r)		
铸铁	>5～10	不限	0.25～0.4	0.4～0.5	0.5～0.6
青铜	>2.5～5		0.15～0.25	0.25～0.4	0.4～0.6
铝合金	>1.25～2.5		0.1～0.15	0.15～0.2	0.2～0.35
碳钢及 合金钢	>5～10	≤50	0.3～0.5	0.45～0.6	0.55～0.7
		>50	0.4～0.55	0.55～0.65	0.6～0.7
	>2.5～5	≤50	0.18～0.25	0.25～0.3	0.3～0.4
		>50	0.25～0.3	0.3～0.35	0.4～0.5
	>1.25～2.5	<50	0.1	0.11～0.15	0.15～0.22
		50～100	0.11～0.16	0.16～0.25	0.25～0.35
		>100	0.16～0.2	0.2～0.25	0.25～0.35

注：$r=0.5$mm，用于 12mm×12mm（刀杆截面尺寸，宽×高）以下刀杆；$r=1.0$mm，用于 30mm×30mm 以下刀杆；$r=2.0$mm，用于 30mm×45mm 以下刀杆。

在数控编程中,还应考虑在不同情形下选择不同的进给速度。如在初始切削进刀时,特别是 Z 轴下刀时,因为进行端铣,受力较大,同时考虑程序的安全性问题,所以应以相对较慢的速度进给。

另外,在 Z 轴方向的进给由高往低走时,产生端切削,可以设置不同的进给速度。在切削过程中,有的平面侧向进刀,可能产生全刀切削,即刀具的周边都要切削,切削条件相对较恶劣,可以设置较低的进给速度。

在加工过程中,v_f 也可通过机床控制面板上的修调开关进行人工调整,但是最大进给速度要受到设备刚度和进给系统性能等的限制。

③ 切削速度 v_c 铣削加工中切削速度 v_c 为切削刃上的某一切削点相对于工件运动的瞬时速度,单位为 m/min。铣削切削速度根据已经选定的背吃刀量、进给量及刀具耐用度选择切削速度。粗加工时,背吃刀量和进给量都较大,切削速度受刀具耐用度和机床功率的限制,一般较低。精加工时,背吃刀量和进给量都较小,切削速度主要受工件加工质量和刀具耐用度的限制,一般较高。

切削速度值可查阅切削用量手册等参考资料选取,或根据刀具供应商提供的推荐值选取,也可经经验公式计算后,根据生产实践经验在机床说明书允许的切削速度范围内选取。选择切削速度时还应考虑工件材料的强度和硬度以及切削加工性等因素。如用立铣刀铣削合金钢 30CrNi2MoVA 时,v_c 可采用 8m/min 左右;而用同样的立铣刀铣削铝合金时,v_c 可选 200m/min 以上。依据切削用量手册等参考资料,列出了铣削时的切削速度,如表 2-10 所示,可供选取时参考。

表 2-10 铣削时的切削速度 v_c

工件材料	硬度 HBS	切削速度 v_c	
		高速钢铣刀	硬质合金铣刀
钢	<225	18~42	66~150
	225~325	12~36	54~120
	>325~425	6~21	36~75
铸铁	<190	21~36	66~150
	190~260	9~18	45~90
	>260~320	4.5~10	21~30

车削加工中,当主运动 v 与进给运动 v_f 同时进行时,刀具切削刃上某一点相对于工件的运动称为合成切削运动,其大小与方向用合成速度 v_c 表示,如图 2-17 所示。表 2-11 列出了硬质合金外圆车刀的切削速度 v_c 可供选取时参考。

提高 v_c 值也是提高生产效率的一个有效措施,但 v_c 与刀具耐用度的关系比较密切。随着 v_c 的增大,刀具耐用度急剧下降,故 v_c 的选择主要取决于刀具耐用度。

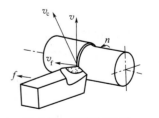

图 2-17 车削加工时合成切削速度

在选择切削速度时,还应考虑以下几点:

a. 应尽量避开积屑瘤产生的区域。

b. 断续切削时,为减小冲击和热应力,要适当降低切削速度。

c. 在易发生振动的情况下,切削速度应避开自激振动的临界速度。

表 2-11 硬质合金外圆车刀切削速度 v_c

工件材料	热处理状态	v_c/(m/min)					
		a_p/mm	f/(mm/r)	a_p/mm	f/(mm/r)	a_p/mm	f/(mm/r)
		0.3～2	0.08～0.3	>2～6	>0.3～0.6	>6～10	>0.6～1
低碳钢、易切钢	热轧	140～180		100～120		70～90	
中碳钢	热轧	130～160		90～110		60～80	
	调质	100～130		70～90		50～70	
合金结构钢	热轧	100～130		70～90		50～70	
	调质	80～110		50～70		40～60	
工具钢	退火	90～120		60～80		50～70	
灰铸铁	硬度<190HBS	90～120		60～80		50～70	
	硬度=190～225HBS	80～110		50～70		40～60	
高锰钢（$w_{Mn}=13\%$）		10～20					
铜及铜合金		200～250		120～180		90～120	
铝及铝合金		300～600		200～400		150～200	
铸铝合金		100～180		80～150		60～100	

注：切削工件材料为钢及灰铸铁时刀具耐用度约为60min。

d. 加工大件、细长件和薄壁工件时，应选用较低的切削速度。

e. 加工带外皮的工件时，应适当降低切削速度。

④ 主轴转速 n　主轴转速的单位是 r/min，一般根据切削速度 v_c 来选定。计算公式为

$$n = \frac{1000v_c}{\pi D_c}$$

其中，D_c 为刀具直径或工件直径（mm）。在使用球头铣刀时要做一些调整，球头铣刀直径要小于 D_c，故其实际转速不应按铣刀直径 D_c 计算，主轴实际转速 $n_{球刀}$ 应按球头铣刀的计算直径 D_{eff} 来计算，则计算公式为

$$D_{eff} = \sqrt{D_c^2 - (D_c - 2 \times a_p)^2}$$

$$n_{球刀} = \frac{1000v_c}{\pi D_{eff}}$$

数控机床的控制面板上一般备有主轴转速修调（倍率）开关，可在加工过程中根据实际加工情况对主轴转速进行调整。

⑤ 切削宽度 b_D　在编程中，切削宽度称为步距，一般切削宽度 b_D 与刀具直径 D 成正比，与切削深度成反比。在粗加工中，步距取得大有利于提高加工效率。在使用平底刀进行切削时，一般 b_D 的取值范围为 $(0.6 \sim 0.9)D$。而使用圆鼻刀进行加工时，刀具的有效切削直径 d 应为刀具直径 D 扣除刀尖的圆角部分，即 $d = D - 2r$（r 为刀尖圆角半径），而 b_D 可以取为 $(0.8 \sim 0.9)d$。在使用球头刀进行精加工时，步距的确定应首先考虑所能达到的精度和表面粗糙度。

在实际的加工过程中，可能对各个切削用量参数进行调整，如使用较高的进给速度进行加工，虽然刀具的寿命有所降低，但节省了加工时间，反而能有更好的效益。

对于加工中不断产生的变化，数控加工中的切削用量选择在很大程度上依赖于编程人员的经验，因此，编程人员必须熟悉刀具的使用和切削用量的确定原则，不断积累经验，从而保证零件的加工质量和效率，充分发挥数控机床的优点，提高企业的经济效益和生产水平。总之，切削用量的具体数值应根据机床性能、相关的手册并结合实际经验用类比方法来确定。同时，使主轴转速、切削深度以及进给速度三者能够相互适应，以形成最佳的切削用量。

2.3.7 切削液的选用

在金属切削过程中，合理选择切削液，可以改善工件与刀具间的摩擦状况，降低切削力和切削温度，减轻刀具磨损，减小工件的热变形，从而可以提高刀具耐用度，提高加工效率和加工质量。

(1) 切削液的作用

① 冷却作用 切削液可以将切削过程中所产生的热量迅速地从切削区带走，使切削温度降低。切削液的流动性越好，比热容、热导率和汽化热等参数越高，则其冷却性能越好。

② 润滑作用 切削液能在刀具的前、后刀面与工件之间形成一层润滑薄膜，可避免刀具与工件或切屑间的直接接触，减轻摩擦和黏结程度，因而可以减轻刀具的磨损，提高工件表面的加工质量。其润滑性能取决于切削液的渗透能力、形成润滑膜的能力和强度。

③ 清洗作用 切削液可以冲走切削区域和机床上的细碎切屑和脱落的磨粒，从而避免切屑黏附刀具、堵塞排屑和划伤已加工表面和导轨。这作用对于磨削、螺纹加工和深孔加工等工序尤为重要。为此，要求切削液有良好的流动性，并且在使用时有足够大的压力和流量。

④ 防锈作用 为了减轻工件、刀具和机床受周围介质（如空气、水分等）的腐蚀，要求切削液具有一定的防锈作用。防锈作用的好坏，取决于切削液本身的性能和加入的防锈添加剂品种和比例。

(2) 切削液的种类

常用的切削液分为三大类：水溶液、乳化液和切削油。

① 水溶液 水溶液是以水为主要成分的切削液。水的导热性能好，冷却效果好。但单纯的水容易使金属生锈，润滑性能差。因此，常在水溶液中加入一定量的添加剂，如防锈添加剂、表面活性物质和油性添加剂等，使其既具有良好的防锈性能，又具有一定的润滑性能。在配制水溶液时，要特别注意水质情况，如果是硬水，必须进行软化处理。

② 乳化液 乳化液是将乳化油（由矿物油和表面活性剂配成）用95%～98%的水稀释而成，呈乳白色或半透明状的液体，它具有良好的冷却作用，但润滑、防锈性能较差。常再加入一定量的油性、极压添加剂和防锈添加剂，配制成极压乳化液或防锈乳化液。

③ 切削油 切削油的主要成分是矿物油（如机械油、轻柴油、煤油等），少数采用动植物油或复合油。纯矿物油不能在摩擦界面形成坚固的润滑膜，润滑效果较差。实际使用中，常加入油性添加剂、极压添加剂和防锈添加剂，以提高其润滑和防锈作用。

(3) 切削液的选用原则

① 粗加工时切削液的选用 粗加工时，加工余量大，所用切削用量大，产生大量的切削热。采用高速钢刀具切削时，使用切削液的主要目的是降低切削温度，减少刀具磨损。硬质合金刀具耐热性好，一般不用切削液，必要时可采用低浓度乳化液或水溶液。但

必须连续、充分地浇注，以免处于高温状态的硬质合金刀片产生巨大的内应力而出现裂纹。

② 精加工时切削液的选用　精加工时，要求表面粗糙度值较小，一般选用润滑性能较好的切削液，如高浓度的乳化液或含极压添加剂的切削油。

③ 根据工件材料的性质选用　切削塑性材料时需用切削液。切削铸铁、黄铜等脆性材料时一般不用切削液，以免崩碎切屑黏附在机床的运动部件上。

加工高强度钢、高温合金等难加工材料时，由于切削加工处于极压润滑摩擦状态，故应选用含极压添加剂的切削液。

切削有色金属、铜、铝合金时，为了得到较高的表面质量和精度，可采用10%～20%的乳化液、煤油或煤油与矿物油的混合物。但不能用含硫的切削液，因硫对有色金属有腐蚀作用。

切削镁合金时不能用水溶液，以免燃烧。

常见切削液的种类和选用见表2-12。

表2-12　常见切削液的种类和选用

序号	名称	组成	主要用途
1	水溶液	硝酸钠、碳酸钠等溶于水的溶液，用100～200倍的水稀释而成	磨削
2	乳化液	(1) 矿物油很少，主要为表面活性剂的乳化油，用40～80倍的水稀释而成，冷却和清洗性能好。 (2) 以矿物油为主，含有少量表面活性剂的乳化油，用10～20倍的水稀释而成，冷却和润滑性能好。 (3) 在乳化液中加入极压添加剂	车削、钻孔 车削、攻螺纹 高速车削、钻孔
3	切削油	(1) 矿物油（10号或20号机械油）单独使用。 (2) 矿物油加植物油或动物油形成混合油，润滑性能好。 (3) 矿物油或混合油中加入极压添加剂，形成极压油	滚齿、插齿 车削精密螺纹 高速滚齿、插齿、车螺纹
4	其他	液态的二氧化碳	主要用于冷却
		硫化钼＋硬脂酸＋石蜡做成蜡笔，涂于刀具表面	攻螺纹

2.4　数控加工工艺文件的制定

数控加工工艺文件既是数控加工、产品验收的依据，也是操作者要遵守、执行的规程，同时还为产品零件的重复生产积累和储备了必要的技术工艺资料，并进行了技术储备。工艺文件是编程人员在编制加工程序单时作出的与程序单相关的技术文件，主要包括数控编程任务书、数控加工工艺过程卡、数控加工工序卡、数控加工刀具卡、数控加工走刀路线图、数控加工程序单等。其中，以数控加工工序卡和数控加工刀具卡最为重要。前者是说明数控加工顺序和加工要素的文件，后者是刀具使用的依据。目前，数控加工工艺文件尚未制定统一的国家标准，各企业根据本单位的实际情况制定。下面列出主要数控加工工艺文件示例，仅供在实际应用中参考。

(1) 数控编程任务书

数控编程任务书用来阐明工艺人员对数控加工工序的技术要求、工序说明、数控加工前应该留有的加工余量，是编程员与工艺人员协调工作和编制数控加工程序的重要依据之一。数控编程任务书如表2-13所示。

表 2-13 数控编程任务书

工艺处	数控编程任务书	产品零件图号	XXX	任务书编号	
		零件名称	XXX	XXX	
		使用数控设备		共 页 第 页	

主要工序说明及技术要求：

			编程收到日期	月 日	经手人	
编制		审核	编程	审核	批准	

(2) 数控加工工艺过程卡

数控加工工艺过程卡（工艺路线卡）是以工序为单位简要说明零件（如图 2-18 所示的拨杆零件）加工过程的一种工艺文件，如表 2-14 所示。其内容包括零件整个生产过程中所要经过的车间、工序等总的加工路线及所有使用的设备和工艺装备，是工序卡片的汇总文件。

(3) 数控加工工序卡

工序卡是为每一道工序所编制的具体加工要求的文件，除工艺守则已作出规定的之外，一切与工序有关的工艺内容都集中在工序卡上。

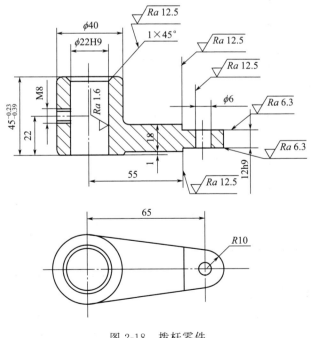

图 2-18 拨杆零件

表 2-14 数控加工工艺过程卡

数控加工工艺过程卡			产品型号		零件图号			
			产品名称		零件名称		共1页	第1页
材料牌号	HT200	毛坯种类	铸件	毛坯外形尺寸	每毛坯可制件数	1	每台件数 1	备注
工序号	工序名称		工序内容	车间	工段	设备	工艺装备	工时
								准终 / 单件
1	粗铣左端 $\phi40$ 底面,右端 12h9 平台下表面		粗铣左端下表面至 $47.4_{-0.39}^{-0.25}$ mm,右端 12h9 平台下表面至 $15.8\sim16.3$ mm, $Ra12.5\mu m$			VMC650	硬质合金盘式立铣刀,游标卡尺	
2	精铣右端 12h9 平台下表面		精铣右端 12h9 平台下表面至 $15_{-0.043}^{0}$ mm, $Ra6.3\mu m$			VMC650	硬质合金盘式立铣刀,外径千分尺	
3	扩、铰 $\phi22H9$ 孔,钻 $\phi10$ 孔		扩 $\phi22$ 内孔至 $\phi21.8$,铰内孔至 $\phi20_{0}^{+0.052}$, $Ra1.6\mu m$,钻 $\phi10$ 孔, $Ra12.5\mu m$			VMC650	扩钻孔钻头,塞规,铰刀,内径千分尺	
4	粗铣左端 $\phi40$ 圆柱上表面,右端 12h9 平台上表面,倒角 $c1$		粗铣左端上表面至 $45_{-0.39}^{-0.25}$ mm, $Ra12.5\mu m$,右端 12h9 平台下表面至 $12.8\sim13.2$ mm, $Ra12.5\mu m$,倒角 $c1$			VMC650	硬质合金盘式立铣刀,游标卡尺	
5	精铣右端 12h9 平台上表面		精铣右端 12h9 平台上表面至 $12_{-0.043}^{0}$ mm, $Ra6.3\mu m$			VMC650	硬质合金盘式立铣刀,外径千分尺	
6	钻 M8 螺纹底孔($\phi6.8$),攻螺纹		钻 $\phi6.8$ 螺纹底孔,攻 M8 内螺纹			VMC650	$\phi6.8$ 钻头,M8 丝锥,游标卡尺	
7	去毛刺					钳工台	平挫	
8	中检						塞规,百分表,卡尺等	
9	热处理		表面淬火,低温回火			清洗机		
10	清洗							
11	终检						塞规,百分表,卡尺等	
						设计(日期)	审核(日期) 标准化(日期)	会签(日期)
标记	处数	更改文件号	签名	日期	标记	处数	更改文件号 签字	日期

数控加工工序卡(见表 2-15)与普通加工工序卡很相似,所不同的是,工序简图中应注明编程原点与对刀点,要有编程说明(如所用机床型号、程序编号、刀具号等)及切削参数(主轴转速、进给量、背吃刀量等)的选择等,它是操作人员进行数控加工的主要指导性工艺资料,工序卡片按照已经确定的工步顺序填写,如果工序加工内容比较简单,也可以用表 2-16 所示的形式。

表 2-15 数控加工工序卡（1）

数控加工工序卡 1		产品型号	J30102-4	零件图号			
		产品名称		零件名称	拨杆	共1页	第1页
车间		工序号		工序名		材料牌号	
		1				HT200	
毛坯种类		毛坯外形尺寸		每毛坯可制件数		每台件数	
铸件						1	
设备名称		设备型号		设备编号		同时加工数	
夹具编号			夹具名称			切削液	
			专用夹具				
						工序工时	
工位器具编号			工位器具名称			准终	单件

注：对刀点与坐标原点重合

工步号	工步内容	刀具号	刀具规格名称	主轴转速 /(r/min)	切削速度 /(m/min)	进给量 /(mm/r)	背吃刀量 /mm	进给次数	备注
1	粗铣 A 面至 $47.4_{-0.39}^{-0.23}$ mm，$Ra12.5\mu m$	T01	$\phi24$ 硬质合金盘式立铣刀	1200	60.288	0.23	2.4	1	自动
2	粗铣 B 面至 15.8～16.3mm，$Ra12.5\mu m$	T01	$\phi24$ 硬质合金盘式立铣刀	1200	60.288	0.23	2	1	自动
3	精铣 B 面至 $15_{-0.043}^{0}$ mm，$Ra6.3\mu m$	T02	$\phi24$ 硬质合金盘式立铣刀	1600	80.384	0.16	1	1	自动
4	扩孔 C 至 $\phi21.8$	T03	$\phi22$ 锥柄扩孔钻	350	23.96	0.4	1.75	1	自动
5	铰内孔 C 至 $\phi22_{0}^{+0.052}$	T04	$\phi22$ 锥柄机用铰刀	350	24.18	0.4	0.1	1	自动
6	钻内孔 D 至 $\phi6$，$Ra12.5\mu m$	T05	$\phi6$ 直柄麻花钻	640	20.09	0.2	3	1	自动

					设计（日期）	审核（日期）	标准化（日期）	会签（日期）

标记	处数	更改文件号	签名	日期	标记	处数	更改文件号	签字	日期

表 2-16 数控加工工序卡 (2)

单位名称		产品名称或代号		零件名称		零件图号	
		J30102-4		拨杆			
工序号		程序编号		夹具名称		使用设备	

工步号	工步内容	刀具号	刀具规格名称	主轴转速 /(r/min)	进给速度 /(mm/r)	背吃刀量 /mm	备注
1	粗铣 A 面至 $47.4^{-0.23}_{-0.39}$ mm,$Ra12.5\mu m$	T01	$\phi24$ 硬质合金盘式立铣刀	1200	0.23	2.4	自动
2	粗铣 B 面至 15.8~16.3mm, $Ra12.5\mu m$	T01	$\phi24$ 硬质合金盘式立铣刀	1200	0.23	2	自动
3	精铣 B 面至 $15^{0}_{-0.043}$ mm, $Ra6.3\mu m$	T02	$\phi24$ 硬质合金盘式立铣刀	1600	0.16	1	自动
4	扩孔 C 至 $\phi21.8$	T03	$\phi22$ 锥柄扩孔钻	350	0.4	1.75	自动
5	铰内孔 C 至 $\phi22^{+0.052}_{0}$	T04	$\phi22$ 锥柄机用铰刀	350	0.4	0.1	自动
6	钻内孔 D 至 $\phi6$, $Ra12.5\mu m$	T05	$\phi6$ 直柄麻花钻	640	0.2	3	自动
编制		审核		批准		年 月 日	共页 第页

(4) 数控加工刀具卡

数控加工刀具卡主要列出加工零件所使用的刀具情况，包括刀具编号、规格名称、数量、刀长、加工表面等，见表 2-17。

表 2-17 数控加工刀具卡

产品名称或代号		J30102-4	零件名称		拨杆	零件图号	
序号	刀具编号	刀具规格名称		数量	加工表面	刀长/mm	备注
1	T01	$\phi24$ 硬质合金盘式立铣刀		1	粗铣左端 $\phi40$ 圆柱下表面，右端 12h9 平台下表面		
2	T02	$\phi24$ 硬质合金盘式立铣刀		1	粗铣右端下表面		
3	T03	$\phi22$ 锥柄扩孔钻		1	扩左端 $\phi22$ 孔		
4	T04	$\phi22$ 锥柄机用铰刀		1	铰左端 $\phi22$ 孔		
5	T05	$\phi6$ 直柄麻花钻		1	钻右端 $\phi6$ 孔		
编制		审核		批准		年 月 日	共页 第页

(5) 数控加工程序单

数控加工程序单是编程员根据工艺分析情况，按照具体数控机床和数控系统的指令代码编制的数控代码文件清单。它是记录数控加工工艺过程、工艺参数的清单，有助于操作员正确理解加工程序内容，见表 2-18。

表 2-18 数控加工程序单

图纸编号		工件名称		编程人员	编程日期	文件存档位置及名称	
顺序号	程序名	刀具			预留量	理论加工时间/min	加工部位
		类型	直径/mm	装刀长度/mm			
1	0801.txt	硬质合金盘式立铣刀	φ24				粗铣左端φ40圆柱下表面、右端12h9平台下表面
2	0802.txt	硬质合金盘式立铣刀	φ24				精铣右端下表面
3	0803.txt	锥柄扩孔钻	φ22				扩左端φ22孔
4	0804.txt	锥柄机用铰刀	φ22				铰左端φ22孔
5	0805.txt	直柄麻花钻	φ6				钻右端φ6孔

（6）数控加工走刀路线图

在数控加工中，常常要注意并防止刀具在运动过程中与夹具或工件发生意外碰撞，为此必须设法告诉操作者关于编程中的刀具运动路线，如从哪里下刀，在哪里抬刀，哪里是斜下刀等。为简化走刀路线图，一般可采用统一约定的符号来表示。不同的机床可以采用不同的图例与格式。表 2-19 所示为一种常用格式。

表 2-19 数控加工走刀路线

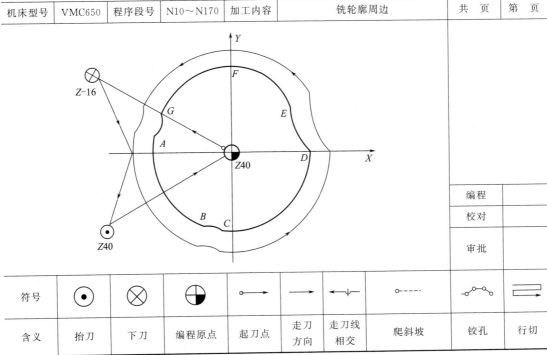

数控加工走刀路线图		零件图号	NC01	工序号		工步号		程序号	
机床型号	VMC650	程序段号	N10～N170	加工内容		铣轮廓周边		共 页	第 页

								编程	
								校对	
								审批	

符号	⊙	⊗	⊕	→—	—←	—○—	⌒⌒	▱
含义	抬刀	下刀	编程原点	起刀点	走刀方向	走刀线相交	爬斜坡	铰孔	行切

不同的机床或不同的加工目的可能会需要不同形式的数控加工专用技术文件。在工作中，可根据具体情况设计文件格式。

思考题与习题

2-1　数控加工工艺的基本特点有哪些？
2-2　数控加工工艺的主要内容有哪些？
2-3　数控加工内容的选择原则有哪些？
2-4　理解生产纲领、生产类型的含义，以及各种生产类型的工艺特点。
2-5　选择毛坯时应综合考虑哪些方面的因素？
2-6　如何合理选用数控机床典型表面加工方法及加工方案？
2-7　当零件的加工质量要求较高时，加工阶段如何划分？
2-8　工序的划分可采用哪两种不同原则？数控加工工序的划分一般采用工序集中原则，具体划分方法有哪些？
2-9　在对零件加工时，合理地选用数控机床的型号应考虑哪些方面？
2-10　确定加工路线要考虑哪些方面？
2-11　选择切削用量的原则有哪些？数控加工中的切削用量如何确定？
2-12　数控加工工艺文件主要包括哪些内容？

第 3 章 数控加工的程序编制

3.1 零件程序编制

3.1.1 概述

在数控机床上加工零件时,首先要编制零件的加工程序,然后才能通过程序控制机床进行加工。所谓程序编制(以下简称编程),就是将零件的全部加工工艺过程、工艺参数、刀具运动轨迹、位移量、切削参数(如主轴转速、切削深度、进给量等)以及其他辅助动作(如主轴正反转、切削液开关、换刀等),用数控机床规定的指令代码和格式以数字信息的形式记录在控制介质上(如穿孔带、磁带、磁盘等),然后传输给数控装置,从而通过数控系统控制数控机床进行零件加工。在现代数控机床上,可通过控制面板、磁盘或计算机直接通信的方式将零件加工程序输入数控系统,这样可以免去制备控制介质(如穿孔带、磁带等)的繁琐工作,提高了程序信息传递的效率。

3.1.2 零件程序编制的内容与步骤

零件程序编制的主要内容包括:零件图样分析、工艺处理、数值计算、编写零件程序单、制备控制介质、程序校验等。编程的具体步骤如下:

(1) 零件图样分析

对零件图样进行分析,根据零件的形状、材料、精度、毛坯余量、加工数量和热处理要求等确定加工方案。选择合适的机床,选择或设计合适的刀具和夹具,确定合理的走刀路线和切削用量等。

(2) 工艺处理

工艺处理主要包括以下几个方面:

① 选择机床 应按照既能满足加工要求,又能充分发挥数控机床性能的原则,选择合适的数控机床。

② 选择、设计刀具和夹具 刀具的选择,应满足加工精度要求,缩短加工时间,对于特殊刀具需进行专门设计。夹具的设计或选择需要满足迅速准确地完成定位和夹紧的要求,减少辅助时间,夹具还应便于安装调整,具有较好的使用稳定性。

③ 确定加工路线 确定加工路线(如对刀点、换刀点、进给路线)时要在保证加工安全和加工精度的前提下,尽可能缩短加工路径,减少进刀和换刀次数,以减少加工时间,并使数值计算方便。

④ 确定切削用量　合理的切削用量（主轴转速、进给速度、背吃刀量等），应结合刀具材料、工件材料、机床性能、加工精度等综合因素加以选择。

（3）数值计算

在确定了工艺方案后，需要根据零件的几何尺寸、加工路线，计算刀具的运动轨迹，获取相应的刀位数据。数控系统一般都具有直线差补和圆弧插补的功能，因此对于由直线和圆弧组成的较为简单的零件，只需要计算出相应几何元素的交点或切点的坐标值，得出各几何元素的起点、终点、圆弧的半径或圆心的坐标值。对于复杂的零件，需要进行比较复杂的数值计算才能得到相应的坐标值。例如对于非圆曲线，在计算时需要用极短的直线或圆弧慢慢逼近，在满足加工精度的情况下，计算出直线或圆弧交点的坐标值。空间曲面的点位计算，其数学处理更为复杂，一般需要借助于计算机辅助软件进行计算，否则很难完成。

（4）编写零件程序单

在完成工艺处理和数值计算之后，编程人员根据通过数值计算得到的运动轨迹坐标值、加工路线、加工顺序、切削参数和辅助动作，编写零件的程序单。编程时要求使用数控系统所规定的程序指令和程序格式，所以需要编程人员对相应的数控系统指令和代码非常熟悉。

（5）制备控制介质

编写好程序之后，需要将它存放在控制介质上，然后输入数控系统中，控制数控机床工作。程序可以按照规定的代码存入穿孔带、磁带、磁盘等介质中，成为数控系统能够读取的信息，可以通过操作面板或键盘直接将程序输入数控装置，也可以在计算机上将程序编写好，通过通信接口将程序传入数控装置。

（6）程序校验

在正式加工之前，需要进行程序校验。可通过计算机软件进行刀具轨迹路线检测或进行计算机仿真加工，也可采用空走刀校验（不装夹工件运行程序），目前生产的数控机床，多数都具有一定的程序校验功能。程序校验只能检验刀具运动轨迹是否正确，不能检验切削用量是否合理以及被加工零件的加工精度是否达到要求，为防止刀具测量和建立工件坐标系不精确等原因造成误差，加工时需要留有可修复的余量，贵重零件材料也可采用铝或塑料进行预加工，如发现实际加工不符合要求，可及时分析误差产生的原因，找出问题所在，采取修改程序或尺寸补偿等措施加以修正，直至达到零件图纸的要求。

3.1.3　零件程序编制的方法

数控机床程序编制的方法分为手工编程和自动编程两种。

手工编程时，程序的整个编制过程由人工完成，它要求编程人员非常熟悉数控代码和编程规则，并且具备较强的数控加工工艺知识和数值计算能力。对于加工形状简单、计算量小、程序段数不多的零件，出错机会较少，采用手工编程较容易，而且经济、及时。因此，在点位加工或直线与圆弧组成的轮廓加工中，手工编程应用比较广泛。对于形状复杂的零件，特别是具有非圆曲线、列表曲线及曲面组成的零件，用手工编程非常困难，且出错的概率大，有时甚至无法编出程序，必须用自动编程的方法编制程序，有些零件虽然简单，但程序量很大，也应采用自动编程的方法进行编程。手工编程流程如图3-1所示。

自动编程是利用计算机专用软件来编制数控加工程序。编程人员只需根据零件图样的要求，使用数控语言，由计算机自动地进行数值计算及后置处理，编写出零件加工程序

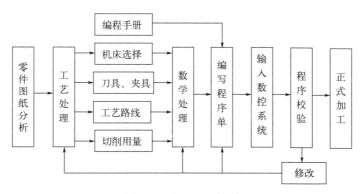

图 3-1 手工编程框图

单,加工程序通过直接通信的方式送入数控机床,指挥机床工作。自动编程使得一些计算繁琐、手工编程困难或无法编出的程序能够顺利地完成。

随着微机技术的飞速发展以及大量的各种各样软件的开发和完善,自动编制程序已有了更进一步的发展。利用 CAM 软件,由工艺人员进行图形输入即三维造型,或将设计人员用 CAD 设计的零件通过数据传输直接输入编程软件,待工艺人员确定刀具、走刀路线、合理的切削用量等后,由计算机自动生成数控程序,并可在微机上进行模拟显示、三维仿真,利用程序检验,最终通过接口将程序传输给数控机床。

3.2 数控机床的坐标系统

3.2.1 数控机床坐标系的确定

数控机床坐标系是数控机床固有的坐标系,它是用来确定机床加工运动位移和方向的基本坐标系。机床一经设计和制造调整后,机床坐标系便被确定下来,不能随意改变。

(1) 机床坐标系确定原则

对数控机床坐标轴和方向的命名,制订统一的标准,可以简化编制程序的方法和保证程序的通用性。

我国机械行业标准 GB/T 19660—2005 规定的命名原则如下:

① 坐标系确定原则 直线进给运动的坐标轴用 X, Y, Z 表示,常称基本坐标轴。X, Y, Z 坐标轴的相互关系用右手定则决定,如图 3-2 (a) 所示,图中大拇指的指向为 X 轴的正方向,食指指向为 Y 轴的正方向,中指指向为 Z 轴的正方向。

② 刀具相对于静止工件运动的原则 数控机床的进给运动,有的由主轴带动刀具运动来实现,有的由工作台带着工件运动来实现。上述坐标轴正方向,是假定工件不动,刀具相对于工件做进给运动的方向。如果是工件移动则用加"'"的字母表示,按相对运动的关系,工件运动的正方向恰好与刀具运动的正方向相反,即有

$$+X = -X', +Y = -Y', +Z = -Z',$$
$$+A = -A', +B = -B', +C = -C'$$

同样两者运动的负方向也彼此相反,如图 3-2 (b) 所示。

③ 运动方向确定原则 数控机床某一部件运动的正方向,是增大工件和刀具之间距离的方向。机床坐标轴的方向取决于机床的类型和各组成部分的布局。如图 3-3～图 3-6,列出了几种常用机床的坐标及方向确定。

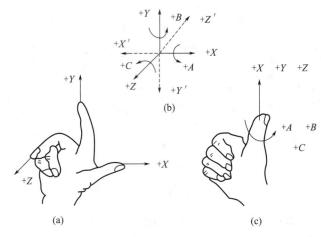

图 3-2 机床坐标系

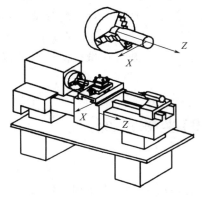

图 3-3 数控车床

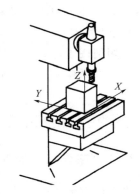

图 3-4 数控立式铣床

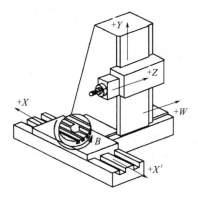

图 3-5 数控卧式镗铣床

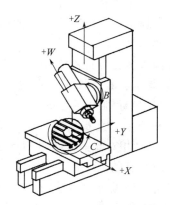

图 3-6 五坐标摆动铣头式数控铣床

a. Z 坐标。Z 坐标的运动是由传递切削力的主轴确定的，平行于机床主轴的坐标为 Z 坐标，刀具远离工件的方向为正方向（$+Z$）。车床、磨床等是通过主轴带动工件旋转来传递动力；铣床、镗床、钻床等是通过主轴带动刀具旋转来传递动力。当机床有几个主轴时，选一个垂直于工件装夹面的主轴为主要的主轴，取平行于该主轴的坐标为 Z 坐标；如果机床没有主轴（如龙门刨床），Z 坐标垂直于工件的装夹平面。

b. X 坐标。X 坐标是水平的，它垂直于 Z 轴，并平行于工件的装夹面。如果 Z 坐标是水平的，朝 Z 轴负方向看时，X 轴正方向（$+X$）应指向右方；如果 Z 坐标是垂直的，对于单立柱机床，面对刀具主轴向立柱方向看，向右运动的方向为 X 轴的正方向（$+X$）。对于龙门式机床，当从主要主轴向左侧立柱看时，向右运动的方向为 X 轴的正方向（$+X$）。

c. Y 坐标。Y 坐标与 X 坐标和 Z 坐标一起构成遵循右手定则的坐标系统。

d. 旋转坐标及附加坐标。围绕 X，Y，Z 轴旋转的圆周进给坐标轴分别用 A，B，C 表示。常见机床坐标如图 3-2（b）、（c）所示，根据右手螺旋定则，以大拇指指向 $+X$，$+Y$，$+Z$ 方向，则食指、中指等的指向是圆周进给运动的 $+A$，$+B$，$+C$ 方向。在基本的线性坐标轴 X，Y，Z 之外的附加线性坐标轴指定为 U，V，W 和 P，Q，R。这些附加坐标轴的运动方向，可按确定基本坐标轴运动方向的方法来决定，如图 3-5、图 3-6 所示。

（2）绝对坐标系与增量坐标系

坐标值以机床坐标原点或工件坐标原点计量的坐标系称为绝对坐标系。在绝对坐标系中的坐标值称为绝对坐标，也叫绝对尺寸，所用的坐标指令称为绝对坐标指令。如图 3-7 所示。A 点的绝对坐标是 $X20$，$Y30$，B 点的绝对坐标是 $X60$，$Y50$。

运动轨迹的终点坐标是相对于起点计量的坐标系称为增量坐标系，也叫相对坐标系。在相对坐标系中移动的尺寸称为增量坐标，也叫增量尺寸，所用的编程指令称为增量坐标指令。如图 3-7 所示从 O 点移动到 A 点，再从 A 点移动到 B 点，那么 A 点的增量坐标是 $X20$，$Y30$，B 点的增量坐标是 $X40$，$Y20$。

在编程的过程中，根据编程计算的方便，可以选择不同的坐标系，只需给定相应的指令，完成的结果是一样的。

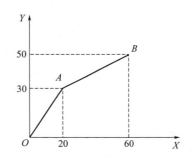

图 3-7 绝对坐标与增量坐标

3.2.2 数控机床上的有关点

（1）机床坐标系的机床原点和机床参考点

机床坐标系的原点也称为机床原点或机床零点。这个原点在机床一经设计和制造调整后，便被确定下来，它是固定的点。

数控系统的处理器能计算所有坐标轴相对于机床原点的位移量，但系统上电时并不知道测量起点，每个坐标轴的机械行程是由最大和最小限位开关来限定的。

为了正确地在机床工作时建立机床坐标系，通常在每个坐标轴的移动范围内设置一个机床参考点（测量起点），机床启动时，通常要通过机动或手动回参考点，以建立机床坐标系。机床参考点可以与机床零点重合，也可以不重合，通过机床参数指定参考点到机床原点的距离。机床回到了参考点位置也就知道了该坐标轴的零点位置，找到所有坐标轴的参考点，CNC 就建立起了机床坐标系。

机床轴回参考点（一般采用常开微动开关配反馈元件的标记脉冲的方法确定）的过程是这样完成的：

在由机床或数控系统制造商定义的回参考点方向上，使机床坐标轴向常开微动开关靠近，直到压下开关；压下开关后，以慢速反方向运动，直到退出开关后，机床再次反方向慢速运动，直到压下开关；压下开关后，以慢速运动直到接收到第一基准脉冲，这时的机床位置就是机床参考点的准确位置。

机床坐标轴的有效行程范围是由软件限位来界定的，其值由制造商定义。机床原点（O_M）、机床参考点（O_m）、机床坐标轴的机械行程及有效行程的关系如图3-8所示。

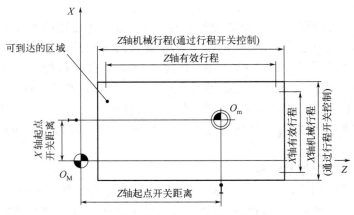

图 3-8 机床原点 O_M 和机床参考点 O_m

（2）工件坐标系的工件原点、对刀点和刀位点

工件坐标系是编程人员在编程时使用的，编程人员选择工件上的某一已知点为原点，建立一个新的坐标系，称为工件坐标系，工件坐标系一旦建立便一直有效，直到被新的工件坐标系所取代。工件坐标系的原点叫作工件原点（也称程序原点）。

工件坐标系的原点选择要尽量满足编程简单、尺寸换算少、引起的加工误差小等条件。一般情况下，以坐标式尺寸标注的零件，程序原点应选在尺寸标注的基准点上；对称零件或以同心圆为主的零件，程序原点应选在对称中心线或圆心上。Z轴的程序原点通常选在工件的上表面。

对刀点是零件程序加工的起始点，也称作程序起始点或起刀点。其作用是确定工件原点在机床坐标系中的位置。对刀点可与工件原点重合，也可以在任何便于对刀之处，但该点与工件原点之间必须有确定的坐标联系。机床原点、工件原点和对刀点之间的关系如图3-9所示。

刀位点是指刀具的定位基准点。对于各种立铣刀，一般取刀具轴线与刀具底部的交点

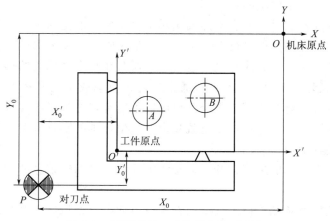

图 3-9 机床原点、工件原点和对刀点

刀位点　　　　　　　　刀位点　　　　　　刀位点　　　　　　　刀位点

图 3-10　常见刀具的刀位点

为刀位点，对于车刀取刀尖为刀位点。图 3-10 为几种常见刀具的刀位点。

对刀是指操作员在启动数控程序之前，通过一定的测量手段，使刀位点与对刀点重合。对刀的目的是确定程序原点在机床坐标系中的位置，可以使用对刀仪对刀，其操作过程比较简单，测量数据也比较准确。也可以在数控机床上定位好夹具和工件后，使用量块、塞尺、游标卡尺和千分表等测量工具辅助，利用数控机床上的坐标对刀。在数控加工中，确定对刀点非常重要，会直接影响零件的加工精度和程序控制的准确性。在批量生产中，要考虑由于刀具磨损等外在因素影响对刀点的重复精度。

（3）换刀点

换刀点是为加工中心、数控车床等采用多刀进行加工的机床而设置的，因为这些机床在加工过程中要自动换刀。对于手动换刀的数控铣床，也应确定相应的换刀位置。为防止换刀时碰伤零件、刀具或夹具，换刀点常常设置在被加工零件的轮廓之外，并留有一定的安全量。

3.3　零件加工程序的程序结构与指令代码

3.3.1　零件加工程序的结构与组成

数控系统种类繁多，所使用的数控程序语言规则和格式也不尽相同。国际上已经形成两种通用的标准，即国际标准化组织（ISO）标准和美国电子工业协会（EIA）标准，我国根据 ISO 标准制定了 GB/T 8870.1—2012 等标准。不同标准之间有一定的差异，不同的数控系统的编程规则也有很多不同，所以当针对具体数控系统编程时，必须严格按照此系统机床编程手册中的规定进行程序编制。本章如无特殊说明，均以武汉华中数控世纪星数控系统为例，具体介绍各类指令代码及数控加工程序的编制方法。世纪星是依据 ISO 标准开发的数控系统，具有高可靠性、高性能、低价位、配置灵活和精确闭环控制等特点，近年来市场应用越来越广泛。

（1）加工程序的结构

一个数控系统的零件程序是一组传送到数控系统中的指令和数据。

一个完整的数控加工程序，由若干个程序段组成，每个程序段由一个或若干个指令字组成。每个指令字则由字母和数字（有些数字还带有符号）组成，这些字母、数字又称为字符或代码。不同的数控系统的程序格式一般都有差异，但程序的结构基本相同。一个完整的程序由程序名（程序号）、程序的内容（程序段）和程序结束三部分组成，加工程序结构如图 3-11 所示。

```
%0001                                          程序号
N010 G01 X50 Z-80 F180 T0101 S600 M03          程序段
N020 X0 Y0                                     程序段
   ...
N120 M30                                       程序结束
```

图 3-11　加工程序结构

这里需要注意的是：一个零件程序必须包括起始符和结束符。

程序按程序段的输入顺序执行，而不是按程序段号的顺序执行。在书写程序时，建议按升序书写程序段号。在同一个程序中，程序段号不能重复。

（2）加工程序的组成

① 程序号　程序号是程序的开始部分，为零件加工程序的编号。为了区别储存器中的程序，每个程序都要有程序编号，在编号前采用程序编号地址码（地址符）。如在华中数控系统中，采用符号"%"作为程序编号的地址码，其他系统也有采用"O"等。

② 程序段　程序段是程序的核心，若干程序段组成一个完整的加工程序，规定了数控机床要完成的全部动作。程序段由一个或多个指令字组成，指令字又称程序字，简称字。每个字表示一种功能。如图 3-11 中的第一条程序段是由八个功能字组成：字 N010 是程序段号；字 G01 定义为直线插补，是由准备功能 G 和功能种类代码 01 三个字符组成；字 X50 表示刀具位移到 X 轴正方向 50mm 位置处，由三个字符组成；字 Z-80 表示刀具位移到 Z 轴负方向 80mm 位置处，由四个字符组成；字 F180 表示进给速度为 180mm/min；字 T0101 表示换刀功能，选用一号刀具并且采用一号刀具补偿值；字 S600 表示主轴转速为 600r/min；字 M03 表示主轴顺时针方向旋转。

③ 程序结束　在数控机床中，程序结束指令是非常关键的一步，它可以控制机床在程序运行结束后停止运转或返回程序起点等操作。常用的程序结束指令包括 M30 和 M02。

（3）程序段的格式

一个程序段定义一个将由数控系统执行的指令行，该指令行由指令字组成。程序段格式是指一个程序段中指令字的排列书写方式和顺序，以及每个指令字和整个程序段的长度限制和规定。不同的数控系统其程序段格式也有所不同，格式若不符合规定，则数控系统不能够接收指令。

程序段的格式定义了每个程序段中功能字的句法，如图 3-12 所示。

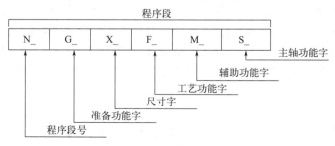

图 3-12　程序段格式

(4) 指令字的格式

一个指令字是由地址符和带符号（如定义尺寸的字）或不带符号（如准备功能字）的数字数据组成的。

程序段中不同的指令字符及其后续数值确定了每个指令字的含义。在华中数控系统中主要指令字符如表 3-1 所示。

表 3-1 华中数控系统主要指令字符

机能	地址符	意义
零件程序号	%	程序编号：%1～%4294967295
程序段号	N	程序段编号：N0～N4294967295
准备功能	G	指令动作方式（直线、圆弧等）：G00～G99
尺寸字	X、Y、Z A、B、C U、V、W	坐标轴的移动命令：±99999.999
	R	圆弧的半径，固定循环的参数
	I、J、K	圆心相对于起点的坐标，固定循环的参数
进给速度	F	进给速度的指定：F0～F24000
主轴功能	S	主轴旋转速度的指定：S0～S9999
刀具功能	T	刀具编号的指定：T0～T99
辅助功能	M	机床侧开/关控制的指定：M0～M99
补偿号	D	刀具半径补偿号的指定：D00～D99
暂停	P、X	暂停时间的指定（秒）
程序号的指定	P	子程序号的指定：P1～P4294967295
重复次数	L	子程序的重复次数，固定循环的重复次数
参数	P、Q、R、U、W、I、K、C、A	循环参数
倒角控制	C、R	

3.3.2 零件加工程序的有关功能指令及其代码

3.3.2.1 准备功能（G 功能）

准备功能指令（G 指令）由 G 与二位数值组成，它用来规定刀具和工件的相对运动轨迹、机床坐标系、坐标平面、刀具补偿、坐标偏置等多种加工操作，如 G01 代表直线插补，G17 代表 XY 平面联动，G42 代表右刀径补偿等。

G 功能有非模态 G 功能和模态 G 功能之分。非模态 G 功能只在所规定的程序段中有效，程序段结束时被取消；模态 G 功能是一组可相互取消的 G 功能。这些 G 功能一旦被执行，则一直有效，直到被同一组 G 功能取消为止。

某些模态 G 功能组中包含一个缺省 G 功能（见表 3-2 中带"*"号指令），上电时将被初始化为该功能。

G 指令分为不同的指令组，一个程序段中不允许存在两个及以上的同组 G 指令。没有共同参数的不同组 G 指令可以放在同一程序段中，而且与顺序无关。

表 3-2 所示为华中数控 HNC-21/22M 世纪星数控铣削系统 G 指令。

表 3-2　华中数控 HNC-21/22M 世纪星数控铣削系统 G 指令

G 指令	组别	功能	G 指令	组别	功能
*G00	01	定位（快速移动）	G56	14	工件坐标系 3 选择
G01		直线插补	G57		工件坐标系 4 选择
G02		顺圆插补	G58		工件坐标系 5 选择
G03		逆圆插补	G59		工件坐标系 6 选择
G04	00	暂停	G60	00	单方向定位
G07	16	虚轴指定	*G61	12	精确停止校验方式
G09	00	准停校验	G64		连续方式
*G17	02	XY 平面选择	G68	05	旋转变换
G18		XZ 平面选择	*G69		旋转取消
G19		YZ 平面选择	G73	09	高速深孔钻削循环
G20	08	英寸❶输入	G74		左螺旋切削循环
*G21		毫米输入	G76		精镗孔循环
G22		脉冲当量	*G80		取消固定循环
G24	03	镜像开	G81		中心钻循环
*G25		镜像关	G82		带停顿钻孔循环
G28	00	返回到参考点	G83		深孔钻削循环
G29		由参考点返回	G84		右螺旋切削循环
*G40	07	取消刀具半径补偿	G85		镗孔循环
G41		刀具半径补偿-左	G86		镗孔循环
G42		刀具半径补偿-右	G87		反向镗孔循环
G43	08	刀具长度正方向补偿	G88		镗孔循环
G44		刀具长度负方向补偿	G89		镗孔循环
*G49		取消刀具长度偏移	*G90	03	绝对值编程
*G50	04	缩放关	G91		增量值编程
G51		缩放开	G92	00	设置工件坐标系
G52	00	局部坐标系设定	*G94	14	每分钟进给
G53		直接机床坐标系编程	G95		每转进给
*G54	14	工件坐标系 1 选择	*G98	10	固定循环返回起始点
G55		工件坐标系 2 选择	G99		固定循环返回到 R 点

注：1. 00 组中的 G 指令是非模态的，其他组的 G 指令是模态的。
　　2. *标记者为缺省值。

华中数控 HCN-21T 世纪星车床数控系统 G 指令如表 3-3 所示。

---

❶ 英寸为非法定计量单位，1 英寸＝2.54 厘米。

表 3-3　华中数控 HNC-21T 世纪星数控车床系统 G 指令

G 指令	组别	功能	G 指令	组别	功能
G00	01	快速定位	G57	11	坐标系选择
*G01	01	直线插补	G58	11	坐标系选择
G02	01	顺圆插补	G59	11	坐标系选择
G03	01	逆圆插补	G71	06	外径/内径车削复合循环
G04	00	暂停	G72	06	端面车削复合循环
G20	08	英寸输入	G73	06	闭环车削复合循环
*G21	08	毫米输入	G76	06	螺纹切削复合循环
G28	00	返回到参考点	G80	06	外径/内径车削固定循环
G29	00	由参考点返回	G81	06	端面车削固定循环
G32	01	螺纹切削	G82	06	螺纹切削固定循环
G36	17	直径编程	*G90	13	绝对编程
G37	17	半径编程	G91	13	相对编程
*G40	09	刀尖半径补偿取消	G92		设置工件坐标系
G41	09	左刀补	*G94		每分钟进给
G42	09	右刀补	G95		每转进给
*G54	11	坐标系选择	G96		恒线速度切削
G55	11	坐标系选择	*G97		恒转速切削
G56	11	坐标系选择			

注：1. 00 组中的 G 指令是非模态的，其他组的 G 指令是模态的。
　　2. *标记者为缺省值。

3.3.2.2　辅助功能（M 功能）

辅助功能指令（M 指令）由地址字 M 和其后的两位数字组成，主要用于控制零件程序的走向，以及机床的各种辅助功能的开关动作。

M 指令按照其逻辑功能也分成不同的组，如 M03、M04、M05 是同组指令。同组的 M 指令不可在同一个程序段中同时出现。

M 指令有非模态 M 指令和模态 M 指令两种形式，非模态 M 指令（当段有效指令），只在书写了该指令的程序段中有效。模态 M 指令（续效指令）是一组可相互取消的 M 指令。这些指令在被同一组的另一个 M 指令取消前一直有效。

某些模态 M 指令组中包含一个缺省指令（见表 3-4 中带"＊"号的指令），上电时将被初始化为该指令。

另外，M 功能还可分为前作用 M 功能和后作用 M 功能两类。

前作用 M 功能在程序段中编制的轴运动之前执行，如 M03、M07 为前作用 M 功能。

后作用 M 功能在程序段中编制的轴运动之后执行，如 M05、M09 为后作用 M 功能。

华中数控 HNC-21 世纪星数控系统 M 指令如表 3-4 所示。

表 3-4 华中数控 HNC-21 世纪星数控系统 M 指令

M 指令	形式	功能说明	M 指令	形式	功能说明
M00	非模态	程序停止	M07	模态	切削液打开
M02	非模态	程序结束	M08	模态	切削液打开（仅车削）
M03	模态	主轴正转启动	*M09	模态	切削液停止
M04	模态	主轴反转启动	M30	非模态	程序结束并返回程序起点
*M05	模态	主轴停止转动	M98	非模态	调用子程序
M06	非模态	换刀（加工中心）	M99	非模态	子程序结束并返回主程序

注：* 标记者为缺省值。

其中：

M00、M02、M30、M98、M99 用于控制零件程序的走向，是数控装置内定的辅助功能，不由机床制造商设计决定，也与 PLC 程序无关。

其余 M 指令用于机床各种辅助功能的开关动作，其功能不由数控装置内定，而是由 PLC 程序指定，所以有可能因机床制造厂不同而有差异（表 3-4 内为标准 PLC 指定的功能），需要参考机床说明书。

下面简单介绍常用的 M 指令含义。

(1) CNC 内定的辅助功能

① 程序暂停 M00 当 CNC 执行到 M00 指令时，将暂停执行当前程序，以方便操作者进行刀具和工件的尺寸测量、工件调头、手动变速等操作。

暂停时机床的主轴运动、进给运动及冷却液停止（指停止添加冷却液），而全部现存的模态信息保持不变，按操作面板上的循环启动键，可以继续执行后续程序。M00 为非模态后作用 M 功能。

② 程序结束 M02 M02 编在主程序的最后一个程序段中，当 CNC 执行到 M02 指令时，机床的主轴运动、进给运动、冷却液全部停止，加工结束。

使用 M02 的程序结束后，若要重新执行该程序，需重新调用该程序，然后再按操作面板上的循环启动键。M02 为非模态后作用 M 功能。

③ 程序结束并返回到零件程序起点 M30 M30 和 M02 功能基本相同，只是 M30 指令还兼有控制返回到零件程序开始位置的功能。

使用 M30 的程序结束后，若要重新执行该程序，只需再次按操作面板上的循环启动键。

④ 子程序调用 M98 及子程序结束并返回主程序 M99 编程时，为了简化程序的编制，当一个工件上有相同的加工内容时，常用调用子程序的方法进行编程。调用子程序的程序叫主程序。子程序的编号与一般程序基本相同，只是程序的结束指令为 M99，表示子程序结束并返回到调用子程序的主程序中继续执行。

a. 子程序的格式：

%××××

…

M99

在子程序开头必须规定子程序号，以作为调用入口地址，在子程序的结尾用 M99 以控制执行完该子程序后返回主程序。

b.调用子程序的格式：

M98　P_L_

P后面为被调用的子程序号；L后面为重复调用次数，最多为999次。

（2）PLC设定的辅助功能

① 主轴控制指令 M03、M04、M05　M03启动主轴，以程序中编制的主轴速度顺时针方向（从Z轴正向朝Z轴负向看）旋转，主轴正转；M04启动主轴，以程序中编制的主轴速度逆时针方向旋转，主轴反转；M05使主轴停止旋转。

M03、M04为模态前作用M功能，M05为模态后作用M功能，M05为缺省功能，M03、M04、M05可相互取消。

② 换刀指令 M06　用于在加工中心上调用一个欲安装在主轴上的刀具，并使其自动地安装在主轴上。M06为非模态后作用M功能。

③ 切削液打开停止指令 M07、M09　M07指令将打开切削液，M09指令将关闭切削液。M07为模态前作用M功能，M09为模态后作用M功能，M09为缺省功能。

3.3.2.3　主轴功能（S功能）

主轴功能指令（S指令）是用S及其后面的数字来表示，用来指定主轴的转速。单位为转每分钟（r/min）。例如：S1200是指主轴转速为1200r/min。

在编程时除了用S功能指定主轴转速外，还需要用M功能指定主轴旋转方向正转或反转。例如：

S1200 M03 表示主轴正转，转速1200r/min。

S1000 M04 表示主轴反转，转速1000r/min。

S指令是模态指令，S功能只有在主轴速度可调节时才会有效。

3.3.2.4　进给功能（F功能）

进给功能也称F功能，用来表示工件被加工时刀具相对于工件的合成进给速度F。进给功能使用的单位取决于G94（每分钟进给量mm/min）还是G95（每转进给量mm/r）。

工作在G01、G02或G03方式下编程的F一直有效，直到被新的F值所取代。而工作在G00、G60方式下快速定位的速度是各轴的最高速度，与所设F无关。

借助操作面板上的倍率按键，F可在一定范围内进行倍率修调。当执行螺纹切削加工指令（如G84、G32等）时，倍率开关失效，进给倍率固定在100%。

3.3.2.5　刀具功能（T功能）

刀具功能也称T功能，刀具功能是用来选择刀具的功能。

刀具功能指令是用T及其后面的数字来表示，其后的数值表示选择的刀具号，例如：T10是指第10号刀具。T指令与刀具的关系是由机床制造厂规定的。

T指令同时调入刀补寄存器中的刀补值（长度和半径补偿）。T指令为非模态指令，但被调用的刀补值一直有效，直到再次换刀调入新的刀补值。

3.3.3　常用指令的编程方法

为了控制数控机床按照我们的要求进行切削加工，需要用程序的形式输入必要的程序指令。这些程序指令的规则和格式必须严格符合所使用机床数控系统的要求和规定，否则机床数控系统无法正常工作，所以熟练掌握编程规则是编制加工程序的先决条件。编程规则是由所使用的数控系统决定的，因此在编程之前，应该详细阅读数控系统的编程说明书。有些数控系统预留小部分规则给机床系统选择或规定，所以加工程序的编程规则也与具体的机床（包括型号和制造厂）有关。在编程之前也需要详细阅读机床说明书。在这里只对一些具有共性的常用指令进行说明。

3.3.3.1 与坐标系有关的指令

加工开始时要设置工件坐标系，用 G92 指令可建立工件坐标系，用 G54～G59 指令可选择工件坐标系。坐标系设定指令的格式为：

G92（G54～G59） X_ Y_ Z_

坐标系设定指令可以编制在加工程序的开头，也可以直接在操作面板上输入并执行。执行坐标系设定指令之后，数控系统即将此坐标值记忆在存储器内，并显示在显示器上，表示工件坐标系被建立。此时机床不会产生动作，只是显示值发生了变化。

(1) 绝对尺寸指令 G90 与相对尺寸指令 G91

在使用绝对尺寸指令 G90 后，该段程序的坐标值是相对于坐标原点给出的；在使用相对尺寸指令 G91 后，该段程序的坐标值是相对于前一个位置点给出的。G90、G91 为模态指令，可相互取消，G90 为缺省值。

例 3-1 如图 3-13 所示，分别使用 G90、G91 编程要求刀具由原点按顺序移动到 1、2、3 点，然后回到原点。

图 3-13 G90、G91 编程

(2) 工件坐标系设定指令 G92

G92 指令用来设定工件坐标系。该指令的作用是按照程序规定的尺寸字设置或修改坐标位置，不产生机床运动。通过该指令设定起刀点的坐标，从而建立工件坐标系。G92 是非模态指令，但由该指令建立的工件坐标系却是模态的，在机床重开机时消失。

程序格式为：

G92 X_ Y_ Z_

其中，X、Y、Z 是起刀点在设定的工件坐标系中的坐标值。机床在执行该程序指令时不产生运动，只是设定工件坐标系，使得在这个工件坐标系中，当前刀具所在点的坐标值为 X、Y、Z。工件坐标系一旦建立，绝对值编程时的指令值就是在此坐标系中的坐标值。

执行该指令时，若刀具当前点恰好在工件坐标系的 X、Y、Z 坐标值上，即刀具当前点在对刀点位置上，则此时建立的坐标系为工件坐标系，加工原点与程序原点重合。若刀具当前点不在工件坐标系的 X、Y、Z 坐标值上，则加工原点与程序原点不一致，加工出的产品就有误差或可能报废，甚至出现危险。因此执行该指令时，刀具当前点必须恰好在对刀点，即工件坐标系的 X、Y、Z 坐标值上。

要正确进行加工，加工原点与程序原点必须一致，因此在编程时加工原点与程序原点应设为同一点，在实际操作时通过对刀来保证两点一致。

例 3-2 使用 G92 编程，建立如图 3-14 所示的工件坐标系。

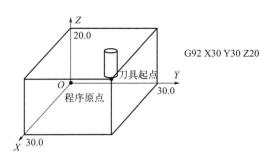

图 3-14 工件坐标系的建立

（3）工件坐标系选取指令 G54~G59

G54~G59 指令用来选取工件坐标系。加工前，一般用对刀等方式，测出工件坐标原点相对于机床坐标原点的偏置值，通过偏置页面，预先把偏置值设置在 G54~G59 对应的寄存器中。加工时，通过程序指令 G54~G59 从相应的寄存器中读取数值，实现工件坐标系的选取，所以用 G54~G59 选取工件坐标系，也叫工件坐标系偏置。G54~G59 共 6 个指令，可设定 6 个不同的工件坐标系，可根据需要任意选用，如图 3-15 所示。工件坐标系一旦选定，后续程序段中绝对值编程时的指令值均为相对此工件坐标系原点的值，G54~G59 为模态指令，可相互取消，G54 为缺省值。

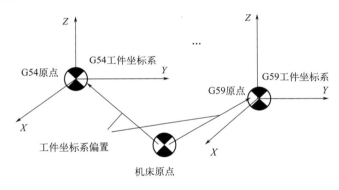

图 3-15 工件坐标系选择（G54~G59）

例 3-3 如图 3-16 所示，使用工件坐标系编程，要求刀具从当前点移动到 A 点，再从 A 点移动到 B 点。

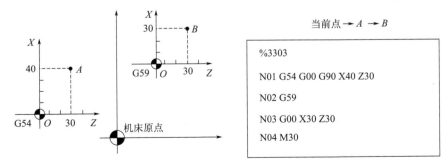

图 3-16 使用工件坐标系编程

（4）坐标平面选择指令 G17、G18、G19

坐标平面选择指令是用来选择圆弧插补的平面和刀具补偿的平面。

G17选择XY平面，G18选择ZX平面，G19选择YZ平面。G17、G18、G19为模态指令，可相互取消，G17为缺省值。

在数控车床上没有Y轴，不需要坐标平面选择，一般默认为在ZX平面内加工；在数控铣床上，数控系统一般默认为在XY平面内加工，若要在其他平面上加工需要使用坐标平面选择指令。

程序格式为：

G17/G18/G19

移动指令与平面选择无关，例如"G17 G00 Z50"这条指令可使机床在Z轴正方向上快速移动50mm。

3.3.3.2 与运动有关的指令

（1）快速定位指令G00

G00指令使刀具以点定位控制方式从当前位置，以系统设定的速度快速移动到程序段指令的定位目标点。

在机床上，G00的具体速度一般是用参数来设定的，G00的速度经过设定后不宜常作改变。机床在执行G00指令时，从程序执行开始，加速到指定的速度，然后以此快速移动，最后减速到达终点。假定根据指定，三个坐标方向都有位移量，那么三个坐标的伺服电动机同时按设定的速度驱动刀架或工作台位移，当某一轴向完成了位移后，该方向的电动机停止，余下的两个轴继续移动。当又有一轴向完成位移后，只剩下最后一个轴向移动，直至到达指令点。这种单向趋进方法，有利于提高定位精度。可见，G00指令的运动轨迹一般不是一条直线，而是三条或两条直线段的组合。只有在几种特殊情况下，它的运动轨迹才是一条直线。因此在编程时需要提前判断轨迹，调整程序避免发生碰撞。

程序格式：

G00 X_ Y_ Z_

说明：

X、Y、Z为快速定位终点坐标值；G00一般用于加工前快速定位或加工后快速退刀。快移速度可由面板上的快速修调旋钮修正。

G00为模态指令，可由G01、G02、G03等指令取消，G00为缺省值。

（2）直线插补指令G01

G01指令控制刀具以联动的方式，按规定的合成进给速度，从当前位置沿直线移动到程序段指令的终点位置。G01是模态指令。

程序格式：

G01 X_ Y_ Z_ F_

说明：

X、Y、Z为直线终点坐标值；F为各轴的合成进给速度。

G01指令程序段中必须指定进给速度，或者前面的程序段已经指定，本程序段续效。

（3）圆弧插补指令G02、G03

圆弧插补指令用来控制两个坐标以联动的方式，按照程序段中规定的进给速度，从刀具的当前位置插补加工圆弧形状，到达指定位置。G02表示顺时针圆弧插补，G03表示逆时针圆弧插补（如图3-17所示）。顺时针或逆时针是从垂直于圆弧所在平面的坐标轴的正方向往负方向看，刀具相对于工件轮廓的转动方向。

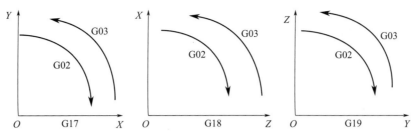

图 3-17 不同平面上 G02 与 G03 的选择

圆弧插补指令的程序格式分为半径指定法和圆心指定法两种。

① 半径指定法 使用半径尺寸字 R 带"±"的方法，来区别优劣圆弧，保证加工轨迹唯一确定，劣圆弧（圆心角 $\alpha \leqslant 180°$）时用正半径值，优圆弧（$180° <$ 圆心角 $\alpha \leqslant 360°$）时用负半径值。

程序格式为：

G17 $\begin{Bmatrix} G02 \\ G03 \end{Bmatrix}$ X_Y_R_F_

G18 $\begin{Bmatrix} G02 \\ G03 \end{Bmatrix}$ X_Z_R_F_

G19 $\begin{Bmatrix} G02 \\ G03 \end{Bmatrix}$ Y_Z_R_F_

说明：

G17、G18、G19 指定圆弧所在的平面；G02、G03 指定圆弧顺、逆插补类型；X、Y、Z 为终点坐标值；R 为圆弧半径值；F 为加工的进给速度。半径指定法不能用来加工整圆。

② 圆心指定法 直接指定圆心位置，从而能使圆弧加工轨迹唯一确定。

程序格式为：

G17 $\begin{Bmatrix} G02 \\ G03 \end{Bmatrix}$ X_Y_I_J_F_

G18 $\begin{Bmatrix} G02 \\ G03 \end{Bmatrix}$ X_Z_I_K_F_

G19 $\begin{Bmatrix} G02 \\ G03 \end{Bmatrix}$ Y_Z_J_K_F_

说明：

G17、G18、G19 指定圆弧所在的平面（G17 为 XY 平面，G18 为 ZX 平面，G19 为 YZ 平面）；G02、G03 指定圆弧顺、逆插补类型；X、Y、Z 为终点坐标值；I、J、K 中的坐标数值为圆弧圆心相对圆弧起点在 X、Y、Z 坐标轴上的增量值，如图 3-18 所示。I、J、K 数值为零时可以省略。圆心指定法能用来加工整圆，同时编入 R 与 I、J、K 时，R 有效。

例 3-4 使用 G02 对图 3-19 所示劣弧 a 和优弧 b 编程。

例 3-5 使用 G02、G03 对图 3-20 所示的整圆编程。

（4）暂停指令 G04

G04 可控制刀具作短暂停留，使加工表面得以圆整和光滑。该指令除用于切槽、钻镗孔外，还可用于拐角轨迹控制。

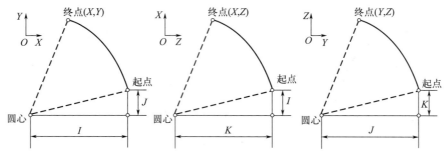

图 3-18 I、J、K 数值的选择

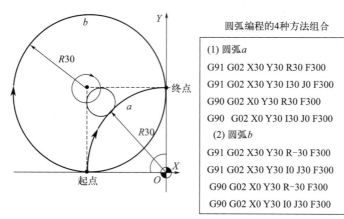

图 3-19 圆弧编程

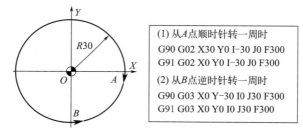

图 3-20 整圆编程

程序格式：

G04 P_

说明：

P 为暂停时间，单位为 s。G04 在前一程序段的进给速度降到零之后才开始暂停动作。

在执行含 G04 指令的程序段时，先执行暂停功能。G04 为非模态指令，仅在其被规定的程序段中有效。

3.3.3.3 刀具补偿功能指令

(1) 刀具半径补偿 G40、G41、G42

在数控编程时，为了方便，通常将数控加工刀具假想成一个点，称为刀位点。以铣削加工为例，在实际加工中，由于刀具存在一定的直径，使刀具中心轨迹与零件轮廓不重合，如图 3-21 所示。这样，编程时就必须依据刀具半径和零件轮廓计算刀具中心轨迹，再依据刀具中心轨迹完成编程。如果人工完成这些计算将给手工编程带来很多的不便，甚至当计算量较大时，也容易产生计算错误。刀具半径补偿功能可以很好地解决这个问题。

数控系统的刀具半径补偿功能就是将计算刀具中心轨迹的过程交由数控系统完成,编程员假设刀具半径为零,直接根据零件的轮廓形状进行编程,而实际的刀具半径则存放在一个刀具半径补偿寄存器中。在加工过程中,数控系统根据零件程序和刀具半径自动计算刀具中心轨迹,完成对零件的加工。

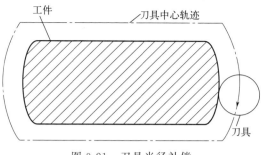

图 3-21 刀具半径补偿

在进行零件轮廓加工时,刀具中心轨迹相对于零件轮廓应让开一个刀具半径的距离,即刀具半径偏置或刀具半径补偿。根据零件轮廓编制的程序和预先设定的偏置参数,数控系统能自动完成刀具半径补偿功能。

① 刀具半径补偿格式

程序格式:

$$\begin{Bmatrix} G17 \\ G18 \\ G19 \end{Bmatrix} \begin{Bmatrix} G41 \\ G42 \end{Bmatrix} \begin{Bmatrix} G00 \\ G01 \end{Bmatrix} X\_ Y\_ Z\_ D\_$$

以及

$$G40 \begin{Bmatrix} G00 \\ G01 \end{Bmatrix} X\_ Y\_ Z\_$$

说明:

G17——刀具半径补偿平面为 XY 平面;

G18——刀具半径补偿平面为 ZX 平面;

G19——刀具半径补偿平面为 YZ 平面;

G40——取消刀具半径补偿;

G41——左刀补(在刀具前进方向左侧补偿),如图 3-22(a);

G42——右刀补(在刀具前进方向右侧补偿),如图 3-22(b);

X,Y,Z——G00/G01 的参数,即刀补建立或取消的终点(投影到补偿平面上的刀具轨迹受到补偿);

D——刀具半径补偿号。

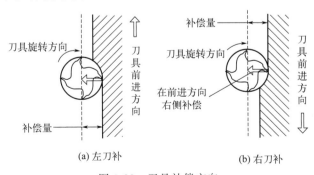

图 3-22 刀具补偿方向

② 刀具半径补偿的过程 如图 3-23 所示刀具半径补偿的过程分为三步:

a. 刀补建立:刀具中心轨迹从与编程轨迹重合过渡到与编程轨迹偏离一个偏置量的过程。

b. 刀补进行：刀具中心始终与编程轨迹相距一个偏置量，直到刀补取消。

c. 刀补取消：刀具离开工件，刀具中心轨迹从与编程轨迹偏离过渡到与编程轨迹重合的过程。

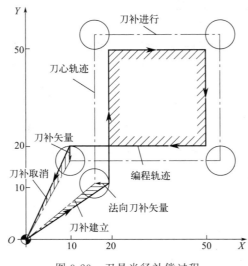

图 3-23 刀具半径补偿过程

例 3-6 使用刀具半径补偿功能完成如图 3-23 所示轮廓加工的编程。程序如下：

```
%4022
N10 G90 G54 G00 X0 Y0 M03 S500 F50
N20 G00 Z50.0                    （安全高度）
N30 Z10                          （参考高度）
N40 G41 X20 Y10 D01 F50          （建立刀具半径补偿）
N50 G01 Z-10                     （下刀）
N60 Y50
N70 X50
N80 Y20
N90 X10
N100 G00 Z50                     （抬刀到安全高度）
N110 G40 X0 Y0 M05               （取消刀具半径补偿）
N120 M30                         （程序结束）
```

③ 使用刀具半径补偿的注意事项　在数控铣床上使用刀具半径补偿时，必须特别注意其执行过程的原则，否则往往容易引起加工失误甚至报警，使系统停止运行或刀具半径补偿失效等。

a. 刀具半径补偿的建立与取消只能用 G01、G00 来实现，不得用 G02 和 G03。

b. 建立和取消刀具半径补偿时，刀具必须在所补偿的平面内移动，且移动距离应大于刀具半径补偿值。

c. D00～D99 为刀具半径补偿号，D00 意味着取消刀具半径补偿，即 G41/G42 X_ Y_ D00 等价于 G40。刀具半径补偿值在加工或试运行之前须设定在刀具半径补偿寄存器中。

d. 加工半径小于刀具半径的内圆弧时，进行半径补偿将产生刀具干涉，只有在过渡圆角 $R \geq$ 刀具半径 $r +$ 精加工余量的情况下才能正常切削。

e. 在刀具半径补偿模式下，如果存在有连续两段以上非移动指令（如 G90、M03 等）或非指定平面轴的移动指令，则有可能产生过切现象。

④ 刀具半径补偿的应用　刀具半径补偿除方便编程外，还可利用改变刀具半径补偿值大小的方法，实现利用同一程序进行粗、精加工。即

$$粗加工刀具半径补偿＝刀具半径＋精加工余量$$

$$精加工刀具半径补偿＝刀具半径＋修正量$$

a. 因磨损、重磨或换新刀而引起刀具半径改变后，不必修改程序，只需在刀具参数设置中输入变化后的刀具半径即可。

b. 同一程序中，同一尺寸的刀具，利用半径补偿，可进行粗、精加工。假设刀具半径为 r，精加工余量为 Δ。粗加工时，输入刀具半径 $D＝r＋\Delta$，则加工出带有精加工余量的轮廓；精加工时，用同一程序、同一刀具，但输入刀具半径 $D＝r$，加工出实际轮廓。

(2) 刀具长度补偿 G43、G44、G49

① 刀具长度补偿的目的

刀具长度补偿功能用于在 Z 轴方向的刀具补偿，它可使刀具在 Z 轴方向的实际位移量大于或小于编程给定的位移量。

有了刀具长度补偿功能，当加工中刀具因磨损、重磨、换新刀而长度发生变化时，可不必修改程序中的坐标值，只要修改存放在寄存器中刀具长度补偿值即可。

其次，若加工一个零件需用几把刀，各刀的长度不同，编程时不必考虑刀具长短对坐标值的影响，只要把其中一把刀设为标准刀，其余各刀相对标准刀设置长度补偿值即可。

② 刀具长度补偿格式

G43（G44）G00（G01）　Z＿ H＿

以及

G49 G00（G01）　Z＿

说明：

G43 为刀具长度正补偿，G44 为刀具长度负补偿，G49 为取消刀具长度补偿指令，均为模态 G 指令。格式中，Z 值是属于 G00 或 G01 的程序指令值。H 为刀具长度补偿寄存器的地址字，它后面的两位数字是刀具长度补偿寄存器的地址号，如 H01 是指 01 号寄存器，在该寄存器中存放刀具长度的补偿值。在 G17 的情况下，刀具长度补偿 G43、G44 只用于 Z 轴的补偿，而对 X 轴和 Y 轴无效。

执行 G43 时，Z 基准刀＝Z 指令值＋H；执行 G44 时，Z 基准刀＝Z 指令值－H。

例 3-7　钻图 3-24（a）所示的孔，设在编程时以主轴端部中心为基准刀的刀位点。钻头安装在主轴上后，测得刀尖到主轴端部的距离为 100mm，刀具起始位置如图所示。

钻头比基准刀长 100mm，将 100mm 作为刀具长度偏置量存入 H01 地址单元中。加工程序如下：

```
N10 G92 X0 Y0 Z0              （坐标原点设在主轴端面中心）
N20 S300 M03                  （主轴正转）
N30 G90 G43 G00 Z-245 H01     （钻头快速移到离工件表面 5mm 处）
N40 G01 Z-270 F60             （钻头钻孔并超出工件下表面 5mm）
N50 G49 G00 Z0                （取消刀具长度补偿，快速退回）
```

在 N30 程序段中，通过 G43 建立了刀具长度补偿。由于是正补偿，基准刀刀位点（主轴端部中心）到达的 Z 轴终点坐标值为 [－245＋(H01)]mm＝－145mm，从而确保

钻头刀尖到达-245mm处。同样，在N40程序段中，确保了钻头刀尖到达-270mm处。在N50中，通过G49取消了刀具长度补偿，基准刀刀位点（主轴端部中心）回到Z轴原点，钻头刀尖位于-100mm处。

③ 刀具长度补偿量的确定

方法一：

a. 依次将刀具装在主轴上，利用Z向设定器确定每把刀具Z轴返回机床参考点时，刀位点相对工件坐标系Z向零点的距离，如图3-24（b）所示的A、B、C（A、B、C均为负值），即各刀具刀位点刚接触工件坐标系Z向零点处时显示的机床坐标系Z坐标，并记录下来。

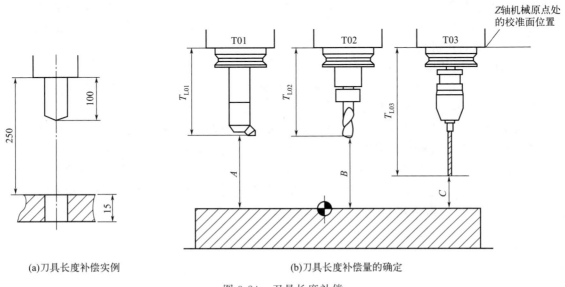

(a) 刀具长度补偿实例　　　　　(b) 刀具长度补偿量的确定

图3-24　刀具长度补偿

b. 选择一把刀作为基准刀（通常为最长的刀具），如图中的T03，将其对刀值C作为工件坐标系中Z向偏置值，并将长度补偿值H03设为0。

c. 确定其他刀具的长度补偿值，即H01=±|A-C|，H02=±|B-C|。当用G43时，若该刀具比基准刀长则取正号，比基准刀短则取负号；用G44时则相反。

方法二：

a. 工件坐标系中（如G54）Z向偏置值设定为0，即基准刀为假想的刀具且足够长，刀位点接触工件坐标系Z向零点处时显示的机床坐标系Z值为零。

b. 通过机内对刀，确定每把刀具刀位点刚接触工件坐标系Z向零点处时显示的机床坐标系Z坐标（为负值），G43时就将该值输入相应长度补偿号中即可，G44时则需要将Z坐标值取反后再设定为刀具长度补偿值。

3.4　数控车床的程序编制

数控车床主要用于加工轴类、套类和盘类等回转体零件，可通过程序控制自动完成端面、内外圆柱面、锥面、圆弧面、螺纹面等内容的切削加工，并可进行切槽、切断、钻、扩、镗、铰孔等加工。

3.4.1 数控车床的编程特点

① 在一个程序段中,根据图样上标注的尺寸编写运动坐标值,既可以采用绝对值(X,Z)编程,也可以采用相对值(U,W)编程,或者两者混合编程。

② 为了方便编程和增加程序的可读性,数控车床 X 坐标默认采用直径编程,即程序中 X 坐标以直径值表示;用增量编程时,以径向实际位移量的二倍值表示,并附以方向符号(正向可以省略)。直径方式编程或半径方式编程可通过设置机床参数来选定。

③ 为提高工件径向尺寸精度,X 向的脉冲当量取 Z 向的一半。

④ 由于车削常用的毛坯为棒料或锻件,加工余量大,为了简化编程,数控系统常具有不同形式的固定循环功能,可进行多次重复循环切削,如圆柱面切削固定循环、圆锥面切削固定循环、端面切削固定循环、车槽循环、螺纹切削固定循环及组合切削循环。

⑤ 编程时,常认为车刀刀尖为一个点。而实际上,为了提高刀具寿命和工件的表面质量,车刀刀尖常为一个半径不大的圆弧。因此,为了提高工件的加工精度,当用圆头车刀加工编程时,需要对刀具半径进行补偿。若机床无半径补偿功能,需要作相应的计算才能进行编程。

⑥ 换刀一般在程序原点进行,同时应注意换刀点应选择在工件外安全的地方。

3.4.2 数控车床的刀具补偿

由于数控车刀和数控铣刀在结构和装夹方式上存在差异,因此在刀具补偿上有所区别,数控车床的刀具补偿可分为两类,即刀具位置补偿和刀尖圆弧半径补偿。

(1) 刀具位置补偿

刀具位置(刀位)补偿包括刀具偏置(刀偏)补偿和刀具磨损补偿,可用来补偿不同刀具之间的刀尖位置偏移。

在数控车床编程时,会设定刀架上每把刀在工作位时刀尖位置是一致的。但在实际加工中,由于刀具的几何形状及安装不同,其刀尖位置是不同的,刀尖相对于工件原点的距离也不一样。因此需要将各刀具的位置进行比较或设定,称为刀具偏置补偿。刀具偏置补偿可使加工程序不随刀尖位置的不同而改变。刀具使用一段时间后磨损,会使产品尺寸产生误差,因此需要对其进行补偿,称为刀具磨损补偿。该补偿与刀具偏置补偿存放在同一个寄存器的地址号中。

刀具偏置补偿有两种形式:

① 绝对补偿形式 如图 3-25 所示,绝对刀偏即机床回到机床零点时,工件零点相对于刀架工作位上各刀刀尖位置的有向距离,因为每把刀具在工作位时刀尖位置不同,所以各个刀具的刀偏值也不一样。当执行刀偏补偿时,各个刀具以各自刀偏值设定的加工坐标系均与工件零点重合。

机床到达机床零点时,机床坐标值显示均为零,整个刀架上的点可考虑为一理想点,在各刀具进行对刀时,机床零点可视为在各刀刀位点上。测量工件坐标零点与机床坐标零点的偏置值(即工件坐标原点在机床坐标系上的坐标值),输入数控系统中的"刀具偏置表"中,即可完成刀具偏置补偿值的设定。如图 3-26 所示,通过试切法测定刀偏值时,运行需要测定的刀具,试切毛坯端面,读取机床坐标值可以得到 $Z_{机}$(为负值),再测量端面到工件原点的距离 $Z_工$,如工件零点在端面上则 $Z_工=0$,通过公式 $Z'_{机}=Z_{机}-Z_工$ 计算出 Z 向偏置值 $Z'_{机}$,输入"刀具偏置表"中该刀具号对应的"Z 偏置"内(设置完成前不得有 Z 轴位移),即完成这把刀具 Z 向偏置的设置。同理,运行这把刀具试切毛坯直

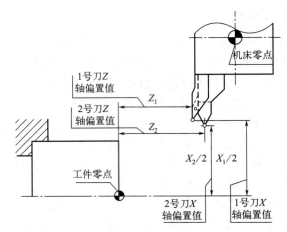

图 3-25 刀具偏置的绝对补偿形式

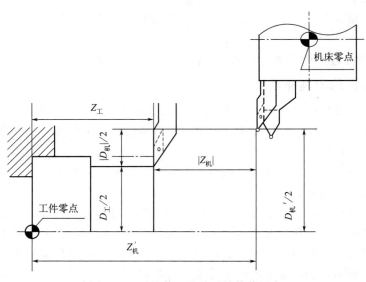

图 3-26 刀具偏置的绝对补偿值设定

径,通过读取可得到径向移动值 $D_机$(为负值)通过测量得到工件直径 $D_工$,计算 $D'_机 = D_机 - D_工$ 后,将数值输入"刀具偏置表"中该刀具号对应的"X 偏置"内(设置完成前不得有 X 轴位移),就完成了这把刀具的偏置补偿值的设定。可用同样方法设定其他需要使用的刀具。

② 相对补偿形式 如图 3-27 所示,在对刀时,确定一把刀为标准刀具(标刀),并以其刀尖位置 A 为依据,建立坐标系。这样,当其他各刀转到加工位置时,刀尖位置 B 相对标刀刀尖位置 A 就会出现偏置,原来建立的坐标系就不再适用,因此应对非标刀具相对于标准刀具之间的偏置值 Δx、Δz 进行补偿,使刀尖位置 B 移至位置 A。标准刀偏置值为机床回到机床零点时,工件零点相对于工作位上标准刀刀位点的有向距离。

相对刀偏值的测量步骤如下:

a. 用标刀试切工件端面,在功能按键主菜单下或 MDI 子菜单下,将刀具当前 Z 轴位置设为相对零点

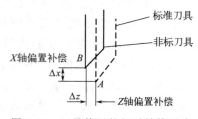

图 3-27 刀具偏置的相对补偿形式

(设零前不得有 Z 轴位移)。

b. 用标刀试切工件外圆,在功能按键主菜单下或 MDI 子菜单下,将刀具当前 X 轴位置设为相对零点(设零前不得有 X 轴位移)。此时,标刀已在工件上切出一基准点。当标刀在基准点位置时,即在设置的相对零点位置。

c. 退出换刀后,将下一把刀移到工件基准点的位置上;此时显示的相对值,即为该刀相对于标刀的刀偏值。相对刀偏值设置界面如图 3-28 所示。

图 3-28 相对刀偏值设置界面

(2) 刀尖圆弧半径补偿 G40、G41、G42

为提高刀具强度和降低加工表面粗糙度,车刀刀尖常制作成半径较小的圆弧,如图 3-29(b)所示,而编程时常以刀位点(理想刀尖)来进行,如图 3-29(a)所示。当切削加工时因为刀具切削点在刀尖圆弧上变动,造成实际切削点与刀位点之间的位置有偏差,故会造成过切或欠切现象。这种由于刀尖是一段圆弧造成的加工误差,可用刀尖圆弧半径补偿功能来消除。刀尖圆弧半径补偿使用 G41、G42、G40 指令设定。迎着垂直与加工平面的第三轴方向看,再沿着刀具运动方向看,刀具偏在工件轮廓左侧,就是刀尖圆弧半径左补偿,用 G41 指令;刀具偏在工件轮廓右侧,就是刀尖圆弧半径右补偿,用 G42 指令,如图 3-30 所示。G41、G42 都用 G40 取消。

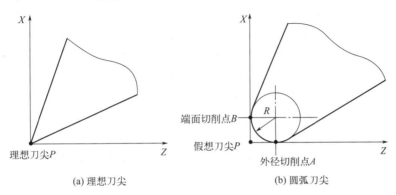

(a) 理想刀尖   (b) 圆弧刀尖

图 3-29 车刀刀尖

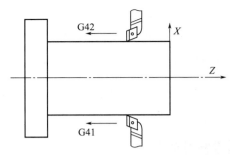

图 3-30 刀尖圆弧半径补偿指令判断

程序格式：

$$\begin{Bmatrix} G40 \\ G41 \\ G42 \end{Bmatrix} \begin{Bmatrix} G00 \\ G01 \end{Bmatrix} X\_ Z\_$$

说明：

X、Z 是 G00/G01 的参数，即建立刀补或取消刀补的终点位置。刀尖圆弧半径补偿的建立与取消只能用 G00 或 G01 指令，不能使用 G02 或 G03。G41、G42 不带参数，其补偿号（代表所用刀具对应的刀尖圆弧半径补偿值）由 T 指令指定。其刀尖圆弧半径补偿号与刀具偏置补偿号对应。G40、G41、G42 都是模态指令，可相互取消。

刀尖圆弧半径补偿寄存器中，储存着每把车刀的圆弧半径及刀尖的方位号。

车刀刀尖的方位号定义了刀具刀位点与刀尖圆弧中心的位置关系，从 0~9 有十个方位，如图 3-31 所示。

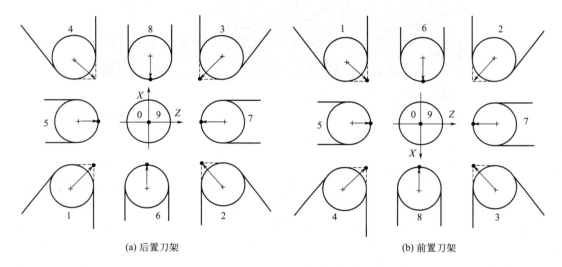

(a) 后置刀架　　　　　　　　(b) 前置刀架

图 3-31 刀尖方位号

（3）刀具补偿的实现

刀具的补偿功能（刀尖位置补偿和刀尖圆弧半径补偿）由程序中指定的 T 指令实现。

T 指令由字母 T 和其后面的 4 位数字所组成（T××××）。其中前两个数字为选择的刀具号，后两个数字是和该刀具对应的刀具补偿号。例如 T0102 表示调用 1 号刀具，选用 2 号刀具补偿。刀具补偿号是刀具补偿寄存器的地址号，该寄存器中存放着刀具的 X 轴和 Z 轴偏置补偿值、刀具的 X 轴和 Z 轴磨损补偿值、刀尖的圆弧半径以及刀尖方位号。控制器处理这些数值，计算并得到最后补偿值，在激活刀具补偿寄存器时这些最终补偿值生效，控制刀具在正确的轨迹上进行加工。补偿号为 00 表示补偿量为 0，即取消补偿功能。补偿号可以和刀具号相同，也可以不同，即一把刀具可以对应多个补偿号（值）。为避免使用过程中造成混乱，非必要情况下刀具补偿号和刀具号相同。

3.4.3　简化编程功能指令

为简化数控车床编程，数控系统针对数控加工常见的动作过程按照规定的动作顺序，以子程序的形式设计了指令集，用 NC 指令直接调用，分别对应不同的加工循环动作。

3.4.3.1 单一固定循环 G80、G81

利用单一固定循环可以将一系列连续的动作，如"切入—切削—退刀—返回"，用一个循环指令完成，从而使程序简化。

（1）内（外）径车削固定循环 G80

圆柱切削循环指令编程格式为

G80 X(U)＿ Z(W)＿ F＿

该指令执行如图 3-32（a）所示 $A \rightarrow B \rightarrow C \rightarrow D \rightarrow A$ 的轨迹动作，执行过程 1～4 中 R 为快速进给，F 为切削进给。x、z 为切削终点 C 在工件坐标系下的坐标，u、w 为切削终点 C 相对于循环起点 A 的增量值。

圆锥切削循环指令编程格式为

G80 X(U)＿ Z(W)＿ I＿ F＿

该指令执行如图 3-32（b）所示 $A \rightarrow B \rightarrow C \rightarrow D \rightarrow A$ 的轨迹动作，执行过程 R 为快速进给，F 为切削进给。x、z 为切削终点 C 在工件坐标系下的坐标，u、w 为切削终点 C 相对于循环起点 A 的增量值。i 为切削起点 B 与切削终点 C 的半径差，切削起点 X 轴坐标大于切削终点 X 轴坐标时 i 为正，反之为负（图中 i 值为负）。

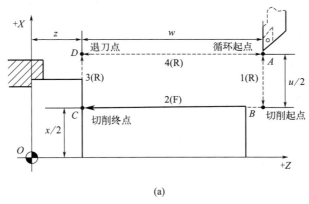

(a)

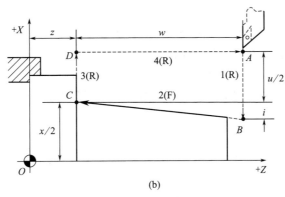

(b)

图 3-32　内（外）径车削固定循环

例 3-8　如图 3-33 所示，用 G80 指令编程，双点画线代表毛坯，原点在工件外端面圆心。

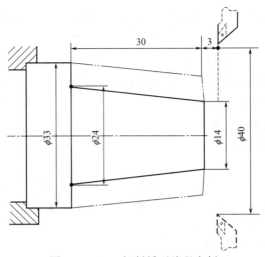

图 3-33 G80 切削循环编程实例

程序如下：

%3317

M03 S400　　　　　　　　　（主轴以 400r/min 旋转）

G80 X30 W-33 I-5.5 F100　　（加工第一次循环，吃刀深即切削深度 3mm）

X27 W-33 I-5.5　　　　　　（每次切削起点位，距工件外端面 3mm，故 I 值为 -5.5mm）

X24 W-33 I-5.5　　　　　　（加工第三次循环，吃刀深 3mm）

M30　　　　　　　　　　　（主轴停，主程序结束并复位）

（2）端面切削固定循环 G81

端平面切削循环指令编程格式为

G81　X__ Z__ F__

该指令执行如图 3-34（a）所示 $A→B→C→D→A$ 的轨迹动作，执行过程 R 为快速进给，F 为切削进给。x，z 为切削终点 C 在工件坐标系下的坐标，u、w 为切削终点 C 相对于循环起点 A 的增量值。

圆锥端面切削循环指令编程格式为

G81　X__ Z__ K__ F__

该指令执行如图 3-34（b）所示 $A→B→C→D→A$ 的轨迹动作，执行过程 R 为快速进给，F 为切削进给。x，z 为切削终点 C 在工件坐标系下的坐标，u、w 为切削终点 C 相对于循环起点 A 的增量值。k 为切削起点 B 与切削终点 C 在 Z 方向的坐标增量，切削起点 Z 轴坐标大于切削终点 Z 轴坐标时 k 为正，反之为负（图中 k 值为负）。

例 3-9　如图 3-35 所示，用 G81 指令编程，双点画线代表毛坯。

程序如下：

%3320

N1 G54 G90 G00 X60 Z45 M03　　（选定坐标系，主轴正转，到循环起点）

N2 G81 X25 Z31.5 K-3.5 F100　　（加工第一次循环，吃刀深 2mm）

N3 X25 Z29.5 K-3.5　　　　　　（每次吃刀均为 2mm）

N4 X25 Z27.5 K-3.5　　　　　　（每次切削起点位，距工件外圆面 5mm，故 k 值为 -3.5mm）

N5 X25 Z25.5 K-3.5　　　　　　（加工第四次循环，吃刀深 2mm）

N6 M05　　　　　　　　　　　（主轴停）

N7 M30　　　　　　　　　　　（主程序结束并复位）

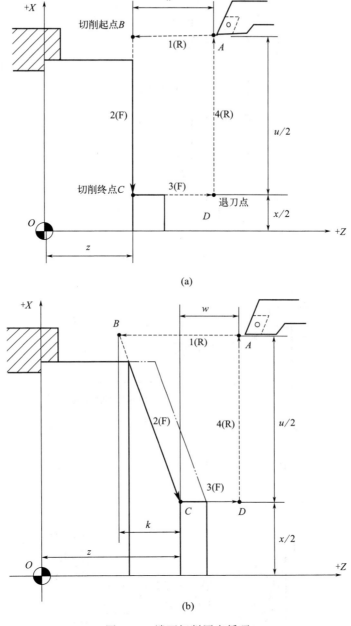

图 3-34 端面切削固定循环

3.4.3.2 复合固定循环 G71、G72、G73

使用 G80、G81 指令时,只能对工件的局部进行简单的循环加工,在加工外形较为复杂,切削余量较大的轴时,可以利用复合固定循环指令简化程序。在使用这些复合固定循环时,只需编出指令精加工的形状,就可以完成从粗加工到精加工的全部过程。

(1) 内(外)径粗车复合循环 G71

该指令执行如图 3-36 和图 3-37 所示的粗加工和精加工,其中精加工路径为 $A \to A' \to B$ 的轨迹。只需编出精加工路线(最终走刀路线),依照程序格式分别设定粗车时每次的背吃刀量、精车余量、进给量等参数,系统就会自动计算出粗加工走刀路线和走刀次数,

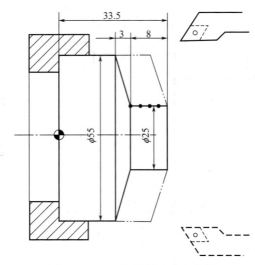

图 3-35　G81 切削循环编程实例

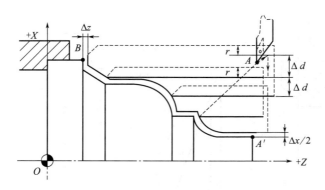

图 3-36　内、外径粗切复合循环（无凹槽）

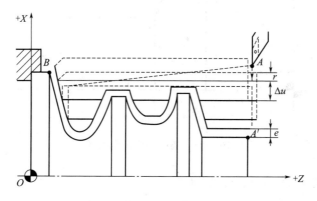

图 3-37　内、外径粗切复合循环（有凹槽）

控制机床自动重复切削，直到完成工件全部加工为止。对于有凹槽的轴与无凹槽的轴，编程时只是在设置精车余量的字上有所区别。

程序格式：

G71 UΔd　Rr　Pns　Qnf　XΔx　ZΔz　Ff　Ss　Tt　　（无凹槽加工时）

G71 UΔd　Rr　Pns　Qnf　Ee　Ff　Ss　Tt　　（有凹槽加工时）

说明：

Δd：背吃刀量；

r：每次退刀量；

ns：指定精加工路线（$A \to A' \to B$）中第一个程序段的顺序号；

nf：指定精加工路线（$A \to A' \to B$）中最后一个程序段的顺序号；

Δx：X 方向精加工余量；

Δz：Z 方向精加工余量；

e：精加工余量，其为 X 方向的等高距离，外径切削时为正，内径切削时为负；

f,s,t：粗加工时 G71 中编程的 F、S、T 有效，而精加工时处于 ns 到 nf 程序段之间的 F、S、T 有效。

需要注意的是：G71 指令必须带有 P、Q 地址 ns、nf，且与精加工路径起、止顺序号对应，否则不能进行该循环加工；ns 的程序段必须为 G00/G01 指令，即从 A 到 A' 的动作必须是直线或点定位运动；在顺序号为 ns 到顺序号为 nf 的程序段中，不应包含子程序。

例 3-10 用外径粗加工复合循环编制图 3-38 所示零件的加工程序；要求循环起始点在 A（46，3），切削深度为 1.5mm（半径量）。退刀量为 1mm，X 方向精加工余量为 0.4mm，Z 方向精加工余量为 0.2mm，其中双点画线部分为工件毛坯。

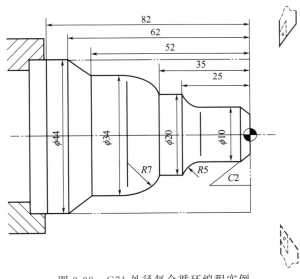

图 3-38 G71 外径复合循环编程实例

程序如下：

```
%3327
N1 T0101                           （换1号刀具，确定工件坐标系）
N2 M03 S600                        （主轴以600r/min正转）
N3 G00 X46 Z3                      （刀具快进到循环起点位置）
N4 G71 U1.5 R1 P5 Q13 X0.4 Z0.2 F100   （外径粗切循环加工）
N5 G00 X0                          （精加工轮廓起始行，到倒角延长线）
N6 G01 X10 Z-2                     （精加工 C2 倒角）
N7 Z-20                            （精加工 φ10 外圆）
N8 G02 U10 W-5 R5                  （精加工 R5 圆弧）
N9 G01 W-10                        （精加工 φ20 外圆）
```

N10 G03 U14 W-7 R7   （精加工 R7 圆弧）
N11 G01 Z-52   （精加工 φ34 外圆）
N12 U10 W-10   （精加工外圆锥）
N13 W-20   （精加工 φ44 外圆，精加工轮廓结束）
N14 X50   （退出已加工面）
N15 G00 X46 Z3   （回循环起始点）
N16 M30   （主程序结束，主轴停止转动，回到程序起点）

（2）端面粗车复合循环 G72

G72 与 G71 的区别仅在于，G71 切削方向平行于 Z 轴而 G72 切削方向平行于 X 轴。G72 指令执行如图 3-39 所示的粗加工和精加工，其中精加工路径为 $A \to A' \to B$ 的轨迹。

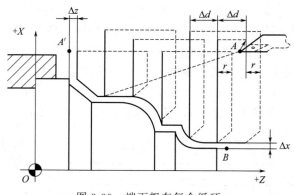

图 3-39 端面粗车复合循环

程序格式：

G72 WΔd Rr Pns Qnf XΔx ZΔz Ff Ss Tt

其参数含义与 G71 相同。

例 3-11 编制图 3-40 所示零件的加工程序：要求循环起始点在 A（6，3），切削深度为 1.5mm。退刀量为 1mm，X 方向精加工余量为 0.4mm，Z 方向精加工余量为 0.2mm，其中双点画线部分为工件毛坯

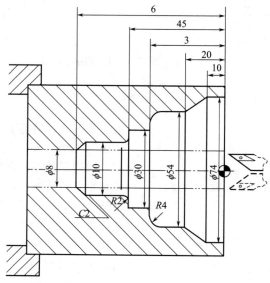

图 3-40 G72 内径粗切复合循环编程实例

程序如下：

%3333

N1 G92 X100 Z80　　　　　　　　　　（设立坐标系，定义对刀点的位置）

N2 M03 S600　　　　　　　　　　　　（主轴以 600r/min 正转）

N3 G00 X6 Z3　　　　　　　　　　　　（到循环起点位置）

G72 W1.5 R1 P5 Q15 X-0.4 Z0.2 F100　（内端面粗切循环加工）

N5 G00 Z-61　　　　　　　　　　　　（精加工轮廓开始，到倒角延长线处）

N6 G01 U6 W3 F80　　　　　　　　　（精加工倒 C2 角）

N7 W10　　　　　　　　　　　　　　（精加工 ϕ10 外圆）

N8 G03 U4 W2 R2　　　　　　　　　　（精加工 R2 圆弧）

N9 G01 X30　　　　　　　　　　　　　（精加工 Z45 处端面）

N10 Z-34　　　　　　　　　　　　　　（精加工 ϕ30 外圆）

N11 X46　　　　　　　　　　　　　　（精加工 Z34 处端面）

N12 G02 U8 W4 R4　　　　　　　　　（精加工 R5 圆弧）

N13 G01 Z-20　　　　　　　　　　　　（精加工 ϕ54 外圆）

N14 U20 W10　　　　　　　　　　　　（精加工锥面）

N15 Z3　　　　　　　　　　　　　　　（精加工 ϕ74 外圆，精加工轮廓结束）

N16 G00 X100 Z80　　　　　　　　　　（返回对刀点位置）

N17 M30　　　　　　　　　　　　　　（主轴停、主程序结束并复位）

（3）闭环车削复合循环 G73

G73 指令适用于毛坯轮廓形状与工件形状基本接近时的车削。

程序格式：

G73 UΔi WΔk Rr Pns Qnf XΔx ZΔz Ff Ss Tt

说明：

Δi：X 轴方向的粗加工总余量；

Δk：Z 轴方向的粗加工总余量；

r：粗切削总次数。

其余参数与 G71 意义相同。

该功能在切削工件时刀具轨迹为如图 3-41 所示的封闭回路，刀具由 $A \rightarrow A'$ 开始加工逐渐进给，使封闭切削回路逐渐向零件最终形状靠近，最终切削成工件的形状，其精加工路径为 $A \rightarrow A' \rightarrow B$。

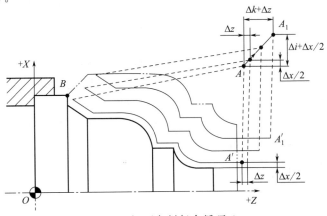

图 3-41　闭环车削复合循环 G73

这种指令能对铸造、锻造等粗加工中已初步成形的工件进行高效率切削。

G73 指令中，Δi 和 Δk 表示粗加工时总的切削量，粗加工次数为 r，则每次 X、Z 方向的切削量为 $\Delta i/r$，$\Delta k/r$；按 G73 段中的 P 和 Q 指令值实现循环加工，要注意 Δx 和 Δz，及 Δi 和 Δk 的正负号。

例 3-12 编制图 3-42 所示零件的加工程序，设切削起始点在 A（60，5）；X、Z 方向粗加工余量分别为 3mm、0.9mm；粗加工次数为 3；X、Z 方向精加工余量分别为 0.6mm、0.1mm。其中双点画线部分为工件毛坯。

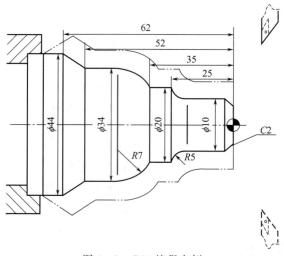

图 3-42　G73 编程实例

程序如下：

```
%3335
N1 G58 G00 X80 Z80          （选定坐标系，到程序起点位置）
N2 M03 S600                  （主轴以 600r/min 正转）
N3 G00 X60 Z5                （到循环起点位置）
N4 G73 U3 W0.9 R3 P5 Q13 X0.6 Z0.1 F120  （闭环粗切循环加工）
N5 G00 X0 Z3                 （精加工轮廓开始，到倒角延长线处）
N6 G01 U10 Z-2 F80           （精加工倒 C2 角）
N7 Z-20                      （精加工 φ10 外圆）
N8 G02 U10 W-5 R5            （精加工 R5 圆弧）
N9 G01 Z-35                  （精加工 φ20 外圆）
N10 G03 U14 W-7 R7           （精加工 R7 圆弧）
N11 G01 Z-52                 （精加工 φ34 外圆）
N12 U10 W-10                 （精加工锥面）
N13 U10                      （退出已加工表面，精加工轮廓结束）
N14 G00 X80 Z80              （返回程序起点位置）
N15 M30                      （主轴停、主程序结束并复位）
```

3.4.3.3　螺纹加工指令 G32、G82、G76

（1）简单螺纹切削指令 G32

程序格式：

G32 X(U)＿ Z(W)＿ R＿ E＿ P＿ F＿

说明：

X，Z：为绝对编程时，有效螺纹终点在工件坐标系中的坐标；

U，W：为增量编程时，有效螺纹终点相对于螺纹切削起点的位移量；

F：螺纹导程，即主轴每转一圈，刀具相对于工件的进给值；

R，E：螺纹切削的退尾量，R 表示 Z 向退尾量，E 为 X 向退尾量，R、E 在绝对或增量编程时都是以增量方式指定，其为正表示沿 Z、X 正向回退，为负表示沿 Z、X 负向回退。使用 R、E 可免去退刀槽，R、E 可以省略，表示不用回退功能；根据螺纹标准 R 一般取 2 倍的螺距，E 取螺纹的牙型高。

P：主轴基准脉冲处距离螺纹切削起始点的主轴转角。

使用 G32 指令能加工圆柱螺纹、锥螺纹和端面螺纹。图 3-43 所示为锥螺纹切削时各参数的意义。

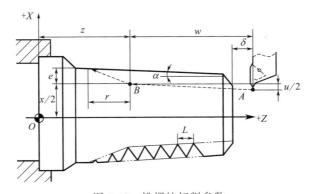

图 3-43　锥螺纹切削参数

螺纹车削加工为成形车削，且切削量较大，刀具强度较差，一般要求分数次进给加工。常用螺纹切削的进给次数与吃刀量如表 3-5 所示。

表 3-5　常用螺纹切削的进给次数与吃刀量

米制螺纹								
螺距/mm		1.0	1.5	2	2.5	3	3.5	4
牙深（半径量）/mm		0.649	0.974	1.299	1.624	1.949	2.273	2.598
切削次数及吃刀量（直径量）/mm	1 次	0.7	0.8	0.9	1.0	1.2	1.5	1.5
	2 次	0.4	0.6	0.6	0.7	0.7	0.7	0.8
	3 次	0.2	0.4	0.6	0.6	0.6	0.6	0.6
	4 次		0.16	0.4	0.4	0.4	0.6	0.6
	5 次			0.1	0.4	0.4	0.4	0.4
	6 次				0.15	0.4	0.4	0.4
	7 次					0.2	0.2	0.4
	8 次						0.15	0.3
	9 次							0.2
英制螺纹								
牙数/(牙/in)		24	18	16	14	12	10	8
牙深（半径量）/mm		0.678	0.904	1.016	1.162	1.355	1.626	2.033

续表

		英制螺纹						
切削次数及吃刀量（直径量）/mm	1次	0.8	0.8	0.8	0.8	0.9	1.0	1.2
	2次	0.4	0.6	0.6	0.6	0.6	0.7	0.7
	3次	0.16	0.3	0.5	0.5	0.6	0.6	0.6
	4次		0.11	0.14	0.3	0.4	0.4	0.5
	5次				0.13	0.21	0.4	0.5
	6次						0.16	0.4
	7次							0.17

注：英制螺纹中牙数单位牙/in中in为非法定计量单位，1in＝2.54cm。

螺纹加工时需要注意。从螺纹粗加工到精加工，主轴的转速必须保持为一常数；在没有停止主轴的情况下，停止螺纹的切削将非常危险；因此螺纹切削时进给保持功能无效，如果按下进给保持按键，刀具在加工完螺纹后停止运动；在螺纹加工中不能使用恒定线速度控制功能；在螺纹加工轨迹中应设置足够的升速进刀段和降速退刀段，以消除伺服滞后造成的螺距误差。

例 3-13 对图 3-44 所示的圆柱螺纹编程。螺纹导程为 1.5mm，牙深为 0.98mm，每次吃刀量（直径值）分别为 0.8mm、0.6mm、0.4mm、0.16mm、

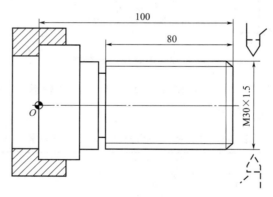

图 3-44 螺纹编程实例

程序如下：

％3312
N1 G92 X50 Z120   （设立坐标系，定义对刀点的位置）
N2 M03 S300   （主轴以 300r/min 旋转）
N3 G00 X29.2 Z101.5   （到螺纹起点，升速段1.5mm，吃刀深0.8mm）
N4 G32 Z19 F1.5   （切削螺纹到螺纹切削终点，降速段1mm）
N5 G00 X40   （X轴方向快退）
N6 Z101.5   （Z轴方向快退到螺纹起点处）
N7 X28.6   （X轴方向快进到螺纹起点处，吃刀深0.6mm）
N8 G32 Z19 F1.5   （切削螺纹到螺纹切削终点）
N9 G00 X40   （X轴方向快退）
N10 Z101.5   （Z轴方向快退到螺纹起点处）
N11 X28.2   （X轴方向快进到螺纹起点处，吃刀深0.4mm）

N12 G32 Z19 F1.5　　　　　　　　　　（切削螺纹到螺纹切削终点）
N13 G00 X40　　　　　　　　　　　　（X轴方向快退）
N14 Z101.5　　　　　　　　　　　　　（Z轴方向快退到螺纹起点处）
N15 U-11.96　　　　　　　　　　　　（X轴方向快进到螺纹起点处，吃刀深0.16mm）
N16 G32 W-82.5 F1.5　　　　　　　　（切削螺纹到螺纹切削终点）
N17 G00 X40　　　　　　　　　　　　（X轴方向快退）
N18 X50 Z120　　　　　　　　　　　 （回对刀点）
N19 M05　　　　　　　　　　　　　　（主轴停）
N20 M30　　　　　　　　　　　　　　（主程序结束并复位）

（2）螺纹切削循环 G82

程序格式：
G82 X＿＿ Z＿＿ I＿ R＿ E＿ C＿ P＿ F＿

说明：

X，Z：绝对值编程时，为螺纹终点 C 在工件坐标系下的坐标；增量值编程时，为螺纹终点 C 相对于循环起点 A 的有向距离，用 U、W 表示。

I：为螺纹起点 B 与螺纹终点 C 的半径差；如取为 0，为直螺纹（圆柱螺纹）切削方式；

R，E：螺纹切削的退尾量，R 为 Z 向回退量；E 为 X 向回退量，R、E 可以省略，表示不用回退功能；

C：螺纹头数，为 0 或 1 时切削单头螺纹；

P：单头螺纹切削时，为主轴基准脉冲处距离切削起始点的主轴转角（缺省值为 0）；多头螺纹切削时，为相邻螺纹头的切削起始点之间对应的主轴转角。

F：螺纹导程。

该指令执行图 3-45 所示 A→B→C→D→A 的轨迹动作。

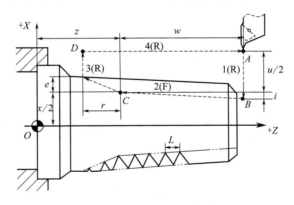

图 3-45　锥螺纹切削循环

利用 G82，可以将螺纹切削过程中，从开始点出发"切入—切螺纹—让刀—返回开始点"四个动作作为一个循环用一个程序段指令。

例如，用 G82 指令加工上例中的图 3-44 的螺纹，程序会得到很大简化，其程序如下：
%3323
N1 G92 X50 Z120　　　　　　　　　　（设立坐标系，定义对刀点的位置）
N2 M03 S300　　　　　　　　　　　　（主轴以 300r/min 正转）
N3 G82 X29.2 Z19 F1.5　　　　　　　（第一次循环切螺纹，切削深度 0.8mm）

N4 X28.6 Z19 F1.5　　　　　　　　　　（第二次循环切螺纹，切削深度 0.4mm）
N5 X28.2 Z19 F1.5　　　　　　　　　　（第三次循环切螺纹，切削深度 0.4mm）
N6 X28.04 Z19 F1.5　　　　　　　　　（第四次循环切螺纹，切削深度 0.16mm）
N7 M30　　　　　　　　　　　　　　　（主轴停、主程序结束并复位）

（3）螺纹切削复合循环 G76

程序格式：

G76 Cc Rr Ee Aα Xx Zz Ii Kk UΔdmin VΔdmin QΔd Pp FL

说明：

螺纹切削固定循环 G76 执行如图 3-46 所示的加工轨迹。其单边切削及参数如图 3-47 所示。

c：精整次数（1～99），为模态值；

r：螺纹 Z 向退尾长度（00～99），为模态值；

e：螺纹 X 向退尾长度（00～99），为模态值；

α：刀尖角度（二位数字），为模态值；可在 80°、60°、55°、30°、29°和 0°六个角度中选一个；

x,z：绝对值编程时，为有效螺纹终点 C 的坐标；增量值编程时，为有效螺纹终点 C 相对于循环起点 A 的有向距离；

i：螺纹两端的半径差；如 $i=0$，为直螺纹（圆柱螺纹）切削方式；

k：螺纹高度；该值由 X 轴方向上的半径值指定；

Δdmin：最小切削深度（半径值）；当第 n 次切削深度（$\Delta d\sqrt{n}-\Delta d\sqrt{n-1}$）小于 Δdmin 时，则该切削深度设定为 Δdmin；

d：精加工余量（半径值）；

Δd：第一次切削深度（半径值）；

p：主轴基准脉冲处距离切削起始点的主轴转角；

L：螺纹导程（同 G32）。

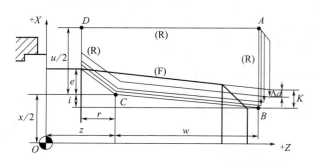

图 3-46　螺纹切削复合循环 G76

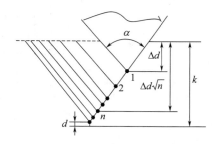

图 3-47　G76 循环单边切削及其参数

按 G76 段中的 X(x) 和 Z(z) 指令实现循环加工，增量编程时，要注意 u 和 w 的正负号（由刀具轨迹 AC 和 CD 段的方向决定）。G76 循环进行单边切削，减小了刀尖的受力。第一次切削时切削深度为 Δd，第 n 次的切削总深度为 $\Delta d\sqrt{n}$，每次循环的背吃刀量为 $\Delta d(\sqrt{n}-\sqrt{n-1})$。

例 3-14　用螺纹切削复合循环 G76 指令编程，加工螺纹为 ZM60×2，工件尺寸见图 3-48，其中括弧内尺寸根据标准得到。

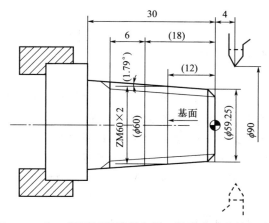

图 3-48 G76 循环切削编程实例（括号内为有效尺寸）

程序如下：

%3338

N1 T0101　　　　　　　　　　　　　　　　（换一号刀，确定其坐标系）

N2 G00 X100 Z100　　　　　　　　　　　　（到程序起点或换刀点位置）

N3 M03 S400　　　　　　　　　　　　　　（主轴以 400r/min 正转）

N4 G00 X90 Z4　　　　　　　　　　　　　（到简单循环起点位置）

N5 G80 X61.125 Z-30 I-1.063 F80　　　　　（加工锥螺纹外表面）

N6 G00 X100 Z100 M05　　　　　　　　　（到程序起点或换刀点位置）

N7 T0202　　　　　　　　　　　　　　　　（换二号刀，确定其坐标系）

N8 M03 S300　　　　　　　　　　　　　　（主轴以 300r/min 正转）

N9 G00 X90 Z4　　　　　　　　　　　　　（到螺纹循环起点位置）

N10 G76 C2 R-3 E1.3 A60 X58.15 Z-24 I-0.875 K1.299 U0.1 V0.1 Q0.9 F2

N11 G00 X100 Z100　　　　　　　　　　　（返回程序起点位置或换刀点位置）

N12 M05　　　　　　　　　　　　　　　　（主轴停）

N13 M30　　　　　　　　　　　　　　　　（主程序结束并复位）

3.4.4 数控车床编程实例

编制图 3-49 所示零件的加工程序。工艺条件：工件材质为 45 钢；毛坯为直径 $\phi54$mm，长 200mm 的棒料。

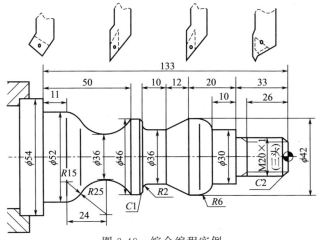

图 3-49 综合编程实例

(1) 图样分析

该零件为一轴类零件，主要加工面包括圆柱面、圆锥面、圆弧面、螺纹等。M20 螺纹为三头螺纹，其导程为 3mm，螺距为 1mm。

(2) 工艺分析与设计

由于工件较小，另外为了加工路径清晰，加工起点与换刀点设为同一点。其位置的确定原则为：该处方便拆卸工件，不发生碰撞，空行程不长等。综合考虑放在 Z 向距工件前端面 80mm，X 向距轴心线 50mm 的位置；首先通过复合循环指令，用外圆粗加工刀加工工件外形轮廓，并保留 0.3mm 精加工余量；再用外圆精加工刀将外形轮廓加工到尺寸。最后用公制螺纹刀，每头分三次，加工 M20 三头螺纹的牙型。

(3) 装夹方案

三爪卡爪夹紧定位，工件前端面距卡爪端面距离 150mm。

(4) 刀具选择

选用四把刀具，分别加工外端面、外轮廓面和三头螺纹，具体如表 3-6 所示。

表 3-6　数控加工刀具卡

数控加工刀具卡片		工序号	程序编号	产品名称	零件名称	材料	零件图号
						45	
序号	刀具号	刀具名称及规格		刀尖半径/mm		加工表面	备注
1	T0101	45°端面刀		0.8		右端面	硬质合金
2	T0202	93°左偏外圆刀		0.8		外轮廓	硬质合金
3	T0303	93°左偏外圆刀		0.4		外轮廓	硬质合金
4	T0404	60°外螺纹刀		0.2		外螺纹	硬质合金

(5) 切削用量

外圆加工时：主轴转速 460r/min，粗加工进给速度 80mm/min，精加工进给速度 60mm/min。螺纹加工时：主轴转速 300r/min。

螺纹分三次加工，背吃刀量分别为 0.7mm、0.4mm、0.2mm，另加一次光整加工。加工工序卡如表 3-7 所示。

表 3-7　数控加工工序卡

数控加工工序卡片			产品名称	零件名称	材料	零件图号
					45 钢	
工序号	程序编号	夹具名称	夹具编号	使用设备		车间
50	02303	芯轴装置				
工步号	工步内容		刀具号	主轴转速 /(r/min)	进给速度 /(mm/r)	背吃刀量 /mm	备注
1	车右端面		T0101	500	100	1.5	
2	粗车外轮廓		T0202	460	80	1	
3	精车外轮廓		T0303	460	60	0.3	
4	车外螺纹		T0404	300			

(6) 数学计算

① 工件坐标系原点设在工件前端面与轴线的交点处。

② 计算各节点位置值（略）。

(7) 程序编制

用 G71 有凹槽的外圆粗加工复合循环指令，加工外形轮廓。用 G82 多头螺纹简单循环加工 M20 的螺纹。参考程序如下：

```
%3346
N1  T0101                        （换一号端面刀，确定其坐标系）
N2  M03 S500                     （主轴以 500r/min 正转）
N3  G00 X100 Z80                 （到程序起点或换刀点位置）
N4  G00 X60 Z5                   （到简单端面循环起点位置）
N5  G81 X0 Z1.5 F100             （简单端面循环，加工过长毛坯）
N6  G81 X0 Z0                    （简单端面循环加工，加工过长毛坯）
N7  G00 X100 Z80                 （到程序起点或换刀点位置）
N8  T0202 M03 S460               （换二号外圆粗加工刀，确定其坐标系）
N9  G00 X60 Z3                   （到简单外圆循环起点位置）
N10 G80 X52.6 Z-133 F80          （简单外圆循环，加工过大毛坯直径）
N11 G01 X54                      （到复合循环起点位置）
N12 G71 U1 R1 P16 Q32 E0.3       （有凹槽外径粗切复合循环加工）
N13 G00 X100 Z80                 （粗加工后，到换刀点位置）
N14 T0303                        （换三号外圆精加工刀，确定其坐标系）
N15 G00 G42 X70 Z3               （到精加工始点，加入刀尖圆弧半径补偿）
N16 G01 X10 F60                  （精加工轮廓开始，到倒角延长线处）
N17 X19.95 Z-2                   （精加工倒 C2 角）
N18 Z-33                         （精加工螺纹外径）
N19 G01 X30                      （精加工 Z33 处端面）
N20 Z-43                         （精加工 φ30 外圆）
N21 G03 X42 Z-49 R6              （精加工 R6 圆弧）
N22 G01 Z-53                     （精加工 φ42 外圆）
N23 X36 Z-65                     （精加工下切锥面）
N24 Z-73                         （精加工 φ36 槽径）
N25 G02 X40 Z-75 R2              （精加工 R2 过渡圆弧）
N26 G01 X44                      （精加工 Z75 处端面）
N27 X46 Z-76                     （精加工倒 C1 角）
N28 Z-83                         （精加工 φ46 槽径）
N29 G02 Z-113 R25                （精加工 R25 圆弧凹槽）
N30 G03 X52 Z-122 R15            （精加工 R15 圆弧）
N31 G01 Z-133                    （精加工 φ52 外圆）
N32 G01 X54                      （退出已加工表面，精加工轮廓结束）
N33 G00 G40 X100 Z80             （取消半径补偿，返回换刀点位置）
N34 M05                          （主轴停）
N35 T0404                        （换四号螺纹刀，确定其坐标系）
N36 M03 S300                     （主轴以 300r/min 正转）
```

```
N37 G00 X30 Z5                        （到简单螺纹循环起点位置）
N38 G82 X19.3 Z-20 R-3 E1 C3 P120 F3  （加工三头螺纹，吃刀深度 0.7mm）
N39 G82 X18.9 Z-20 R-3 E1 C3 P120 F3  （加工三头螺纹，吃刀深度 0.4mm）
N40 G82 X18.7 Z-20 R-3 E1 C3 P120 F3  （加工三头螺纹，吃刀深度 0.2mm）
N41 G82 X18.7 Z-20 R-3 E1 C3 P120 F3  （光整加工螺纹）
N42 G00 X100 Z80                      （返回程序起点位置）
N43 M30                               （主轴停、主程序结束并复位）
```

3.5 数控铣床的程序编制

3.5.1 数控铣床的加工对象

数控铣床是加工功能很强的数控机床，数控铣削是机械加工中主要的数控加工方法之一，除可以铣削普通铣床所能铣削的各种零件表面外，也可以铣削普通铣床不能铣削的需要 2~5 坐标联动的各种平面轮廓和立体轮廓。从铣削加工角度考虑，数控铣床的加工对象有几类：

① 平面零件加工　加工面平行或垂直于水平面，或加工面与水平面的夹角为定角的零件为平面类零件。目前在数控铣床上加工的大多数零件属于平面类零件，其特点是各个加工面是平面，或可以展开成平面。平面类零件是数控铣削加工中简单的一类零件，一般用三坐标的两坐标联动（即两轴半坐标联动）就可以加工出来。

② 变斜角零件加工　加工面与水平面的夹角呈连续变化的零件称为变斜角零件。变斜角类零件的变斜角加工面不能展开为平面，其加工面与铣刀圆周的瞬时接触为一条线。可采用四坐标、五坐标摆角加工，也可采用三坐标进行两轴半近似加工。

③ 曲面零件加工　加工面为空间曲面的零件称为曲面类零件，如模具、叶片、螺旋桨等。曲面类零件不能展开为平面。加工时，铣刀与加工面为点接触，一般采用球头刀在三轴数控铣床上加工。当曲面较复杂、通道较狭窄、会伤及相邻表面及需要刀具摆动时，要采用四坐标或五坐标铣床加工。

3.5.2 数控铣床的主要功能

数控铣床也像普通铣床那样可以分为立式、卧式和立卧两用式等类型。各类铣床配置的数控系统不同，其功能也不尽相同。除各有其特点之外，常具有下列主要功能：

① 点位控制功能　利用这一功能，数控铣床可以进行只需要做点位控制的钻孔、扩孔、锪孔、铰孔和镗孔等加工。

② 连续轮廓控制功能　数控铣床通过直线与圆弧插补，可以实现对刀具运动轨迹的连续轮廓控制，加工出由直线和圆弧两种几何要素构成的平面轮廓零件。对非圆曲线（椭圆、抛物线、双曲线等二次曲线及对数螺旋线、阿基米德螺旋线和列表曲线等）构成的平面轮廓，在经过直线或圆弧逼近后也可以加工。除此之外，它还可以加工一些空间曲面。

③ 刀具半径自动补偿功能　使用这一功能，在编程时可以很方便地按零件实际轮廓形状和尺寸进行编程计算，在加工中可以使刀具中心自动偏离零件轮廓一个刀具半径，而加工出符合要求的零件轮廓表面。也可以利用该功能，通过改变刀具半径补偿量的方法来弥补铣刀制造的尺寸精度误差，扩大刀具直径选用范围及刀具返修刃磨的允许误差。还可以利用改变刀具半径补偿值的方法，以同一加工程序实现分层铣削和粗、精加工，或用于提高加工精度。此外，通过改变刀具半径补偿值的正负号，还可以用同一加工程序加工某

些需要相互配合的零件（如相互配合的凹凸模等）。

④ 刀具长度补偿功能　利用该功能可以自动改变切削平面高度，同时可以降低在制造与返修时对刀具长度尺寸的精度要求，还可以弥补轴向对刀误差。

⑤ 镜像加工功能　镜像加工也称为轴对称加工。对于一个轴对称形状的零件来说，利用这一功能，只要编出零件一半形状或1/4形状的加工程序就可完成零件的全部加工了。另外，类似的还有比例缩放功能，即可将加工程序按比例扩大或缩小加工零件。

⑥ 固定循环功能　利用数控铣床对孔进行钻、扩、铰、锪和镗加工时，加工的基本动作是：刀具无切削快速到达孔位—工作速度切削进给—快速退回。对于这种典型化的动作，可以专门设计一段程序（子程序），在需要的时候进行调用来实现加工循环。特别是在加工许多相同的孔时，应用固定循环功能可以大大简化程序。利用数控铣床的连续轮廓控制功能时，也常常遇到一些典型化的动作，例如铣削整圆、方槽等，也可以实现循环加工。对于大小不等的同类几何形状（圆形、矩形、三角形、平行四边形等），也可以用参数方式编制出加工各种几何形状的子程序，在加工中按需要调用，并对子程序中设定的参数随时赋值，就可以加工出大小不同或形状不同的零件轮廓及孔径、孔深不同的孔。目前，已有不少数控铣床的数控系统附带有各种已编好的子程序库，并可以进行多重嵌套，用户可以直接加以调用，使编制程序更加简便。

⑦ 特殊功能　有些数控铣床在增加了计算机仿形加工装置后，可以在数控和靠模两种控制方式中任选一种来进行加工，从而扩大了数控铣床的使用范围。具备自适应功能的数控铣床可以在加工过程中感受到切削状况（如切削力、温度等）的变化，通过适应性控制系统及时控制数控铣床改变切削用量，使数控铣床及刀具始终保持最佳状态，从而可获得较高的切削效率和加工质量，延长刀具使用寿命。数控铣床在配置了数据采集系统后，就具备了数据采集功能。数据采集系统可以通过传感器（通常为电磁感应式、红外线或激光扫描式）对零件或实物依据（样板、模型等）进行测量和采集所需要的数据。而且，目前已出现既能对实物扫描采集数据，又能对采集到的数据进行自动处理并生成数控加工程序的系统（简称录返系统）。这种功能为那些必须依据实物生产的零件实现数控加工带来了很大的方便，为仿制与逆向设计、制造一体化工作提供了有效的手段。

3.5.3　数控铣床的编程特点

数控铣床是通过两轴联动加工零件的平面轮廓，通过两轴半、三轴或多轴联动来加工空间曲面零件。数控铣床铣削加工编制程序具有如下特点：

① 首先应进行合理的工艺分析。由于零件加工的工序多，一次装夹要完成粗加工、半精加工和精加工。周密合理地安排各工序的加工顺序，有利于提高加工精度和生产效率。

② 尽量按刀具集中法安排加工工序，减少换刀次数。

③ 合理设计进退刀辅助程序段，选择换刀点的位置，是保证加工正常进行、提高零件加工效率和质量的重要环节。

④ 对于编制好的加工程序，必须认真进行检查，并于加工前进行试运行，减少程序出错率。

3.5.4　孔加工固定循环

3.5.4.1　孔加工固定循环概念

数控加工中，某些加工动作循环已经典型化。例如，钻孔、镗孔的动作是孔位平面定位、快速引进、工作进给、快速退回等，这样一系列典型的加工动作已经预先编好程序，存储在内存中,可用包含 G 指令的一个程序段调用,从而简化编程工作。这种包含了典型动作循环的 G 指令称为固定循环指令。

孔加工固定循环指令有 G73,G74,G76,G80～G89,通常由下述 6 个动作构成,如图 3-50 所示。

① X、Y 轴定位。
② 快速运动到 R 点(参考点)。
③ 孔加工。
④ 在孔底的动作。
⑤ 退回到 R 点(参考点)。
⑥ 快速返回到初始点。

固定循环的数据表达形式可以有绝对坐标(G90)和相对坐标(G91)两种,如图 3-51 所示。其中图(a)是采用 G90 的表达形式,图(b)是采用 G91 的表达形式。图中实线为切削进给,虚线为快速进给。

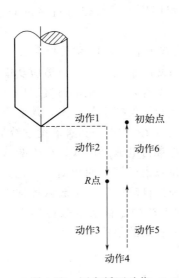

图 3-50 固定循环动作
实线—切削进给;虚线—快速进给

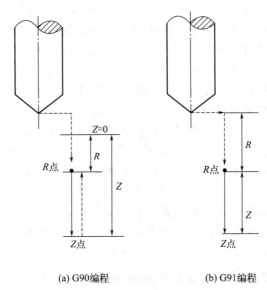

图 3-51 固定循环的数据形式

3.5.4.2 孔加工固定循环程序格式

固定循环的程序格式包括数据形式、返回点平面、孔加工方式、孔位置数据、孔加工数据和循环次数。数据形式(G90 或 G91)在程序开始时就已指定,因此,在固定循环程序格式中可不注出。

固定循环的程序格式如下:
G98(G99) G_ X_ Y_ Z_ R_ Q_ P_ I_ J_ K_ F_ L_

式中,第一个 G 指令(G98 或者 G99)为返回点平面 G 指令,G98 为返回初始平面,G99 为返回 R 点平面。一般地,如果被加工的孔在一个平整的平面上,可以使用 G99 指令,完成孔加工后返回 R 点进行下一个孔的定位,一般编程中的 R 点非常靠近工件表面,这样可以缩短零件加工时间。但如果工件表面有高于被加工孔的凸台或筋时,使用 G99 有可能使刀具和工件发生碰撞,为安全起见,这时就应该使用 G98,使 Z 轴返回初始点后再进行下一个孔的定位。

第二个 G 指令为孔加工方式，即固定循环指令 G73、G74、G76 和 G81~G89 中的任一个。

说明：

X、Y：孔位数据，指被加工孔的位置；

Z：R 点到孔底的距离（G91 时）或孔底坐标（G90 时）；

R：初始点到 R 点的距离（G91 时）或 R 点的坐标值（G90 时）；

Q：指定每次进给深度（G73 或 G83 时），其为增量值且 Q<0；

K：指定每次退刀（G73 或 G83）时刀具位移增量，K>0；

I、J：指定刀尖向反方向的移动量（分别在 X、Y 轴向上）；

P：指定刀具在孔底的暂停时间；

F：切削进给速度；

L：指定固定循环的次数。

G73、G74、G76 和 G81~G89、Z、R、P、F、Q、I、J、K 不是模态指令。G80、G01~G03 等指令可以取消固定循环。

常用孔加工固定循环指令及其功能和动作如表 3-8 所示。

表 3-8 常用孔加工固定循环指令及其功能和动作

G 指令	加工动作-Z 向	在孔底部的动作	回退动作 Z 向	用途
G73	间歇进给		快速进给	高速钻深孔循环
G74	切削进给	主轴正转	切削进给	攻反螺纹循环
G76	切削进给	主轴定向停止	快速进给	精镗孔循环
G80				取消固定循环
G81	切削进给		快速进给	定点钻孔循环
G82	切削进给	暂停	快速进给	钻孔循环
G83	间歇进给		快速进给	钻深孔循环
G84	切削进给	主轴反转	切削进给	攻螺纹循环
G85	切削进给		切削进给	镗孔循环
G86	切削进给	主轴停止	切削进给	镗孔循环
G87	切削进给	主轴停止	手动或快速	反镗孔循环
G88	切削进给	暂停、主轴停止	手动或快速	镗孔循环
G89	切削进给	暂停	切削进给	镗孔循环

3.5.4.3 孔加工固定循环指令

(1) 定点钻孔循环 G81

G81 指令可用于普通的通孔加工。循环动作如图 3-52 所示，刀位点快速定位到孔中心上方 B 点→快进到 R 点→工进钻孔至孔底 Z 点→主轴保持旋转，向上快速退到 R 点 (G99) 或 B 点 (G98)。

程序格式：

G98 (G99) G81 X_ Y_ Z_ R_ F_ L_

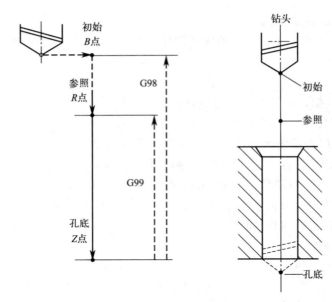

图 3-52 G81 循环指令

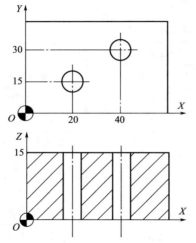

图 3-53 G81 钻孔循环编程实例

说明：

X，Y：绝对编程时是孔中心在 XY 平面内的坐标位置；增量编程时是孔中心在 XY 平面内相对于起点的增量值。

Z：绝对编程时是孔底 Z 点的坐标值；增量编程时是孔底 Z 点相对于参照 R 点的增量值。

R：绝对编程时是参照 R 点的坐标值；增量编程时是参照 R 点相对于初始 B 点的增量值。

F：钻孔进给速度。

L：循环次数（一般用于多孔加工，X 或 Y 应为增量值）。

例 3-15　用 $\phi 10$ 钻头，加工如图 3-53 所示两个孔。

程序如下：

% 3343

N10 G92 X0 Y0 Z80

N15 M03 S600

N20 G98 G81 G91 X20 Y15 G90 R20 Z-3 L2 F200

N30 G00 X0 Y0 Z80

N40 M30

（2）带暂停的钻孔循环 G82

该指令与 G81 指令不同之处在于，刀具到达孔底位置时，暂停一段时间再退刀。暂停功能可产生精切效果，因此该指令适合加工沉孔、盲孔，或锪、镗阶梯孔等。循环动作如图 3-54 所示。

程序格式：

G98（G99）G82 X_ Y_ Z_ R_ P_ F_ L_

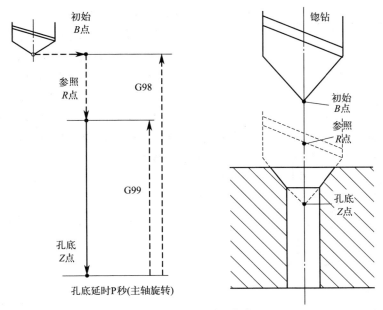

图 3-54 G82 循环指令

(3) 往复排屑钻深孔循环 G83

该固定循环用于 Z 轴的间歇进给，每向下钻一次孔后，快速退到参照 R 点，然后快进到距已加工孔底上方为 K 的位置，再工进钻孔。使深孔加工时更利于断屑、排屑和冷却。

G83 指令循环动作如图 3-55 所示，刀位点快速定位到 B 点→快进到 R 点→向下以 F 速度钻孔，深度为 Q→向上快速退到 R 点→向下快移到已加工孔深的上方 K 距离处→向下以 F 速度钻孔，深度为 Q+K→重复此三个步骤直至孔底 Z 点→孔底延时 P 秒→向上快速退到 R 点（G99）或 B 点（G98）。

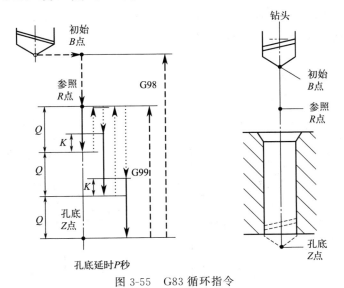

图 3-55 G83 循环指令

程序格式：
G98（G99）G83 X_Y_Z_R_Q_P_K_F_L_
说明：
X、Y：绝对编程时是孔中心在 XY 平面内的坐标位置；增量编程时是孔中心在 XY

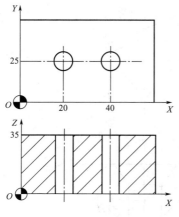

图 3-56　G83 钻孔循环编程实例

平面内相对于起点的增量值。

R：绝对编程时是参照 R 点的坐标值；增量编程时是参照 R 点相对于初始 B 点的增量值。

Q：每次向下的钻孔深度（增量值，取负）。

K：距已加工孔深上方的距离（增量值，取正）。

Z：绝对编程时是孔底 Z 点的坐标值；增量编程时是孔底 Z 点相对于参照 R 点的增量值。

F：钻孔进给速度。

L：循环次数（一般用于多孔加工，X 或 Y 应为增量值）。

注意：① 如果 Z、K、Q 为零，该指令不执行。
② |Q| > |K|。

例 3-16　用 φ10 钻头，加工图 3-56 所示孔。

程序如下：

%3337

N10 G92 X0 Y0 Z80

N15 M03 S700

N20 G00 Y25

N30 G98 G83 G91 X20 G90 R40 P2 Q-10 K5 Z-3 L2 F80

N40 G00 X0 Y0 Z80

N45 M30

（4）高速往复排屑钻深孔循环 G73

G73 指令与 G83 指令相似，不同的是 G73 循环中，每次钻孔深度到 Q 值后，不是退回到 R 点，而是退回 K 值，循环过程如图 3-57 所示。G73 循环退刀比 G83 短，减少了退刀量提高了孔加工效率，但排屑效果稍差。

程序格式：

G98（G99）G73 X_ Y_ Z_ R_ Q_ P_ K_ F_ L_

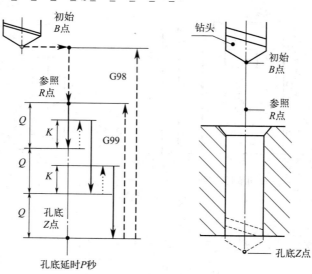

图 3-57　G73 快速深孔加工循环

（5）攻螺纹循环 G84、G74

G84 指令用于攻正螺纹即右旋螺纹。循环过程如图 3-58 所示，主轴正转攻螺纹，到孔底时主轴停止旋转，然后主轴反转退回。攻螺纹时速度倍率不起作用，使用进给保持时，在全部动作结束前不会停止。

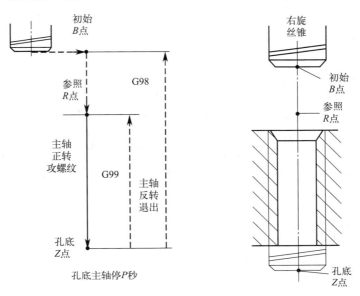

图 3-58 G84 循环指令

程序格式：

G98（G99）G84 X_Y_Z_R_P_F_L_

G74 指令用于攻反螺纹即左旋螺纹。循环过程如图 3-59 所示，主轴反转攻螺纹，到孔底时主轴停止旋转，主轴正转退回。

程序格式：

G98（G99）G74 X_Y_Z_R_P_F_L_

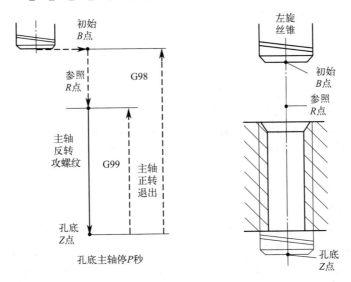

图 3-59 G74 攻反螺纹循环

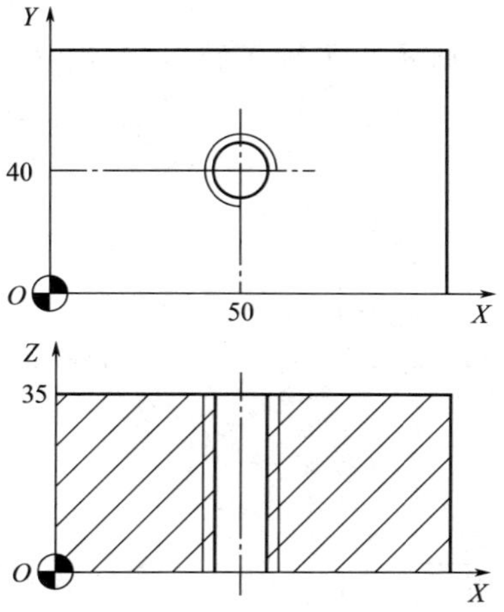

例 3-17　用 M10×1 正丝锥攻螺纹如图 3-60 所示。
程序如下：
% 3349
N10 G92 X0 Y0 Z80
N15 M03 S300
N20 G98 G84 G91 X50 Y40 G90 R38 P3 G91 Z-40 F1
N30 G90 G0 X0 Y0 Z80
N40 M30

（6）镗孔循环 G85、G86

G85、G86 指令常用于精度要求不太高的镗孔加工，如图 3-61 所示 G85 指令循环过程为：镗刀以 F 速度工进镗孔，在孔底延时，然后以 F 速度退回 R 点，如果是 G98 状态，则在 R 点向上快速退到 B 点，整个过程主轴一直旋转。

图 3-60　G84 钻孔循环编程实例

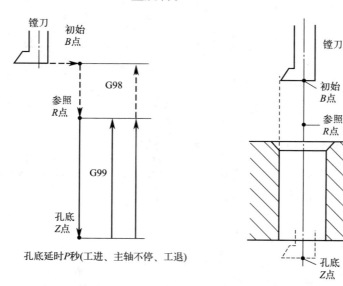

图 3-61　G85 循环指令

程序格式：

G98（G99）G85 X_Y_Z_R_P_F_L_

G86 指令与 G85 基本相同，区别在于 G86 指令加工到孔底时主轴停止转动，然后快速退回。循环过程如图 3-62 所示。

程序格式：

G98（G99）G86 X_Y_Z_R_F_L_

（7）精镗孔循环 G76

G76 指令用于精镗孔循环。循环过程如图 3-63 所示，快速定位到 B 点→快速定位到 R 点→加工到孔底→进给暂停延时、主轴准停、刀具沿刀尖反方向快移 I 或 J 距离→快速退刀到 R 平面或初始平面→向刀尖正方向快移 I 或 J 距离→主轴恢复正转。这样可以保证退刀时不划伤工件已加工表面。刀尖反向位移量用地址 I、J 指定，其值只能为正值。I、J 值是模态的，位移方向在装刀时确定。

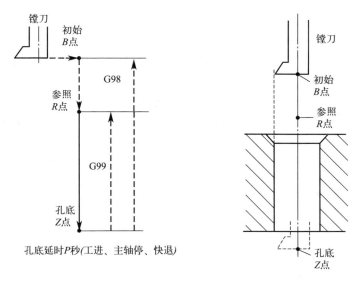

图 3-62 G86 循环指令

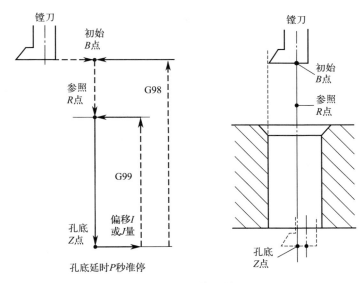

图 3-63 G76 精镗循环

程序格式：

G98（G99）G76 X_Y_Z_R_P_I_J_F_L_

例 3-18 用单刃镗刀精镗图 3-64 所示的孔。

程序如下：

%3341

N10 G54

N12 M03 S600

N15 G00 X0 Y0 Z80

N20 G98 G76 X20 Y15 R40 P2 I-5 Z-4 F100

N25 X40 Y30

N30 G00 G90 X0 Y0 Z80

N40 M30

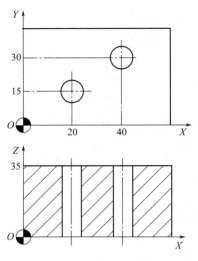

图 3-64 G76 镗孔循环编程实例

(8) 反镗孔循环 G87

G87 指令用于反镗孔循环,反镗孔为镗削下大上小的孔,其孔底 Z 点一般在参照 R 点的上方。循环过程如图 3-65 所示,快速定位到 B 点→主轴准停,刀具沿刀尖反方向快移 I 或 J 距离→快速定位到 R 点→向刀尖正方向快移 I 或 J 距离,刀位点回到孔中心轴线上→主轴正转,沿 Z 轴正向工进至孔底 Z 点→孔底延时 P 秒主轴保持旋转→主轴准停,刀具沿刀尖反方向快移 I 或 J 距离→快速退刀到 B 平面→向刀尖正方向快移 I 或 J 距离→主轴恢复正转。该指令只能使用 G98 模式,即刀具只能返回初始平面。

程序格式:
G98 G87 X_ Y_ Z_ R_ P_ I_ J_ F_ L_

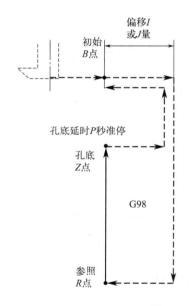
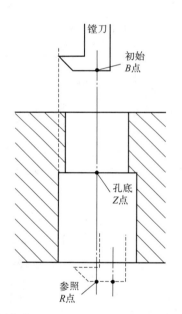

图 3-65　G87 循环指令

(9) 带手动的镗孔循环 G88

G88 指令用于带手动的镗孔循环。循环过程如图 3-66 所示,该指令在镗孔前记忆了初始 B 点或参照 R 点的位置,当镗刀自动加工到孔底后在孔底暂停,主轴停转,系统进入保持进给状态。将工作方式转换为手动,通过手动操作使刀具抬刀到 B 点或 R 点高度上方,并避开工件,然后将工作方式恢复为自动,再循环启动程序,刀位点快速回到 B 点或 R 点。用此指令一般铣床就可完成精镗孔,不需要主轴准停功能。

程序格式:
G98(G99)G88 X_ Y_ Z_ R_ P_ F_ L_

(10) 带暂停的镗孔循环 G89

G89 指令用于带暂停的精镗孔循环。循环过程如图 3-67 所示,G89 指令与 G86 指令

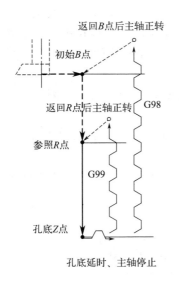 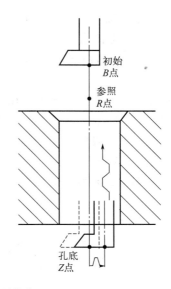

图 3-66 G88 循环指令

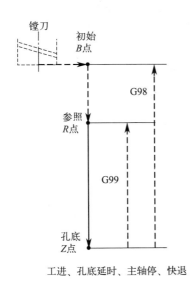 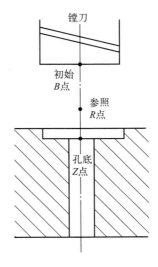

图 3-67 G89 循环指令

基本相同，区别只在于 G89 在孔底增加了暂停，可使孔底精度提高。

程序格式：

G98（G99）G89 X_Y_Z_R_P_F_L_

(11) 取消孔加工固定循环 G80

G80 指令可取消孔加工固定循环，使机床回到执行正常操作状态。孔加工数据，包括 R 点和 Z 点等都被取消。除 G80 外，还可以用 G00、G01、G02、G03 等指令取消孔加工固定循环。

(12) 孔加工固定循环小结

使用孔加工固定循环时应注意以下几点：

① 在固定循环指令前应使用 M03 或 M04 指令使主轴回转；

② 在固定循环程序段中 X、Y、Z、R 指令应至少设置一个才能进行孔加工；

③ 在使用控制主轴回转的固定循环（G74、G84、G86）中，连续加工一些孔间距比较小，或者初始平面到 R 点平面的距离比较短的孔时，会出现在进入孔的切削动作前主轴还没有达到正常转速的情况，遇到这种情况时，应在各孔的加工动作之间插入 G04 指令以延长时间；

④ 当用 G00～G03 指令取消固定循环时，若 G00～G03 指令和固定循环指令出现在同一程序段，按后出现的指令运行；

⑤ 在固定循环程序段中，如果指定了 M，则在最初定位时送出 M 信号，等待 M 信号完成才能进行孔加工循环。

例 3-19　编制图 3-68 所示的螺纹加工程序（设 Z 轴开始点距工作表面 100mm，切削深度为 10mm）。

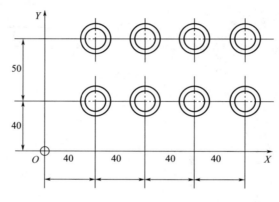

图 3-68　螺纹加工

先用 G81 指令钻孔，程序如下：

```
%1000
G92 X0 Y0 Z0
G91 G00 M03 S600
G99 G81 X40 Y40 G90 R-98 Z-110 F200
G91 X40 L3
Y50
X-40 L3
G90 G80 X0 Y0 Z0 M05
M30
```

再用 G84 指令攻螺纹，程序如下：

```
%2000
G92 X0 Y0 Z0
G91 G00 M03 S600
G99 G84 X40 Y40 G90 R-93 Z-110 F100
G91 X40 L3
Y50
X-40 L3
G90 G80 X0 Y0 Z0 M05
M30
```

3.5.5 数控铣床编程实例

如图 3-69 所示，用 φ20 刀具加工周边轮廓，用 φ16 的刀具加工凸台，用 φ8 钻头加工孔。

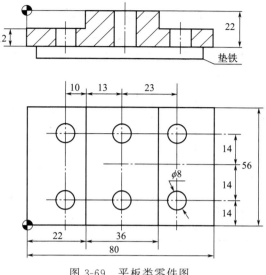

图 3-69 平板类零件图

（1）图样分析

该零件为平板类零件，主要加工面包括周边轮廓加工、凸台平面加工和钻孔等。可选择 φ20 立铣刀进行零件周边轮廓加工，φ16 立铣刀进行凸台平面加工和凸台侧面加工，使用 φ8 钻头进行面上 6 个孔的加工。加工坐标原点位于左下角最上表面处。

（2）工艺分析与设计

该零件结构简单，无很高的精度要求，可先进行轮廓加工，再进行面铣削，最后完成孔加工。加工起点与换刀点设为同一点，综合考虑方便测量校正工件，方便拆卸工件，换刀安全不发生碰撞，空行程不长等因素，设在工件坐标系下 $X-20$, $Y-20$, $Z100$（单位 mm）位置。

（3）装夹方案

用平口虎钳装夹工件下方垫铁，工件下表面高出钳口 3mm 左右。校正固定钳口与工件侧边的平行度以及工件上表面的平行度，确保精度要求。

（4）刀具选择

选用两把立铣刀和一把钻头，具体如表 3-9 所示。

表 3-9 数控加工刀具卡

单位		数控加工刀具卡片	产品名称		零件图号	
			零件名称		程序编号	
序号	刀具号	刀具名称	刀具		补偿值		刀补号	
			直径	长度	半径	长度	半径	长度
1	T01	立铣刀	φ20mm		10		D01	
2	T02	立铣刀	φ16mm		8			
3	T03	麻花钻	φ8mm					

(5) 切削用量

轮廓加工时，主轴转速 500r/min，进给速度 100mm/min；凸台平面和凸台侧面加工时，主轴转速 500r/min，进给速度 100mm/min，凸台侧面留 1mm 余量最后加工；孔加工时，进给速度 50mm/min。加工工序卡如表 3-10 所示。

表 3-10 数控加工工序卡

单位	数控加工工序卡片		产品名称	零件名称	材料	零件图号
工序号	程序编号	夹具名称	夹具编号	设备名称	编制	审核
工步号	工步内容	刀具号	刀具规格/mm	主轴转速/(r/min)	进给速度/(mm/min)	背吃刀量/mm
1	轮廓加工	T01	φ20 立铣刀	500	100	
2	凸台平面加工和凸台侧面加工	T02	φ16 立铣刀	600	100	
3	钻 6 个 φ8 孔	T03	φ8 麻花钻	800	50	

(6) 数学计算

① 工件坐标系 X、Y 轴原点设置在工件左下角，Z 轴原点设在零件最高表面上。

② 计算各节点位置值（略）。

(7) 程序编制

利用刀具半径补偿进行轮廓加工，用往复面铣削的方式加工平面，通过高速深孔钻削循环进行孔加工。参考程序如下。

① 轮廓加工　安装 φ20mm 立铣刀（T01）并对刀，轮廓加工程序如下：

%5001

N010 G92 X-20 Y-20 Z100　　　　　　　　　（设定工件坐标系）

N030 M03 S500　　　　　　　　　　　　　　（主轴以 500r/min 正转）

N040 G00 Z-23　　　　　　　　　　　　　　（快速定位）

N050 G01 G41 X0 Y-8 D01 F100　　　　　　　（到加工起点，半径补偿）

N060 Y56　　　　　　　　　　　　　　　　　（轮廓加工）

N070 X80

N080 Y0

N090 X-10　　　　　　　　　　　　　　　　（轮廓加工结束）

N100 G00 G40 X-20 Y-20　　　　　　　　　　（X、Y 轴到换刀点，取消半径补偿）

N110 M30　　　　　　　　　　　　　　　　　（程序结束）

② 凸台加工　安装 φ16mm 立铣刀（T02）并对刀，凸台加工程序如下：

%5002

N010 G92 X-20 Y-20 Z100　　　　　　　　　（设定工件坐标系）

N030 M03 S600　　　　　　　　　　　　　　（主轴以 600r/min 正转）

N040 G00 Z-10　　　　　　　　　　　　　　（快速定位）

N050 X5 Y-10　　　　　　　　　　　　　　　（定位到左端凸台面铣削起点）

N060 G01 Y70 F100　　　　　　　　　　　　（面铣削）

N070 X13

N080 Y-10

N090 X14	
N100 Y70	（左端凸台面铣削结束）
N110 G00 X75	（定位到右端凸台面铣削起点）
N120 G01 Y-10 F100	（面铣削）
N130 X67	
N140 Y70	
N150 X66	
N160 Y-10	（右端凸台面铣削结束）
N170 G00 Z100	（Z 轴到换刀点，取消长度补偿）
N180 G00 X-20 Y-20	（X、Y 轴到换刀点）
N190 M05	（主轴停转）
N200 M30	（程序结束，回到程序起点）

③ 孔加工 安装 φ8mm 麻花钻（T03）并对刀，孔加工程序如下：

%5003	
N010 G92 X-20 Y-20 Z100	（设定工件坐标系）
N020 M03 S800	（主轴以 800r/min 正转）
N030 G00 Z10	（快速定位）
N040 G98 G73 X17 Y14 Z-25 R-6 Q-5 K2 F50	（高速深孔钻削循环加工左下角孔）
N050 G98 G73 G91 X23 G90 Z-25 R4 Q-5 K2 L2 F50	（高速深孔钻削循环加工下方其余两孔）
N060 G98 G73 X63 Y42 Z-25 R-6 Q-5 K2 F50	（高速深孔钻削循环加工右上角孔）
N070 G98 G73 G91 X-23 G90 Z-25 R4 Q-5 K2 L2 F50	（高速深孔钻削循环加工上方其余两孔）
N080 G00 Z100	（Z 轴到换刀点）
N090 X-20 Y-20	（X、Y 轴到换刀点）
N100 M05	（主轴停止）
N110 M30	（程序结束，回到程序起点）

3.6 加工中心的程序编制

加工中心是在数控铣床的基础上发展起来的。它和数控铣床有很多相似之处，主要区别在于增加了刀库和自动换刀装置，能自动更换刀具，对工件进行多工序加工。通过在刀库上安装不同用途的刀具，加工中心可在一次装夹中实现零件的铣削、钻削、镗削、铰孔、攻螺纹等多工序加工。随着工业的发展，加工中心将逐渐成为主要的加工机床。

3.6.1 加工中心的编程特点

① 需要进行细致合理的工艺分析。零件加工工序集中，使用的刀具种类多，甚至在一次装夹下，要完成粗加工、半精加工与精加工。周密合理地安排各工序加工的顺序，有利于提高加工精度和生产效率。

② 自动换刀要留出足够的换刀空间。有些刀具直径较大或尺寸较长，自动换刀时要注意避免发生撞刀事故。

③ 加工中心编程时，为了便于程序的调试，一般将各工序内容分别安排到不同的子程序中，主程序主要完成换刀及子程序的调用。这样便于按每一工序独立地调试程序，也便于调整加工顺序。除换刀功能外，加工中心编程方法与数控铣床基本相同。

3.6.2 加工中心自动换刀功能及应用

(1) T 指令

T 指令用来选择机床上的刀具，如 T02 表示选 2 号刀，执行该指令时加工中心的刀库将 2 号刀具放到换刀位置做换刀准备。

(2) M06 指令

M06 指令实施换刀，即将当前刀具与 T 指令选择的刀具进行交换。

(3) 自动换刀程序的编写

① 无机械手的加工中心换刀程序　加工中心的换刀程序为 T×× M06 或 M06 T××；比如 T02 M06 是将 2 号刀具安装到主轴上。

无机械手的加工中心换刀时，需先把主轴上的旧刀具送回到它原来所在的刀座上去，然后刀库回转寻刀，将 2 号刀转换到当前换刀位置，再将 2 号刀装入主轴。无机械手换刀中，刀库选刀时，机床必须等待，因此换刀将浪费一定时间。

② 带机械手的加工中心换刀程序　带机械手的加工中心的选刀和换刀可以分别独立完成。仍以更换 02 号刀具为例，换刀程序可以写成：

…

T02（刀库选刀，选 2 号刀）

（…使用当前主轴上的刀具切削……）

M06（实际换刀，将当前刀具与 2 号刀进行位置交换，2 号刀到主轴）

……

T05（下一把刀准备，选 5 号刀）

（…仍使用当前主轴上的 2 号刀具切削……）

这种换刀方法，选刀动作可与前一把刀具的加工动作相重合，换刀时间不受选刀时间长短的影响，因此换刀时间较短。

3.6.3 加工中心编程实例

定位孔板零件如图 3-70 所示，在 400mm×300mm×70mm（长×宽×厚）板料上加工 4 个 ϕ30H7 通孔、2 个 ϕ40H7 盲孔、4 个 M10 的螺纹孔，零件上下表面和台阶面已加工至尺寸。

(1) 图样分析

根据图样需加工 4 个 ϕ30H7 导柱孔，孔距为（300±0.015）mm、（200±0.015）mm，孔边距（50±0.015）mm，孔轴线对底面 A 的垂直度公差为 ϕ0.015，表面粗糙度为 Ra1.6μm；2 个 ϕ40H7 孔，孔距为（120±0.015）mm，表面粗糙度为 Ra1.6μm；4 个 M10 螺纹孔，深 25mm。零件上下表面和台阶面已加工至尺寸。

(2) 工艺分析与设计

4 个 ϕ30H7 导柱孔为 7 级精度孔，垂直度要求为 0.015mm，底孔可钻削完成，考虑其垂直度要求，采用镗孔加工消除钻孔时产生的轴线偏斜影响，最后用铰刀完成孔的精加工。2 个 ϕ40H7 孔为盲孔，孔底为平面，精度为 7 级，可采用钻孔、粗铣、精铣孔方式完成。螺纹孔先钻底孔，然后攻螺纹完成。工艺过程如下：

① 钻中心孔　因钻头定位性不好，先采用中心钻钻出中心孔。

② 钻底孔　用 ϕ29 钻头钻出 4×ϕ30H7 底孔，钻 2×ϕ40H7 底孔深度到 29.8mm，用 ϕ8.7 钻头钻出 4×M10 螺纹底孔。

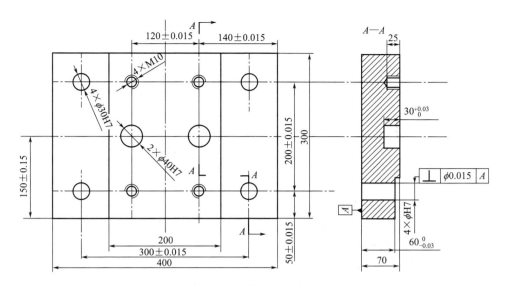

图 3-70 定位孔板零件图

③ 粗铣孔 用 φ25 立铣刀粗铣 2×φ40H7 到 φ39.8,切削深度分两层完成。

④ 镗孔 用 φ29.8 镗刀对 φ30H7 孔进行镗孔,纠正钻孔时轴线的偏斜,并且保证铰孔时加工余量。

⑤ 铰孔 用铰刀铰 4×φ30H7 到尺寸。

⑥ 精铣孔 用 φ25 立铣刀精铣 φ40H7 孔到尺寸。

⑦ 攻螺纹孔 用 M10 丝锥攻螺纹到尺寸。

(3) 装夹方案

用精密平口钳装夹工件,保证工件下表面水平,基准面与 X 向平行,夹紧时注意工件是否产生上浮。

(4) 刀具选择(见表 3-11)

表 3-11 数控加工刀具卡

单位		数控加工刀具卡片	产品名称				零件图号	
			零件名称				程序编号	
序号	刀具号	刀具名称	刀具		补偿值		刀补号	
			直径/mm	长度	半径/mm	长度	半径	长度
1	T01	中心钻	φ5					H01
2	T02	麻花钻	φ29					H02
3	T03	麻花钻	φ8.5					H03
4	T04	立铣刀	φ25		12.6		D04	H04
5	T05	镗刀	φ29.8					H05
6	T06	铰刀	φ30					H06
7	T07	丝锥	M10					H07
8	T04	立铣刀	φ25		12.5		D05	H04

（5）切削用量（见表3-12）

表3-12　数控加工工序卡

单位		数控加工工序卡片		产品名称	零件名称	材料	零件图号
工序号		程序编号	夹具名称	夹具编号	设备名称	编制	审核
工步号		工步内容	刀具号	刀具规格 /mm	主轴转速 /(r/min)	进给速度 /(mm/min)	背吃刀量 /mm
1		钻所有孔的中心孔	T01	ϕ5 中心钻	1250	30	
2		钻 4×ϕ30H7 底孔，钻 2×ϕ40H7 底孔深度到 29.8mm	T02	ϕ29 麻花钻	300	30	
3		钻 M10 螺纹底孔	T03	ϕ8.5 麻花钻	600	60	
4		粗铣 2×ϕ40H7 孔到 ϕ39.8mm，深度 29.8mm	T04	ϕ25 立铣刀	400	160	
5		镗 4×ϕ30H7 孔到 ϕ29.8	T05	ϕ29.8 镗刀	300	50	
6		精铰 4×ϕ30H7 孔到尺寸	T06	ϕ30 铰刀	80	30	
7		精铣 2×ϕ40H7 孔到尺寸	T04	ϕ25 立铣刀	600	160	
8		攻 M10 螺纹	T07	M10 丝锥	60	90	

（6）数学计算
① 工件坐标系 X、Y 轴原点设置在工件右下角，Z 轴原点设在零件最高表面上。
② 计算各节点位置值（略）。

（7）程序编制
程序如下：
％0010
N010 G17 G21 G40 G80 G90 G94　　　　　　　（程序初始化）
N020 G00 Z0　　　　　　　　　　　　　　　　（Z轴回机床零点）
N025 T01 M06　　　　　　　　　　　　　　　（换1号刀）
N030 G00 G90 G54 X-50.0 Y50.0 M03 S400　　（建立工件坐标系，快速定位到点）
N040 G43 Z10.0 H01　　　　　　　　　　　　（1号刀具长度补偿）
N050 G98 G81 Z-16.0 R-5.0 F100　　　　　　（中心钻孔循环）
N060 Y250.0
N070 X-350.0
N080 Y50.0
N090 G99 X-140.0 Z-6.0 R5.0
N100 Y250.0
N110 X-260.0
N120 Y50.0
N130 Y150.0
N140 X-140.0
N150 G80 M05　　　　　　　　　　　　　　　（钻孔循环结束，主轴停转）
N160 G91 G28 Z0　　　　　　　　　　　　　　（Z轴回到机床参考点）
N180 T02 M06　　　　　　　　　　　　　　　（换2号刀）
N190 G00 G90 G54 X-50.0 Y50.0 M03 S300　　（快速定位到点）

N200 G43 Z10.0 H02   （2号刀具长度补偿）
N210 G99 G83 Z-79.0 R15.0 Q5.0 F30   （钻φ30底孔）
N220 Y250.0
N230 X-350.0
N240 Y50.0
N250 G80
N260 G00 X-140.0 Y150.0   （快速定位到点）
N270 G99 G83 Z-29.8 R5.0 Q5.0 F30   （钻φ40底孔）
N280 X-260.0
N290 G80 M05
N300 G91 G28 Z0
N320 T03 M06   （换3号刀）
N330 G00 G90 G54 X-140.0 Y50.0 M03 S600
N340 G43 Z10.0 H03
N350 G99 G83 Z-28.0 R5.0 Q5.0 F60   （钻M10螺纹底孔）
N360 Y250.0
N370 X-260.0
N380 Y50.0
N390 G80 M05
N400 G91 G28 Z0   （Z轴回机床参考点）
N420 T04 M06   （换4号刀）
N430 G00 G90 G54 X-140.0 Y150.0 M03 S400   （定位在第一个φ40孔上）
N440 G43 Z50 H04   （4号铣刀长度补偿）
N450 Z5.0
N460 G01 Z-15.0 F160   （第一次铣削深度下刀）
N470 G91 G41 X5.0 Y-15.0 D04   （铣刀半径补偿）
N480 M98 P0001   （调用铣削子程序）
N490 G90 G01 Z-29.8 F160   （第二次铣削深度下刀）
N500 G01 G91 G41 X5.0 Y-15.0 D04   （铣刀半径补偿）
N510 M98 P0001   （调用铣削子程序）
N520 G90 G00 X-260.0 Y150.0   （定位在第二个φ40孔上）
N530 G01 Z-15.0 F160   （第一次铣削深度下刀）
N540 G91 G41 X5.0 Y-15.0 D04   （铣刀半径补偿）
N550 M98 P0001   （调用铣削子程序）
N560 G90 G01 Z-29.8 F160   （第二次铣削深度下刀）
N570 G91 G41 X5.0 Y-15.0 D04   （铣刀半径补偿）
N580 M98 P0001   （调用铣削子程序）
N590 M05
N600 G91 G28 Z0
N620 T05 M06   （换5号刀）
N630 G00 G90 G54 X-50.0 Y50.0 M03 S300
N640 G43 Z10.0 H05
N650 G98 G85 Z-75.0 R-5.0 F50   （粗镗φ30孔）
N660 Y250.0

N670 X-350.0
N680 Y50.0
N690 G80 M05
N700 G91 G28 Z0
N720 T06 M06   （换6号刀）
N730 G00 G90 G54 X-50.0 Y50.0 M03 S80   （铰ϕ30孔）
N740 G43 Z10.0 H06
N750 G98 G85 Z-75.0 R-5.0 F30
N760 Y250.0
N770 X-350.0
N780 Y50.0
N800 G80 M05
N810 G91 G28 Z0
N830 T04 M06   （换4号刀）
N840 G00 G90 G54 X-140.0 Y150.0 M03 S400   （定位在第一个ϕ40孔上）
N850 G43 Z50.0 H04
N860 Z10.0
N870 G01 Z-30.0 F160
N880 G91 G41 X5.0 Y-15.0 D05   （半径补偿D05）
N890 M98 P0001   （调用铣削子程序，精铣孔）
N900 G00 X-260.0 Y150.0   （定位在第二个ϕ40孔上）
N910 G01 G90 Z-30.0 F160
N920 G01 G91 G41 X5.0 Y-15.0 D05   （半径补偿D05）
N930 M98 P0001   （调用铣削子程序，精铣孔）
N940 M05
N950 G91 G28 Z0
N970 T07 M06   （换7号刀）
N980 G00 G90 G54 X-140.0 Y50.0 M03 S60   （定位在第一个螺纹孔上）
N990 G43 Z10.0 H07
N1000 G99 G84 Z-25.0 R5.0 F90   （攻螺纹）
N1010 Y250.0
N1020 X-260.0
N1030 Y50.0
N1040 G80 M05
N1050 G91 G28 Z0
N1060 M30   （程序结束）

铣削子程序：
%0001
N10 G91 G03 X15.0 Y15.0 R15.0 F160
N20 G91 G03 X0 Y0 I-20.0 J0
N30 X-15.0 Y15.0 R15.0
N40 G40 X-5.0 Y-15.0
N50 G90 G00 Z10.0
N60 M99

思考题与习题

3-1 试简要回答下列问题。

(1) 什么是机床坐标系和工件坐标系？两者之间有什么联系？

(2) 辅助功能中 M05 和 M30 有什么区别？

(3) 如何判断圆弧编程中的顺逆圆弧？

(4) 数控机床的 T 指令是什么功能？

(5) G90 X30 Y50 与 G91 X30 Y50 有什么区别？

(6) 数控车床的加工过程与普通车床有何区别？

(7) 怎样实现多头螺纹的加工？加工多头螺纹时应注意哪些事项？

(8) 车削加工螺纹为何要分多次加工？

(9) 试述数控车床加工零件的主要步骤。

(10) 在加工零件前必须进行对刀操作吗？为什么？常用的对刀方式有哪些？

(11) 刀具半径补偿的作用是什么？使用刀具半径补偿有哪几步？在什么移动指令下才能建立和取消刀具半径补偿指令？

(12) 数控铣削适合用于哪些加工场合？

(13) 数控铣床中，孔固定循环一般由哪 6 个顺序动作构成？

(14) 数控铣床与加工中心的区别是什么？

(15) 如何区分立式加工中心和卧式加工中心？

3-2 根据图示编写数控加工程序。

(1) 如题图 3-1 所示，使用圆弧插补指令编写 A 点到 B 点的程序。

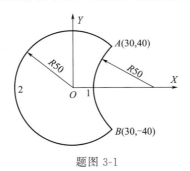

题图 3-1

(2) 编制题图 3-2～题图 3-8 中各零件的车削加工程序。

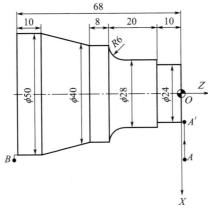

题图 3-2

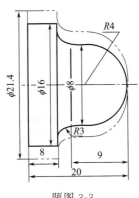

题图 3-3

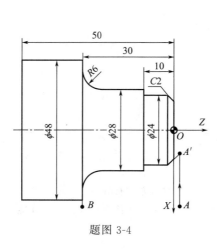
题图 3-4

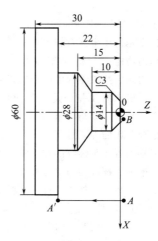
题图 3-5

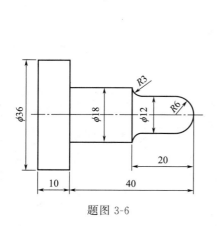
题图 3-6

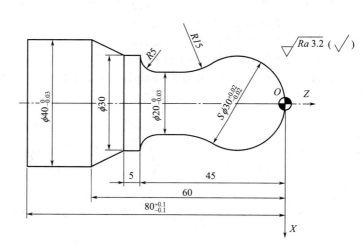
题图 3-7

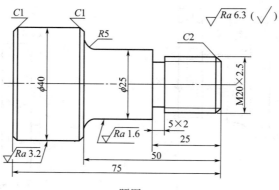
题图 3-8

（3）根据华中数控系统的程序格式，编制如题图 3-9、题图 3-10 所示零件的精铣外轮廓的加工程序，深度为 6mm。

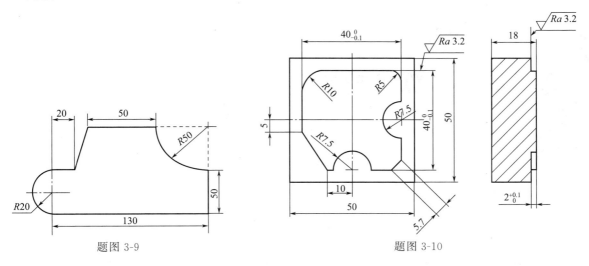

题图 3-9　　　　　　　　　　　　题图 3-10

（4）请用钻孔循环指令编制题图 3-11 孔加工程序（设 Z 轴开始点距工作表面 100mm，切削深度为 20mm）。

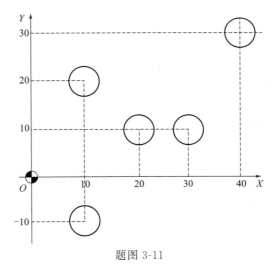

题图 3-11

第4章 计算机数控系统

4.1 概述

计算机数控（computer numerical control，CNC）系统是在早期的硬件数控（NC）基础上发展起来的，是指用计算机完成数控装置的各种功能，部分数控功能由软件实现，因此，具有灵活性强、可靠性高、功能丰富、使用维护方便的特点。CNC装置是计算机数控系统的核心，主要由硬件系统和软件系统组成，它通过数据输入、数据存储、译码处理、插补运算和信息输出，控制机床本体的执行部件运动，实现零件的加工。

此外，现代数控装置采用PLC取代了传统的机床电气逻辑控制装置，利用PLC的逻辑运算功能实现如主轴的正转、反转及停止，换刀，工件的夹紧、松开，切削液开、关以及润滑系统的运行等各种开关量的控制。

4.1.1 CNC系统的组成及CNC装置的主要功能

4.1.1.1 CNC系统的组成

CNC系统一般由输入输出（I/O）设备、计算机数控装置、可编程控制器（PLC）、机床I/O电路和装置、主轴驱动装置、进给驱动装置（包括测量装置）、操作面板和键盘等组成。图4-1所示为计算机数控系统的结构框图。计算机数控装置是CNC系统的核心，它由计算机硬件、数控系统软件及相应的输入输出接口构成的专用计算机和PLC所组成，计算机处理机床轨迹运动的数字控制，PLC则处理开关量的逻辑控制。

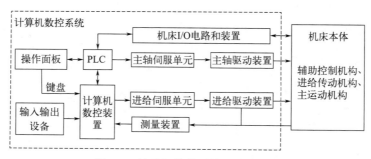

图4-1 计算机数控系统的结构框图

CNC系统通过硬件和软件配合，合理地组织、管理数控系统的输入、数据处理、插补和输出信息，控制执行部件，使数控机床按照操作者的要求进行自动加工。一般来说，硬件处理速度快，但价格高、灵活性差，难以实现复杂的控制功能，软件设计灵活，适应性强，但处理速度相对较慢。因此，想要获得较高的性能价格比，就需要在数控装置的设计阶段合理划分软件和硬件所承担的功能。图4-2为四种典型的软硬件功能界面的划分，软硬件功能界面的划分比例是由性价比决定的，很大程度上是随着软硬件发展水平和成本而发生变化的。目前的发展趋势是软件承担的任务越来越多，主要原因是计算机的运算处理能力不断增强，使软件运行的速度大大提高。

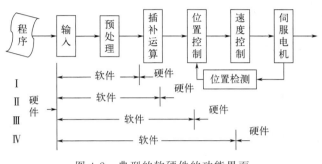

图4-2 典型的软硬件的功能界面

4.1.1.2 CNC装置的主要功能

CNC装置的功能通常包括基本功能和选择功能。基本功能是数控系统必备的功能，选择功能是供用户根据机床特点和用途进行选择的功能。根据数控机床的类型、用途、档次的不同，CNC装置的功能也有些差异，但主要功能相同。

（1）控制功能

控制功能是指CNC装置能控制的轴数和能联动控制的轴数，是其重要性能指标，是衡量档次高低的重要依据。控制轴有移动轴和回转轴，有基本轴和附加轴。通过轴的联动可以完成轮廓轨迹的加工。一般数控车床只需两轴控制、两轴联动；一般数控铣床需要三轴控制、三轴联动或两轴半联动；一般加工中心为多轴控制、三轴及以上联动。控制轴数越多，特别是联动控制的轴数越多，CNC装置的功能越强，同时CNC系统也就越复杂，能够完成复杂曲面零件的数控加工。

（2）准备功能

准备功能也称G功能，用来指定机床的运动方式，包括基本移动、平面选择、公英制转换、坐标设定、刀具补偿、固定循环、子程序等指令。对于点位控制的加工机床，如数控钻床、数控冲床等，需要具备点位控制系统；对于轮廓控制的加工机床，如车床、铣床、加工中心等，需要控制系统具备两个或两个以上进给坐标的联动功能。

（3）插补功能

插补功能是用来计算刀具相对工件的运动轨迹的，从而实现对零件轮廓加工的控制。由于轮廓控制的实时性很强，软件插补的计算速度难以满足数控机床对进给速度和分辨率的要求，同时由于CNC不断扩展其他方面的功能，也要求减少插补计算所占用的CPU时间。因此，CNC的插补功能实际上被分为粗插补和精插补：插补软件每次插补一个小线段的数据为粗插补；伺服系统根据粗插补的结果，将小线段分成单个脉冲的输出称为精插补，精插补一般采用硬件计算。

（4）进给功能

进给功能用F指令指定各进给轴的进给速度。在数控加工中常用到的相关术语如下。

① 切削进给速度　指切削时刀具相对工件的移动速度，对于直线移动进给表示每分钟进给的长度，如 F150 表示切削进给速度为 150mm/min。对于回转轴，表示每分钟进给的角度。

② 同步进给速度　指切削时主轴每转进给的长度，如 F0.15 表示同步进给速度为 0.15mm/r。只有主轴上装有位置编码器的数控机床才能指定同步进给速度，一般用于螺纹加工的编程。

③ 快速进给速度　指机床快速进给时的进给速度，其值通过参数设定，并可通过操作面板上的快速倍率开关进行调整，指令为 G00，加工程序中不需要指定其值。

④ 进给倍率　操作面板上设置了进给倍率开关，倍率可以在 0～200% 之间变化。使用倍率开关不需要修改加工程序就可以改变进给速度，并可以在试切零件过程中随时改变进给速度。

(5) 主轴功能

主轴功能是控制主轴速度及位置的功能，主要如下。

① 指定主轴转速　一般用 S 字母后加两位数字或四位数字表示，恒转速单位为 r/min，恒线速度单位为 m/min。

② 指定主轴转速单位　开机或复位时设定的默认状态为恒转速，即 G97 状态，单位 r/min。在加工较大直径端面或直径相差较大的锥面、弧面时，为保证精加工的加工质量，需使用 G96 设定恒线速度，单位为 m/min，使加工时具有相同的切削速度。

③ 主轴定向准停　用于具有自动换刀功能的加工中心，当主轴停转进行刀具交换时，主轴需准确停在径向的某一固定不变的位置上，以保证每次换刀都能准确对准主轴的端面键。

(6) 辅助功能

辅助功能用来控制主轴的启停及转向、切削液的开关、自动换刀等开关量和逻辑顺序，它用 M 字母后加两位数字表示，不同型号的数控装置具有的辅助功能是有差别的，大多数 M 指令功能都取决于机床生产厂家的 PLC 程序设计。对于没有特指的辅助功能指令，生产厂家可以根据系统需要自定义。

(7) 刀具功能

刀具功能用来指定刀具及几何参数的地址，以 T 字母后加二位或四位数字表示，数字表示所选的刀具号。

(8) 补偿功能

补偿功能是通过输入 CNC 系统存储器的补偿量，根据编程轨迹重新计算刀具的运动轨迹和坐标尺寸，从而加工出符合要求的工件。补偿功能主要有以下两种。

① 刀具的尺寸补偿　如刀具长度补偿、刀具半径补偿、刀具位置补偿和刀尖圆弧半径补偿。这些功能可以补偿刀具磨损、实现换刀时对准正确位置以及程序段自动转接，以简化编程。

② 丝杠的螺距误差补偿和反向间隙补偿或者热变形补偿　事先检测出丝杠螺距误差和反向间隙，并输入 CNC 系统中，在实际加工中进行补偿，从而提高数控机床的加工精度。

(9) 字符、图形显示功能

CNC 装置配置单色或彩色 CRT 或 LCD（液晶显示屏），通过软件和硬件接口实现字符和图形的显示。通常可以显示程序字、参数、各种补偿量、坐标位置、故障信息、人机对话编程菜单、零件图形及刀具实际移动轨迹、坐标等。

（10）自诊断功能

CNC装置设置了各种诊断程序，以防止故障的发生或有助于在发生故障后迅速查明故障的类型和部位，减少停机时间。诊断程序一般可以包含在系统程序中，在系统运行过程中进行检查和诊断；也可以作为服务性程序，在系统运行前或故障停机后进行诊断，查找故障的部位。不同的CNC系统设置的诊断程序是不同的，诊断的水平也不同。有的CNC可以进行远程通信诊断。

（11）通信功能

为了适应柔性制造系统（FMS）和计算机集成制造系统（CIMS）的需求，CNC装置通常具有RS-232C通信接口，有的还备有DNC接口；也有的CNC还可以通过制造自动化协议（MAP）接入工厂的通信网络，以实现车间和工厂自动化。

（12）人机交互图形编程功能

为了进一步提高数控机床的编程效率，特别是较为复杂零件的NC程序都要通过计算机辅助编程，以提高编程效率，尤其是利用图形进行的自动编程。因此，对于现代CNC装置一般要求具有人机交互图形编程功能，CNC系统可以根据零件图直接编制程序，即编程人员只需输入图样上简单表示的几何尺寸就能自动地计算出全部交点、切点和圆心坐标，生成加工程序。有的CNC系统可根据引导图和说明进行对话式编程，并具有自动工序选择、刀具和切削条件的自动选择等智能功能。有的CNC系统还具有用户宏程序功能。

此外，由于CNC系统利用计算机的高度计算能力，可以通过软件实现一些高级的复杂的数控功能，如复杂的插补功能（抛物线插补、螺旋线插补等）、固定循环等，所以大大简化了数控加工程序编制工作。

4.1.2 CNC系统的一般工作过程

CNC系统工作过程是在硬件的支持下执行软件的过程，即信息输入、译码、数据处理、插补、位置控制、I/O处理、显示、诊断等工作过程。CNC的工作流程如图4-3所示。

（1）信息输入

CNC系统一般通过键盘、RS-232接口、上级计算机DNC通信等方式输入信息，输入的内容包括零件数控加工程序、控制参数和补偿数据。这些输入方式采用中断方式来实现，且每一种输入法均有一个相对应的中断服务程序。零件加工程序输入方式有存储方式和NC方式。存储方式是将整个零件程序一次全部输入CNC内部存储器中，加工时再从存储器中一个一个把程序调出。该方式应用较多。NC方式是CNC一边输入一边加工的方式，即在前一程序段加工时，输入后一个程序段的内容。控制参数和补偿数据等可通过键盘输入，存放在相应的数据寄存器内。

（2）译码

译码是以一个程序段为单位对零件数控加工程序进行处理。在译码过程中，首先对程序段的语法进行检查，若发现错误，立即报警。若没有错误，则把程序段中的零件轮廓信息（如起点、终点、直线或圆弧等）、加工速度信息（F指令）和其他辅助信息（M、S、T指令等）按照一定的语法规则解释（编译）成微处理器能够识别的数据形式，并以一定的数据格式存放在指定存储器的内存单元。

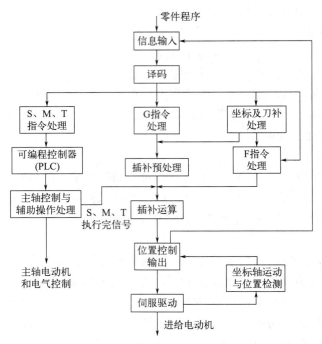

图 4-3　CNC 的工作流程

(3) 数据处理

数据处理是指刀具补偿和速度控制处理，通常包括刀具长度补偿、刀具半径补偿、反向间隙补偿、丝杠螺距补偿、过象限及进给方向判断、进给速度控制、加减速控制及机床辅助功能处理等。刀具补偿的作用是把零件轮廓轨迹自动转换成刀具中心轨迹，有的 CNC 装置中，还能实现程序段之间的自动转接和过切判别等。进给速度控制处理首先要进行的工作是将程序中所给的刀具移动速度分解成各进给运动坐标方向的分速度，为插补时计算各进给坐标的行程量做准备；并保证其不超过机床允许的最低速度和最高速度，如超出则报警。

(4) 插补

插补是在一条给定了起点、终点和线型的曲线上进行"数据点的密化"。根据给定的进给速度和线型，计算一个插补周期内各坐标轴进给的微小线段的长度。数控系统的插补运算是一项精度要求较高、实时性很强的运算。插补精度直接影响工件的加工精度，而插补速度决定了工件的表面粗糙度和加工速度。通常插补分为粗插补和精插补，精插补的插补周期一般取伺服系统的采样周期，而粗插补的插补周期是精插补的插补周期的若干倍。一般的 CNC 装置中，能对直线、圆弧和螺旋线进行插补。一些较专用或高档 CNC 装置还能完成对椭圆、抛物线、渐开线等的插补工作。

(5) 位置控制

位置控制是指在伺服系统的每个采样周期内，将精插补计算出的理论位置与实际反馈位置信息进行比较，其差值作为伺服调节的输入信号，经伺服驱动器控制伺服电机。在位置控制中通常还要完成位置回路的增益调整、各坐标的螺距误差补偿和反向间隙补偿，以提高机床的定位精度。

(6) I/O 处理

CNC 的 I/O 处理是 CNC 与机床之间的信息传递和变换的通道。其作用一方面是将机床运动过程中的有关参数输入CNC中；另一方面是将CNC的输出命令（如换刀、主轴变速换挡、加冷却液等）变为执行机构的控制信号，实现对机床的控制。

（7）显示

CNC系统的显示装置有CRT或LCD，一般位于机床的控制面板上。通常有零件程序的显示、参数的显示、刀具位置显示、机床状态显示、报警信息显示等。有的CNC装置中还有刀具加工轨迹的静态和动态模拟加工图形显示。

（8）诊断

CNC系统各种诊断程序的作用：一方面在系统运行前或运行过程中进行检查与诊断，以防止故障的发生；另一方面在故障出现后，可以迅速查明故障的类型和发生部位并进行显示，便于用户及时排除故障，减少故障停机修复时间。

4.2　CNC系统的硬件结构

CNC系统是由硬件和软件实现各种数控功能，硬件是软件运行的平台，软件实现的数控功能要由相应的硬件环境来支撑。CNC系统的硬件由数控装置、输入/输出装置、驱动装置和机床电器逻辑控制装置等组成。

4.2.1　CNC系统的硬件结构分类

（1）大板式结构和功能模块化（小板）结构

按CNC装置中的印制电路板的插接方式结构特点不同，有大板式结构和功能模块化（小板）结构。

大板结构CNC系统的CNC装置由主电路板、位置控制板、PC板、图形控制板、附加I/O板和电源单元等组成。主电路板是大印制电路板（主板），其他电路板是小板，插在主板上的插槽内。主板上装有主微处理器（含主CPU）和各轴的位置控制电路等。其他相关的子板是完成一定功能的电路板，如ROM（只读存储器）板、零件程序存储器板和PLC板都直接插在主板上面，组成CNC系统的核心部分。这种结构类似于微型计算机的结构。具有结构紧凑、体积小、可靠性高、价格低的特点，有很高的性价比，也便于机床的一体化设计；但它的硬件功能不易变动，不利于组织生产。

功能模块化（小板）结构是总线模块化的开放式系统结构，其特点是将CPU、存储器、输入输出控制分别做成插件板（称为硬件模块），甚至将CPU、存储器、输入输出控制组成独立的微型计算机级的硬件模块，相应的软件也是模块结构，固化在硬件模块中。软硬件模块形成一个特定的功能单元，称为功能模块。功能模块间有明确定义的接口，接口是固定的，符合企业标准或工业标准，彼此可以进行信息交换。可以组成积木式CNC系统，设计简单，有良好的适应性和扩展性，试制周期短，调整维护方便，效率高。

（2）专用型结构、个人计算机式结构和开放式结构

按CNC装置硬件的制造方式不同，可以分为专用型结构、个人计算机式结构和开放式结构。

专用型结构的计算机，硬件印制板是由各厂商专门设计和制造的，是一种专用的封闭系统，专用性强，但是没有通用性，与通用计算机不能兼容，并且维修、升级困难，费用较高。

基于个人计算机（PC）基础上开发的CNC，其硬件通常无须专门设计，随着通用计

算机硬件的升级而升级，可以充分利用通用计算机丰富的软件资源，只要装入不同的控制软件，便可构成不同类型的 CNC。其硬件有较大的通用性，易于维修。

随着技术、市场、生产组织结构等多方面的快速变化，用户对数控系统的柔性和通用性提出了更高的要求：希望能根据不同的加工需求迅速、高效、经济地构筑面向用户的控制系统，基于工业 PC 的开放式结构应运而生。它以工业 PC 作为 CNC 装置的支撑平台，再由各专业数控厂商根据需要并按照统一的接口协议装入自己的控制卡和数控软件构成相应的 CNC 装置，是一种模块化的、可重构的、可扩充的通用数控系统，具有很强的适应性和二次开放性。由于工业 PC 大批量生产，成本很低，因而也就降低了 CNC 系统的成本，同时工业 PC 维护和升级均较容易。目前，这种开放式结构正处于大力研究阶段，有的已进入实用阶段。

（3）整体式结构和分体式结构

CNC 系统硬件模块及安装方式不断改进，从总体安装结构来看，有整体式结构和分体式结构两种。

所谓整体式结构是把 CRT 和 MDI 面板、操作面板以及功能模块板组成的电路板等安装在同一机箱内。这种方式的优点是结构紧凑，便于安装，但有时可能造成某些信号线过长。分体式结构通常把 CRT 和 MDI 面板、操作面板等做成一个部件，而把功能模块组成的电路板安装在一个机箱内，两者之间用导线或光纤连接。很多 CNC 机床把操作面板也单独作为一个部件，这是由于所控制机床的要求不同，操作面板相应地要改变，做成分体式有利于更换和安装。

（4）单微处理器结构和多微处理器结构

按 CNC 系统使用的 CPU 的数目及结构来分，CNC 系统的硬件结构一般分为单微处理器结构和多微处理器结构两大类。初期的 CNC 系统和现在的一些经济型 CNC 系统采用单微处理器结构。而多微处理器结构可以满足数控机床高进给速度、高加工精度和许多复杂功能的要求，也适应于并入 FMS 和 CIMS 运行的需要，从而得到了迅速的发展。

目前，技术上比较成熟的常规 CNC 的硬件结构大致有三种形式：总线式模块化结构、以单板或专用芯片及模板组成的结构紧凑的 CNC、基于通用计算机［PC 或 IPC（工业计算机）］基础上开发的 CNC。总线式模块化结构是在元器件上采用了 32 位 RISC（精简指令集计算机）芯片、协处理器及闪速存储器等。这类结构产品用于多轴控制的高档数控机床。以单板或专用芯片及模板组成的结构紧凑的 CNC 体积做得很小，大量用于中档数控机床，已有向经济型发展的趋势。这两种类型可称为专用结构的计算机，不具有通用性。基于通用计算机（PC 或 IPC）基础上开发的 CNC，其硬件通常无须专门设计，通用性好。

4.2.2 单微处理器结构和多处理器结构构成及特点

（1）单微处理器结构

在单微处理器结构中，只有一个微处理器集中控制、分时处理数控装置的各个任务，该微处理器通过总线与存储器、I/O 接口、位置控制器、通信接口等功能部件相连，构成整个 CNC 系统，结构简单，易于实现。但其功能受字长、数据宽度、寻址能力和运算速度等因素的限制。其结构框图如图 4-4 所示。

有的 CNC 系统中除主微处理器外，其他功能部件（如位置控制、PLC 接口等）也可能带微处理器构成专用的智能部件，但不能控制系统总线，不能访问主存储器，即只能接

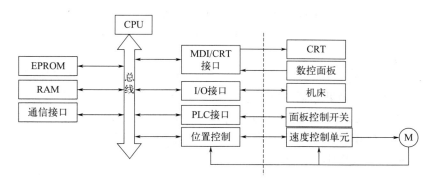

图 4-4 单微处理器结构框图

收主 CPU 的控制指令或数据，或向主 CPU 发出请求信息以获得所需的数据。这种主从结构可归于单微处理器结构。

(2) 多微处理器结构

在多微处理器结构中，数控装置中有两个或两个以上微处理器。多微处理器结构采用模块化技术，将存储器、插补、位置控制、输入输出、PLC 等功能进行模块化。一般包括 CNC 管理模块、CNC 插补模块、位置控制模块、主存储器模块、自动编程模块、操作面板显示模块、主轴控制模块以及 PLC 功能模块。这些功能模块中并不是每个都有微处理器，把带 CPU 的称为主模块，不带 CPU 的则称为从模块，如各种 RAM（随机存储器）模块、ROM 模块、I/O 控制模块等。

多微处理器 CNC 装置在结构上可分为共享总线型和共享存储器型，通过共享总线或共享存储器来实现各模块之间的互联和通信。

① 共享总线结构　在多微处理器共享总线结构中，所有主、从模块都插在配有总线插座的机柜内，共享标准的系统总线。系统总线的作用是把各个模块有效地连接在一起，按照标准协议交换各种数据和控制信息，实现各种预定的功能，如图 4-5 所示。在共享总线结构中，只有主模块有权控制使用系统总线。

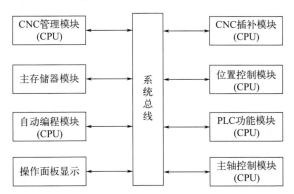

图 4-5 多微处理器的共享总线结构框图

当有多个主模块时，多个主模块可能会同时请求使用总线，而某一时刻只能由一个主模块占有总线。为此，系统设有总线仲裁电路。按照每个主模块负担的任务的重要程度，预先安排各自的优先级别顺序。总线仲裁电路在多个主模块争用总线而发生冲突时，能够判别出发生冲突的各个主模块的优先级别的高低，最后决定由优先级高的主模块优先使用总线。

共享总线结构由于多个主模块共享总线，易引起冲突，所以数据传输效率较低，总线一旦出现故障，会影响整个 CNC 装置的性能。但其仍凭借系统配置灵活、实现容易等优点而被广泛采用。

② 共享存储器结构　在共享存储器型的结构中，所有主模块共享存储器。通常采用多端口存储器来实现各微处理器之间的连接与信息交换，每个端口都配有数据线、地址线和控制线，供独立的 CPU 或控制器访问。各个主模块都有权控制使用存储器。即便是多个主模块同时请求使用存储器，只要存储器容量有空闲，一般也不会发生冲突。访问冲突可通过设计多端口控制逻辑电路来解决，其结构框图如图 4-6 所示。

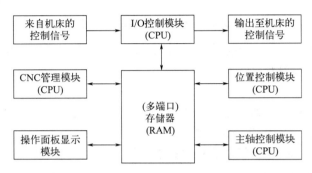

图 4-6　多微处理器的共享存储器结构框图

在共享存储器结构中，若 CNC 装置功能不复杂，多个主模块共享存储器时，引起冲突的可能性较小，数据传输效率较高，共享存储器结构因此被广泛采用。但若功能复杂，共享存储器的主模块数量增多时，会争用共享发生访问冲突，造成信息传输阻塞，降低系统效率。

4.2.3　开放式数控系统

（1）开放式数控系统的定义

国际电气电子工程师协会（IEEE）对开放式数控系统有规定："符合系统规范的应用，可以运行在多个销售商的不同平台上，可以与其他的系统应用互操作，并且具有一致风格的用户交互界面"。

开放式数控系统应具有以下特征。

① 可互操作性（interoperability）　指不同的应用程序模块通过标准化的应用程序接口运行于系统平台之上，不同模块之间保持平等的相互操作能力，协调工作。这一特征要求提供标准化的接口、通信和交互模型。

② 可移植性（portability）　指不同的应用程序模块可运行于不同供应商提供的不同的系统平台之上。这一特征是解决 CNC 软件的公用问题。这就要求设计的软件与设备具有无关性，即能通过统一的应用程序接口，完成对设备的控制。

③ 可缩放性（scalability）　指增加和减少系统功能仅表现为特定模块单元的装载与卸载。

④ 可相互替代性（interchangeability）　指不同性能与可靠性、不同功能能力的功能模块可以相互替代。

由此可见，其强调系统对控制需求的可重构性和透明性，以及系统功能面向多供应商。因此，开放式数控系统主要体现在：提供标准化环境的基础平台，允许不同开发商提供的不同功能的软、硬件模块接入,以构成满足不同需求的 CNC。

(2) 开放式数控系统的开放层次

以工业 PC 为基础的开放式数控系统,很容易实现多轴、多通道控制,利用 Windows 工作平台,实现三维实体图形显示和自动编程相当容易,开发工作量大大减少,而且可以实现数控系统在以下三个不同层次上的开放。

① CNC 系统的开放　CNC 系统可以直接运行各种应用软件,如工厂管理软件、车间控制软件、图形交互编程软件、刀具轨迹校验软件、办公自动化软件、多媒体软件等,这大大改善了 CNC 的图形显示、动态仿真、编程和诊断功能。

② 用户操作界面的开放　用户操作界面的开放使 CNC 系统具有更加友好的用户接口,有的甚至还具备远程诊断的功能。

③ CNC 内核的深层次开放　用户可以把自己用 C 语言或 C++语言开发的应用软件加入标准 CNC 的内核中。CNC 内核系统提供已定义的出口点,用户可以把自己的软件连接到这些出口点上,通过编译循环,将其知识、经验、诀窍等专用工艺集成到 CNC 系统中去,形成独具特色的个性化数控机床。

由此可见,开放式数控系统采用系统、子系统和模块的分布式控制结构,各模块相互独立,各模块接口协议明确,可移植性好;根据用户的需要可方便地重构和编辑,能满足机床制造厂商和用户的多种需求,能使用户十分方便地把 CNC 应用到几乎所有场合,是当今数控技术发展的主流。

4.3　CNC 系统的软件结构

CNC 系统的软件是为完成数控系统的各项功能而专门设计和编制的,其结构取决于软件的分工和软件本身的工作特点。一般说来,软件结构首先受到硬件的限制,软件结构也有独立性。对于相同的硬件结构,可以配备不同的软件结构。

4.3.1　CNC 系统的软件组成

CNC 系统的软件包括管理软件和控制软件两大部分,其功能如图 4-7 所示。管理软件主要包括零件程序管理、显示处理、人机交互、输入输出管理、故障诊断处理等功能。管理软件不仅要对切削加工过程的各个程序进行调度,还要对面板命令、时钟信号、故障信号等引起的中断进行处理。控制软件包括译码处理、刀具补偿、速度控制、插补运算和位置控制及开关量控制等功能。

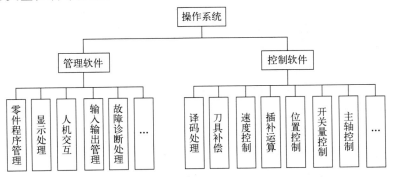

图 4-7　CNC 软件系统功能框图

4.3.2 CNC 系统软件结构特点

CNC 系统是一个专用的实时多任务系统,由于 CNC 装置本身就是一台计算机,所以在 CNC 系统的软件设计中,采用了许多计算机软件结构设计的先进思想和技术,其中最为突出的是多任务并行处理方法、前后台型软件结构、中断型软件结构。

(1) 多任务并行处理方法

并行处理是指计算机在同一时刻或同一时间间隔内完成两种或两种以上性质相同或不相同的工作。CNC 装置进行数控加工时,要同时完成多种任务,管理软件和控制软件的某些工作必须同时进行。例如,CNC 装置控制加工的同时要向操作管理人员显示其工作状态,那么管理软件中的显示模块必须与控制软件的插补、位置控制等任务同时处理,即并行处理。又如,为了保证加工过程的连续性,即刀具在各程序段之间不停刀,译码、刀具补偿和速度处理模块必须与插补模块同时运行,而插补程序又必须与位置控制程序同时运行。可见,数控加工是个多任务并行的过程。图 4-8 为各模块间多任务的并行处理,图中双箭头表示两个模块之间存在并行处理关系。

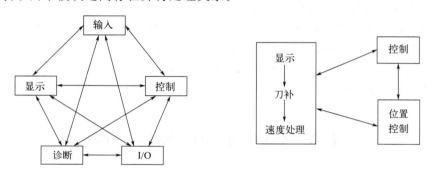

图 4-8 CNC 系统的多任务的并行处理关系

并行处理方法可分为资源共享和时间重叠两种方法。资源共享是根据分时共享的原则,使多个用户按时间顺序使用同一设备。时间重叠是根据流水线处理技术,使多个处理过程在时间上相互错开,轮流使用同一设备的几个部分。

(2) 前后台型软件结构

前后台型软件结构适合于单微处理器 CNC 装置。在这种软件结构中,后台程序是一个循环执行程序,承担一些实时性要求不高的功能,如显示、I/O 处理、输入、插补准备(译码处理、刀补处理、速度预处理等)、诊断工作,管理程序一般也在后台运行。前台程序是一个实时中断服务程序,承担了与机床动作直接相关的实时功能,如监控和急停、位置控制、插补控制、PLC 控制等,实时性越强的中断级别越高。在后台程序循环运行的过程中,前台的实时中断程序不断地定时插入,二者密切配合,共同完成零件的加工任务。如图 4-9 所示,程序一经启动,经过一段初始化程序后便进入后台程序循环。同时开放定时中断,每隔一定时间间隔发生一次中断,执行一次定时中断服务程序,执行完毕后返回后台程序,如此循环往复,共同完成数控加工的全部功能。

(3) 中断型软件结构

中断型软件结构没有前后台之分,整个软件是一个大的中断系统,整个系统软件的各种功能模块分别安排在不同级别的中断程序中。在执行完初始化程序之后,系统通过响应不同中断来执行相应的中断处理程序,完成数控加工的各种功能。其管理功能主要通过各级中断服务程序之间的相互通信来解决,各级中断服务程序之间的信息交换是通过缓冲

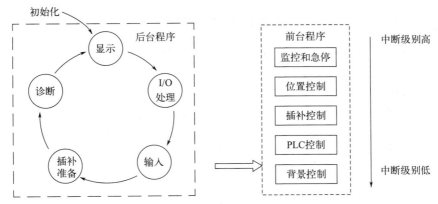

图 4-9 前后台型软件结构

区进行的。中断有两种来源,一种是由时钟或其他外设产生的中断请求信号,称为硬件中断;另一种是由程序产生的中断信号,称为软件中断。不同的数控系统,其软件和硬件所承担的功能划分有所不同,因此,各中断优先级别划分及功能也不尽相同。

中断型软件结构的中断优先级一般分 8 级,0 级最低,7 级最高,如图 4-10 所示,各中断优先级别划分及功能见表 4-1。

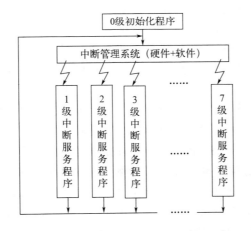

图 4-10 中断型软件结构

表 4-1 各中断优先级别划分及功能

优先级	主要功能	中断源	说明
0	初始化	开机后进入	为 RAM 中工作单元及数控加工正常运行设置所需的初始状态
1	CRT 显示,ROM 奇偶校验	由初始化程序进入	为主控程序,当没有其他中断时始终循环运行
2	工作方式选择及预处理	16ms 软件定时	自动(AUTO)、手动(MDI)、点动(STEP)、手轮(JOG)等方式选择及预处理
3	PLC 控制,M、S、T 指令处理	16ms 软件定时	主要完成 CNC 装置的输入输出处理及 PLC 控制
4	参数、变量、数据存储器控制	硬件 DMA(直接存储器访问)	硬件中断,完成报警功能

续表

优先级	主要功能	中断源	说明
5	插补运算，位置控制，补偿	8ms软件定时	主要完成插补运算、坐标位置修正、间隙补偿和加减速控制
6	监控和急停信号，定时2、3级	2ms硬件时钟	主要通过软件定时实现2级和3级的16ms定时中断，并使其相隔8ms。当2级或3级中断还没有返回时不再发出新的中断请求信号
7	RS-232C串口输入	硬件随机	主要处理RS-232C串口输入数据，并存入相应的缓冲区

4.4 插补原理

4.4.1 插补概念及插补方法的分类

(1) 插补的基本概念

机床数字控制的核心问题是如何控制刀具或工件的运动，运动控制不仅控制刀具相对于工件运动的轨迹，同时还控制运动的速度。协调各坐标的移动使其合成的轨迹近似于理想轨迹的方法即是插补。插补的任务是按给定进给速度，在零件轮廓段的起点和终点之间计算出若干个中间点的坐标值。在对数控系统输入有限坐标点（例如起点、终点）的情况下，计算机根据线段的特征（直线、圆弧、椭圆等），运用一定的算法，自动地在有限坐标点之间生成一系列的坐标数据，把其加工线段的起点和终点间数据密化，从而自动地对各坐标轴进行脉冲分配，完成整个线段的轨迹运行，使机床加工出所要求的轮廓曲线。对于轮廓控制系统来说，插补是最重要的计算任务，插补程序的运行时间和计算精度影响着整个CNC系统的性能指标。插补是整个CNC系统的核心任务。

平面曲线运动轨迹，需要两个运动坐标的协调运动；空间曲线运动轨迹，则要求三个或三个以上运动坐标的协调运动。直线和圆弧是构成工件轮廓的基本线条，因此大多数CNC系统一般都具有直线和圆弧插补功能，对于非直线或圆弧组成的轨迹，可以用小段的直线或圆弧来拟合。在三坐标以上联动的CNC系统中，一般还具有螺旋线插补功能。在一些高档CNC系统中，还具备抛物线插补、渐开线插补、正弦线插补、样条曲线插补和球面螺旋线插补等功能。

(2) 插补方法的分类

插补的方法和原理很多，根据数控系统输出到伺服驱动装置的信号不同，插补方法可分脉冲增量插补和数据采样插补两大类。

① 脉冲增量插补 脉冲增量插补又称基准脉冲插补或行程标量插补，其特点是数控装置在插补结束时向各个运动坐标轴输出一个基准脉冲序列，驱动各坐标轴进给电机运动。每个脉冲使各坐标轴仅产生一个脉冲当量的增量，代表了刀具或工件的最小位移；脉冲的数量代表了刀具或工件移动的位移量；脉冲序列的频率代表了刀具或工件运动的速度。

脉冲增量插补的运算简单，用硬件电路容易实现，方法简单，但插补速度和精度较低。在目前的CNC系统中可用软件实现，但仅适用于一些由步进电机驱动的中等精度或中等速度要求的开环数控系统。有的数控系统将其用于数据采样插补时的精插补。

脉冲增量插补算法有很多，如逐点比较法、数字积分法、比较积分法、数字脉冲乘法器法、最小偏差法、矢量判别法、单步追踪法、直接函数法等。其中应用较多的是逐点比较法和数字积分法。

② 数据采样插补　数据采样插补又称数据增量插补、时间分割法或时间标量插补。这类插补方法的特点是数控装置产生的不是单个脉冲，而是表示各坐标轴增量值的二进制数。插补运算分粗插补和精插补两步完成。粗插补采用时间分割的思想，把加工一段直线或圆弧的整段时间细分为许多相等的时间间隔，称为插补周期。在每个插补周期内，根据插补周期 T 和编程的进给速度 F，将轮廓曲线分割为插补采样周期相应的微小直线进给段（轮廓步长 l）；精插补在粗插补算出的每一微小直线段的基础上再做数据点的密化工作，数控系统通过位置检测装置定时对插补的实际位移进行采样，根据位置检测采样周期的大小，采用脉冲增量直线插补，在轮廓步长内再插入若干坐标点。一般将粗插补运算称为插补，由软件完成，而精插补可由软件实现，也可由硬件实现。

计算机除了完成插补运算外，还要执行显示、监控、位置采样及控制等实时任务，所以插补周期应大于插补运算时间与完成其他实时任务所需的时间之和。一般取插补周期为采样周期的整数倍，该倍数应等于对轮廓步长实时精插补时的插补点数。例如，日本 FANUC 公司的 7M CNC 系统采用的时间分割算法，插补周期 T 为 8ms，位置检测采样周期为 4ms，即插补周期为采样周期的两倍，此时，插补程序每 8ms 被调用一次，计算出下一个插补周期各坐标坐标轴合成进给的微小直线段 l（单位为 μm），它与程序指定的合成进给速度 F（单位为 mm/min）、插补周期 T（单位为 ms）之间的关系为

$$l = \frac{FT}{60} = \frac{2}{15}F$$

根据刀具运动轨迹与各坐标轴的几何关系，即可求出下一个插补周期各进给坐标轴相应的坐标增量（如 Δx、Δy）。而因位置检测采样程序每 4ms 被调用一次，所以可以将插补程序算好的坐标增量除以 2（即 $\frac{1}{2}\Delta x$、$\frac{1}{2}\Delta y$）后再进行直线段坐标点的密化（即精插补）。现代数控系统的插补周期已缩短到 2～4ms，有的已经达到零点几毫秒。

数字增量插补的实现算法较脉冲增量插补复杂，主要应用于闭环和半闭环的控制系统。粗插补在每一个插补周期内计算出坐标实际位置增量值，而精插补则在每一个采样周期反馈实际位置增量值和插补程序输出的指令位置增量值，然后计算出各坐标轴相应的插补指令位置与实际检测位置的偏差，即跟随误差，根据跟随误差计算出相应坐标轴的进给速度，输出给驱动装置。

数据采样插补算法也很多，有直线函数法、扩展数字积分法、二阶递归扩展数字积分法、双数字积分插补法等。其中应用较多的是直线函数法、扩展数字积分法。

4.4.2　逐点比较法

逐点比较法的基本原理是被控对象在按要求的轨迹运动时，每次仅向一个坐标轴输出一个进给脉冲，每走一步都要与理想轨迹进行比较，由此决定下一步移动的方向。逐点比较法既可用于直线插补、圆弧插补，也可用于其他非圆二次曲线（如椭圆、抛物线和双曲线等）的插补。其特点是运算直观，最大插补误差不大于一个脉冲当量，输出脉冲均匀，而且输出脉冲的速度变化小，调节方便，因此在数控机床开环系统中应用较为普遍。

下面分别介绍逐点比较法直线插补和逐点比较法圆弧插补的原理。

（1）逐点比较法直线插补

如图 4-11 所示，设在 XOY 平面的第一象限有一加工直线 OA，起点为坐标原点 O，终点坐标为 A（x_e，y_e），根据加工时的动点 P（x_i，y_i）与直线 OA 的位置关系，决定下一步的进给方向，具体如下。

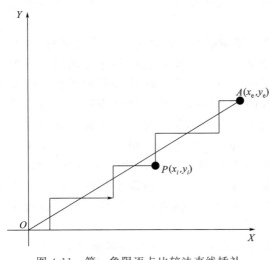

图 4-11 第一象限逐点比较法直线插补

① 当点 P 在直线 OA 上方时，即

$$\frac{y_i}{x_i} - \frac{y_e}{x_e} > 0$$

为了逼近直线 OA，确定下一步应向 $+X$ 方向进给。

② 当点 P 在直线 OA 下方时，即

$$\frac{y_i}{x_i} - \frac{y_e}{x_e} < 0$$

为了逼近直线 OA，确定下一步应向 $+Y$ 方向进给。

③ 当点 P 在直线 OA 上时，即

$$\frac{y_i}{x_i} - \frac{y_e}{x_e} = 0$$

下一步既可向 $+X$ 方向进给，也可向 $+Y$ 方向进给；通常，将其与上述情况①归为一类。

为了便于计算，设偏差函数

$$F_i = x_e y_i - y_e x_i \tag{4-1}$$

则有：

a. 当 $F_i \geq 0$ 时，加工点向 $+X$ 方向进给一个脉冲当量，到达新的加工点（x_{i+1}，y_{i+1}），有 $x_{i+1} = x_i + 1$，$y_{i+1} = y_i$，则新的偏差函数为

$$F_{i+1} = x_e y_{i+1} - y_e x_{i+1} = x_e y_i - y_e (x_i + 1) = F_i - y_e \tag{4-2}$$

b. 当 $F_i < 0$ 时，加工点向 $+Y$ 方向进给一个脉冲当量，到达新的加工点（x_{i+1}，y_{i+1}），有 $x_{i+1} = x_i$，$y_{i+1} = y_i + 1$，则新的偏差函数为

$$F_{i+1} = x_e y_{i+1} - y_e x_{i+1} = x_e (y_i + 1) - y_e x_i = F_i + x_e \tag{4-3}$$

因此，插补计算时，每进给一步，都要计算新的偏差函数，同时还要判断新的加工点是否到达终点，若到达终点，便停止计算。

终点判别可采用一个终点计数器，寄存 X、Y 两个坐标从起点到终点的总步数 Σ，X 或 Y 坐标每进给一步，Σ 就减 1，直到步数减为 0 为止。

综上所述，逐点比较法的直线插补过程要完成四个步骤：偏差判别、坐标进给、偏差计算、终点判别。

逐点比较法的插补第一象限直线的流程图如图 4-12 所示，图中"→"表示把前者赋值给后者运算。

例 4-1 设加工第一象限直线 OA，起点为坐标原点 O（0，0），终点为 A（5，3），试用逐点比较法对其进行插补，并绘出插补轨迹。

解 插补从直线的起点开始，故 $F_0 = 0$；此时终点判别总步数 $\Sigma_0 = 5 + 3 = 8$。

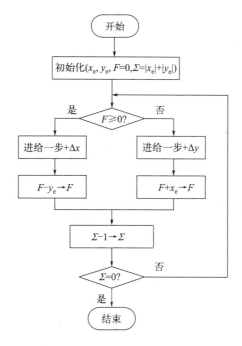

图 4-12 第一象限逐点比较法直线插补的运算流程

插补运算过程如表 4-2 所示，插补轨迹如图 4-13 所示。

表 4-2 逐点比较法第一象限直线插补过程

序号	偏差判别	坐标进给方向	偏差计算	终点判别
0			$F_0 = 0$	$\Sigma_0 = 8$
1	$F_0 = 0$	$+X$	$F_1 = F_0 - y_e = 0 - 3 = -3$	$\Sigma_1 = 8 - 1 = 7$
2	$F_1 < 0$	$+Y$	$F_2 = F_1 + X_e = -3 + 5 = 2$	$\Sigma_2 = 6$
3	$F_2 > 0$	$+X$	$F_3 = F_2 - y_e = 2 - 3 = -1$	$\Sigma_3 = 5$
4	$F_3 < 0$	$+Y$	$F_4 = F_3 + X_e = -1 + 5 = 4$	$\Sigma_4 = 4$
5	$F_4 > 0$	$+X$	$F_5 = F_4 - y_e = 4 - 3 = 1$	$\Sigma_5 = 3$
6	$F_5 > 0$	$+X$	$F_6 = F_5 - y_e = 1 - 3 = -2$	$\Sigma_6 = 2$
7	$F_6 < 0$	$+Y$	$F_7 = F_6 + X_e = -2 + 5 = 3$	$\Sigma_7 = 1$
8	$F_7 > 0$	$+X$	$F_8 = F_7 - y_e = 3 - 3 = 0$	$\Sigma_8 = 0$

以上仅讨论了逐点比较法插补第一象限直线的原理和计算公式，插补其他象限的直线时，其插补计算公式和脉冲进给方向是不同的，通常有两种方法解决。

① 分别处理法　可根据上面插补第一象限直线的分析方法，分别建立其他三个象限的偏差函数的计算公式。这样对于四个象限的直线插补，会有四组计算公式；脉冲进给的方向也由实际象限决定。

② 坐标变换法　通过坐标变换将其他三个象限直线的插补计算公式统一于第一象

限的公式中，这样都可按第一象限直线进行插补计算；而进给脉冲的方向则仍由实际象限决定。将其他各象限直线的终点坐标和加工点的坐标均取绝对值，这样，它们的插补计算公式和插补流程图与插补第一象限直线时一样，偏差符号和进给方向可用图 4-14 的简图表示，图中 L_1、L_2、L_3、L_4 分别表示第一、二、三、四象限的直线。这种方法较常采用。

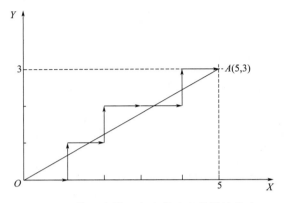

图 4-13 第一象限逐点比较法直线插补轨迹

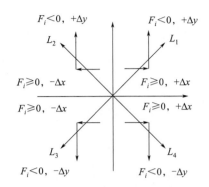

图 4-14 不同象限的直线进给方向简图

(2) 逐点比较法圆弧插补

逐点比较法圆弧插补过程与直线插补过程类似，每进给一步也都要完成四个步骤：偏差判别、坐标进给、偏差计算、终点判别。但是，逐点比较法圆弧插补以加工点距圆心的距离大于、等于还是小于圆弧半径作为偏差判别的依据。图 4-15 所示的圆弧，其圆心位于原点 O（0，0），半径为 R，令加工点的坐标为 $P(x_i, y_i)$，设逐点比较法圆弧插补的偏差判别函数为

$$F_i = x_i^2 + y_i^2 - R^2 \tag{4-4}$$

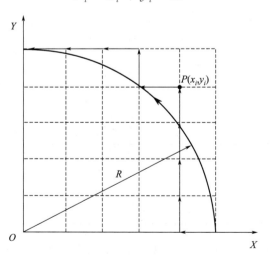

图 4-15 第一象限逐点比较法逆时针圆弧插补

① 当 $F_i \geqslant 0$ 时，点 P 位于圆弧上或圆弧外，为逼近圆弧，下一步应向 $-X$ 方向进给一个脉冲当量，到达新的加工点 (x_{i+1}, y_{i+1})，有 $x_{i+1} = x_i - 1$，$y_{i+1} = y_i$，则新的偏差函数为

$$F_{i+1} = x_{i+1}^2 + y_{i+1}^2 - R^2$$
$$= (x_i - 1)^2 + y_i^2 - R^2$$
$$= F_i - 2x_i + 1 \quad (4\text{-}5)$$

② 当 $F_i < 0$ 时，点 P 位于圆弧内，为逼近圆弧，下一步应向 $+Y$ 方向进给一个脉冲当量，到达新的加工点 (x_{i+1}, y_{i+1})，有 $x_{i+1} = x_i$，$y_{i+1} = y_i + 1$，则新的偏差函数为

$$F_{i+1} = x_{i+1}^2 + y_{i+1}^2 - R^2$$
$$= x_i^2 + (y_i + 1)^2 - R^2$$
$$= F_i + 2x_i + 1 \quad (4\text{-}6)$$

由以上分析可知，新加工点的偏差是由前一个加工点的偏差 F_i 及前一点的坐标值 x_i、y_i 递推出来的。插补计算时，每进给一步，都要计算新的偏差函数及新加工点的坐标，同时还要判断新的加工点是否到达终点，若到达终点，便停止计算。

圆弧的终点判别方法和直线插补相同，可采用一个终点计数器，寄存 X、Y 两个坐标从起点到终点的总步数 Σ，X 或 Y 坐标每进给一步，Σ 就减 1，直到步数减为 0 为止。

逐点比较法的插补第一象限逆圆弧的流程图如图 4-16 所示，设圆弧 AB 初始点为 (X_A, Y_A)，终点为 (X_B, Y_B)。

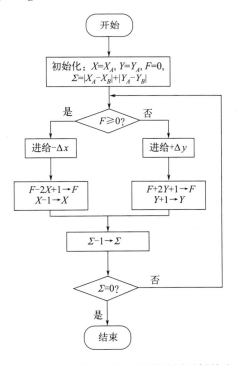

图 4-16 第一象限逐点比较法逆时针圆弧插补流程图

例 4-2 设加工第一象限逆圆弧 AB，其圆心位于原点 $O(0,0)$，起点 $A(5,1)$，终点 $B(1,5)$。试用逐点比较法对其进行插补并画出插补轨迹。

解 插补从圆弧的起点开始，故 $F_0 = 0$；此时终点判别总步数
$$\Sigma_0 = |X_B - X_A| + |Y_B - Y_A| = |1 - 5| + |5 - 1| = 8$$

插补运算过程如表 4-3 所示，插补轨迹如图 4-17 所示。

表 4-3 逐点比较法第一象限圆弧插补过程

序号	偏差判别	坐标进给方向	偏差计算	坐标计算	终点判别
0			$F_0=0$	$X_0=5$，$Y_0=1$	$\Sigma_0=8$
1	$F_0=0$	$-X$	$F_1=F_0-2X_0+1=-9$	$X_1=4$，$Y_1=1$	$\Sigma_1=8-1=7$
2	$F_1<0$	$+Y$	$F_2=F_1+2Y_1+1=-6$	$X_2=4$，$Y_2=2$	$\Sigma_2=6$
3	$F_2<0$	$+Y$	$F_3=F_2+2Y_2+1=-1$	$X_3=4$，$Y_3=3$	$\Sigma_3=5$
4	$F_3<0$	$+Y$	$F_4=F_3+2Y_3+1=6$	$X_4=4$，$Y_4=4$	$\Sigma_4=4$
5	$F_4>0$	$-X$	$F_5=F_4-2X_4+1=-1$	$X_5=3$，$Y_5=4$	$\Sigma_5=3$
6	$F_5<0$	$+Y$	$F_6=F_5+2Y_5+1=8$	$X_6=3$，$Y_6=5$	$\Sigma_6=2$
7	$F_6>0$	$-X$	$F_7=F_6-2X_6+1=3$	$X_7=2$，$Y_7=5$	$\Sigma_7=1$
8	$F_7>0$	$-X$	$F_8=F_7-2X_7+1=0$	$X_8=1$，$Y_8=5$	$\Sigma_8=0$

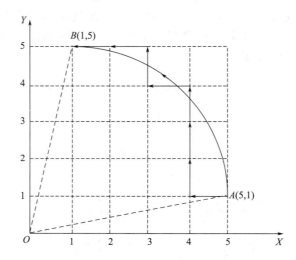

图 4-17 第一象限逐点比较法逆时针圆弧插补轨迹

以上仅讨论了逐点比较法插补第一象限逆时针圆弧的原理和计算公式，插补第一象限顺时针圆弧及其他象限的圆弧时，其插补计算公式和脉冲进给方向是不同的，通常也有两种方法。

① 分别处理法　可根据上面插补第一象限圆弧的分析方法，分别建立其他三个象限顺、逆圆弧的偏差函数计算公式，这样四个象限总共会有八组计算公式；脉冲进给的方向由实际象限决定。

② 坐标变换法　通过坐标变换将其他各象限顺、逆圆弧插补计算公式都统一于第一象限的逆圆弧插补公式中，不管哪个象限的圆弧都按第一象限逆圆弧进行插补计算，而进给脉冲的方向则仍由实际象限决定。该种方法也是最常采用的方法。

坐标变换就是让其他各象限圆弧的加工点的坐标 x_i、y_i 均取绝对值，这样，按第一象限逆圆弧插补运算时，如果将 X 轴的进给反向，即可插补出第二象限顺圆弧；将 Y 轴的进给反向，即可插补出第四象限顺圆弧；将 X、Y 轴的进给都反向，即可插补出第三象限逆圆弧。也就是说，第二象限顺圆弧、第三象限逆圆弧及第四象限顺圆弧的插补计算公式和插补流程图与插补第一象限逆圆弧时一样。同理，第二象限逆圆弧、第三象限顺圆弧及第四象限逆圆弧的插补计算公式和插补流程图与插补第一象限顺圆弧时一样。

插补四个象限的顺、逆圆弧时进给方向和偏差计算公式具体见表 4-4 所示。

表 4-4　各象限的顺、逆圆弧进给方向和偏差计算公式

线型	进给方向判定		偏差计算公式（式中坐标全部采用绝对值）
	$F_i \geq 0$ 时	$F_i < 0$ 时	
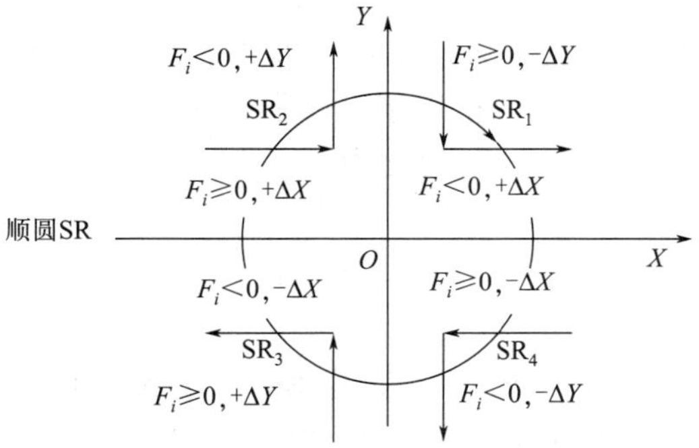 SR_1	$-\Delta Y$	$+\Delta X$	$F_i \geq 0$ 时：$F_{i+1} = F_i - 2Y_i + 1$ $X_{i+1} = X_i$ $Y_{i+1} = Y_i - 1$ $F_i < 0$ 时：$F_{i+1} = F_i + 2X_i + 1$ $X_{i+1} = X_i + 1$ $Y_{i+1} = Y_i$
SR_3	$+\Delta Y$	$-\Delta X$	
NR_2	$-\Delta Y$	$-\Delta X$	
NR_4	$+\Delta Y$	$+\Delta X$	
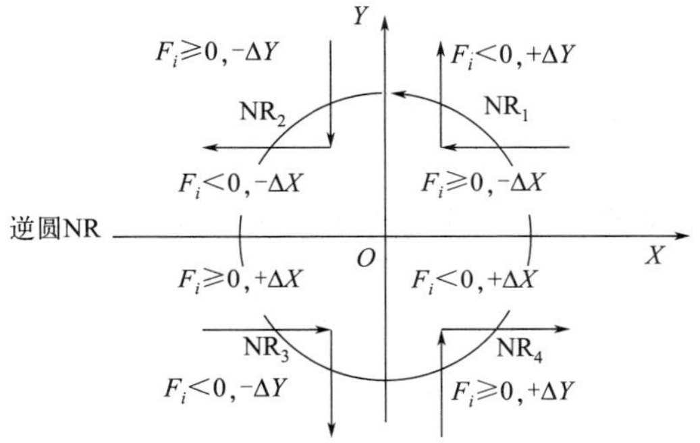 SR_2	$+\Delta X$	$+\Delta Y$	$F_i \geq 0$ 时：$F_{i+1} = F_i - 2X_i + 1$ $X_{i+1} = X_i - 1$ $Y_{i+1} = Y_i$ $F_i < 0$ 时：$F_{i+1} = F_i + 2Y_i + 1$ $X_{i+1} = X_i$ $Y_{i+1} = Y_i + 1$
SR_4	$-\Delta X$	$-\Delta Y$	
NR_1	$-\Delta X$	$+\Delta Y$	
NR_3	$+\Delta X$	$-\Delta Y$	

逐点比较法插补圆弧时，相邻象限的圆弧插补计算方法不同，进给方向也不同，过了象限如果不改变插补计算方法和进给方向，就会发生错误。圆弧过象限的标志是 $x_i = 0$ 或 $y_i = 0$。每走一步，除进行终点判别外，还要进行过象限判别，到达过象限点时要进行插补运算的变换。

4.4.3　数字积分法

数字积分法又称数字微分分析器（digital differential analyzer，DDA）法，是利用数字积分的原理，计算刀具沿坐标轴的位移，使刀具沿着所加工的轨迹运动。采用 DDA 法进行插补，运算速度快、脉冲分配均匀、易于实现多坐标联动或多坐标空间曲线的插补，所以在轮廓控制数控系统中得到了广泛应用。

如图 4-18 所示，从时刻 $t=0$ 到 t，求函数 $y=f(t)$ 对 t 的积分运算。从几何概念来看，求面积 S 可用积分公式

$$S = \int_0^t f(t) \mathrm{d}t$$

若将 $0 \sim t$ 的时间划分成时间间隔为 Δt 的 n 个有限区间，当 Δt 足够小时，可得到以下的近似公式，也称为矩形公式。

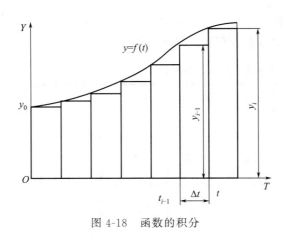

图4-18 函数的积分

$$S = \int_0^t f(t)\,dt = \sum_{i=1}^n f(t_i)\Delta t = \sum_{i=1}^n y_{i-1}\Delta t \tag{4-7}$$

上式表明，求积分的过程就是用数的累加来近似代替，其几何意义就是用一系列微小矩形面积之和近似表示 $f(t)$ 以下的面积。在数学运算时，如果 Δt 取基本单位时间"1"（相当于一个脉冲周期的时间），则式（4-7）可简化为

$$S = \sum_{i=1}^n y_{i-1}$$

由此，函数的积分运算变成了求和运算。

如果设 X、Y 分别表示沿 X 方向和 Y 方向的位移，V_X 和 V_Y 分别表示沿 X 方向和 Y 方向的进给速度，对 V_X 和 V_Y 进行 m 次累加即可得到 X 方向和 Y 方向的位移，即

$$X = \int V_X\,dt = \sum_{i=1}^m V_X$$
$$Y = \int V_Y\,dt = \sum_{i=1}^m V_Y \tag{4-8}$$

对数的累加计算可以设置一个累加器，令累加器的容量为 1 个坐标单位（1 个脉冲当量），累加过程中超过 1 个坐标单位时溢出一个脉冲，那么累加过程中所溢出的脉冲总数就是要求的位移量。若选取的脉冲当量足够小，这种近似计算能满足所要求的插补精度。

下面分别介绍 DDA 法直线插补和 DDA 法圆弧插补原理。

（1）DDA 法直线插补原理

设要对 XOY 平面内的第一象限的直线 OA 进行插补，如图 4-19 所示，直线起点在原点，终点 A 的坐标为 (X_e, Y_e)。设 V_X 和 V_Y 分别为动点在 X 方向和 Y 方向的进给速度，设 V 为沿 OA 方向的合成进给速度，直线 OA 的长度用 L 表示，则有

$$\frac{V_X}{X_e} = \frac{V_Y}{Y_e} = \frac{V}{L} = K$$

式中，K 为比例系数。

则有

$$V_X = KX_e$$
$$V_Y = KY_e$$

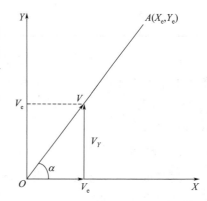

图4-19 第一象限 DDA 法直线插补

根据式（4-8），在 X 方向和 Y 方向上的位移量分别为

$$X = K\sum_{i=1}^m X_e$$
$$Y = K\sum_{i=1}^m Y_e$$

如图 4-20 所示，直线插补器由两个数字积分器（图中虚线框内）组成，其被积函数

寄存器中存放终点坐标值 (X_e, Y_e),Δt 相当于插补控制源发出的控制信号。每发出一个插补脉冲 Δt,控制被积函数 X_e 和 Y_e 向各自的积分累加器相加一次。设累加器为 N 位,则其最大存数为 2^N-1,当累加数等于或大于 2^N 时,便发生溢出,而余数仍存放在累加器中。

设
$$K = \frac{1}{2^N}$$

插补迭代累加 m 次时,在 X 方向和 Y 方向上的积分值(即在 X 方向和 Y 方向上的位移量)

$$X = \frac{1}{2^N} \sum_{i=1}^{m} X_e = \frac{mX_e}{2^N}$$

$$Y = \frac{1}{2^N} \sum_{i=1}^{m} Y_e = \frac{mY_e}{2^N}$$

当两个坐标方向 X、Y 同时插补时,用溢出的脉冲控制机床进给就可以加工出所需要的直线。当插补迭代次数 $m=2^N$ 时,两坐标轴同时到达终点 X_e 和 Y_e。

第一象限 DDA 法直线插补程序框图如图 4-21 所示。

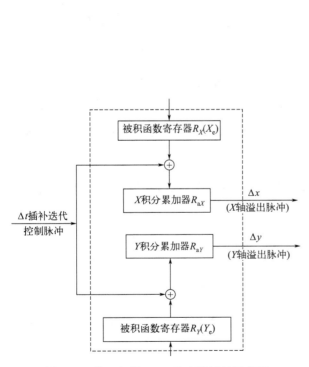

图 4-20 第一象限 DDA 法直线插补示意图

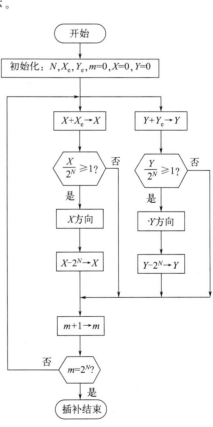

图 4-21 第一象限 DDA 法直线插补程序框图

例 4-3 DDA 法插补第一象限直线 OA,已知 A(5,3),起点 O(0,0),终点 A(5,3)。累加器和寄存器的位数为 3。写出插补计算过程,并绘出插补轨迹。

解 插补迭代次数 $m=2^3=8$,插补过程如表 4-5 所示,插补轨迹如图 4-22 所示。

表 4-5 第一象限 DDA 法直线插补计算过程

累加次数 m	X 坐标方向			Y 坐标方向		
	$R_X(X_e)$	累加值 R_{aX}	Δx	$R_Y(Y_e)$	累加值 R_{aY}	Δy
0	101	000		011	000	
1	101	101		011	011	
2	101	010	1	011	110	
3	101	111		011	001	1
4	101	100	1	011	100	
5	101	001	1	011	111	
6	101	110		011	010	1
7	101	011		011	101	
8	101	000	1	011	000	1

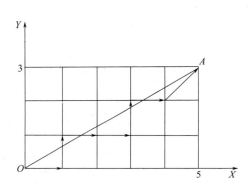

图 4-22 第一象限 DDA 法直线插补轨迹

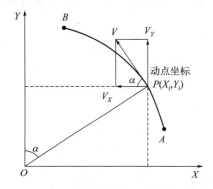

图 4-23 第一象限 DDA 法逆时针圆弧插补

(2) DDA 法圆弧插补原理

如图 4-23 所示，插补第一象限逆时针圆弧 AB，圆心在原点，半径为 R，加工动点坐标 $P(X_i, Y_i)$，则有

$$\frac{V}{R} = \frac{V_X}{Y_i} = \frac{V_Y}{X_i} = K$$

$$V_X = KY_i$$

$$V_Y = KX_i$$

当 $\Delta t = 1$，$K = \dfrac{1}{2^N}$，累加 m 次时，在 X 方向和 Y 方向上的积分值有

$$X = \frac{1}{2^N} \sum_{i=1}^{m} Y_i$$

$$Y = \frac{1}{2^N} \sum_{i=1}^{m} X_i$$

用 DDA 法插补圆弧时，是对加工动点的坐标 (X_i, Y_i) 的值分别累加。而 (X_i, Y_i) 是变化的动点坐标，因此如果有溢出，则动点坐标发生变化，因此要根据进给的方

向及时对溢出的坐标轴的动点坐标进行+1或-1修正,以便使用新的动点坐标值进行下一次的累加计算。由于两坐标轴累加的速度不同,终点判别不能像直线插补那样根据插补运算的次数来判别,而必须根据进给次数来判别。第一象限DDA法逆时针圆弧插补器如图4-24所示,当X轴和Y轴进给次数均达到时,插补运算结束。第一象限DDA法逆时针圆弧插补程序框图如图4-25所示。

$$\sum \Delta X = |X_A - X_B|$$
$$\sum \Delta Y = |Y_A - Y_B|$$

例 4-4 对于第一象限逆时针圆弧,两端点为 $A(5,0)$ 和 $B(0,5)$,采用逆圆插补。要求有计算过程,并绘出插补轨迹。($N=3$)

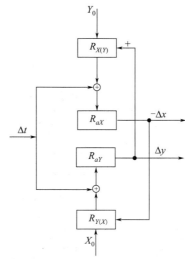

图 4-24 第一象限DDA法逆时针圆弧插补器

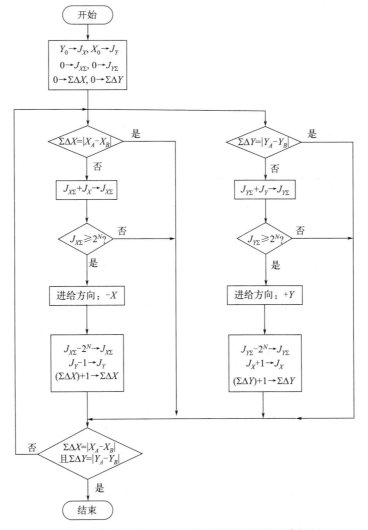

图 4-25 第一象限DDA法逆时针圆弧插补程序框图

解 终点判别条件为

$$\sum \Delta X = |X_A - X_B| = |5-0| = 5$$
$$\sum \Delta Y = |Y_A - Y_B| = |0-5| = 5$$

插补过程如表 4-6 所示，插补轨迹如图 4-26 所示。

表 4-6 第一象限 DDA 法逆时针圆弧插补计算过程

累加次数 m	Y 坐标方向				X 坐标方向			
	$J_Y(X_i)$	$J_{Y\Sigma}$	ΔY	$\sum \Delta Y$	$J_X(Y_i)$	$J_{X\Sigma}$	ΔX	$\sum \Delta X$
0	101	000		000	000	000		000
1	101	101		000	000	000		000
2	101	010	+1	001	001	000		000
3	101	111		001	001	001		000
4	101	100	+1	010	010	010		000
5	101	001	+1	011	011	100		000
6	101	110		011	011	111		000
7	101	011	+1	100	100	010	−1	001
8	100	111		100	100	110		001
9	011	011	+1	101	101	010	−1	010
10					101	111		010
11					101	100	−1	011
12					101	001	−1	100
13					101	110		100
14					101	011	−1	101

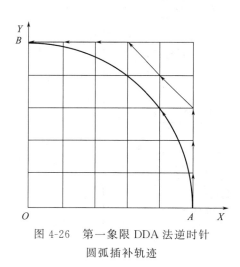

图 4-26 第一象限 DDA 法逆时针圆弧插补轨迹

第二、三、四象限的顺圆、逆圆的插补运算过程及原理框图与第一象限逆圆插补基本一致。不同点在于，控制各坐标轴的进给脉冲分配方向不同，修改被积函数寄存器内容时由 Y 和 X 坐标的增减取"+1"或"−1"。

(3) 提高 DDA 法插补质量的措施

① 进给速度的均匀化措施——左移规格化

另外，分析上述 DDA 法直线插补的过程可知，不论被积函数寄存器中的存数大小，即不论加工行程长短，都必须同样完成 $m = 2^n$ 次累加运算才能到达终点，各程序段的进给速度不一致，这样加工表面质量不一致，同时行程短的程序段效率低。DDA 法插补时，进给速度受到被加工直线的长度和被加工圆弧半径的影响。为了克服这一缺点，使溢出脉冲均匀，并提高溢出速度，除可以在数控编程时设置进给速率数（feed rate number，FRN）外，通常采取左移规格化措施。

所谓左移规格化是当被积函数过小时将被积函数寄存器中的数值同时左移，使两个方向脉冲分配速度扩大同样的倍数而两者的比值不变，提高加工效率，同时还会使进给脉冲变得均匀。一般规定：寄存器中所存在的数，若最高位为"1"，称为规格化数；最高位为"0"，称为非规格化数。由此，对于规格化数，累加运算两次必有一次溢出；对于非规格化的数，必须做两次甚至多次累加运算才有溢出。下面分别介绍直线插补与圆弧插补的左移规格化处理。

a. 直线插补的左移规格化。在直线插补时，将被积函数寄存器中的非规格化数同时左移，直到出现规格化数为止。每左移一位相当于乘2，这意味着把两个坐标方向的脉冲分配速度扩大同样的倍数，两者数值之比不变，即直线斜率保持不变。若左移 s 位，则累加次数 $m=2^{n-s}$ 次。

b. 圆弧插补的左移规格化。与直线插补不同，圆弧在插补过程中，被积函数寄存器中的数，随着加工过程的进行需不断地修改，寄存数可能不断增加（即做加"1"修正），如仍取最高位为"1"，则有可能在加"1"修正后导致溢出。为避免溢出，圆弧插补的左移规格化是使坐标值最大的被积函数寄存器的次高位为1（即保持1个前导零）。

通过以上直线插补与圆弧插补的左移规格化处理，可提高溢出速度，进给速度相对比较均匀。

② 插补精度提高的措施——余数寄存器置数　DDA法直线插补的插补误差小于一个脉冲当量，而DDA法圆弧插补的误差有时会大于一个脉冲当量，但不超过两个脉冲当量。其原因是：当在坐标轴附近进行插补时，一个积分器的被积函数值接近于0，而另一个积分器的被积函数值接近最大值（圆弧半径），在开始插补计算后，后者连续溢出脉冲，而前者几乎没有溢出，两个积分器的溢出脉冲速率相差很大，致使插补轨迹偏离理论曲线，造成插补误差增大。

减小插补误差的方法有如下两种。

a. 减小脉冲当量可以减小插补误差。但参加运算的数（如被积函数值）变大，寄存器的容量则变大，在插补运算速度不变的情况下，进给速度会显著降低。因此欲获得同样的进给速度，需提高插补运算速度。

b. 余数寄存器预置数减小插补误差。在DDA迭代之前，余数寄存器的初值不置0，而是预置某一数值。通常采用余数寄存器半加载。所谓半加载，就是在DDA插补前，给余数寄存器的最高有效位置"1"，其余各位均置"0"，即容量为原 n 位余数寄存器容量的一半。这样只要累加 2^{n-1} 次就可以产生第一个溢出脉冲，改善溢出脉冲的时间分布，减少插补误差。半加载可以使直线插补的误差减小到半个脉冲当量以内，使圆弧插补的精度得到明显改善。如对例4-4的第一象限逆时针圆弧进行DDA插补，进行半加载，其插补计算过程如表4-7所示，插补轨迹如图4-27所示。

表4-7　第一象限DDA法逆时针圆弧插补半加载计算过程

累加次数 m	Y 坐标方向				X 坐标方向			
	$J_Y(X_i)$	$J_{Y\Sigma}$	ΔY	$\Sigma \Delta Y$	$J_X(Y_i)$	$J_{X\Sigma}$	ΔX	$\Sigma \Delta X$
0	101	100		000	000	100		000
1	101	001	+1	001	001	101		000
2	101	110		001	001	110		000
3	101	011	+1	010	010	111		000
4	100	000	+1	011	011	001	−1	001

续表

累加次数 m	Y 坐标方向				X 坐标方向			
	$J_Y(X_i)$	$J_{Y\Sigma}$	ΔY	$\Sigma \Delta Y$	$J_X(Y_i)$	$J_{X\Sigma}$	ΔX	$\Sigma \Delta X$
5	100	100		011	011	100		001
6	100	000	+1	100	100	111		001
7	011	100		100	100	011	−1	010
8	100	111		100	100	111		010
9	011	011	+1	101	101	011	−1	011
10				101	101	000	−1	100
11					101	101		100
12					101	010	−1	101

4.4.4 数据采样插补法

数据采样插补方法适用于闭环和半闭环的直流或交流伺服电动机为驱动装置的位置采样控制系统,它能满足控制速度和精度的要求。

数据采样插补法是用一系列微小直线段来逼近轮廓轨迹,也就是根据编程的进给速度,将工件的轮廓曲线分割为一定时间内(一个插补周期)的进给量(一条微小直线)。插补运算分两步完成:第一步粗插补是在每个插补周期内计算出坐标位置增量值,即根据编程给定进给速度在给定轮廓曲线的起点和终点之间插入若干个坐标点,形成若干条

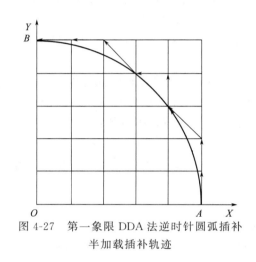

图 4-27 第一象限 DDA 法逆时针圆弧插补半加载插补轨迹

相等的微小直线段,去逼近给定轮廓曲线。第二步精插补是在粗插补算出的每一微小直线上再做数据点的密化工作,这一步相当于对直线的脉冲增量插补。

在实际使用中,粗插补运算简称为插补,通常用软件实现。而精插补可以用软件,也可以用硬件来实现。插补周期与采样周期可以相等,也可以不等,通常插补周期是采样周期的整数倍。而精插补则在每个采样周期内采样闭环或半闭环反馈位置增量值及插补输出的指令位置增量值,然后算出各坐标轴相应的插补指令位置和实际反馈位置,并将两者相比较,求得跟随误差。根据所求得的跟随误差算出相应轴的进给速度指令,并输出给驱动装置。

数据采样插补算法的核心是如何计算各坐标轴的增量 Δx 和 Δy,有了前一插补周期末的动点坐标值和本次插补周期内的坐标增量值,就很容易计算出本次插补周期末动点的指令位置坐标值。对于直线插补来讲,由于坐标轴的脉冲当量很小,再加上位置检测反馈的补偿,可以认为插补所形成的轮廓步长与给定的直线重合,不会造成轨迹误差。而在圆弧插补中,一般将轮廓步长 l 作为内接弦线或割线(又称内外差分弦)来逼近圆弧,因而不可避免地会带来轮廓误差。如图 4-27 所示,设用内接弦线或割线逼近圆弧时产生的最大半径误差为 δ,在一个插补周期 T 内逼近弦线 l 所对应的圆心角(角步距)为 θ,圆弧半径为 R,刀具进给速度为 F,则采用弦线对圆弧进行逼近时,由图 4-28(a)可知

$$R^2-(R-\delta)^2=\left(\frac{l}{2}\right)^2$$

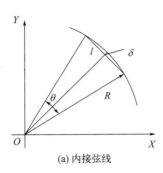 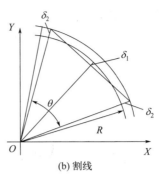

(a) 内接弦线　　　　　　　　(b) 割线

图 4-28　内接弦线、割线逼近圆弧的径向误差

$$2R\delta-\delta^2=\frac{l^2}{4}$$

舍去高阶无穷小 δ^2，则由上式得

$$\delta=\frac{l^2}{8R}=\frac{(FT)^2}{8R} \tag{4-9}$$

采用割线对圆弧进行逼近时，假设内外差分弦的半径误差相等，即 $\delta_1=\delta_2=\delta$，则由图 4-28（b）可知

$$(R+\delta)^2-(R-\delta)^2=\left(\frac{l}{2}\right)^2$$

$$4R\delta=\frac{l^2}{4}$$

$$\delta=\frac{l^2}{16R}=\frac{(FT)^2}{16R}$$

显然，当轮廓步长 l 相等时，内外差分弦的半径误差是内接弦的一半；若令半径误差相等，则内外差分弦的轮廓步长 l 或角步距 θ 是内接弦 $\sqrt{2}$ 倍。但由于采用割线对圆弧进行逼近时计算复杂，故应用较少。

从以上分析可以看出，逼近误差 δ 与进给速度 F、插补周期 T 的平方成正比，与圆弧半径 R 成反比。由于数控机床的插补误差应小于数控机床的分辨率，即应小于一个脉冲当量，所以，在进给速度 F、圆弧半径 R 一定的条件下，插补周期 T 越短，逼近误差 δ 就越小。当 δ 给定及插补周期 T 确定之后，可根据圆弧半径 R 选择进给速度 F，以保证逼近误差不超过允许值。

数据采样插补方法很多，如直线函数法、扩展数字积分法、二阶递归扩展数字积分插补法、双数字积分插补法、角度逼近圆弧插补法等，但都基于时间分割的思想。

4.5　刀具半径补偿原理

在轮廓加工中，由于刀具半径的存在，刀具中心的运动轨迹并不是待加工零件的编程轨迹，而是存在一个偏移值，如图 4-29 所示。在手工编程时，为了编程方便，减少计算工作量，需要使用刀具半径补偿功能，即按零件轮廓进行编程并给出偏置参数（偏移方向

G41、G42以及偏移值），数控装置能实时自动生成刀具中心轨迹。

（1）刀具半径补偿功能的主要作用

① 实现根据零件轮廓编制的程序轨迹对刀具中心轨迹的控制，简化编程。另外，在加工中对于刀具的磨损或因换刀引起刀具半径变化不必重新编程，只需改变偏移量即可。如图4-30所示。

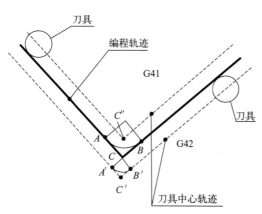

图4-29 刀具中心偏移编程轨迹

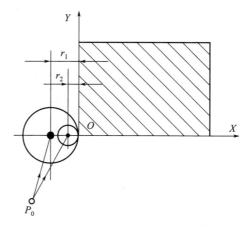

图4-30 刀具半径变化只需改变偏移量（刀具半径r_1、r_2）

② 在轮廓加工时，减少粗、精加工程序编制的工作量。由于轮廓加工往往不是一道工序能完成的，在粗加工时，要为精加工工序预留均匀的加工余量Δ。加工余量的预留可通过修改偏置参数实现，而不必为粗、精加工分别编制程序。如图4-31所示。

（2）刀具半径补偿的工作过程

分刀补建立阶段、刀补进行阶段和刀补撤销阶段三个阶段，如图4-32所示。

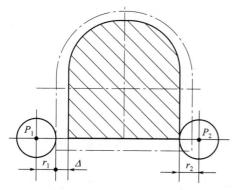

图4-31 粗、精加工使用同一程序（偏移量不同）

P_1—粗加工刀具中心轨迹；P_2—精加工刀具中心轨迹

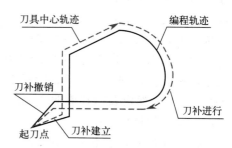

图4-32 刀具半径补偿的工作过程

（3）刀具半径补偿的常用方法

① B刀补 如图4-29所示，确定刀具中心轨迹时，读一段、算一段、再走一段；只能计算出直线或圆弧的终点坐标值；对轮廓的连接以圆弧进行。其特点：在进行内轮廓尖角加工时，由于C''点不易求得，编程人员必须在零件轮廓中插入一个半径大于或等于刀具半径的圆弧，这样才能避免产生过切。

② C 刀补　第一段程序读入计算后暂存；第二段程序读入计算同时修正第一段；送出第一段以进行插补、执行，执行同时读入第三段……即 CNC 系统内总是同时存有三个程序段的信息。特点：采用直线作为轮廓之间的过渡；程序段间过渡时，直接求出刀具中心交点；可自动预报过切。C 刀补中，所有的编程输入轨迹（直线、圆弧、刀具半径）都视为矢量。

（4）C 刀补的转接形式和过渡方式

① 转接形式　在一般的 CNC 装置中，均有圆弧插补和直线插补两种功能。而 C 刀补的主要特点就是采用直线过渡。转接分 4 种情况：直线与直线、直线与圆弧、圆弧与圆弧、圆弧与直线。

② 过渡方式　轨迹过渡时矢量夹角 α 指两编程轨迹在交点处非加工侧的夹角 α，如图 4-33 所示。

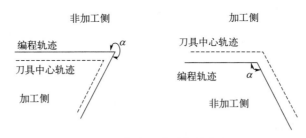

图 4-33　轨迹过渡时矢量夹角 α

根据两段程序轨迹的矢量夹角 α 和刀补方向的不同，又有以下几种转接过渡方式。

缩短型：矢量夹角 α≥180°，刀具中心轨迹短于编程轨迹的过渡方式。

伸长型：矢量夹角 90°≤α<180°，刀具中心轨迹长于编程轨迹的过渡方式。

插入型：矢量夹角 α<90°，在两段刀具中心轨迹之间插入一段直线的过渡方式。

表 4-8 列出了刀补进行阶段右刀补（G42）的四种转接形式的和过渡方式。

表 4-8　刀补进行阶段右刀补（G42）的四种转接形式和过渡方式

矢量夹角 α	刀补进行（G42）转接形式				过渡方式
	直线与直线	直线与圆弧	圆弧与直线	圆弧与圆弧	
α≥180°					缩短型
90°≤α<180°					伸长型
α<90°					插入型

表 4-9 列出了刀补建立和撤销阶段右刀补（G42）的两种转接形式的和过渡方式。

表 4-9 刀补建立和撤销阶段右刀补（G42）的两种转接形式和过渡方式

矢量夹角 α	刀补建立（G42）转接形式		刀补撤销（G42）转接形式		过渡方式
	直线与直线	直线与圆弧	直线与直线	圆弧与直线	
α≥180°					缩短型
90°≤α<180°					伸长型
α<90°					插入型

（5）刀具半径补偿的实例

待加工轮廓 ABCD，如图 4-34 所示。当前刀具中心位于 O 点，加工结束后刀具返回到 E 点，刀具采用直线切入切出，则编程轨迹为 O→A′→B→C→D′→E，程序如下：

……
G90 G00 G42 D01 X-20 Y-40　　（OA′段刀具从 O 点快进到 A′点建立右刀补，以便直线切入）
　　G01 X30.0 F300　　　　　　（A′B 段直线切入 AB 段，刀补进行阶段）
　　　X20.0 Y-20.0　　　　　　（加工 BC 段，刀补进行阶段）
　　　X45.0 Y-10.0　　　　　　（CD′段加工 CD 段，并直线切出，刀补进行阶段）
G00 G40 X40.0 Y20.0　　　　　（D′E 段刀具快速返回到 E 点，刀补取消）
……

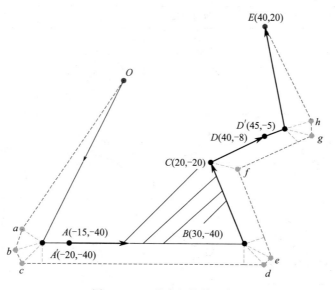

图 4-34 刀具半径补偿示例

刀具半径补偿的工作过程如下。

读入 OA'，判断出是刀补建立，继续读下一段。

读入 $A'B$，因为 $\angle OA'B < 90°$，且又是右刀补（G42），判断过渡形式是插入型。则计算出 a、b、c 的坐标值，并输出直线段 oa、ab、bc，供插补程序运行。

读入 BC，因为 $\angle A'BC < 90°$，是插入型。计算出 d、e 点的坐标值，并输出直线 cd、de。

读入 CD'，因为 $\angle BCD' > 180°$，过渡形式是缩短型。计算出 f 点的坐标值，由于是内侧加工，须进行过切判别，若过切则报警，并停止输出，否则输出直线段 ef。

读入 $D'E$（有撤销刀补的 G40 指令），因为 $90° < \angle CD'E < 180°$，过渡形式是伸长型。由于是刀补撤销段，则计算出 g、h 点的坐标值，然后输出直线段 fg、gh、hE。

刀具半径补偿处理结束。

4.6 进给速度控制和加减速控制

轮廓控制系统中，既要对运动轨迹严格控制，又要对运动速度严格控制。进给速度不仅直接影响到加工零件的表面粗糙度和加工精度，而且与刀具、机床的寿命和生产效率密切相关。按照加工工艺的需要，进给速度的给定一般是用 F 指令编入程序（称为编程指令进给速度）。在加工过程中，还可能发生各种不能确定或没有意料到的情况，需要随时改变进给速度，因此还应有操作者可以手动调节进给速度的功能。数控系统能提供足够的速度范围和灵活的指定方法。

在机床加工过程中，由于进给状态的变化，如启动、停止或变速，为了防止产生冲击、失步、超程或振荡等，保证运动平稳和准确定位，数控系统需要对机床的进给运动速度进行加减速控制。

4.6.1 进给速度控制

进给速度控制方法和所采用的插补算法有关，分为脉冲增量插补和数据采样插补。

(1) 脉冲增量插补算法的进给速度控制

脉冲增量插补的输出形式是脉冲，脉冲的频率与进给速度成正比，因此可通过控制脉冲的频率来控制进给速度。基准脉冲插补一般用于以步进电动机作为驱动元件的开环数控系统中，各坐标的进给速度可通过控制向步进电动机发出脉冲的频率来实现，所以进给速度处理是根据编程的进给速度值来确定要求的进给脉冲频率的过程。进给速度 F 与脉冲当量 δ 和脉冲频率 f 成正比，即

$$F = 60\delta f$$

因此，可通过控制插补运算的脉冲频率 f 来控制进给速度。常用的方法有软件延时法和中断控制法。

① 软件延时法　根据编程进给速度 F，可以求出要求的进给脉冲频率 f，从而得到两次插补运算之间的时间间隔（插补周期）$T = 1/f$。在一个插补周期内，CPU 执行插补程序的运行时间 $t_{程}$ 一般是固定的，每次执行完插补程序需要一个等待时间（延时时间）再进入下一个插补周期。这个等待时间 ($t_{延}$) 长短可以采用调用延时子程序的方法来控制。下面通过一个实例说明延时时间的具体计算。

若某数控装置的脉冲当量 $\delta = 0.01\mathrm{mm}$，插补程序运行时间为 $t_{程} = 0.1\mathrm{ms}$，若编程进

给速度 $F=300\text{mm/min}$，延时时间的计算过程如下。

脉冲频率 $\quad\quad\quad\quad f=\dfrac{F}{60\delta}=\dfrac{300}{60\times 0.01}\text{Hz}=500\text{Hz}$

插补周期 $\quad\quad\quad\quad T=\dfrac{1}{f}=0.002\text{s}=2\text{ms}$

软件延时时间 $\quad\quad t_{延}=T-t_{程}=2\text{ms}-0.1\text{ms}=1.9\text{ms}$

用延时子程序的方法，若 CPU 执行延时子程序一次循环时间为 0.1ms，则需执行 19 次循环来控制延时时间，从而达到控制进给速度的目的。

② 中断控制法　每隔一段规定的时间向 CPU 发出中断请求，CPU 响应中断，执行一次中断服务程序，并在中断服务程序中完成一次插补运算并发出进给脉冲。由编程进给速度计算出定时器/计数器的定时时间常数，以控制 CPU 中断。改变时间常数，就可以改变中断请求信号的频率，从而改变进给速度。如此连续进行，直至插补完毕。

采用中断控制法，CPU 可以在两个进给脉冲时间间隔内进行其他工作，如输入、译码、显示等，进给脉冲频率由定时器/定时常数决定。时间常数的大小，决定了插补运算的频率，也决定了进给脉冲的输出频率。该方法速度控制比较精确，控制速度不会因为不同计算机主频的不同而改变，所以在很多数控系统中被广泛应用。

(2) 数据采样插补算法的进给速度控制

数据采样插补算法进给速度控制的任务是确定一个插补周期 T 内合成速度方向上的进给量。零件程序段中速度指令的 F 值，需要转换成每个插补周期的进给量。以插补周期为时间单位，则单位时间内移动的路程等于速度。调节直线段的长短，可控制进给速度。为了调速方便，设置了快速和切削进给两种倍率开关，一般 CNC 系统允许通过操作面板上进给速度倍率修调旋钮，进行进给速度倍率修调。因此速度计算中还要包括速度倍率调整的因素在内。系统稳定进给状态下单个插补周期 T 的进给量 f_s 计算公式如下：

$$f_s=\dfrac{FTK}{60\times 1000}$$

式中　f_s——系统稳定进给状态下单个插补周期内的进给量，mm/周期，称为稳定速度；
　　　　F——编程指令进给速度，mm/min；
　　　　T——插补周期，ms；
　　　　K——速度系数，即操作面板上修调的进给速度倍率，包括快速倍率、切削进给倍率等，为 0%～200%。

4.6.2　加减速控制

在 CNC 装置中，加减速控制多数采用软件来实现，可以放在插补前进行（称为前加减速控制），也可以放在插补后进行（称为后加减速控制）。

前加减速控制，仅对编程速度（合成速度）F 指令进行控制，它是在插补前计算出进给速度 F，然后根据进给速度进行插补，得到各坐标轴的进给量 ΔX、ΔY、ΔZ。其优点是不会影响实际插补输出的位置精度，不存在轨迹轮廓误差；其缺点是需要预测减速点，而这个减速点要根据实际刀具位置与程序段终点之间的距离来确定，计算工作量比较大。这种算法目前应用比较广泛。

后加减速控制是在插补后再进行加减速处理，它是对各运动轴分别进行加减速控制，这种加减速控制不需要专门预测减速点，而是在插补输出为零时才开始减速，经过一定的延时逐渐靠近程序段终点。由于它是对各运动轴分别进行控制，所以在加减速控制以后，实际的各坐标轴的合成位置就可能不准确。这种影响在加减速过程中出现，当系统进入匀速状态时消失。

加减速控制实际上就是稳定速度 f_s 和瞬时速度 f_i 不断进行比较的过程。当系统处于加速或减速状态时，$f_i < f_s$。系统如果计算出稳定速度超过系统允许的最大速度（由参数设定），取最大速度为稳定速度。

4.6.2.1 前加减速控制

前加减速控制首先要计算出稳定速度和瞬时速度。前加减速控制常采用线性加减速处理方法。当机床启动、停止或切削加工过程中改变进给速度时，数控系统自动进行线性加减速处理。加减速速度（包括快进速度和切削进给速度）作为机床参数预先设置好。设进给速度为 F(mm/min)，加速到 F 所需要的时间为 t(ms)，则加速度 a(μm/ms^2) 按下式计算：

$$a = 1.67 \times 10^{-2} \frac{F}{t}$$

（1）加速处理

系统每插补一次都应进行稳定速度、瞬时速度的计算和加减速处理，当计算出的稳定速度 f_s' 大于原来的稳定速度 f_s 时，需进行加速处理。每加速一次，瞬时速度为

$$f_{i+1} = f_i + aT$$

式中，T 为插补周期。

新的瞬时速度 f_{i+1} 作为插补进给量参与插补运算，对各坐标轴进行分配，使坐标轴运动直至新的稳定速度为止。图 4-35 为加速处理的原理框图。

（2）减速处理

系统每进行一次插补计算，系统都要进行终点判别，计算出刀具距终点的瞬时距离 s_i，并判断是否已到达减速区域 s，若 $s_i \leqslant s$，表示已到达减速点，则要开始减速。在稳定速度 f_s 和设定的加速度 a 确定后，可由下式决定减速区域：

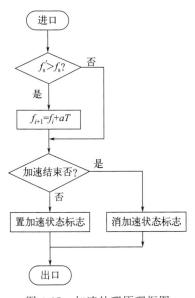

图 4-35 加速处理原理框图

$$s = \frac{f_s^2}{2a} + \Delta s$$

式中，Δs 为提前量，可作为参数预先设置好。若不需要提前一段距离开始减速，则可取 $\Delta s = 0$，每减速一次后，新的瞬时速度为

$$f_{i+1} = f_i - aT$$

式中，T 为插补周期。

新的瞬时速度 f_{i+1} 作为插补进给量参与插补运算，控制各坐标轴移动，直至减速到新的稳定速度或减速到 0。

图 4-36 为减速处理的原理框图。

（3）终点判别处理

每进行一次插补计算系统都要计算 s_i，然后进行终点判别。若即将到达终点，就设置相应标志；若本程序段要减速，则要在到达减速区域设置减速标志，并开始进行减速处理。

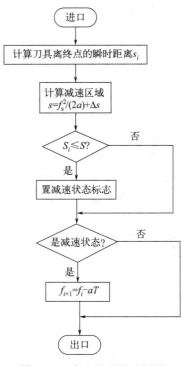

图 4-36 减速处理原理框图

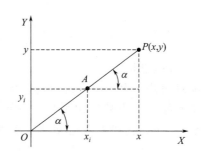

图 4-37 直线插补终点判别

终点判别计算分为直线插补和圆弧插补两个方面。

① 直线插补 如图 4-37 所示,若刀具沿直线 OP 运动,P 为程序段终点,A 为某一瞬时点,在插补计算时,已计算出 X 轴和 Y 轴插补进给量 Δx 和 Δy,所以点 A 的瞬时坐标可由上一插补点的坐标 x_{i-1} 和 y_{i-1} 求得,即

$$\begin{cases} x_i = x_{i-1} + \Delta x \\ y_i = y_{i-1} + \Delta y \end{cases}$$

设 X 轴为长轴,其增量值为已知,则刀具在 X 方向上离终点的距离为 $|x-x_i|$。因为长轴与刀具移动方向的夹角是定值,且 $\cos\alpha$ 的值已计算好,因此,瞬时点 A 离终点 P 的距离 s_i 为

$$s_i = |x - x_i| \times \frac{1}{\cos\alpha}$$

② 圆弧插补 当圆弧对应的圆心角小于 180°时,瞬时点离圆弧终点的直线距离越来越小,如图 4-38 所示。$A(x_i, y_i)$ 为顺圆插补时圆弧上的某一瞬时点,P 为圆弧的终点;AM 为点 A 在 X 轴方向离终点的距离,$|AM| = |x-x_i|$;MP 为点 A 在 Y 轴方向离终点的距离,$|MP| = |y-y_i|$;$AP = s_i$。以 MP 为基准,则点 A 离终点的距离为

$$s_i = |MP| \frac{1}{\cos\alpha} = |y - y_i| \times \frac{1}{\cos\alpha}$$

当圆弧弧长对应的圆心角大于 180°时,设点 A 为圆弧的起点,点 B 为离终点的弧长所对应的圆心角等于 180°时的分界点,点 C 为插补到离终点的弧长所对应的圆心角小于 180°的某一瞬时点。这样,瞬时点离圆弧终点的距离 s_i 的变化规律是:从圆弧起点 A 开始,插补到点 B 时,s_i 越来越大,直到等于直径;当插补越过分界点 B 后,s_i 越来越

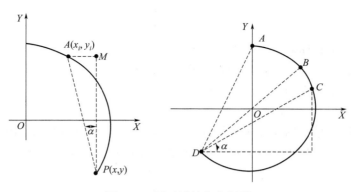

图 4-38 圆弧插补终点判别

小。对于这种情况，计算时首先要判断 s_i 的变化趋势，若 s_i 变大，则不进行终点判别处理，直到越过分界点；如果 s_i 变小，进行终点判别处理。

4.6.2.2 后加减速控制

后加减速控制主要有指数加减速控制算法和直线加减速控制算法。

(1) 指数加减速控制算法

在切削进给或手动进给时，跟踪响应要求较高，一般采用指数加减速控制，将速度突变处理成速度随时间指数规律上升或下降，如图 4-39 所示。指数加减速控制速度 $v(t)$ 和时间 t 的关系是

加速时 $\qquad v(t) = v_c(1 - e^{-\frac{t}{T}})$

匀速时 $\qquad v(t) = v_c$

减速时 $\qquad v(t) = v_c e^{-\frac{t}{T}}$

式中，T 为时间常数，v_c 为稳定速度。

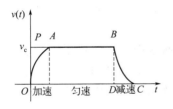

图 4-39 指数加减速控制

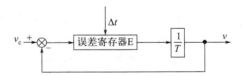

图 4-40 指数加减速控制算法原理图

图 4-40 为指数加减速控制算法的原理图，在图中，Δt 为采样周期，它在算法中的作用是对加减速运算进行控制，即每个采样周期进行一次加减速运算。误差寄存器 E 的作用是对每个采样周期的输入速度 v_c 与输出速度 v 之差 ($v_c - v$) 进行累加。累加结果一方面保存在误差寄存器 E 中，另一方面与 $1/T$ 相乘，乘积作为当前采样周期加减速控制的输出 v。同时 v 又反馈到输入端，准备在下一个采样周期中重复以上过程。

上述过程可以用迭代公式来实现，即

$$E_i = \sum_{k=0}^{i-1}(v_c - v_k)\Delta t$$

$$E_i = \sum_{k=0}^{i-1}(v_c - v_k)\Delta t$$

$$v_i = E_i \frac{1}{T}$$

式中 E_i——第 i 个采样周期误差寄存器 E 中对 $(v_c - v)$ 的累加值;

v_k——k 从 $0 \sim (i-1)$ 取值的各个输出速度值;

v_i——第 i 个采样周期输出的速度值。

迭代初值 $E_0 = 0$, $v_0 = 0$。

若令 Δs_c 为每个采样周期加减速的输入位置增量,即每个插补周期内粗插补计算出的坐标位置增量值;Δs_i 为第 i 个插补周期加减速输出的位置增量值,则

$$\Delta s_i = v_i \Delta t$$
$$\Delta s_c = v_c \Delta t$$

从而得到以下两组数字增量式指数加减速迭代公式:

$$E_i = \sum_{k=0}^{i-1}(\Delta s_c - \Delta s_k) = E_{i-1} + (\Delta s_c - \Delta s_{i-1})$$

$$\Delta s_i = E_i \frac{1}{T} \quad (\text{取 } \Delta t = 1)$$

(2) 直线加减速控制算法

直线加减速控制使机床在启动时速度沿一定斜率的直线上升,而在停止时,速度沿一定斜率的直线下降,如图 4-41 所示,速度变化曲线是 $OABC$。

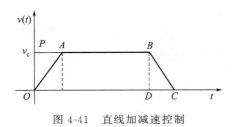

图 4-41 直线加减速控制

无论是直线加减速控制算法,还是指数加减速控制算法,都必须保证系统不产生失步和超程,即在系统的整个加速和减速过程中,输入加减速控制器的总位移量之和必须等于加减速控制器实际输出的位移量之和,这是设计后加减速控制算法的关键。要做到这一点,对于指数加减速来说,必须使图 4-39 中区域 OPA 的面积等于区域 DBC 的面积,对直线加减速而言,同样必须使图 4-41 中区域 OPA 的面积等于区域 DBC 的面积。

为了保证这两部分面积相等,以上所介绍的两种加减速都采用位置累加器来解决。在加速过程中用位置误差累加器记录由于加速延迟失去的位置增量之和;在减速过程中又将位置误差累加器中的位置值按一定规律(指数或直线)逐渐放出,以保证在加减速过程全部结束时,机床到达指定位置。

思考题与习题

4-1 CNC 装置的主要功能有哪些?

4-2 简述 CNC 系统的一般工作过程。

4-3 在 CNC 系统的软件结构中最为突出的是哪几种软件结构?

4-4 什么是插补?有几类插补方法?各有什么特点?

4-5 用逐点比较法加工第一象限直线 OA,起点为坐标原点,终点为 A $(4, 5)$,累加器和寄存器的位数为 3 位。写出插补过程,并绘出插补轨迹。

4-6 加工第二象限直线 OB,起点为坐标原点,终点坐标为 B $(-4, 5)$,累加器和寄存器的位数为 3 位。试用逐点比较法对该段直线进行插补,写出插补过程,并绘出插补轨迹。

4-7 加工圆心在坐标原点的逆时针圆弧 AB,起点 A $(0, 4)$,终点 B $(-4, 0)$,累加器和寄存器的位数为 3 位。试用逐点比较法进行圆弧插补,写出插补过程,并绘出插补轨迹。

4-8　设有第一象限的直线 OA，起点为坐标原点，终点为 A（6，5），累加器与寄存器的位数为 3 位。试用 DDA 法对其进行插补，写出插补过程，并绘出插补轨迹。

4-9　用数字积分法插补第二象限顺时针圆弧 AB，起点坐标 A（-4，3），终点坐标 B（0，5），累加器和寄存器的位数为 3 位。写出插补过程，并绘出插补轨迹。

4-10　DDA 插补稳速控制的措施有哪些？

4-11　简述数据采样插补原理。

4-12　数据采样插补中，用弦线逼近圆弧，最大半径误差 δ 与哪些因素有关？

4-13　什么是刀具半径补偿？它在零件加工中的主要用途有哪些？

4-14　为什么要控制数控机床的进给速度？

4-15　什么是前加减速控制和后加减速控制，各有何优缺点？在 CNC 装置中，为何对进给电动机进行加减速控制？常用的控制算法有哪些？请简要说明。

第 5 章 伺服系统与数控机床的驱动控制

5.1 概述

5.1.1 伺服系统的基本概念

数控机床的伺服系统（也称为伺服机构、随动系统或拖动系统）是以机床移动部件的位置或速度为控制对象的自动控制系统，通常由伺服驱动装置、伺服电机、机械传动机构及执行部件组成。伺服系统是数控机床的数控系统与主轴、刀具间的信息传递环节，它接收数控装置输出的进给指令信号，经变换后驱动执行部件完成平动或转动。伺服系统的动态和静态性能直接影响数控机床的运动精度、工作台最高移动速度和定位精度等重要的技术指标。

在数控机床中，根据驱动进给轴或主轴，伺服系统可以划分为进给伺服系统和主轴伺服系统。进给伺服系统就是接受来自数控系统的位置命令经变换、放大后驱动工作台跟随位置命令移动，保证运动的快速、准确和高效。主轴伺服系统就是接受来自数控系统的主轴运动命令，经变换、放大后，转换为主轴的旋转运动，并保证旋转运动速度准确和高效。

图 5-1 所示为数控机床伺服系统的一般结构，一个以速度环为内环、位置环为外环的双闭环系统。位置环由数控装置中的位置控制模块、速度控制单元、位置检测元件及反馈控制装置等部分组成，主要对机床运动的坐标轴进行控制，其中提供位置反馈值的位置反馈装置可以安装在电动机轴上或机床工作台上。速度环主要由速度控制单元、速度检测装置构成，速度环控制在进给驱动装置内完成。速度环中的速度控制单元是一个独立的单元部件，它由速度调节器、电流调节器及功率驱动放大器等部分组成，用来控制电动机转

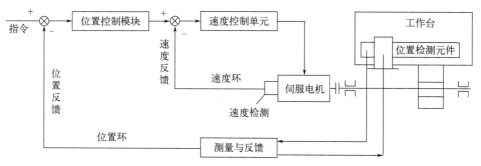

图 5-1 数控机床伺服系统的一般结构

速，是速度控制系统的核心；速度环中用作速度反馈的检测装置可以是测速发电机、脉冲编码器等。伺服系统从外部看是一个以位置指令为输入和位置控制为输出的位置闭环控制系统，但从内部工作看则是先把位置控制指令转换成相应的速度信号后，通过调速系统驱动伺服电机才实现实际位移的。

数控机床伺服系统的技术进步很大程度上取决于伺服驱动元件的发展水平，总的来说伺服系统驱动元件大致经历了三个发展阶段。

第一阶段是20世纪70年代以前，为电液伺服和步进伺服系统的全盛时期。早期的数控机床多采用电液驱动，其优点是惯性小、反应快、刚性好，缺点是电液驱动设备复杂，效率低，发热大，维修困难。后来步进伺服系统由于其结构简单、价格低廉、使用维修方便等优点而得到了大力推广，至今仍在经济型数控机床上使用。

第二阶段约为20世纪70~80年代，由于功率开关管和晶体管脉宽调制驱动装置的发展，直流伺服系统的调速性能提高，直流伺服逐渐占据主导地位。大惯量直流伺服电机输出转矩大、过载能力强，其电机惯量与机床传动部件惯量相当，可直接带动丝杠，易于控制与调整，因而在数控机床上得到广泛应用。在一些需要频繁启动和快速定位的机床上，小惯量直流伺服电机由于具有电枢回路时间常数小、调速范围宽、转向特性好的优势也得到迅速应用。

第三阶段为20世纪80年代以后，交流伺服电机材料、结构、控制理论及方法均有突破性的进展，一些新技术的应用使交流调速性能大大提高，再加上交流伺服电机具有的其他优点（如结构简单、不需要维护，适合在较恶劣的环境中使用等）使得直流伺服系统的缺点（如结构复杂、价格昂贵、电刷对防尘防油要求严格且易磨损、需定期维护等）显得相对突出。因而，交流伺服系统得到了迅速应用，并有逐渐取代直流伺服系统的趋势。

5.1.2 对伺服系统的基本要求

对进给伺服系统的基本要求可以归纳为如下几点：

(1) 较高的精度和分辨率

伺服系统的精度是指输出量能复现输入量的精确程度。作为数控加工设备要求其伺服系统定位准确，即定位误差及重复定位误差要小。通常的精度指标有定位精度，定位精度指的是工作台由一点移动到另一点时，指令值和实际值的最大差值。定位精度一般要求达到 $0.1 \sim 1\mu m$，高精度系统甚至达到 $0.01\mu m$。

分辨率，又称为脉冲当量，是伺服系统接收数控系统送来一个指令脉冲时，工作台相应移动的距离。分辨率取决于系统稳定工作性能和使用的位置检测元件。目前的闭环工作系统都能达到 $1\mu m$ 的分辨率。

(2) 调速范围宽

调速范围指生产机械要求电机能提供的最高转速和最低转速之比。由于数控加工所用刀具、被加工材质及零件加工要求各不相同，为保证在任何情况下都能得到最佳切削条件，要求伺服系统的调速范围应足够宽。

一般的数控机床，要求进给速度在 0~24m/min 内连续可调，具有大于 1:10000 的足够宽的无级调速范围；对于主轴伺服系统，要求有 1:100~1:1000 范围的恒转矩调速和 1:10 范围的恒功率调速，而且要保证足够大的输出功率。

(3) 快速响应性好，超调小

快速响应是伺服系统动态品质的重要指标，它反映了系统的跟踪精度。加工过程中，伺服系统处于频繁启动、制动、加速、减速状态,为了保证轮廓切削形状精度和低的加工表面粗糙度,对于伺服系统跟踪指令信号的响应有两方面要求:一方面要求加速度足够大,以便缩短过渡过程时间,通常电机转速从零至最高转速(或从最高转速降至零)的时间在 200ms 以内;另一方面要求超调要小,尽量无超调,否则将影响加工表面质量。

这两方面的要求往往是矛盾的,实际应用中要采取一定措施,按工艺加工要求做出一定的选择。

(4) 低速大转矩

数控机床加工的特点是在低速时进行重切削。因此,要求伺服系统在低速时要有足够大的输出转矩或驱动功率。

(5) 稳定性高,工作可靠

稳定性是指系统在给定输入或外界干扰作用下,能在短暂的调节过程后,达到新的或者恢复到原来的平衡状态。稳定性直接影响数控加工的精度和表面粗糙度。对伺服系统要求有较强的抗干扰能力,保证进给速度均匀、平稳,当伺服系统带上不同的负载,能使进给速度保持恒定。

数控机床是一种高精度、高效率的自动化设备,如发生故障导致的损失比普通机床更大。所以,提高工作可靠性显得更重要。

5.1.3 伺服系统的分类

(1) 按调节理论和系统结构分类

按调节理论和系统的结构不同,机床伺服系统通常可分为开环伺服系统和闭环伺服系统,其中闭环伺服系统又可以分为全闭环伺服系统和半闭环伺服系统两类。

① 开环伺服系统 开环伺服系统主要由驱动控制环节、执行元件和机床三部分组成。

驱动控制环节由环形电路和放大电路两部分组成,环形电路将指令脉冲信号转换成执行元件所需的电脉冲序列,放大电路将其功率放大,使其满足执行元件的工作特性要求。

执行元件的作用是将驱动控制环节输出的电脉冲序列转换成机床工作台的直线位移。开环伺服系统的执行元件主要是功率步进电机或电液脉冲马达,中小型的数控机床可直接使用步进电机带动工作台移动。执行元件转子转过的角度正比于指令脉冲的个数,转动速度由指令脉冲的频率决定,因此,系统靠驱动装置本身实现定位,无须反馈。

② 全闭环伺服系统 全闭环伺服系统是误差控制随动系统,结构如图 5-1 所示。位置检测元件安装在机床执行部件(工作台)上,测出运动执行部件的实际位移量或者实际所处位置,将测量值反馈给数控装置与指令值进行比较,求得误差,由此构成闭环系统来控制执行部件的运动位置。全闭环伺服系统的精度取决于测量装置的制造和安装精度。由于全闭环伺服系统中机床传动链的误差、环内各运动元件的误差和运动过程中造成的误差都可以得到补偿,因此大大提高了跟踪精度和定位精度。

③ 半闭环伺服系统 与全闭环伺服系统不同,半闭环伺服系统的位置检测元件不直接安装在进给坐标的最终传动部件上,而是安装在驱动元件或中间传动部件的传动轴上,为间接检测。由于坐标运动的传动链有一部分在位置环以外,这部分传动链误差得不到控制系统的补偿,因此半闭环伺服系统的精度低于闭环伺服系统的精度。

闭环伺服系统包含了所有传动部件,传动链误差均可以得到补偿,理论上位置精度能够达到很高,但由于机械加工过程中的受力、受热变形、振动和机床磨损等因素的影响,系统的稳定性发生变化,很难加以调整。因此,目前数控设备大多数使用半闭环伺服系统。只有在传动部件精度较高、使用过程温度变化不大的高精密数控机床上才使用全闭环伺服系统。

(2) 按驱动部件的动作原理分类

按驱动部件的动作原理可分为电液伺服系统和电气伺服系统。

① 电液伺服系统　电液伺服系统的执行元件为液压元件，具有在低速下可以得到很高的输出力矩及刚性好、时间常数小、反应快、速度平稳等优点，但液压系统需要油箱、油管等供油系统，体积大，还有噪声、泄漏等问题，于20世纪70年代起逐步被电气伺服系统代替。

② 电气伺服系统　电气伺服系统全部采用电子器件和电机部件构成，操作维护方便，可靠性高。电气伺服系统中的驱动元件主要有步进电机、直流或交流伺服电机。它们没有液压系统中的噪声、污染和维修费用高等问题。按驱动元件不同，电气伺服系统又分为步进伺服系统、直流伺服系统和交流伺服系统；在交流伺服驱动中，除了采用传统的旋转电机驱动外，还出现了一种崭新的交流直线电机驱动方式。

(3) 按控制对象和使用目的分类

按控制对象和使用目的可分为进给伺服系统、主轴伺服系统和辅助驱动系统。

① 进给伺服系统　进给伺服系统控制机床各坐标轴的切削进给运动，是一种精密的位置跟踪和定位控制系统，它包括速度控制和位置控制。

② 主轴伺服系统　主轴伺服系统控制机床主轴在切削过程中的旋转速度、转矩和功率，一般以速度控制为主，但要求高速度、大功率，能在较大调速范围内实现恒功率控制。对于具有 C 轴功能的机床主轴，也需要位置控制。

③ 辅助驱动系统　辅助驱动系统是指各类加工中心和多功能数控机床中控制刀库、料库等的辅助系统，多采用简易的位置控制，与进给坐标轴的位置控制相比，性能要低得多。

(4) 按反馈比较控制方式分类

闭环系统按反馈比较控制方式可分为数字脉冲比较伺服系统、相位比较伺服系统、幅值比较伺服系统及全数字伺服系统。

① 数字脉冲比较伺服系统　数字脉冲比较系统将数控装置发出的数字或脉冲指令信号直接与检测元件测得的数字或脉冲信号相比较，获得位置偏差信号，传给位置调节器，达到闭环控制的目的。该伺服系统常用的检测元件有光电编码盘和光栅，其结构简单，容易实现，整机工作稳定。因此，数字脉冲比较伺服系统在数控伺服系统中得到了广泛应用。

② 相位比较伺服系统　相位比较伺服系统的位置检测元件工作为鉴相方式，将指令信号与反馈信号都变成某个载波信号的相位，通过两个载波信号的相位比较，获得对应的位置偏差，将信号传给位置调节器，从而实现系统的位置闭环控制。常用的检测元件，如感应同步器和旋转变压器，控制精度比较高。由于所用的载波频率比较高，响应速度快，相位比较特别适用于连续伺服控制系统。

③ 幅值比较伺服系统　幅值比较伺服系统的检测元件工作为鉴幅方式，用所获得的检测信号幅值大小作为位置反馈信号。一般将此反馈信号转换成数字信号，再与插补系统产生的指令信号相比较，获得位置偏差信号，实现位置闭环控制。

④ 全数字伺服系统　全数字伺服系统中由位置环、速度环和电流环构成的三环全部数字化，软件处理数字控制算法，使用灵活，柔性好，而且采用了许多新的控制技术和改

进伺服系统性能的措施，大大地提高了系统的位置控制精度。

5.1.4 常用伺服执行元件

在数控机床的伺服系统中，执行元件又称为驱动元件即伺服驱动电机。伺服执行元件具有根据控制信号要求而动作的功能：由数控装置发出的进给指令脉冲经变换和功率放大后，作为伺服电机的输入量，控制伺服电机在指定方向上输出某一速度的角位移或直线位移，从而驱动机床执行部件实现给定的速度和方向上的位移。数控机床常用的伺服执行元件有步进电动机、直流伺服电动机、交流伺服电动机。此外，近几年直线电动机以其独有的优势，日益受到青睐。

5.1.4.1 步进电动机

步进电动机（步进电机）是一种将电脉冲信号转换成机械角位移的机电执行元件。步进电机所用电源既不是正弦交流电也不是直流电，而是电脉冲，所以也称为脉冲马达。每输入一个脉冲，步进电机就转动一个角度，称为一步，每一步转过的角度称为步距角；脉冲一个接一个输入，步进电机便一步接一步转动。

步进电机输出的角位移与输入脉冲个数成正比，转速与脉冲频率成正比，因此控制输入脉冲的数量、频率及电机绕组通电相序，就可获得所需要的转角、转速及旋转方向。步进电机具有较好的定位精度，无漂移和累积定位误差，能跟踪一定频率范围的脉冲序列。步进电机与直、交流伺服电动机相比，在低速运行时有较大噪声和振动，当过载或高转速运行时会产生失步现象。所以利用步进电机控制机床的进给运动，限制了数控机床的精度和可靠性。步进电机伺服系统没有反馈检测环节，是典型的开环控制系统，其精度主要由步进电机来决定，速度也受到步进电机性能的限制。因此步进电机主要应用于经济型数控机床和各种小型自动化设备及仪器。

（1）步进电机的分类

① 按步进电机输出转矩的大小，可分为快速步进电机和功率步进电机。快速步进电机连续工作频率高，而输出转矩小。功率步进电机的输出转矩比较大，因此数控机床一般采用功率步进电机。

② 按转矩产生的工作原理，步进电机分为可变磁阻式、永磁式和混合式。可变磁阻式步进电机又称为反应式步进电机，通过改变电机定子和转子的软钢齿之间的电磁引力来改变定子和转子的相对位置，这种电机结构简单，步距角小。

永磁式步进电机的转子铁芯上装有多条永久磁铁，转子的转动与定位是由定、转子之间的电磁引力与磁铁磁力共同作用的。与反应式步进电机相比，相同体积的永磁式步进电机转矩大，步距角也大。

混合式步进电机结合了反应式和永磁式步进电机的优点，采用永久磁铁提高电动机的转矩，采用细密的极齿来减小步距角，是目前数控机床上应用最多的步进电机。

③ 按励磁组数，步进电机可分为两相、三相、四相、五相、六相和八相步进电机。

此外，按电流极性可分为单极性和双极性步进电机；按运动形式又可分为旋转式、直线式、平面式步进电机。

（2）步进电机的结构及工作原理

图 5-2 为三相反应式步进电机的结构示意。步进电机由定子和转子组成。定子铁芯上有 6 个均匀分布的磁极，沿直径相对两个极上的线圈串联，构成一相励磁绕组，因此形成了 A、B、C 三相绕组磁极。极与极之间夹角为 $60°$，每个定子磁极上均匀分布 5 个齿槽

距相等的小齿。转子是软磁材料制成的带齿廓形状的铁芯，铁芯上无绕组，只有均匀分布的 40 个齿。A、B、C 三相定子磁极是沿定子的径向排列的，磁极上的齿依次错开 1/3 齿距。

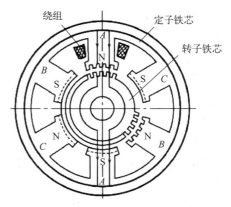

三相反应式步进电机的工作原理如图 5-3 所示，为简化分析，假设转子只有 4 个齿。当对定子的三相绕组 A、B、C 依次轮流通电，则三对磁极依次产生磁场吸引转子转动。三相步进电机有单三拍、双三拍和三相六拍 3 种工作方式。每次只有一相绕组通电称为"单"拍方式；从一相通电换接到另一相通电称为"一拍"，每一拍转子转动一个步距角；所谓"三拍"或"六拍"是指完成一个通电周期需通电换接三次或六次。

图 5-2 三相反应式步进电机的结构

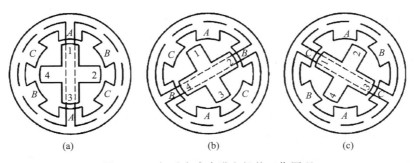

图 5-3 三相反应式步进电机的工作原理

① 单三拍方式　当 A 相通电、B 相和 C 相不通电，如图 5-3（a），步进电机铁芯的 A-A 方向产生磁通，在磁拉力的作用下转子 1、3 齿与 A 相磁极对齐，2、4 两齿与 B、C 两磁极相对错开 30°。

当 B 相通电、C 相和 A 相断电时，如图 5-3（b），电机铁芯的 B-B 方向产生磁通，在磁拉力的作用下转子沿逆时针方向旋转 30°，2、4 齿与 B 相磁极对齐，1、3 两齿与 C、A 相两磁极相对错开 30°。

当 C 相通电、A 相和 B 相断电时，如图 5-3（a），电机铁芯的 C-C 方向产生磁通，在磁拉力的作用下转子沿逆时针方向又旋转 30°，1、3 齿与 C 相磁极对齐，2、4 两齿与 A、B 相两磁极相对错开 30°。

若按 $A→B→C→A→…$ 通电相序连续通电，则步进电机就连续地沿逆时针方向旋转，每换接一次通电相序，步进电机沿逆时针方向转过 30°，即步距角为 30°。如果步进电机定子磁极通电相序按 $A→C→B→A→…$ 进行，则转子沿顺时针方向旋转。

单三拍通电控制方式，由于每拍只有一相绕组通电，在切换瞬间可能失去自锁力矩，容易失步。此外，只有一相绕组通电吸引转子，易在平衡位置附近产生振荡，使步进电机工作稳定性差，一般较少采用。

② 双三拍方式　为克服单三拍工作的缺点，可采用双三拍通电方式。若定子绕组的通电顺序为 $AB→BC→CA→AB→…$，步进电机的转子就逆时针方向转动起来，其步距角仍为 30°。若定子绕组的通电顺序为 $AB→AC→BC→AB→…$，则电机转子顺时针方向转动，其步距角也是 30°。

③ 三相六拍方式　若定子绕组的通电顺序是 $A→AB→B→BC→C→CA→A→\cdots$（逆时针方向）或 $A→AC→C→BC→B→CA→A→\cdots$（顺时针方向），就是三相六拍通电方式，每步转过 15°，步距角是三相三拍方式的一半。三相六拍控制方式在切换时保持一相绕组通电，工作稳定，比双三拍增大了稳定区。所以三相步进电机常采用三相六拍方式。

因为步距角越小，所到达的位置精度越高，因此实际应用的步进电机一般都要求有较小的步距角。图 5-2 中转子上有 40 个齿，相邻两个齿的齿距角为 360°/40=9°。三对定子磁极均匀分布在圆周上，相邻磁极间的夹角为 60°。定子的每个磁极上有 5 个齿，相邻两个齿的齿距角也是 9°。因为相邻磁极夹角比 7 个齿的齿距角总和小 3°，而 120°比 14 个齿的齿距角总和小 6°。这样当转子齿和 A 相定子齿对齐时，B 相齿相对转子齿逆时针方向错过 3°，而 C 相齿相对转子齿逆时针方向错过 6°。按照此结构，采用三相三拍通电方式时，转子沿逆时针方向，以 3°步距角转动。采用三相六拍通电方式时，则步距角减为 1.5°。

同理，四相、五相反应式步进电机的各相定子齿彼此错齿分别为 1/4、1/5 齿距；常用的控制方式有双四拍或四相八拍、双五拍或五相十拍。

步距角即步进电机每步的转角，其计算公式为

$$\theta=\frac{360°}{mzk} \tag{5-1}$$

式中，m 为定子励磁绕组相数；z 为转子齿数；k 为通电方式，相邻两次通电相数一样时 $k=1$，相邻两次通电相数不同时 $k=2$。

常用步进电机的步距角有 0.36°/0.72°、0.75°/1.5°、0.9°/1.8°等（斜线左、右两边分别为半步距角和全步距角）。步进电动机空载且单脉冲输入时，其实际步距角与理论步距角之差称为静态步距角误差，一般控制在±10′～±30′的范围内。

步进电机转速计算公式为

$$n=\theta f/6 \tag{5-2}$$

式中，n 为转速，r/min；f 为控制脉冲频率，即单位时间输入步进电机的脉冲数，步/s；θ 为步距角，(°)。

(3) 步进电机的主要特性

① 矩角特性　当步进电机不改变通电状态时，转子处在不动状态即静态。如果在电机轴上外加一个负载转矩，使转子按一定方向转过一个角度，转子因此受到一个电磁转矩 T_j 的作用与负载转矩平衡。电磁转矩 T_j 称为静态转矩，角度 θ_e 称为失调角，描述静态时电磁转矩 T_j 与失调角 θ_e 之间关系的曲线称为矩角特性，图 5-4 所示为步进电机单相的矩角特性。

矩角特性上的电磁转矩最大值称为最大静转矩 T_{jmax}。在静态稳定区内，当外加转矩去除时转子在电磁转矩作用下，仍能回到稳定的平衡位置（$\theta_e=0$）。

图 5-5 所示为三相步进电机的各相矩角特性。图中相邻两条曲线的交点所对应的静态转矩是电机运行状态的最大启动转矩 T_q。当负载力矩小于最大启动转矩 T_q 时，步进电动机才能正常启动运行，否则将会造成失步。一般而言，电机相数的增加会使矩角特性曲线变密，相邻两条曲线的交点上移，会使 T_q 增加；采用多相通电方式也会使启动转矩 T_q 和最大静转矩 T_{jmax} 增加。

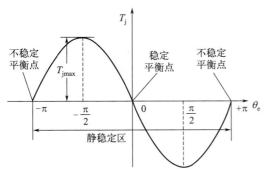

图 5-4 步进电机的单相的矩角特性

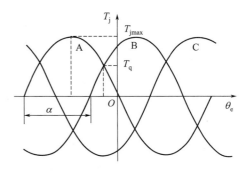

图 5-5 三相步进电机的各相矩角特性

在空载时,步进电机由静止突然启动,进入不丢步的正常运行状态所允许的最高频率,称为空载启动频率(或空载突跳频率)f_q。步进电机空载启动时定子绕组通电状态变化的频率不能高于启动频率 f_q,因为频率越高电机绕组的感抗越大,使绕组中的电流脉冲变尖,幅值下降,从而使电机输出力矩下降。f_q 是衡量步进电机快速性能的重要技术数据。步进电机带负载(尤其是惯性负载)的启动频率比空载的启动频率要低。一般说来,步进电机的启动频率远低于其最高运行频率,很难满足对其直接进行启动和停止的要求,因此要利用软件加减速控制,又称分段加减速自动或停止,即在启动时使其运行频率分段逐渐升高,停止时使其运行频率分段逐渐降低。

② 启动矩频特性 当步进电机带一定负载启动时,作用在电机轴上的加速转矩为电磁转矩与负载转矩之差。负载转矩越大,加速转矩就越小,电机就不易转起来,只有当每步有较长的加速时间,即采用较低的脉冲频率时,电机才能启动。因此,启动频率随着负载的增加而下降。描述步进电机启动频率与负载力矩的关系曲线称作启动矩频特性。图 5-6 为 90BF001 型步进电机的启动矩频特性。

③ 运行矩频特性 运行矩频特性是描述步进电机连续稳定运行时,输出转矩与连续运行频率之间关系的曲线。运行矩频特性是衡量步进电机运转时承载能力的动态性能指标。图 5-7 为 90BF001 型步进电机的运行矩频特性,图中每一频率所对应的转矩称为动态转矩。从图 5-7 中可见,随着运行频率的上升,输出转矩下降,承载能力下降。这是因为频率越高,电机绕组的感抗越大,使绕组中的电流波形变坏,幅值变小,从而使输出力矩下降。当运行频率超过最高频率时,步进电机便无法工作。

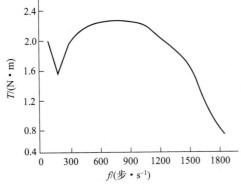

图 5-6 90BF001 型步进电机的启动矩频特性

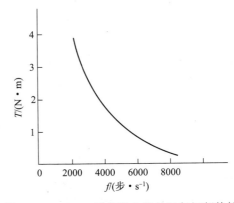

图 5-7 90BF001 型步进电机的运行矩频特性

步进电机在空载启动后，能不丢步连续运行的最高脉冲重复频率称作空载运行频率f_{max}。它对于提高生产率和系统的快速性具有重要意义。空载运行频率f_{max}远大于空载启动频率f_q，因为空载运行频率受转动惯量的影响比启动时大为减小。空载运行频率f_{max}因所带负载的性质和大小而异，与驱动电源也有很大关系。步进电机在高速下启动或高速下制动，需要采用自动升降速的控制。

5.1.4.2 直流伺服电动机

直流伺服电动机（直流伺服电机）具有良好的启动、制动和调速特性，可相当方便地在宽范围内实现平滑无级调速，故多应用在对伺服电机调速性能要求较高的设备中。

按电枢的结构与形状，直流伺服电机可分成平滑电枢型、空心电枢型和有槽电枢型等；按励磁方式（即定子磁场的产生方式）的不同，直流伺服电机可分为永磁式和他励式（也称电磁式）两类；按转子转动惯量的大小，直流伺服电机还可分成大惯量、中惯量、小惯量伺服电机。

（1）常用直流伺服电机及其特点

① 小惯量直流伺服电机　小惯量直流伺服电机的特点是：转动惯量小，约为普通直流电机的1/10；电枢反应比较小，具有良好的换向性能，机电时间常数只有几毫秒；最大转矩为额定值的10倍，能适应经常出现的冲击现象；其转子无槽，电气机械均衡性好，尤其在低速时运转稳定而均匀（在转速低达10r/min时也无爬行现象），从而保证低速时的精度。

因为小惯量直流电机最大限度地减小了电枢的转动惯量，所以能获得最快的响应速度。在早期的数控机床上应用得比较多。

② 大惯量宽调速直流伺服电机　大惯量宽调速直流伺服电机的特点有：第一，转子直径较大，线圈绕组匝数增加、力矩大，转动惯量比其他类型电机大，且能够在很大过载转矩时长时间地工作，因此可以不需要中间传动装置直接与丝杠相连；第二，由于没有励磁回路的损耗，外形尺寸比类似的其他直流伺服电机小；第三，能够在较低转速下实现平稳运行，最低转速可以达到1r/min甚至0.1r/min。因此，至今许多数控机床上广泛应用着这种伺服电机。

③ 无刷直流电机　无刷直流电机也叫作无整流子电机，它没有换向器，由同步电机和逆变器组成。其逆变器是由装在转子上的转子位置传感器控制，因此，无刷直流电机实质上是交流调速电机的一种。由于这种电机的性能达到直流电机的水平，又取消了换向器及电刷部件，因此该电机寿命大约提高了一个数量级。

（2）直流伺服电机的结构及工作原理

直流伺服电机的类型虽多，但其结构一般由定子、转子、电刷与换向器三部分组成。定子磁极产生磁场，他励式伺服电机的定子磁极上装有励磁绕组，励磁绕组接励磁控制电压产生磁通；永磁式伺服电机的磁极是永磁铁，其磁通是不可控的。转子由硅钢片叠压而成，表面嵌有线圈，通以直流电流时，在定子磁场作用下产生带负载旋转的电磁转矩。电刷与外加直流电源连接，换向器与电枢线圈连接，使得产生的电磁转矩保持恒定方向，保证转子能沿固定方向均匀地连续旋转。

永磁式一般没有换向器和补偿绕组，这使其换向性能受到一定限制，但它不需要励磁，因而效率高且电机在低速时能输出较大转矩。目前永磁材料性能不断提高，成本逐渐下降，因此永磁式结构用得较多。图5-8所示为永磁式大惯量直流伺服电机的结构，电机定子采用永磁材料，转子直径大并且有槽，测速发电机尾部通常装有低纹波（纹波系数一

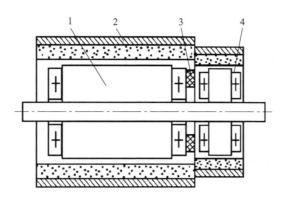

图 5-8 永磁式大惯量直流伺服电机的结构
1—转子；2—定子（永磁材料）；3—电刷；4—测速发电机

般在 2%以下），这样不仅使用方便，而且保证了安装精度。

为提高控制精度和响应速度，伺服电机的电枢铁芯长度与直径之比较之普通直流电机要大，气隙小。定子磁极采用高性能的磁性材料以产生强磁场，从而在转子线圈中产生感应电势和电磁转矩驱动电枢转动。恰当地控制转子中电枢电流的方向和大小，就可以控制伺服电机的转动方向和转动速度。

（3）直流伺服电机的特性

直流伺服电机常用的控制方式是保持励磁磁通恒定、控制电枢电压的方式，简称电枢控制。电枢控制特性主要有机械特性和调节特性。

① 直流伺服电机的机械特性　根据直流电机的基本原理，有如下关系式：

$$n = \frac{U_a}{K_e \phi} - \frac{R_a T_M}{K_e K_T \phi^2}$$
$$= n_0 - K T_M \tag{5-3}$$

式中　n——电机转速；

U_a——电枢绕组的外加控制电压，也称电枢电压；

T_M——电磁转矩；

ϕ——磁极磁通量；

R_a——电枢回路的电阻；

K_e，K_T——电机的结构常数；

n_0——理想空载转速，$n_0 = \dfrac{U_a}{K_e \phi}$；

K——常数，$K = \dfrac{R_a}{K_e K_T \phi^2}$。

式（5-3）称为直流伺服电机的机械特性方程式，表明了电机转速与电磁转矩的关系。机械特性是静态特性，是稳定运行时带动负载的性能，此时电磁转矩与所带负载转矩相等。直流伺服电机的机械特性曲线如图 5-9 所示，当 U_a 一定，T_M 越大则 n 越小，转矩的增加与转速下降之间呈线性关系，这个特性是十分理想的。

当负载转矩为零时电磁转矩也为零，这时 $n = n_0$，为理想空载转速；当转速为零，即电机刚通电，此时有启动转矩 $T_S = K_T U_a / R_a$，启动转矩 T_S 又称堵转转矩。

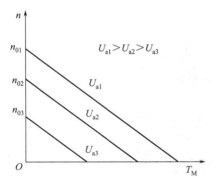 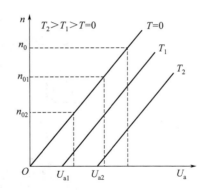

图 5-9　直流伺服电机的机械特性曲线　　图 5-10　直流伺服电机的调节特性曲线

当电机带动某一负载 T_L 时，电机转速与理想空载转速间会有一个差值 $\Delta n = n - n_0$。Δn 可表明机械特性的软硬，Δn 越小机械特性越硬。Δn 的大小与电机的调速范围有密切关系，Δn 值大时机械特性软，则不可能实现宽范围的调速。

如图 5-9，电枢控制电压 U_a 不同时机械特性为一组平行的直线，其斜率由 K 决定。

② 直流伺服电机的调节特性　直流伺服电机的另一个重要特性是调节特性，它表示电机在一定的转矩下，转速与电枢控制电压的关系，如图 5-10 所示。

由图 5-10 可见，当转矩 T 一定时，电枢控制电压 U_a 与转速 n 成正比；当转速 $n=0$ 时，不同的转矩需要不同的控制电压。这表明，当 $T=T_1$ 时，只有当 $U>U_{a1}$ 时动机才能转动起来；而当 U 在 $0 \sim U_{a1}$ 之间时，尽管有控制电压，电动机仍然堵转。一般称 $0 \sim U_{a1}$ 为死区或失控区，U_{a1} 为对应于 T_1 下的始动电压。T 越大，始动电压越大，当 $T=0$ 时，只要 $U_a>0$，电机即可转动。直流伺服电机调节特性也是很理想的直线。

5.1.4.3　交流伺服电动机

直流伺服电机具有优良的调速性能，因此，在要求调速性能较高的场合，直流伺服电机调速系统长期占据着主导地位。但直流伺服电机存在一些固有的缺点：如电刷和换向器易磨损，需要经常维护；换向器换向时会产生火花，使电机的最高转速受到限制，也使应用环境受到限制；此外，直流伺服电机的结构复杂，制造困难，成本高。

交流伺服电动机（交流伺服电机），特别是感应电机则无上述缺点。而且交流伺服电机转子转动惯量较直流伺服电机小，动态响应好，在同样体积下，交流伺服电机的输出功率一般可比直流伺服电机提高 10%～70%；交流伺服电机的容量比直流伺服电机大，可以达到更高的电压和转速；交流伺服电机结构简单，与同容量直流伺服电机相比，重量轻，价格低。交流伺服电机的缺点是转矩特性和调节特性的线性度不及直流伺服电机好，其效率也比直流伺服电机低。随着交流伺服电机调速技术的发展，交流伺服电机得到了更广泛的应用。目前，除某些操作特别频繁或交流伺服电机在发热和启动、制动特性不能满足要求时，选择直流伺服电机外，一般尽量考虑选择交流伺服电动机。现代数控机床都倾向于用交流伺服驱动，交流伺服驱动有取代直流伺服驱动的趋势。

（1）交流伺服电机的类型

交流伺服电机分为永磁式交流伺服电机和感应式交流伺服电机。永磁式交流伺服电机相当于交流同步电机，多应用于机床进给传动控制系统、工业机带入关节传动及其他需要运动和位置控制的场合。感应式交流伺服电机相当于交流感应异步电机，常用于机床主轴转速和其他调速系统。

永磁式交流伺服电机与感应式存在的一个最大的差异是同步电机的转速与所接电源的频率之间存在着一种严格关系,即在电源电压和频率固定不变时,它的转速是稳定不变的。由变频电源供电给同步电机时,可方便地获得与频率成正比的可变速度和非常硬的机械特性及宽的调速范围。在结构上,同步电机虽然复杂,但比直流电机简单,它的定子与感应电机一样,而转子则不同。同步电机从建立所需气隙磁场的磁势源来分类,可分为电磁式及非电磁式。在后一类中又有磁滞式、永磁式和反应式等。其中磁滞式和反应式同步电机存在效率低、功率因数差、制造容量不大等缺点,在数控机床进给驱动系统中多数采用永磁式。

感应式伺服电动机需要转速差才能产生电磁转矩,所以电机的转速低于同步转速,转速差随外负载的增大而增大。感应式交流伺服电机结构简单,与同容量直流电机相比,重量轻1/2,价格仅为直流电机的1/3。它的缺点是,不能经济地实现范围较广的平滑调速,必须从电网吸收滞后的励磁电流,因而会使电网功率因数变坏。

(2) 永磁式交流伺服电机

① 结构及工作原理 永磁式交流伺服电机的结构如图5-11所示,工作原理如图5-12所示。

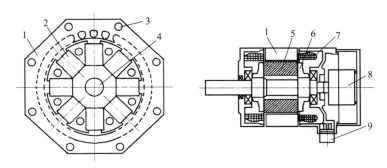

图 5-11 永磁式交流伺服电机的结构
1—定子;2—永久磁铁;3—轴向通风孔;4—转轴;5—转子;6—压板;
7—定子绕组;8—脉冲编码器;9—出线盒

永磁式交流伺服电机不能自动启动,所以在转子上装有笼式绕组而作为电动机启动之用。当定子绕组通以三相交流电源时,电动机内就产生了一个旋转磁场,设该旋转磁场的转速为n_s。旋转笼式绕组切割磁力线而产生感应电流,从而使电动机旋转起来,电动机旋转之后其速度慢慢增高到稍低于旋转磁场的转速,此时转子磁场线圈经由直流电激励,使转子上面形成一定的磁极,定子旋转磁极与转子的永久磁场磁极互相吸引,并带着转子一起旋转。因此,转子也将以同步转速与定子旋转磁场一起旋转,设转子转速为n_r,则有$n_r=n_s$。当转子轴上加有负载转矩之后,将造成定子磁场轴线与转子磁场轴线不重合而相差一个θ角,负载转矩变化,θ角也发生变化,只要不超过一定界限,转子仍然跟着定子以同步转速旋转。永磁式交流伺服电机转子转速公式为

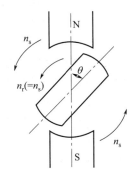

图 5-12 永磁式交流伺服电机的工作原理

$$n_r=n_s=60f/P \qquad (5-4)$$

式中　n_r——电机转子转速，r/min；
　　　n_s——旋转磁场转速，r/min；
　　　f——定子交流供电频率，Hz；
　　　P——定子和转子的磁极对数。

由于转子本身的转动惯量、定子与转子之间的转速差过大，使转子在启动时所受的电磁转矩的平均值为零，因此永磁式交流伺服电机的缺点是启动难。解决的办法是在设计时设法减小电机的转动惯量，或在速度控制单元中采取先低速后高速的控制方法。

② 特性曲线　永磁式交流伺服电机的转速-转矩曲线如图 5-13 所示。曲线分为连续工作区和断续工作区两部分。在连续工作区内，速度与转矩的任何组合都可以连续工作，但连续工作区的划分有两个条件：一是供给电机的电流是理想的正弦波；二是电机工作在某一特定的温度下。断续工作区的极限一般受到电机的供电限制。交流电机的机械特性要比直流伺服电机硬。另外，断续工作区更大，尤其是在高速区，这有利于提高电机的加减速能力。

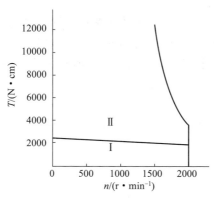

图 5-13　永磁式交流伺服电机的特性曲线

（3）感应式交流伺服电机

感应式交流伺服电机转子结构与普通感应电动机相同，在电机轴尾部安装检测用的码盘。通常为增加输出功率、缩小电机体积，感应式交流伺服电机采用定子铁芯在空气中直接冷却的方法，没有机壳，且在定子铁芯上做有通风孔。因此，电机外形多呈多边形而不是常见的圆形。

三相感应式交流伺服电机定子中的三个绕组在空间方位上互差 120°，当在定子绕组中通入相与相之间的电压相位相差 120°的三相交流电源时，定子绕组就会产生一个旋转磁场。旋转磁场的转速为

$$n_1 = 60 f_1 / P \tag{5-5}$$

式中　n_1——定子旋转磁场的同步转速，r/min；
　　　f_1——定子交流供电频率，Hz；
　　　P——定子线圈的磁极对数。

在定子绕组旋转磁场的作用下，笼式绕组将切割旋转磁场的磁力线而产生感应电流；笼式绕组中的电流又与旋转磁场相互作用产生电磁力，电磁力产生的电磁转矩驱动转子沿旋转磁场方向旋转。伺服电机的实际转速 n 低于旋转磁场的同步转速 n_1。如假设 $n=n_1$，则笼式绕组与旋转磁场没有相对运动，就不会切割磁力线，也就不会产生电磁转矩，所以 n 必然小于 n_1。旋转磁场的方向与绕组电流的相序有关：设三相绕组 A、B、C 中的电流相序按顺时针流动，则磁场按顺时针方向旋转；若把三相电源线中的任意两根时调，则磁场按逆时针方向旋转。

三相感应式交流伺服电机的转速方程为

$$n = 60 f_1 (1-s)/P = n_1(1-s) \tag{5-6}$$

式中　n_1——旋转磁场的同步转速，r/min；
　　　n——转子转速，即伺服电机的实际转速，r/min；
　　　f_1——交流供电频率，也简称电机供电频率，Hz；

s——转差率，$s=(n_1-n)/n_1$；

P——磁极对数。

由式（5-6）可知，感应式交流伺服电机需要转速差才能产生电磁转矩，所以伺服电机的转速低于同步转速，转速差随外负载的增大而增大。伺服电机的转速与供电电源的频率和磁极对数有关。通过改变电机供电频率来实现调速的方法称为变频调速，变频调速一般是无级调速；通过改变磁极对数 P 进行调速的方法称为变极调速，变极调速是有级调速。而通过改变转差率 s 实现无级调速的办法，由于会降低交流电机的机械特性，一般不采用。

5.1.4.4 直线电机

随着以高效率、高精度为基本特征的高速加工技术的发展，对机床进给系统的进给速度、加速度及精度方面提出了更高的要求。传统的由旋转伺服电机加上滚珠丝杠构成的直线运动进给方式很难适应更高的要求，为此，一种新的驱动方式应运而生了，这就是直线电动机（直线电机）直接驱动系统。

（1）直线电机的分类

直线电机可分为直流直线电机、步进直线电机和交流直线电机三大类，在机床上主要使用交流直线电机。交流直线电机按励磁方式不同，又可分为永磁（同步）式和感应（异步）式两种。永磁式直线电机在单位面积推力、效率、可控性等方面均优于感应式直线电机，但其成本高，工艺复杂，给机床的安装、使用和维护带来不便。感应式直线电机由于其在不通电时没有磁性，有利于机床的安装、使用和维护，且经过不断改进，目前其性能已接近永磁式直线电机的水平，因而在应用中更受欢迎。

（2）直线电机的工作原理

直线电机可看作为将旋转电机沿圆周方向拉开展平的产物。将图 5-14（a）中的旋转电机沿径向剖开并将圆周拉直，便成了图 5-14（b）所示的直线电机。对应于旋转电机的定子的部分，为直线电机的初级，而对应于旋转电机的转子的部分，为直线电机的次级。

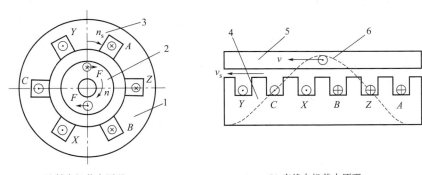

(a) 旋转电机基本原理　　　　(b) 直线电机基本原理

图 5-14　直线电机与旋转电机的比较

1—定子；2—转子；3—旋转磁场；4—初级；5—次级；6—行波磁场

直线电机的工作原理也与旋转电机相似，没有本质的区别。在图 5-14（b）所示的直线电机三相绕组通以三相对称正弦电流后会产生气隙磁场，如果不考虑铁芯两端开断而引起的纵向边端效应，该气隙磁场的分布情况与旋转电机相似，可看成沿展开的直线方向呈正弦形分布。三相电流随时间变化，则气隙磁场将按 A、B、C 相序沿直线移动。与旋转电机工作原理相比，其差异是：该气隙磁场是平移的，而不是旋转的，因此将其称为行波磁场。此行波磁场的移动速度与旋转磁场在定子内圆表面上的线速度 v_s 是一样的，称为同步速度，单位 m/s。

下面讨论行波磁场对次级的作用。设次级为栅形，次级导条在行波磁场切割下产生感应电动势并产生电流。所有导条的电流和气隙磁场相互作用便产生电磁推力，在电磁推力的作用下，如果初级是固定不动的，次级就顺着行波磁场运动的方向做直线运动。若假设次级移动的速度用 v 表示，移差率（即移动的差率，电机运行时在 0～1 之间）用 s 表示，则有

$$v=(1-s)v_s \tag{5-7}$$

5.2 进给驱动

进给驱动系统是数控装置和机床的联系环节，是数控机床的重要组成部分。它的性能决定了数控机床的许多性能，如最高移动速度、轮廓跟随精度、定位精度等。进给驱动系统的作用可归纳如下：

① 放大数控装置的控制信号，具有功率输出的能力；

② 根据数控装置发出的控制信号对机床移动部件的位置和速度进行控制，最终实现机床精确的进给运动。

按执行元件的类别，进给驱动可分为步进电机进给驱动系统、直流电机进给驱动系统和交流电机进给驱动系统等。

5.2.1 步进电机驱动控制系统

步进电机驱动控制电路（又称驱动电源）的功能是：将数控装置的插补指令脉冲，按步进电机工作所要求的规律分配给步进电机定子励磁绕组的各相，并使其在进入励磁绕组之前成为具备一定功率的电脉冲信号，从而通过控制励磁绕组的通断、运行及换向，驱动步进电机正常运行。步进电机及其驱动电源是一个有机的整体，步进电机伺服系统的运行性能是步进电机和驱动电源的综合结果。对驱动电源的基本要求是：电源的相数、通电方式、电压、电流应与步进电机的基本参数相适应；能满足步进电机启动频率和运行频率的要求；工作可靠，抗干扰能力强；成本低，效率高，安装和维护方便。

如图 5-15 所示，步进电机驱动控制电路一般包括脉冲混合电路、加减脉冲分配电路、自动升降速电路、环形分配器和功率放大器。除功率放大器需由硬件实现外，步进电机驱动控制电路的其他部分既可由硬件实现，也可由软件来实现。

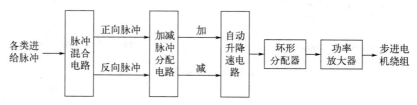

图 5-15 步进电机驱动控制电路

(1) 脉冲混合电路

脉冲混合电路将来自于数控系统的插补信号、各种类型的误差补偿信号、手动进给信号、手动回原点信号等，首先混合为使工作台正向进给的正向进给信号或使工作台反向进

给的反向进给信号。

(2) 加减脉冲分配电路

在进给脉冲的控制下当机床正在沿某一方向进给时,由于各种补偿脉冲的存在,电路可能会出现极个别的反向进给脉冲,这意味着步进电动机正在沿着一个方向旋转时,需再向相反的方向旋转个别步距角。加减脉冲分配电路的功能正是对这种情况进行处理,一般采用的方法是从正在进给方向的进给脉冲指令中抵消相同数量反向进给脉冲。

(3) 自动升降速电路

自动升降速电路又称加减速电路。从加减脉冲分配电路来的进给脉冲频率的变化是有跃变的,然而进入步进电动机定子绕组的电平信号的频率变化要平滑,而且应有一定的时间常数。因此,为了保证步进电动机能够正常、可靠地工作,此跃变频率必须首先进行缓冲,使其变成符合步进电动机加减速特性的脉冲频率,然后再送入步进电动机的定子绕组。自动升降速电路就是为此而设置的。

自动升降速电路由同步器、可逆计数器、D/A(数字/模拟)转换器和RC振荡器四部分组成,如图5-16所示。同步器的作用是使得进给脉冲 f_a 和由RC振荡器来的脉冲 f_b 不会在同一时刻出现,以防止二者同时进入可逆计数器,导致可逆计数器在同一时刻既作加法又作减法产生计数错误的情况。D/A转换器的作用是将数字量转换为模拟量。RC振荡器的作用是将经D/A转换器输出的电压信号转换成脉冲信号,脉冲的频率与电压值的大小成正比。

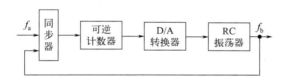

图 5-16 自动升降速电路原理

在整个升速、匀速和降速过程中,进给脉冲使可逆计数器作加法计数,RC振荡器的输出脉冲使可逆计数器作减法计数,而最后计数器的内容为0,故进给脉冲的个数和RC振荡器的输出脉冲个数相等。由于RC振荡器输出的脉冲是进入步进电动机的工作脉冲,因此,经过该加减速电路保证不会产生丢步。

(4) 环形分配器

环形分配器(环分器)的功能是把来自于加减速电路的一系列进给脉冲指令,转换成控制步进电动机定子绕组通电、断电的电平信号,电平信号状态的改变次数及顺序与进给脉冲的数量及方向对应。环形分配器的功能可利用硬件或软件方法来实现。

① 硬件环形分配器 硬件环形分配器是由触发器和门电路构成的硬件逻辑线路。图5-17所示为三相步进电机六拍方式的硬件环形分配器,其工作状态如表5-1所示。表5-1中,"1"表示通电,"0"表示断电,电机正转时的通电顺序为 $A \rightarrow AB \rightarrow B \rightarrow BC \rightarrow C \rightarrow CA \rightarrow A \rightarrow \cdots\cdots$。开机通电后,由分配器置"0"信号将分配器置成100,作为初始锁相状态。触发器22用于控制正反转,当正转信号+X送来时,上面一排门打开;反转信号-X送来时,下面一排门打开。CP_0 为进给脉冲序列,经触发器11产生脉冲序列CP作为环形分配器的触发脉冲,使 D_1、D_2、D_3 三个D触发器翻转,从而使分配器向 A、B、C 三相绕组按表5-1分配脉冲。

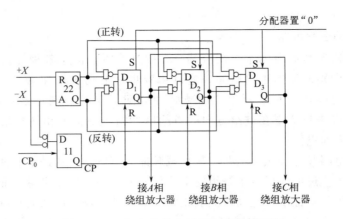

图 5-17 三相六拍方式的硬件环形分配器

表 5-1 三相六拍方式硬件环分器工作状态表

CP	A	B	C	CP	
0	1			0	
1	1	1		5	
正转 2		1		4	反转
3		1	1	3	
4			1	2	
5	1		1	1	
0	1			0	

上述由触发器、逻辑门等分立元件构成的环形分配器，体积大、成本高、可靠性差。现在市场上已经有集成度高、抗干扰性强的专用环形分配器芯片供选用。如国产 PM 系列步进电机专用集成电路 PM03、PM04、PM05 和 PM06 分别用于三相、四相、五相和六相步进电机的控制；进口的步进电机专用集成芯片 PMM8713 和 PMM8714 可用于二相、四相和五相步进电机的控制；PPM101B 是可编程的专用步进电机控制芯片，通过编程可用于三相、四相、五相步进电机的控制。专用环形分配器芯片的优点是使用方便，接口简单。

图 5-18 所示为国产三相步进电动机的专用环形分配器芯片 CH250 用于三相六拍控制的连线图。CH250 芯片通过其控制端的不同接法可以组成三相双三拍和三相六拍的不同工作方式。

CH250 的主要端子有：

A，B，C——环形分配器的 3 个输出端，经功率放大后接到步进电机的三相绕组上。

R，R*——复位端，R 为三相双三拍复位端，R* 为三相六拍复位端，先将对应的复位端接入高电平，使其进入工作状态。若为 "10"，则为三相双三拍工作方式；若为 "01"，则为三相六拍工作方式。

CL，EN——进给脉冲输入端和允许端。进给脉冲由 CL 输入，只有当 EN＝1，脉冲上升沿使环形分配器工作；也允许以 EN 端作脉冲输入端，此时只有

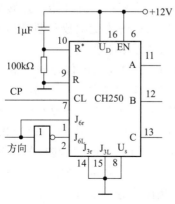

图 5-18 CH250 用于三相六拍控制的连线图

当 CL＝0，脉冲下降沿使环形分配器工作。若不符合上述规定则环形分配器为状态锁定。

J_{3r}，J_{3L}，J_{6r}，J_{6L}——分别为三相双三拍、三相六拍工作方式时步进电机正、反转的控制端。

U_D，U_s——电源端。

② 软件环形分配器　采用软环形分配器只需编制不同的环分程序，将其存入数控装置的存储器中即可。采用这种方式可以使线路简化，成本下降，并可灵活地改变步进电机的控制方案。软件环形分配器的设计方法有多种，如查表法、比较法、移位寄存器法等，最常用的是查表法。查表法的基本设计思想是：结合驱动电源线路，按步进电机励磁状态转换表求出所需的环形分配器输出状态表（输出状态表与状态转换表相对应），将其存入内存中，根据步进电机的运转方向按表地址的正向或反向，顺序依次取出地址的内容输出，即依次表示步进电机各励磁状态，电机正转或反转运行。

下面以三相反应式步进电动机的软件环分为例，说明查表法的设计。图 5-19 所示为两坐标步进电机伺服进给系统框图。X 向和 Z 向步进电动机的三相定子绕组分别为 A、B、C 相和 a、b、c 相，分别经各自的放大器、光电耦合器与计算机 I/O 接口的 $PA_0 \sim PA_5$ 相连。环形分配器的输出状态表如表 5-2 所示。

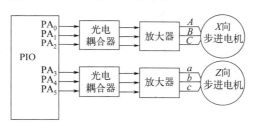

图 5-19　两坐标步进电机驱动控制电路

表 5-2　步进电机软件环分器的输出状态表

节拍序号	X 向步进电机					节拍序号	Z 向步进电机				
	C	B	A	存储单元			c	b	a	存储单元	
	PA_2	PA_1	PA_0	地址	内容		PA_5	PA_4	PA_3	地址	内容
0	0	0	1	2A00H	01H	0	0	0	1	2A10H	08H
1	0	1	1	2A01H	03H	1	0	1	1	2A11H	18H
2	0	1	0	2A02H	02H	2	0	1	0	2A12H	10H
3	1	1	0	2A03H	06H	3	1	1	0	2A13H	30H
4	1	0	0	2A04H	04H	4	1	0	0	2A14H	20H
5	1	0	1	2A05H	05H	5	1	0	1	2A15H	28H

查表法是根据步进电机当前励磁状态和正向或反向运转的要求，采用基址（表格首址）加索引值（序号）的方法从表中找到相应单元地址，并取出地址的内容输出。正转时，若电机当前序号不是表底序号，则序号加 1 到达表中下一状态；若是表底序号，需将表底序号修改成表首序号；反转时，则需判断当前序号是不是表首序号，若不是表首序号则序号减 1；若是表首序号，需将表首序号修改成表底序号。

（5）功率放大器

步进电动机的定子绕组需要几安培的驱动电流，然而环形分配器输出的进给控制信号电流只有几毫安,因此需要对信号进行功率放大,从而提供幅值足够且前后沿较好的励磁电流。

① 单电压驱动电路　单电压驱动电路如图 5-20 所示,步进电动机的每一相绕组都有这样的电路。图中,第一级射极跟随器 VT_1 起隔离作用,使功率放大器对环形分配器的影响减小;第二级射极跟随器 VT_2 处于放大区,用以改善功率放大器的动态特性。射极跟随器的输出阻抗较低,可使加到功率开关管 VT_3 的脉冲前沿较好。

当环形分配器输出端 A 为高电平时,VT_3 饱和导通,步进电机 A 相绕组 L_A 中的电流从零开始按指数规律上升到稳态值。当 A 端为低电平时,VT_1、VT_2 处于小电流放大状态,VT_2 的射极电位不可能使 VT_3 导通,绕组 L_A 断电。此时由于电感的存在,将在绕组两端产生很大的感应电动势,和电源电压一起加到 VT_3 管上,将造成过压击穿。因此,绕组 L_A 并联有续流二极管 VD_1,VT_3 的集电极与发射极之间并联 RC(阻容)吸收回路以保护 VT_3 不被损坏。绕组 L_A 串联电阻 R_0 以限流和减小回路的时间常数;并联加速电容 C_0 以提高绕组的瞬间过压,使绕组 L_A 中的电流上升速度提高,从而提高启动频率。

② 高低压驱动电路　单电压驱动电路的缺点是:由于串入电阻 R_0 后,无功功耗增大。为保持稳态电流,相应的驱动电压较无 R_0 时也要大为提高,对晶体管的耐压要求更高。为克服上述缺点,出现了高低压驱动电路,如图 5-21 所示。该电路包括功率放大级(由功率开关管 VT_g、VT_d 组成)、前置放大器和单稳延时电路。二极管 VD_d 用作高低压隔离,VD_g 和 R_g 组成高压放电回路。单稳延时电路整定高电压导通的时间,通常为 $100\sim600\mu s$。

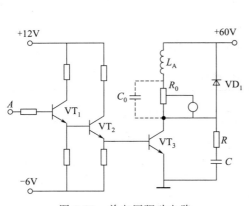

图 5-20　单电压驱动电路

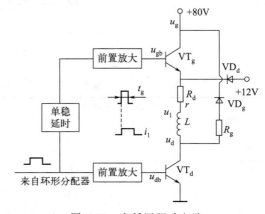

图 5-21　高低压驱动电路

当环形分配器输出高电平时,功率放大管 VT_g、VT_d 同时导通,电动机绕组以 +80V 电压供电,绕组电流按时间常数 $L/(R_d+r)$ 向稳定值 $u_g/(R_d+r)$ 上升,当达到单稳延时时间时 VT_g 管截止,改由 +12V 供电,维持绕组额定电流。当低压断开时,电感 L 中储能通过 VD_g、R_g 及 u_g 和 u_d 构成的回路放电,放电电流的稳态值为 $(u_g-u_d)/(R_d+R_g+r)$,因而也加快了放电过程。这种供电电路由于加快了绕组电流的上升和下降过程,故有利于提高步进电动机的启动频率和最高连续工作频率。由于额定电流是由低压维持的,只需较小的限流电阻,所以功耗大为减小。

③ 斩波驱动电路　高低压驱动电路电流波形的波顶会出现凹形,造成高频输出转矩的下降,为了使励磁绕组中的电流维持在额定值附近,又出现了斩波驱动电路,其原理如图 5-22。

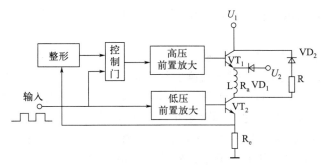

图 5-22 斩波驱动电路

以环形分配器输出的脉冲为输入信号，若为正脉冲，则 VT_1、VT_2 导通，由于 U_1 电压较高且绕组回路没有串联电阻，因此绕组中的电流迅速上升，绕组中的电流当上升到额定值以上某个数值时，由于采样电阻 R_e 的反馈作用，经整形、放大后送至 VT_1 的基极，使 VT_1 截止。接着绕组由 U_2 低压供电，绕组电流立即下降，但刚降至额定值以下时，由于 R_e 的反馈作用，整形电路无信号输出，此时高压前置放大电路又使 VT_1 导通，电流又上升。如此反复进行，形成一个在额定电流值范围上下波动呈锯齿状的绕组电流波形，近似恒流，因此，斩波电路也称斩波恒流驱动电路。锯齿波的频率可通过调整采样电阻 R_e 和整形电路的电位器来调整。

斩波驱动电路虽然复杂，但它的优点比较突出，即绕组的脉冲电流边沿陡，快速响应好；功耗小，效率高；输出恒定转矩；减少了步进电机共振现象的发生。

④ 细分线路 上述驱动电路为了提高驱动系统的快速响应，采用了提高供电电压、加快电流上升沿的措施。但在低频工作时步进电机的振荡加剧，甚至可能失步。为此，可考虑使电压随频率变化，采用调频调压电路。另外，为了使步进电机的运行平稳，可用电路控制的方法来进行细分，使步距角减小。

通过细分驱动电路，把步进电动机的每一步的步距角再分得细一些。如十细分线路，将原来输入一个进给脉冲步进电动机走一步变为输入 10 个脉冲才走一步。换句话说，采用十细分线路后，在进给速度不变的情况下，可使脉冲当量缩小到原来的 1/10。若无细分，定子绕组的电流是由零跃升到额定值的，相应的角位移如图 5-23（a）所示。采用细分后，定子绕组的电流要经过若干小步的变化，才能达到额定值，相应的角位移如图 5-23（b）所示。

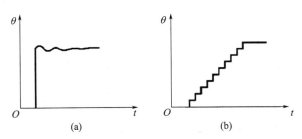

图 5-23 细分前后步进电机一步的角位移波形比较

5.2.2 直流伺服电机速度控制单元

由直流伺服电机机械特性方程式［见本章 5.1 节中的式（5-3）］可知，直流伺服电机调速可以通过三种方式实现：调节电枢回路电阻 R_a、调节电枢电压 U_a 和调节磁极磁通 ϕ 的值。

调节电枢回路电阻 R_a 来实现电机调速的方法不经济，且调速范围有限，实际中很少采用。

调节电枢电压 U_a 来实现电机调速（调压调速）时，磁通 ϕ 保持不变，电机电磁转矩 T_M 为额定值保持不变，因此，调压调速也称为恒转矩调速。调节电枢电压 U_a 时直流伺服电机的机械特性为一组平行线，其斜率不变，只改变了电机的理想转速，从而保持了原有较硬的机械特性。数控机床进给伺服系统就是采用调压调速的方式。

调节磁通 ϕ 来实现电机调速（调磁调速），是在保持电枢电压恒定的情况下改变励磁绕组的电流，改变磁通 ϕ，从而改变电机转速。电机在额定运行条件下磁场接近饱和，因此只能弱磁调节。即减小励磁电流，使磁通 ϕ 下降，此时转矩 T_M 下降，转速上升，输出功率基本维持不变，故调磁调速又称为恒功率调速。调磁调速会使得直流电机的机械特性变软，这种调速方法主要用于机床主轴电机的调速。

数控机床进给驱动系统中，直流伺服电机速度控制已经成为一个独立、完整的模块，称为速度控制单元。其作用是接收转速指令信号，将其转变为相应的电枢电压，达到速度调节的目的。直流伺服电机速度控制单元常用的调速方法有晶闸管（即可控硅，简称SCR）直流调速和晶体管脉宽调制（PWM）直流调速两种。

5.2.2.1 晶闸管直流调速系统

晶闸管直流调速是通过调节触发装置的控制电压大小控制晶闸管触发角 α 来移动触发脉冲的相位，从而改变整流电压的大小，达到直流电机平滑调速的目的。晶闸管直流调速系统主要由速度调节回路（外环）、电流调节回路（内环）和 SCR 整流放大器组成，如图 5-24 所示。

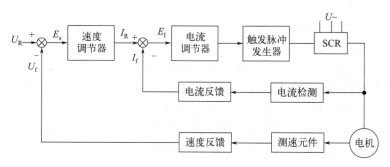

图 5-24　晶闸管直流调速系统

(1) 速度调节回路

当来自数控装置的速度指令电压 U_R 增大时，由于速度反馈电压 U_f 尚未变化，二者之值 E_S 增大，速度调节器输出增大，使 α 角减小触发脉冲前移，整流器输出电压提高，电机转速上升。此时，装在电机轴上的测速元件（常用光电脉冲编码器或测速发电机）输出电压 U_f 随之增大，使 E_S 减小，电机转速上升减缓，当 U_f 等于 U_R 时，系统达到新的动态平衡，电机以较高速度稳定运转。当系统受到干扰（如负载增大）时，电机转速就下降，此时 U_f 下降，使 E_S 增大，从而使电机转速上升恢复到干扰前的速度。

(2) 电流调节回路

如果电网电压突然降低，则整流器输出电压随之降低，由于惯性电机转速尚未变化之前首先引起电枢回路电流 I_f（由电流传感器取自 SCR 主回路）减小，电流偏差信号 E_I 增大，电流调节器的输出增加，使 α 角减小触发脉冲前移，整流器输出电压恢复到原来值，从而抑制了电枢回路电流的变化。

（3）SCR 整流放大器

SCR 整流放大器有以下作用：用作整流，将电网交流电源变为直流；将调节回路的控制功率放大，得到较高电压和较大电流以驱动电机；在可逆控制电路中，当电机制动时，电机运转的惯性能转变为电能，并回馈给交流电网。触发脉冲发生器产生合适的触发脉冲，对功率放大电路进行控制。该触发脉冲必须与供电电源频率及相位同步，以保证晶闸管的正确触发。

晶闸管直流调速系统的主回路可以是单相半控桥、单相全控桥、三相半控桥、三相全控桥等结构。其中，单相桥式整流电路虽然结构简单，但输出波形差，容量有限，因而较少采用。数控机床的进给伺服系统多采用三相全控桥式反并联无环流可逆电路，其结构如图 5-25 所示。

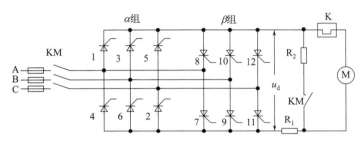

图 5-25 三相全控桥式反并联无环流可逆电路（1～12 为晶闸管）

图 5-25 中，晶闸管分为 α、β 两组，每组内部又分成共阴极组和共阳极组（如 α 组中由 1、3、5 组成共阴极组，2、4、6 组成共阳极组）。α、β 两组反并联，每组按三相桥式连接，分别实现正转和反转。每组晶闸管都有整流和逆变两种工作状态，一组处于整流工作时，另一组处于待逆变状态。在电机降速时，逆变组工作。

为构成通电回路，这两组中，必须要共阴极组中一个晶闸管和共阳极组中一个晶闸管同时导通。共阴极组的晶闸管是在电源电压正半周内导通，共阳极组的晶闸管是在电源电压负半周内导通。顺序是 2、4、6。共阳极组或共阴极组内晶闸管（即二相间）的触发脉冲之间的相位差是 120°，在每相内两个晶闸管的触发脉冲的相位差是 180°，按管号排列触发脉冲的顺序为 1—2—3—4—5—6，相邻触发脉冲之间的相位差 60°。

5.2.2.2 晶体管脉宽调制（PWM）直流调速系统

晶体管脉宽调制直流调速简称 PWM 调速，随着大功率开关管工艺上的成熟和高反压大电流的模块型功率开关管的商品化，PWM 调速成为了使用非常广泛的直流电机调速方法。PWM 调速利用开关频率较高的大功率开关管作为开关元件，将整流后的恒压直流电源，转换成幅值不变但是脉冲宽度可调的高频矩形波给电机电枢回路供电，通过改变脉冲宽度的方法来改变电机电枢上的平均电压，达到电机调速的目的。与晶闸管直流调速相比，PWM 调速具有以下优点：由于晶体管的结电容小，截止频率高于晶闸管，因此可允许系统有较高的工作频率（2kHz 或 5kHz），整个系统的快速响应性好，能给出极快的定位速度和很高的定位精度，适合于启动频繁的场合；电源的功率因数高；输出转矩平稳，电机脉动小，有利于低速加工；动态硬度好，系统具有良好的线性。但是 PWM 调速系统必需用到大功率开关管，成本较高，功率也不能太大，因而使得它在大功率直流伺服电机上的应用受到一定限制。

(1) PWM 调速系统的结构

图 5-26 为 PWM 调速系统结构框图，与前述晶闸管直流调速系统一样，也采用双闭环控制。系统的主回路是晶体管开关功率放大电路，此外还有速度调节回路和电流调节回路。测速元件（脉冲编码器或测速发电机）G 检测电机的速度并将其变换成反馈电压 u_f，与速度给定电压 u_r 在速度调节器的输入端进行比较，构成速度环。电流传感器（如霍尔传感器）检测电机电枢电流，并输出反馈电压与速度控制器的输出电压在电流调节器的输入端进行比较，构成电流环。电流调节器输出经变换后的速度指令电压，与三角波电压经脉宽调制电路调制后得到调宽的脉冲系列。此调宽脉冲系列作为控制信号输送到晶体管开关功率放大器各相晶体管的基极，使调宽脉冲系列得到放大，成为直流伺服电机电枢的输入电压。

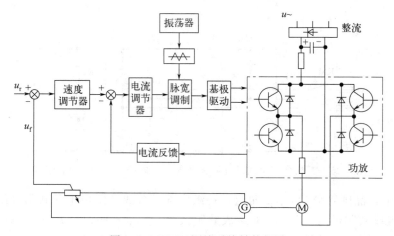

图 5-26 PWM 调速系统结构框图

(2) 脉宽调制器

脉宽调制器由调制信号发生器（三角波或锯齿波发生器）、比较器和脉冲分配器等组成，在 PWM 调速系统中起的作用如下：使电流调节器输出的按给定指令变化，直流电压电平与振荡器产生的一定频率的三角波叠加，然后利用线性组件产生周期固定、宽度可变的矩形脉冲，经基极的驱动回路放大后加到功率放大器晶体管的基极，控制其开关周期及导通的持续时间。由于脉冲周期不变，脉冲宽度改变将改变脉冲的平均电压。

脉宽调制的原理如图 5-27 所示。图 5-27（a）中开关 S 周期性地闭合、断开，其开和关的周期设为 T，在一个周期内闭合的时间为 τ；外加电源的电压是常数 U。那么，该电

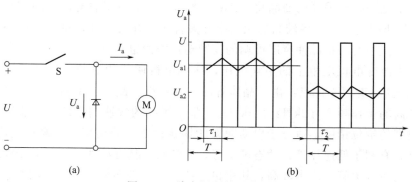

图 5-27 脉宽调制的基本原理

源加到电机电枢上的电压，将是如图 5-27（b）所示的一个高度为 U、宽度为 τ 的方波序列，设其平均值为 U_a，有如下的公式

$$U_a = \frac{1}{T}\int_0^\tau u\,\mathrm{d}t = \frac{\tau}{T}U = \delta U \tag{5-8}$$

式中，$\delta = \tau/T$，称为导通率。周期 T 不变时，只要连续地改变 τ，就可使电枢电压的平均值 U_a 由 0 连续变化至 U，从而连续地改变电机的转速。实际的 PWM 调速系统用大功率三极管代替图 5-27（a）中的开关 S，设其开关频率是 2kHz，则周期 T 为 0.5ms。图 5-27（a）中二极管起到续流的作用，即：当开关 S 断开时，由于电枢电感 L_a 的存在，伺服电机的电枢电流 I_a 可通过它形成回路进而泄流。

图 5-28 所示为调制后所得的一种调宽脉冲，它是用于如图 5-29 所示的 H 型桥式晶体管功率放大器的控制信号。

图 5-28 中，三角波作为载波信号，其幅值与频率固定不变；速度指令直流电压 U_{AB} 有正有负，经调制与脉冲分配后输入开关功率放大器 PWM 基极。

（3）开关功率放大器

开关功率放大器是脉宽调制速度单元的主回路。按结构形式不同，可分为有 T 型放大器和 H 型放大器；按工作方式不同又有双极性和单极性两种。图 5-29 所示为应用最为广泛的 H 型桥式结构的开关功率放大器，其作用是对脉宽调制器输出的信号进行放大，输出具有足够功率的信号，以驱动直流伺服电动机。

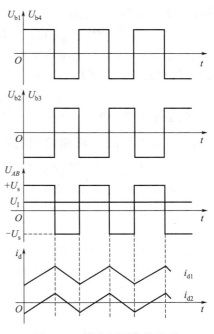

图 5-28 脉宽调制信号波形

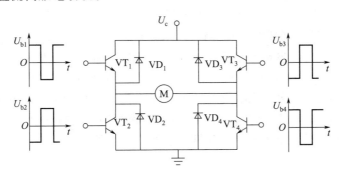

图 5-29 H 型桥式晶体管功率放大器原理

图 5-29 中，M 为直流伺服电机，直流供电电源 U_c 由三相全波整流电源供给。大功率开关管 $VT_1 \sim VT_4$ 组成 H 型桥式开关功放电路，由续流二极管 $VD_1 \sim VD_4$ 构成在晶体管关断时伺服电机绕组能量的释放回路。加到大功率晶体管基极的信号 U_{b1} 是由脉宽调制器输出的脉冲波经基极驱动电路、光电耦合电路后获得的，U_{b1} 在相位、极性上与脉宽调制器输出的脉冲波相同。且有：U_{b1} 与 U_{b4} 相等，U_{b2} 与 U_{b3} 相等，U_{b2}（或 U_{b3}）可通过对 U_{b1} 反相获得。当 $U_{b1} > 0$ 时，VT_1 和 VT_4 导通；当 $U_{b1} < 0$ 时，VT_2 和 VT_3 导通。按照控制指令的不同情况，该开关功率放大电路及所驱动的直流伺服电机可以有如下三种

工作状态：

① 当 $U_{AB}=0$ 时，U_{b1} 的正、负脉宽相等，直流分量为零，VT_1 和 VT_4 导通的时间与 VT_2 和 VT_3 导通的时间相等，流过电枢绕组中的平均电流等于零，电机不转。但在交流分量作用下，电机在停止位置处微振，这种微振有动力润滑作用，可消除电动机启动时的静摩擦，减小启动电压。

② 当 $U_{AB}>0$ 时，U_{b1} 的正脉宽大于负脉宽，直流分量大于零，VT_1 和 VT_4 导通的时间长于 VT_2 和 VT_3，流过绕组中的电流平均值大于零，电机正转，且正转转速随着 U_1（定子每相相电压）增加而增加。

③ 当 $U_{AB}<0$ 时，U_{b1} 的正脉宽小于负脉宽，直流分量小于零，流过电枢绕组的电流平均值也小于零，电机反转，且反转转速随着 U_1 减小而增加。

5.2.3 交流伺服电机速度控制单元

（1）交流伺服电机的控制方式

由电工学原理可知，交流异步电机电磁转矩公式如下：

$$T_M = C_M \phi_M I_2 \cos\varphi_2 \tag{5-9}$$

$$\phi_M = U_1/(4.44 N_1 K_1 f_1) \tag{5-10}$$

式中，T_M 为电机电磁转矩；ϕ_M 为每极气隙磁通量；f_1 为定子供电电压频率；N_1 为定子每相绕组匝数；K_1 为定子每相绕组等效匝数系数；U_1 为定子每相相电压，$U_1 \approx E_1$，E_1 为定子每相绕组感应电动势；I_2 为转子电枢电流；φ_2 为转子电枢电流的相位角；C_M 为转矩常数。

式中 N_1、K_1 为常数，因此 ϕ_M 与 U_1/f_1 成正比。当电机在额定参数下运行时，ϕ_M 达到临界饱和值，即达到额定值 ϕ_{MR}。在电机工作过程中，要求 ϕ_M 必须在额定值以内。以磁通量额定值 ϕ_{MR} 对应的供电频率额定值 f_{1R}（称为基频）为界限，根据供电频率高于还是低于基频 f_{1R}，分为恒转矩调速和恒功率调速两种情况。

① 恒转矩调速　由式（5-10）知，当 ϕ_M 处在临界饱和值不变时，降低 f_1 则必须按比例降低 U_1，以保持 U_1/f_1 为常数（因为若 U_1 不变，使定子铁芯处于过饱和供电状态，不但不能增加 ϕ_M，还会烧坏电机）。因此，当在基频 f_{1R} 以下调速时，ϕ_M 保持不变，即保持定子绕组电流不变，电机的电磁转矩 T_M 为常数，为恒转矩调速。

② 恒功率调速　当频率高于额定值 f_{1R} 时，受电机耐压的限制，U_1 不能升高，只能保持额定值 U_{1R} 不变。电机内部由于供电频率的升高，感抗增加，相电流降低，使 ϕ_M 减小，由式（5-9）知，输出转矩 T_M 减小，但因转速提高，使输出功率不变，因此为恒功率调速。当频率很低时，定子阻抗压降已不能忽略，必须人为地提高定子电压 U_1 用以补偿定子阻抗压降。

（2）交流伺服电机的变频调速

交流电机调速方法主要有变频调速和矢量控制调速。进给交流伺服电机应用最多的是变频调速，本小节只介绍交流电机变频调速方法。交流电机矢量控制调速将在后续讨论交流主轴电机调速时介绍。

数控机床进给系统用的交流电机主要是永磁式交流伺服电机，由式（5-4）可知，这种同步电机的转速取决于电机定子交流供电频率。因此，进给交流伺服电机主要采用变频方法实现无级调速。交流变频调速系统最主要的环节是变频器，其作用是将频率固定（工频50Hz）的交流电变换成频率连续可调（0～400Hz）的交流电，为伺服电机提供频率可变的供电电源。变频器可分为交-交变频器和交-直-交变频器两类。

交-交变频器一般采用 SCR 整流放大器直接将工频交流电变成频率较低的脉动交流电，此脉动交流电的基波就是所需的变频电压。这种方法的交-交变频器不经过中间环节，只需一次电能转换，所以效率高，工作可靠。其缺点是所得到的交流电波动比较大，而且频率的变化范围有限，最大频率即为变频器输入的工频电压频率。

交-直-交变频器则是先将频率固定的交流电整流成直流电，再把直流电逆变成频率可变的交流电。这种方法虽需进行两次电能的变换，但所获得交流电的波动小，调频范围比较宽，调节线性好。由于交-直-交变频调速的上述优点，目前它成为了数控机床上用得最多的交流调速方法。下面讨论交-直-交变频调速中最常用的正弦波脉宽调制（SPWM）变频器。

（3）正弦波脉宽调制（SPWM）变频调速原理

图 5-30 所示为双极性 SPWM 变频器的主电路，主要包括左侧的桥式整流电路和右边的逆变器电路两部分。桥式整流电路将三相工频交流电变成直流电，逆变器将此直流电逆变成二相交流电，驱动电机运行。图中，与直流电源并联的大容量电容 C_d 起到滤平全波整流后的电压纹波的作用，使得直流输出电压具有电压源特性（即内阻很小），这样逆变器的交流输出电压被钳制为矩形波，与负载性质无关。另外，直流回路电感 L_d 起限流的作用，其电感量很小。

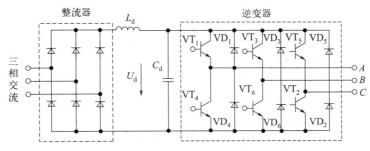

图 5-30 双极性 SPWM 变频器主电路

① 逆变器的工作原理　上述 SPWM 变频器的核心电路是三相逆变器，为满足调速的要求，逆变器必须具有频率连续可调以及输出电压连续可调等功能，并与频率保持一定比例关系。三相逆变电路由 6 只具有单向导电性的功率开关管 $VT_1 \sim VT_6$ 组成逆变桥，A、B、C 为逆变桥的输出端。每只功率开关管上反并联一只续流二极管，即图中的 $VD_1 \sim VD_6$，为负载的电流滞后提供反馈到电源的通路。6 只功率开关管每隔 60°电角度导通一只，相邻两只的功率开关管导通电角度相差 120°，在一个周期内共换向 6 次，对应 6 个不同的工作状态（称为六拍）。根据功率开关管导通的电角度不同，有 180°导通型和 120°导通型两种工作方式。

下面以 180°导通型为例，说明三相逆变器的工作情况。逆变器每只功率开关管的导通电角度都为 180°，每一个工作状态都同时有三只功率开关管导通，且每个桥臂上都有一只功率开关管导通，形成三相负载同时供电。功率开关管的导通规律如图 5-31 所示，图中条纹阴影部分表示各功率开关管处于导通状态，空白部分表示关断状态。

在 t_1、t_2 时间内功率开关管 VT_1、VT_6 同时导通，A 为正，B 为负，u_{AB} 为正；在 t_4、t_5 时间内，功率开关管 VT_3、VT_4 同时导通，A 为负，B 为正，u_{AB} 为负。

在 t_3、t_4 时间内功率开关管 VT_2、VT_3 同时导通，B 为正，C 为负，u_{BC} 为正；在

t_6、t_1 时间内功率开关管 VT_5、VT_6 同时导通，B 为负，C 为正，u_{BC} 为负。

在 t_5、t_6 时间内 VT_5、VT_4 同时导通，C 为正，A 为负，u_{CA} 为正；在 t_2、t_3 时间内 VT_1、VT_2 同时导通，C 为负，A 为正，u_{CA} 为负。

图 5-32 所示为逆变桥输出的线电压波形，从图中可见，输出线电压各相之间相位差为 120°，它们的幅值都与三相整流器的输出直流电压 U_d 相等。

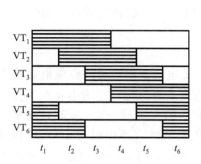

图 5-31 逆变器功率开关管的导通规律

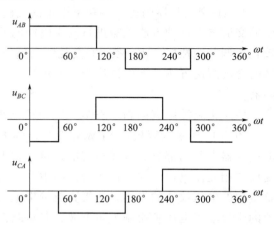

图 5-32 三相逆变桥输出线电压波形

因此，按照一定的规律控制逆变器功率开关管的导通与截止，可以把直流电逆变成三相交流电。改变功率开关管导通和关断的时间，即可得到不同的输出频率。在双极性 SPWM 变频控制方式中，同一相上下两个桥臂的驱动信号都是互补的。实际上为防止上下两个桥臂直通而造成短路，处理方法是在给一个桥臂施加关断信号后再延迟一点时间，再给另一个桥臂施加导通信号。延迟时间的长短主要由功率开关管的关断时间决定，这个延迟时间将会影响输出的 PWM 波形，使其偏离正弦波。

② SPWM 调制波的形成　SPWM 调制波的形成如图 5-33 所示。图中三角波 V_T 为载波（设 V_T 的幅值为 U_T，频率为 f_T），正弦波 V_S 为 A 相控制波（设 V_S 的幅值为 U_S，频率为 f_S），三相整流器的输出直流电压为 U_d。三角波 V_T 与正弦波 V_S 的交点（图 5-33 中的数字 1～14 位置），决定了逆变器某相元件的通断时间，此处所示为 VT_1 和 VT_4 的通断。在正半周期，VT_1 工作在调制状态，VT_4 处于截止，A 相绕组的相电压为 $+U_d/2$；而当 VT_1 截止时，电机绕组中的磁场能量通过 VD_4 续流，使该绕组承受 $-U_d/2$ 电压，从而实现了双极性 SPWM 调制特性。在负半周时，VT_4 工作在调制状态，VT_1 处于截止。

SPWM 的输出脉冲的宽度正比于相交点的正弦控制波的幅值。逆变器输出端为一具有控制波频率，且有某种谐波畸变的调制波形，其基波幅值为 $KU_d/2$，其中 K 称为调制系数（$K = U_S/U_T$）。

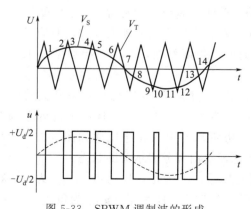

图 5-33 SPWM 调制波的形成

可见，只要改变调制系数 K 就可灵活地调节输出基波的幅值；只要改变正弦波 V_S 的频率就可改变输出基波的频率。而且随着 f_T/f_S 的升高，输出波形的谐波分量不断减小，输出的正弦性越来越好。

③ SPWM变频调速系统 图5-34为SPWM变频调速系统结构框图。速度给定器给定信号,用以控制频率、电压及正反转;平稳启动回路使启动加减速时间可随机械负载情况设定,达到软启动目的;函数发生器是为了在输出低频信号时,保持电机气隙磁通一定,补偿定子电压降的影响而设;电压频率变换器将电压转换为频率,经分频器、环形计数器产生的方波,和经三角波发生器产生的三角波一并被送入调制回路;电压调节器产生频率与幅度可调的控制正弦波,送入调制回路,它和电压检测器构成闭环控制;在调制回路中进行PWM变换产生三相的脉冲宽度调制信号;在基极回路中输出信号至功率开关管基极,对SPWM主电路进行控制,实现对永磁式交流伺服电机的变频调速;电流检测器是为过载保护而设。

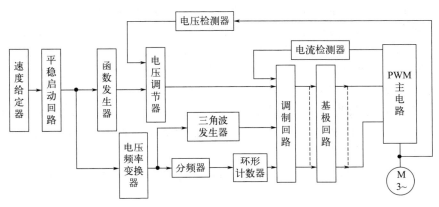

图5-34 SPWM变频调速系统框图

用模拟电路元件实现SPWM变频调速的情况是:首先由模拟电路构成的三角波和正弦波发生器分别产生三角波信号V_T和正弦波信号V_S,将V_T和V_S送入电压比较器输出SPWM调制的矩形脉冲。采用模拟电路调制的优点是完成三角波信号和正弦波信号的比较,以及确定脉冲宽度所用的时间短,几乎瞬间可完成。其缺点是所需要硬件较多,而且不够灵活,改变参数和调试比较麻烦。

采用数字电路的SPWM逆变器,可采用以软件为基础的控制模式。优点是所需硬件少,灵活性好、智能性高。缺点是需要通过计算确定SPWM的脉冲宽度,有一定的延时和响应时间。随着高速、高精度多功能微处理器、微控制器和SPWM专用芯片的发展,采用微机控制的数字化SPWM技术占当今PWM逆变器的主导地位。

5.2.4 直线电机在进给驱动中的应用

自1993年德国OSG Ex-Cell-O公司研发出第一台直线电机驱动工作台的加工中心(XHC240)以来,直线电机已在不同种类的机床上得到应用。

XHC240型加工中心采用了德国Indramat公司的感应式直线电机,各轴的快速移动速度为80m/min,加速度高达1g($g=9.8m/s^2$),定位精度0.005mm,重复定位精度0.0025mm。自此,直线电机直接驱动开始应用于数控机床,出现了由直线电机装备的加工中心、电加工机床、压力机以及大型机床,如:美国Ingersoll公司研制的使用进给直线电机的HVM8加工中心,其X、Y、Z轴的驱动均采用永磁直线同步电机,进给最高速度达76.2m/min,加速度达1~1.5g;意大利Vigolzone公司生产的高速卧式加工中心,三轴进给速度均达到70m/min,加速度达1g。日本松浦机械制作所XL-1型立式加工中心四轴联动,进给采用直线电机,快速移动速度90m/min,最大加速度1.5g;丰田工机、OKUMA等公司采用直线电机,进给驱动最大加速度达2g,快速移动速度达100~120m/min;Sodik公司开发了永磁直线电机驱动的电火花成形机床,其快速行程为36m/min;等等。目前,直线电机和全数字驱动伺服控制系统为特征的高速加工中心成为各知名机床制造商竞相研发的关键产品,并已经在汽车工业和航空工业等领域中取得初步应用和成效。

数控机床进给系统采用直线电机直接驱动,与传统的旋转电机加滚珠丝杠传动方式相比,最大区别是前者取消了从电机到工作台之间的机械中间传动环节,即把机床进给传动链的长度缩短为零,避免了丝杠传动中的反向间隙大、惯性大、效率低、摩擦力较大和刚性不足等缺点,因此直线电机直接驱动的方式也称为"零传动"。直线电机的开发应用,使得机床行业的传统进给结构发生变化,不仅简化了进给机械结构,更重要的是使机床的性能指标得到大大提高。直线电机驱动进给伺服系统的优点主要体现在以下方面:

① 由于直线电动机的运动部件(初级)和机床的工作台合二为一,因此与滚珠丝杠进给单元不同,直线电机进给单元采用的必须是全闭环控制系统。一般直线电机配备全数字伺服系统,可以达到极好的伺服性能。工作台对位置指令几乎是立即反应(电气时间常数约为1ms),从而使跟随误差减至最小而达到较高的精度;速度高,惯性小,加速度特性好,易于实现高速下的精确定位;在任何速度下都能实现非常平稳的进给运动。

② 由于使用的是直线伺服电动机,电磁力直接作用于运动体(机床工作台)上而不用机械连接,因此没有机械滞后或齿节周期误差,其精度完全取决于反馈系统的检测精度。

③ 由于无机械零件相互接触,因此不存在机械磨损、反向间隙等问题,因此系统可靠性高,寿命长。

④ 由于没有低效率的中间传动部件,因此系统执行效率高;而且在脉冲负荷作用下,伺服系统保持其位置的能力强(即可获得很好的动态刚度)。

⑤ 不像滚珠丝杠那样有行程限制,这种系统可以在一个行程全长上安装使用多个工作台,采用多段拼接技术来满足超长行程机床的要求。

直线电机直接驱动与旋转电机加滚珠丝杠传动的性能对比如表5-3。

表5-3 直线电机直接驱动与旋转电机加滚珠丝杠传动的性能比较

性能指标	直线电机直接驱动	旋转电机加滚珠丝杠传动
最高速度/(m/s)	2~4	0.5(取决于丝杠螺距)
最高加速度	2g~10g	0.5g~1g
静态刚度/(N/μm)	70~270	90~180
动态刚度/(N/μm)	160~210	90~180
最大作用力/N	90000	26700
稳定时间/ms	10~20	100
可靠性/h	50000	6000~10000

然而,直线电动机在机床上的应用也存在一些问题,如:由于没有机械连接或啮合,则垂直轴需要外加平衡块或制动器;当载荷变化大时需要重新整定系统,因此控制装置需要具备自动整定功能,能够快速调机;磁铁或线圈对电动机部件的吸力很大,因此应注意

选择导轨和合理设计滑架结构,并注意解决磁铁吸引金属颗粒的问题。

总的说来,在高速高精度加工机床领域内,直线电机驱动方式和旋转电机加滚珠丝杠的传动方式虽然还会并存相当长一段时间,但趋势是直线电机驱动所占比重会愈来愈大,将来直线电机驱动很可能成为高速高精度机床进给驱动的主流。

5.3 主轴驱动

主轴驱动伺服系统用于控制数控机床主轴的转动。数控机床的主轴驱动和进给驱动有较大差别:进给驱动需要丝杠或其他直线运动装置实现往复运动;主轴的工作运动通常只是旋转运动,提供加工各类工件所需的切削功率,因此,只需完成主轴调速及正反转功能。但当要求机床有螺纹加工、准停和恒线速度加工等功能时,对主轴也提出了相应的位置控制要求,即要求主轴输出功率大,具有恒转矩段及恒功率段,有准停控制与进给联动等。

主轴伺服经历了从最初的普通三相异步电机驱动到直流主轴驱动,现在又进入了交流主轴驱动伺服系统的时代。目前,数控机床向高速度、高精度方向发展,电主轴应运而生,电主轴将是数控机床主轴驱动系统的一个发展方向。

5.3.1 对主轴驱动的要求

数控机床对主轴驱动的要求主要有以下几点:

(1) 调速范围宽

为保证加工时选用合适的切削用量,以获得最佳的生产率、加工精度和表面质量,要求主轴能在较宽的转速范围内根据数控系统的指令自动实现无级调速,并减少中间传动环节,简化主轴箱。特别对于具有自动换刀功能的数控加工中心,为适应各种刀具、工序和各种材料的加工要求,对主轴的调速范围要求更高。

目前主轴驱动装置的恒转矩调速范围已可达 1:100,恒功率调速范围也可达 1:30,过载 1.5 倍时可持续工作时间达到 30min。

(2) 恒功率范围要宽

主轴在全速范围内均能提供切削所需功率,并尽可能在全速范围内提供主轴电机的最大功率。由于主轴电机与驱动装置的限制,主轴在低速段均为恒转矩输出。为满足数控机床低速、强力切削的需要,常采用分段无级变速的方法(即在低速段采用机械减速装置)以扩大输出转矩。

(3) 具有位置控制能力

即进给功能(C轴功能)和定向功能(准停功能),以满足加工中心自动换刀、刚性攻螺纹、螺纹切削以及车削中心的某些加工工艺的需要。具有四象限的驱动能力。

(4) 其他

要求主轴在正反向转动时均可进行自动加减速控制,并且加减速时间要短。目前一般伺服主轴可以在 1s 内从静止加速到 6000r/min。

此外,不同的数控机床对主轴驱动还有一些不同的要求,如要求主轴与进给驱动实行同步控制,要求主轴能高精度定位控制,要求主轴具有角度分度控制的功能等。

为实现上述的要求,数控机床采用直流或交流主轴驱动系统。目前,数控机床 90% 采用交流主轴驱动系统。主轴变速分为有级变速、无级变速和分段无级变速三种形式,其中有级变速仅用于经济型数控机床，大多数数控机床均采用无级变速或分段无级变速。在无级变速中，变频调速主轴一般用于普及型数控机床，交流伺服主轴则用于中高档数控机床。

5.3.2 直流主轴驱动系统

早期的数控机床多采用直流主轴驱动系统，为使主轴电机能输出较大的功率，一般采用他励式的直流电机。直流主轴电机在结构上也是由定子和转子两大部分组成。转子由电枢绕组和换向器组成，定子由主磁极和换向器组成，有的主轴电机在主磁极上不但有主磁极绕组，还带有补偿绕组。为改善换向性能，在主轴电机结构上都有换向器；为缩小体积，改善冷却效果，采用了轴向强迫通风冷却或热管冷却，在电机尾部一般都同轴安装有测速发电机作为速度反馈元件。

直流主轴电机速度控制单元如图 5-35 所示，由调压控制电路（图 5-35 下半部分框图）和调磁控制电路（图 5-35 上半部分框图）两部分组成。

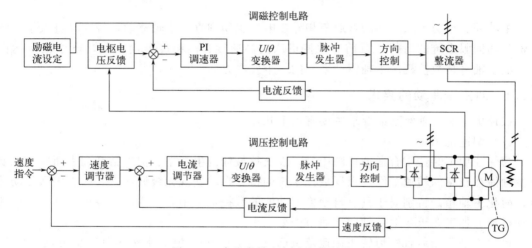

图 5-35　直流主轴电机速度控制单元

调磁控制电路实现恒功率调速，是通过控制励磁电路励磁电流的大小来实现的。主轴电机为励磁式电机，励磁绕组需由另一个直流电源供电。励磁电流设定电路、电枢电压反馈电路及励磁电流反馈电路三者的输出信号经比较后输入 PI 调速器（比例积分调速器），根据调节器输出电压的大小，经晶闸管触发电路（电压/相位变换器），来决定晶闸管门极的触发脉冲的相位，控制加到励磁绕组端的电压大小，从而控制励磁绕组的电流大小，完成恒功率控制的调速。

图 5-35 中电压反馈环节的作用是：他励直流主轴电机，调压、调磁是分开独立工作的。在额定转速以下用改变电调电枢端电压调速，此时调磁不工作，只是维持额定的磁场，用电压反馈作信号，限制励磁电流反馈。当电枢端电压达到额定值时，可以调磁，使电机转速在高速段调整。

采用主轴速度控制单元之后，一般来说，数控机床只需二级机械变速即可满足一般数控加工的变速要求。

5.3.3 交流主轴驱动系统

（1）交流主轴电机

数控机床进给用的交流电机大多采用永磁式（同步式）交流伺服电机，而交流主轴电机则均采用感应式（异步式）交流伺服电机。这是因为数控机床主轴伺服系统不必像进给伺服系统那样，需要高的动态性能和调速范围。感应式交流伺服电机结构简单、便宜、可靠，配上矢量变换控制的主轴驱动装置，完全可以满足数控机床主轴驱动的要求。感应式交流主轴伺服电机转速与磁场转速是异步的，式（5-6）为电机转速公式。主轴驱动交流伺服化是当今的发展趋势。

与普通感应式电机相比，交流主轴伺服电机的结构一般经过专门设计，如为了增加输出功率，缩小电机的体积，采用定子铁芯在空气中直接冷却的方法，没有机壳，而且在定子铁芯上有轴向孔，以利通风，因此交流主轴伺服电机的外形多呈多边形而不是常见的圆形；在电机轴尾部同轴安装检测用脉冲发生器或脉冲编码器。

另外，为满足数控机床切削加工的特殊要求，出现了一些新型主轴电机，主要有输出转换型交流主轴电机、液体冷却主轴电机和内装式主轴电机（电主轴）等。

① 输出转换型交流主轴电机　主轴电机本身由于特性的限制，在低速区是恒转矩输出，输出功率发生变化；高速区为恒功率输出。主轴电机的恒定特性可用其在恒转矩范围内的最高速度和恒功率范围内的最高速度之比来表示，一般为 1∶3～1∶4。为满足机床切削的需要，主轴驱动系统应能在任何刀具切削速度下提供恒定的功率，一般的做法是在主轴与电机之间装上齿轮箱，使之在低速时仍有恒功率输出。

若主轴电机本身具有宽的恒功率范围，可省略主轴变速箱，那么既能达到上述要求又同时能简化主轴结构。为此，可采用一种称为输出转换型的交流主轴电机。输出转换方法有：三角形-星形切换、绕组数切换或两者组合切换，其中，绕组数切换方法简便，每套绕组都能分别设计成最佳的功率特性，能得到非常宽的恒功率范围，一般可达 1∶3～1∶30。采用输出转换型交流主轴电机，就可省去主轴变速箱。

② 液体冷却主轴电机　与进给电机相比，交流主轴电机要求输出功率大。一定尺寸条件下，输出功率增大，必将大幅度增加发热量，因而主轴电机必须重视解决散热问题。主轴电机的散热一般是采用风扇冷却的方法；而采用液体（润滑油）强迫冷却的方法能在保持小体积条件下获得更大的输出功率。液体冷却主轴电机的结构特点是在电机外壳和前端盖中间有一个独特的油路通道，用强迫循环的润滑油经此来冷却绕组和轴承，使电机可在 20000 r/min 高速下连续运行。这类电机的恒功率范围也很宽。

③ 电主轴　随着越来越多的机械设备向高速、高精度、高智能领域发展，对数控机床主轴系统提出了更高的要求，电主轴系统是数控机床中最能适应上述高性能工况的核心部件之一。电主轴系统由内装式主轴电机直接驱动，从而把机床主传动链的长度缩短为零，可以实现机床的"零传动"。

电主轴系统把主轴与电机有机地结合在一起，电机轴是空心轴转子也就是主轴本身，电机定子被嵌入在主轴头内。电主轴系统由内装式电主轴单元、驱动控制器、编码系统、直流母线能耗制动器和通信电缆组成。内装式电主轴单元是电主轴系统的核心，组成部件包括电机、支承、冷却系统、松拉刀系统、松刀汽缸或液压缸、轴承自动卸载系统、刀具冷却系统、编码安装调整系统。

虽然将电机内置在安装上会带来一些麻烦，但在高速加工时，采用电主轴几乎是唯一最佳的选择。这是因为：

a. 取消了中间传动机构，从而消除了由于这些机构而产生的振动和噪声；

b. 可将主轴的转动惯量减至最小，因而主轴回转时可有极大的角加速度，在最短时间内可实现高转速的速度变化；

c. 高速运行时避免了由中间传动机构引起的振动冲击，因而更加平稳，延长主轴轴承寿命。

近年来，为满足特定需要，进一步改善电主轴性能，还出现了流体静压轴承和磁悬浮轴承电主轴及交流永磁同步电机电主轴。

(2) 交流主轴电机的速度控制

交流主轴电机的控制单元广泛采用矢量变换控制的方法，即矢量控制 PWM 变频调速方法。矢量变换控制是 1971 年由德国人 Felix Blasche 提出的，采用矢量变换控制可以使得交流电机变频调速后的机械特性和动态性能足以与直流电机相媲美。

① 矢量控制的基本思想　直流电机能获得优异的调速性能，根本原因是：励磁磁通 ϕ 和电枢电流 I_a，这两个与电机电磁转矩 T_M 相关的变量，它们二者之间的关系是互相独立的。由直流电机理论可知，如果补偿绕组完全克服了电枢电流对励磁磁通的影响，若略去磁路饱和的影响且电刷置于几何中心线上，则励磁磁通 ϕ 仅正比于励磁电流 I_f，而与电枢电流 I_a 无关。在空间上，励磁磁通 ϕ 与电枢电流 I_a 正交，即 ϕ 与 I_a 形成两个独立变量。由直流伺服电机机械特性方程式 (5-3) 可知，分别控制励磁电流和电枢电流，即可方便地进行转矩与转速的线性控制。而交流电机则不同，根据交流异步电机电磁转矩关系式 (5-9) 可知，电磁转矩 T_M 与每极气隙磁通 ϕ_M 和转子电流 I_2 成正比，交流电机的定子通三相正弦对称交流电时产生随时间和空间都在变化的旋转磁场，因此磁通是空间交变矢量。磁通 ϕ_M 与转子电流 I_2 不正交，即二者不再是独立的变量，可分别进行调节和控制。

交流电机矢量控制的基本思想是利用等效的概念，将三相交流电机输入的电流矢量变换为等效的直流电机中彼此独立的励磁电流和电枢电流标量，然后和直流电机一样，通过对这两个量的反馈控制实现对电机的转矩控制；再通过相反的变换，将被控制的等效直流电机还原为三相交流电机，那么三相交流电机的调速性能就完全体现了直流电机的调速性能。等效变换的原则是变换前后必须产生同样的旋转磁场。

② 矢量控制的等效过程

a. 三相/二相变换。三相/二相变换是将三相交流电机变换为等效的二相交流电机以及与其相反的变换。方法是把异步电机的 A、B、C 三相坐标系的交流量变换为 α-β 两相固定坐标系的交流量。在空间互成 120° 的三相异步电机定子绕组 A、B、C 上通以三相正弦交流电流 i_A、i_B、i_C，这样一个三相异步电机可以用一个二相电机来等效，该二相电机两个定子绕组 α、β 在空间正交，如图 5-36 (a) 所示。等效条件是两相电流 i_α、i_β 与三相电流 i_A、i_B、i_C 满足如下关系，即

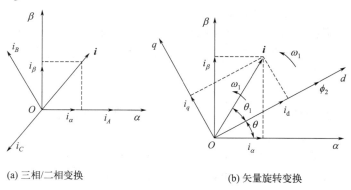

(a) 三相/二相变换　　　(b) 矢量旋转变换

图 5-36　三相/二相变换与矢量旋转变换

$$\begin{bmatrix} i_\alpha \\ i_\beta \end{bmatrix} = \sqrt{\frac{2}{3}} \begin{bmatrix} \cos 0 & \cos\left(\frac{2}{3}\pi\right) & \cos\left(\frac{4}{3}\pi\right) \\ \sin 0 & \sin\left(\frac{2}{3}\pi\right) & \sin\left(\frac{4}{3}\pi\right) \end{bmatrix} \begin{bmatrix} i_A \\ i_B \\ i_C \end{bmatrix} = \sqrt{\frac{2}{3}} \begin{bmatrix} 1 & -\frac{1}{2} & -\frac{1}{2} \\ 0 & \frac{\sqrt{3}}{2} & -\frac{\sqrt{3}}{2} \end{bmatrix} \begin{bmatrix} i_A \\ i_B \\ i_C \end{bmatrix}$$

(5-11)

式（5-11）中的系数矩阵称为由三相固定绕组到二相固定绕组的变换矩阵。式（5-12）为二相/三相的逆变换关系式：

$$\begin{bmatrix} i_A \\ i_B \\ i_C \end{bmatrix} = \sqrt{\frac{2}{3}} \begin{bmatrix} 1 & 0 \\ -\frac{1}{2} & \frac{\sqrt{3}}{2} \\ -\frac{1}{2} & -\frac{\sqrt{3}}{2} \end{bmatrix} \begin{bmatrix} i_\alpha \\ i_\beta \end{bmatrix}$$

(5-12)

三相异步电机的电压和磁链的变换均与电流变换相同，这样就可将三相电机转换为二相电机。

b. 矢量旋转变换。将三相电机转化为二相电机后，还需要将二相交流电机变换为等效的直流电机。矢量旋转变换如图 5-36（a）所示，将 α-β 两相固定坐标系中的交流量变换为以转子磁场定向的 d-q 直角坐标系的直流量，d-q 坐标系旋转的同步电气角速度设为 ω_1。旋转坐标系水平轴位于转子轴线上，称为转子磁场定向的矢量控制，静止和旋转坐标系之间的夹角 θ 就是转子位置角，可用装于电机轴上的位置检测元件（如编码盘）来获得，永磁同步电机的矢量控制属于此类。如果矢量控制的旋转坐标系是选在电机的旋转磁通轴上，称为磁通定向控制，适用于三相异步电机，其静止和旋转坐标系之间的夹角不能检测，需通过计算获得。

矢量旋转变换的实质就是矢量向标量的转换，是要把 i_α、i_β 转化为 i_d、i_q，转化条件是保证合成磁场不变。i_α、i_β 的合成矢量是 $\boldsymbol{i}$，将其向一个旋转直角坐标系 d-q 分解。图 5-36（b）中 α-β 是固定的直角坐标系，d-q 是以同步角速度 ω_1 旋转的直角坐标系。矢量变换的矩阵表达式为

$$\begin{bmatrix} i_d \\ i_q \end{bmatrix} = \begin{bmatrix} \cos\theta & \sin\theta \\ -\sin\theta & \cos\theta \end{bmatrix} \begin{bmatrix} i_\alpha \\ i_\beta \end{bmatrix}$$

(5-13)

其逆变换矩阵为

$$\begin{bmatrix} i_\alpha \\ i_\beta \end{bmatrix} = \begin{bmatrix} \cos\theta & -\sin\theta \\ \sin\theta & \cos\theta \end{bmatrix} \begin{bmatrix} i_d \\ i_q \end{bmatrix}$$

(5-14)

其中 i_d、i_q 分别对应直流电机的励磁电流和电枢电流。这样就实现了二相交流电机向直流电机的等效变换。

用极坐标表示 i_d、i_q 时的关系式

$$|\boldsymbol{i}| = \sqrt{i_d^2 + i_q^2}$$

(5-15)

$$\tan\theta_1 = \frac{i_q}{i_d}$$

(5-16)

由于矢量控制需要复杂的数学计算，所以它是一种基于微处理器的数字控制方案。根据矢量变换原理就可组成交流伺服电机矢量控制变频调速系统。

如果矢量控制调速系统各环节的计算都是由软件实现的，就可以实现全数字交流伺

服控制。

交流主轴电机矢量控制变频调速系统的特点有：可以实现电动机四象限运行；可以连续正反启动；转矩对电流响应速度快，电动机响应速度快，且无振荡现象发生；运行低速平稳；零速时能够达到最大转矩；在低于额定转速时，电动机是恒转矩调速；在高于额定转速时，电动机是恒功率调速。

5.3.4 主轴准停控制

主轴准停功能又称为主轴定向功能，指当主轴停止时，能控制其以一定的力矩准确地停止于某一固定位置。主轴定向功能的作用主要有两方面：第一，这是自动换刀的要求。在自动换刀的镗铣加工中心上，切削时的切削转矩不能完全靠主轴锥孔的摩擦力传递，因此通常在主轴前端设置一个或两个凸键，当刀具装入主轴时，刀柄上的键槽必须与此凸键对准；为保证顺利换刀，主轴必须具有准确定位于圆周上特定角度的功能。第二，这是精加工时让刀的要求。当精镗孔后退刀时，为防止刀具因弹性恢复拉伤已经加工的内孔表面，必须先让刀再退刀，而让刀时刀具也必须具有定向功能。

主轴准停控制的方法有机械式和电气式两种。

（1）机械式准停控制

机械式采用机械凸轮等机构和无触点感应开关进行初定位，然后由定位销（液动或气动）插入主轴上的销孔或销槽完成精定位，换刀或精镗孔完成后定位销退出，主轴才可旋转。采用这种方法定向比较可靠、准确，但结构较复杂，定向较慢。

典型的机械式准停控制的结构原理如图 5-37。图中带有 V 形槽的定位盘与主轴连为一体，准停控制过程如下：

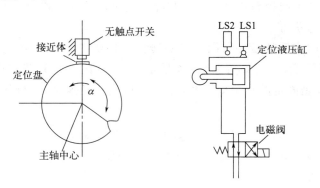

图 5-37 典型的机械式准停控制结构

① 接收到数控系统发出的定向指令后，控制主轴电机带动主轴以一定的速度（可以设定，一般低于 100r/min）和方向旋转；

② 检测到无触点开关有效信号后，主轴停转，主轴电机与主轴传动件依惯性继续旋转，同时控制定位销伸出压向主轴定位盘；

③ 检测到定位销到位信号 LS2 后，通知系统定向指令完成。根据机械结构的具体特点，为防止定位销提前顶死主轴而使定向失败，定位销伸出的同时主轴也可以不停转，待定位销到位后再立即停转。

若接收到取消主轴定向的指令，则控制定位销退回，检测到定位销退回到位的回答信号 LS1 后，表示主轴定向取消的指令完成。

采用机械定向的方式，主轴定向定位销的伸出和退回必须分别有到位检测信号，并且必须和主轴的运行有互锁关系,即:主轴以非定向速度旋转时不得伸出定位销;若定位销退回到位信号无效,则禁止主轴旋转;若定位销伸出到位信号无效,则禁止换刀动作继续进行。

机械准停的其他结构方式,如端面螺旋凸轮等,其定向过程和互锁要求与上述大致相同。

(2) 电气式准停控制

电气式准停一般是采用具有定向功能或位置控制功能的主轴驱动装置来完成,定向起始位置由无触点感应开关或主轴编码器获得,有些也可以通过主轴电机编码器和主轴驱动装置得到,视主轴传动结构和主轴驱动器的功能而定。定向过程一般由 PLC 处理,有些则由数控装置完成。

电气式准停控制一般应用于中高档数控机床,特别是加工中心,采用电气定向控制与机械准停相比有如下优点:机械结构简单;定向迅速;可靠性高、控制简单、性能价格比高。目前,电气准停控制通常有磁传感器定向、编码器定向和数控系统定向三种方式。

① 磁传感器定向　磁传感器定向控制如图 5-38,由主轴装置自身完成定向控制。当主轴驱动单元接收到数控系统发来的定向启动信号(ORT)时,主轴立即减速至准停速度;当主轴到达准停速度且达到准停位置时,即图 5-38 中磁发生器与磁传感器对准,主轴立即减速至某一爬行速度。当磁传感器信号出现时,主轴驱动立即进入以磁传感器作为反馈元件的位置闭环控制,目标位置即为准停位置。定向完成后,主轴驱动单元向数控系统发出定向完成信号(ORE)。这里,磁性元件可直接装在主轴上,磁性传感头则固定在主轴箱上。为减少干扰,磁性传感器与主轴驱动单元间的连线需要屏蔽。

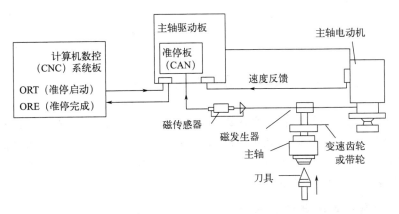

图 5-38　磁传感器定向控制的原理

② 编码器定向　图 5-39 所示为编码器定向控制的原理,也由主轴装置自身完成。编码器工作轴可安装在主轴上,也可通过 1:1 的齿轮用齿形带和主轴连接。采用编码器准停控制,也是由数控系统发出准停启动信号(ORT),主轴驱动的控制和磁传感器控制方式相似,准停完成后向数控系统发出准停完成信号(ORE)。与磁传感器控制不同的是,编码器准停位置可由外部开关量信号(12 位)设定给数控系统,由数控系统向主轴驱动单元发出准停位置信号,而磁传感器要调控准停位置,只能靠调整磁性元件或磁传感器的相对安装位置来实现。

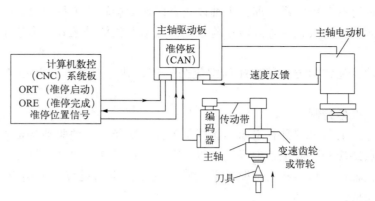

图 5-39　编码器定向控制的原理

③ 数控系统定向　图 5-40 所示为数控系统定向控制的原理，是由数控系统来完成的。其工作原理与进给位置控制原理相似，准停位置由数控系统内部设定，因而可更方便地设定准停角度。由位置传感器把实际位置信号反馈给数控系统，数控系统把实际位置信号与指令位置信号进行比较，并将其差值经 D/A 转换后供给主轴驱动装置，控制主轴准确停止在指令位置。

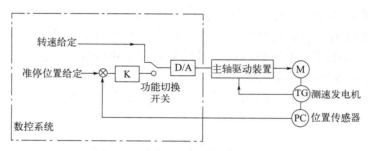

图 5-40　数控系统定向控制的原理

5.4　位置检测装置

位置检测装置是数控机床伺服系统的重要组成部分，其作用是检测位移和速度并发出反馈信号送至数控装置。在闭环和半闭环数控系统中，数控装置通过对指令值与位置检测装置的反馈值进行比较，控制工作台按规定路径精确地移动。因此，位置检测装置的精度是保证数控机床加工精度的关键。

5.4.1　位置检测装置的要求及分类

(1) 数控伺服系统对位置检测装置的要求

① 具有高的可靠性和抗干扰性。受温度、湿度的影响小，工作可靠，精度保持性好。

② 满足速度和精度要求。位置检测装置的分辨率应高于数控机床的分辨率一个数量级；最高允许检测速度应大于数控机床的最高运行速度。

③ 适应机床工作环境，使用维护方便，便于与数控装置连接。

④ 成本低，经济性好。

(2) 位置检测元件的分类

位置检测元件按不同的划分依据，可分为以下几类：

① 按被测量的几何量可分为回转型（测角位移）和直线型（测线位移）。

② 按安装位置和耦合方式可分为直接测量和间接测量。直接测量是指检测元件所测的指标就是要求的指标，即直线型检测元件测量直线位移，回转型检测元件测量角位移；间接测量则是将检测元件装置安装在机床滚珠丝杠或电机轴上，通过检测转动件的角位移来间接得到执行部件的直线位移。

直接测量要求检测元件与行程等长，因此不便于使用在大行程情况下。间接测量无长度限制，使用方便；但由于存在由旋转运动转变为直线运动的传动链误差，会影响到测量精度。

③ 按检测信号的类型可分为模拟式和数字式。

a.模拟式测量。是将被测的量表示为电压、相位等连续变量。模拟式测量直接测量被测量，无须进行变换；目前在小量程范围内可实现较高精度的测量，技术较成熟。

b.数字式测量。是将被测的量表示为数字的形式，一般为电脉冲。这种数字信号可直接送至数控装置进行处理。数字式测量的精度取决于测量单位，和量程基本无关（但存在累积误差）；其测量装置比较简单，脉冲信号具有较强的抗干扰能力。

④ 按测量方法可分为绝对式和增量式。

a.绝对式测量。对于被测量的任一位置都由一个固定的零点作为计算起点，每一被测点都有一个相应的测量值。绝对式测量装置的结构较增量式复杂，而且分辨精度越高或量程越大，结构也越复杂。

b.增量式测量。是指测量到的位移以增量方式计数，每移动一个测量单位就发出一个测量信号。其特点是结构简单，任何一个位置都可以作为测量的起点。在增量式检测系统中基准点尤为重要，因为所测出的移动距离是由测量信号计数读出的，一旦计数有误，以后的测量结果将完全无效。此外，一旦某种事故（如停电、机床故障等）发生，事故排除后必须将执行部件移至基准点重新计数，才能找到事故前的正确位置。

⑤ 按信号转换原理可分为电磁感应原理、磁阻效应原理、光栅效应原理及光电效应原理等。

常用位置检测装置有：脉冲编码器、光栅测量装置、旋转变压器、感应同步器及磁栅传感器，如表5-4所示。

表5-4 数控机床常用的检测元件

检测元件	直接式	间接式	模拟式	数字式	绝对式	增量式
绝对式脉冲编码器		☆		☆	☆	
增量式脉冲编码器		☆		☆		☆
光栅测量装置	☆			☆		☆
旋转变压器		☆	☆			☆
感应同步器			☆			☆
磁栅传感器				☆		☆

注：检测元件符合的类型用☆表示。

5.4.2 脉冲编码器

脉冲编码器在数控机床中有两种安装方式：第一种为内装式，即编码器与伺服电动机同轴安装，电动机轴连接上滚珠丝杠，编码器位于进给传动链的前端；第二种为外装式，即编码器安装在滚珠丝杠末端。内装式安装较之外装式方便,但外装式包含了传动链误差,因此位置控制精度更高。

脉冲编码器随着被测轴一起旋转,将被测轴的角位移转换成增量式脉冲或绝对式代码的形式输出。被测轴每旋转一圈,脉冲编码器发出若干个均匀的方波信号,该信号通过数控装置的处理、计数可得到被测轴的旋转角度,从而算出当前工作台的位置。目前,脉冲编码器每转可发出数百至数万个方波信号,可以满足高精度位置检测的需要。

脉冲编码器根据编码化的方式不同,可分为绝对式脉冲编码器和增量式脉冲编码器;根据内部结构和检测方式不同,可分为接触式、光电式和电磁式三种。

(1) 绝对式脉冲编码器

绝对式脉冲编码器,可直接把检测转角用数字代码表示出来,每一个角度均有其对应的代码,因此即使发生断电,当再次恢复上电后绝对式脉冲编码器仍能读出旋转轴的位置。

图 5-41 (a) 所示为 4 位绝对式脉冲编码盘的结构,4 个码道都装有电刷,通过读取编码盘上的图案表示数值。4 位二进制编码盘的原理如图 5-41 (b):图中黑色为导电部分,表示"1";白色为绝缘部分,表示为"0"。图中所示有 4 个码道,可以读出 4 位二进制数,码盘每转一周产生 0000~1111 共 16 个二进制数,因此将码盘圆周分成了十六等份。当码盘旋转时,4 个电刷依次输出 16 个二进制编码,代表实际角位移。这种编码盘的分辨率取决于码道数,n 位码道的编码盘其分辨率为:$\theta = 360°/2^n$。

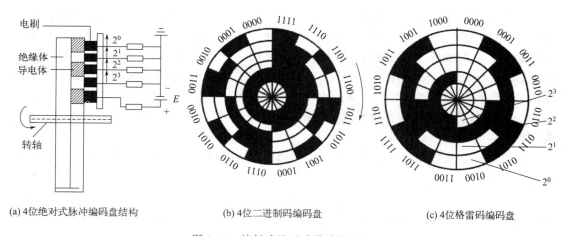

(a) 4位绝对式脉冲编码盘结构　　(b) 4位二进制码编码盘　　(c) 4位格雷码编码盘

图 5-41　接触式绝对式脉冲编码盘

二进制编码器的主要缺点是码盘上图案变化较大,另外,在实际应用中对码盘制作和电刷安装要求十分严格,否则就会产生非单值性误差。若电刷恰好位于两位码的中间或电刷接触不良,则电刷的检测读数可能会是任意的数字。例如,当电刷由二进制码 0111 过渡到 1000 时,读数应该由 7 变为 8,但如果电刷进入导电区的先后不一致,则读数可能会出现 8~15 之间的任一数,这样就产生了非单值情况。使用循环码(比如格雷码)即可避免此问题,4 位格雷码编码盘如图 5-41 (c) 所示,两种编码的比较见表 5-5。循环码的特点是相邻两个数码间只有一位变化,即使制造或安装不精确产生的误差最多也只是最低位,在一定程度上可消除非单值性误差,因此采用循环码盘的精度更高。

表 5-5　二进制码与格雷码对应表

二进制码	格雷码	十进制数	二进制码	格雷码	十进制数
0000	0000	0	1000	1100	8
0001	0001	1	1001	1101	9
0010	0011	2	1010	1111	10
0011	0010	3	1011	1110	11
0100	0110	4	1100	1010	12
0101	0111	5	1101	1011	13
0110	0101	6	1110	1001	14
0111	0100	7	1111	1000	15

接触式码盘体积小输出功率大，其缺点是转速不能太高，易磨损，使用寿命短。为克服上述缺点，可将接触式码盘转换成光电式码盘或电磁式码盘。光电式码盘是将接触式码盘的导电与不导电区域用透明和不透明区域代替；电磁式码盘则是用有磁和无磁替换接触式码盘的导电和不导电区域。数控机床上最常用的是光电式格雷码编码盘。另外，如果将圆形码盘改制成带状，则可用于检测直线位移。

（2）增量式脉冲编码器

图 5-42 为增量式光电编码盘测量系统的原理图。它由光源、聚光镜、光电码盘（编码盘）、光栏板、光敏元件和光电转换电路组成。光电码盘与被测轴连接在一起，随被测轴一起转动。码盘上制造有向心透光的狭缝，透光狭缝将码盘圆周等分，等分数量从几百到几千不等。光源最常用白炽灯，与聚光镜组合使用，将发散光变为平行光，以便提高分辨率。光栏板上有两条透光狭缝，当一条狭缝与码盘上的一条狭缝对齐时，另一条狭缝与码盘上的一条狭缝错开 1/4 的码盘狭缝节距，每条狭缝后面安装一个光敏元件。在光源的照射下，当码盘随轴一起转动时，透过光栏板的狭缝形成明暗交替的近似于正弦波的信号，光敏元件将此光信号转换为电信号，两个光敏元件的输出信号相差 90°相位，通过后续信号处理电路进行整形、放大后变成脉冲信号。

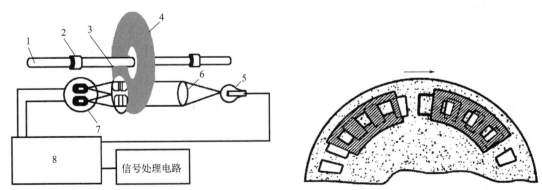

图 5-42　增量式光电编码盘
1—旋转轴；2—滚珠轴承；3—透光狭缝；4—光电码盘；5—光源；
6—聚光镜；7—光栏板；8—光敏元件

这种光电码盘的测量精度取决于它所能分辨的最小角度 α，与码盘圆周内所分的狭缝条数有关，有：分辨率＝1/狭缝数＝$\alpha/360°$。光电编码盘的型号是由每转发出的脉冲数

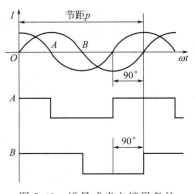

图 5-43 增量式光电编码盘的输出波形

（步）来区分的，数控机床上常用的光电编码盘有 2000 步/r、2500 步/r 和 3000 步/r 等；在高速、高精度数字伺服系统中应用 20000 步/r 以上的高分辨率光电编码盘；有的内部使用微处理器的编码盘，甚至可以达到 100000 步/r 以上。

由于增量式光电码盘每转过一个分辨角就发出一个脉冲信号，由此可知：

① 根据光栏板上两条狭缝信号的先后顺序（相位），可判断光电码盘的正反转。如果光栏板上两条夹缝中的信号分别为 A 和 B，相位相差 $90°$，通过整形，成为两个方波信号，光电编码盘的输出波形如图 5-43 所示。若 A 相超前于 B 相，对应转轴正转；若 B 相超前于 A 相就对应于转轴反转。

② 若该方波的前沿或后沿产生计数脉冲，则可以形成代表正向位移或反向位移的脉冲序列，根据脉冲的数目即可得出被测轴的回转角度，然后根据传动速比可将其换算为直线位移距离。

③ 根据脉冲的频率可得出工作轴的转速。当利用脉冲编码器的输出信号进行速度反馈时，可经过频率-电压转换器（F/V）变成正比于频率的电压信号作为速度反馈，供给模拟式伺服驱动装置。对于数字式伺服驱动装置则可直接进行数字测速。

④ 光电脉冲编码器的里圈还有一条透光条纹，编码盘每转一圈输出一个零位脉冲信号，它是被测轴旋转一周在固定位置上产生的一个脉冲。当数控车床切削螺纹时，可将这种脉冲当作车刀进刀点和退刀点的信号使用，以保证切削螺纹不会乱牙；也可用于高速旋转的转数计数或作为加工中心上的主轴准停信号。

光电编码盘的允许转速高，检测精度高，且由于没有接触磨损，使用寿命长。其缺点是结构复杂，价格较高，光源的寿命有限。

5.4.3 光栅测量装置

光栅是由很多等节距的透光缝隙和不透光的刻线均匀相间排列成的光电器件，光栅具有结构原理简单、检测精度高、响应速度快等优点。光栅的莫尔现象可用于测量长度、角度、速度、加速度、振动等，目前，光栅测量装置广泛应用于闭环数控机床上。

（1）测量光栅的分类

测量光栅按外形分为直线光栅和圆光栅；按光学作用原理不同分为透射式光栅和反射式光栅。

① 透射式直线光栅　透射式光栅是通过玻璃表面加感光材料或金属镀膜上刻出线纹（也可采用刻蜡、腐蚀或涂黑等）的工艺，在玻璃表面上获得的透明和不透明的间隔相等（即黑白相间）的光栅线纹。

透射式直线光栅如图 5-44 所示。图中长光栅 3 装在机床的移动部件 4 上，称为标尺光栅；短光栅 5 装在机床的固定部件 6 上，称为指示光栅。标尺光栅和指示光栅均由不透明的矩形线纹和透明的等宽间隔组成。当标尺光栅相对线纹垂直移动时，光源通过标尺光栅和指示光栅再由物镜 2 聚焦射到光电元件 1 上。若标尺光栅线纹与指示光栅线纹完全重合，光电元件接收到的光通量最强；若标尺光栅透明间隔与指示光栅线纹完全重合，光电元件接收到的光通量最弱。因此，标尺光栅移动过程中，光电元件接收到的光通量忽强忽弱，产生近似于正弦波的电流。再用电子线路转变为数字以显示位移量。为了辨别运动方向，指示光栅的线纹错开1/4个栅距，并通过鉴向线路进行判别。

透射光栅单位长度上所刻的条纹数比较多，一般每毫米刻有100条线纹，即0.01mm的分辨率。透射光栅的特点是：光源可以采用垂直入射光，光电接收元件可以直接接收信号，信号幅值比较大，信噪比高，光电转换元件结构简单，检测线路大大简化；但是，其长度不能做得太长，目前可达到2m左右。

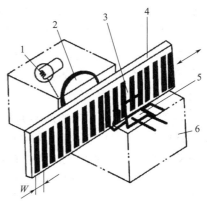

图5-44 透射式直线光栅原理

② 反射式直线光栅　在钢尺或不锈钢镜面上用照相腐蚀工艺制作线纹，或用钻石刀刻制条纹，称作反射式光栅。反射式直线光栅的特点是：线膨胀系统很容易做到与机床的床身材料一致，可补偿热变形的影响，接长比较方便，不易破碎。标尺光栅安装在机床上所需的面积小，而且安装调整方便。因此，大位移检测主要使用这种类型的光栅。常用的反射光栅每毫米刻有的线纹数为4、10、25、40、50。

③ 圆光栅　圆光栅是在玻璃盘的外环端面上做成的黑白相间的线纹，线纹呈辐射状，线纹之间夹角相等，用于检测角位移。根据使用要求不同，圆周上的线纹数也不同。一般有60进制、10进制和2进制三种形式。

(2) 莫尔条纹式光栅的工作原理

数控机床上应用最多的是莫尔条纹式光栅，其工作原理如图5-45所示。它是将栅距相同的标尺光栅与指示光栅互相平行地叠放并保持一定的距离（0.005～0.1mm），然后将指示光栅在自身平面内转过一个很小的角度θ，那么两块光栅的刻线相交。当平行光线垂直照射标尺光栅时，在相交区域出现明暗相间的干涉条纹，其方向与刻线几乎垂直，称之为莫尔条纹，其光强度分布近似于正弦波形。

如果将指示光栅沿标尺光栅长度方向平行地移动，莫尔条纹也跟着移动，由于两块光栅的刻线密度相等，即栅距相等，产生的莫尔条纹的方向与光栅刻线方向大致垂直。设光栅的栅距为d，莫尔条纹的节距为W，由于θ角很小，则由图5-45可知，莫尔条纹的节距W与线纹夹角θ的有如下关系：

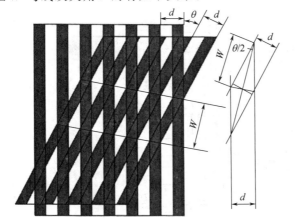

图5-45 莫尔条纹式光栅工作原理

$$W = d/[2\sin(\theta/2)] \approx d/\theta \quad (5-17)$$

这说明，莫尔条纹的节距是栅距的$1/\theta$倍。当标尺光栅移动时，莫尔条纹就沿与光栅移动方向垂直的方向移动，当光栅移动一个栅距d时，莫尔条纹就相应准确地移动一个节距W。因此，只要读出移过莫尔条纹的数目，就可知道光栅移过了多少个栅距。而栅距在制造光栅时是已知的，所以光栅的移动距离就可以通过光电检测系统对移过的莫尔条纹进行计数、处理后自动测量出来。莫尔条纹的方向与光栅的移动方向

只相差 θ/2，即近似于与栅线方向垂直。莫尔条纹有以下几个重要特性：

① 平均效应　莫尔条纹是由光栅的大量栅线共同形成的，对光栅栅线的刻划误差有平均作用，从而能在很大程度上消除刻线周期误差对测量精度的影响。

② 放大作用　光栅的栅距 d 很小，肉眼是无法分辨的，但它的莫尔条纹却清晰可见。因此，莫尔条纹具有放大作用，其放大倍数为 $1/\theta$。

③ 对应关系　两光栅沿与栅线垂直的方向相对移动时，莫尔条纹沿栅线夹角 θ 的平分线方向移动。两光栅相对移动一栅距 d 时，莫尔条纹对应地移动一个条纹间距 W。当光栅反向移动时，莫尔条纹亦反向移动。利用这种严格的一一对应关系，根据光电元件接收到的条纹数目，就可以计算出小于光栅栅距的微小位移量。

(3) 光栅测量系统

光栅移动时产生的莫尔条纹由光电元件接收，然后经过位移数字变换电路形成顺时针方向的正向脉冲或者逆时针方向的反向脉冲，输入可逆计数器进行计数，就可测量出光栅的实际位移量。但是，以光栅栅距作为分辨单位仅能读到整数值的莫尔条纹，倘若要读出位移为 0.1m 必须达到每毫米刻线 1 万条，目前的工艺水平无法实现这一要求。因此，为了提高分辨率、获得更高的测量精度，只有对栅距进行进一步细分。下面讨论光栅测量线路最常采用四倍频电子细分方法。

四倍频电子细分方法是在一个莫尔条纹节距内安装 4 只光电元件（如硅光电池），相邻距离均为 1/4 个节距。这样，莫尔条纹每移动一个节距，光电元件将产生 4 个相差 1/4 周期（90°相位）的正弦信号，经过放大、整形为方波，再经微分电路获得 4 个周期为 1/4 个莫尔条纹宽度的电脉冲。用计数器对这一列脉冲信号计数，就可以读到 1/4 个莫尔条纹宽度的位移量。这样就实现了光栅固有分辨率的四倍，若再增加光敏元件，同理可以进一步提高分辨率（例如 100 线纹每毫米的光栅经 10 倍频后，其最小读数值为 1μm，可用于精密机床的测量）。

四倍频细分电路的组成如图 5-46 所示。图中 a、b、c、d 是四块硅光电池，产生的信号在相位上彼此相差 90°。a、b 是相位相差 180°的两个信号，送入差动放大器放大，得到正弦信号，将信号幅度放大到足够大。同理 c、d 信号送入另一个差动放大器，得到余弦信号。正弦、余弦信号经整形变成方波 A 和 B，A 和 B 信号经反相得到 C 和 D 信号，A、

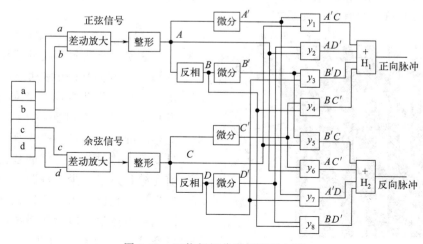

图 5-46　四倍频细分光栅测量电路

B、C、D 信号再经微分变成窄脉冲,即在顺时针或逆时针每个方波的上升沿产生窄脉冲 A'、B'、C'、D'。由与门电路把 $0°$、$90°$、$180°$、$270°$ 四个位置上产生的窄脉冲组合起来,根据不同的移动方向形成正向脉冲或反向脉冲,用可逆计数器进行计数,就可测量出光栅的实际位移。

光栅在具体使用时要注意:

① 根据设备的行程选择传感器的长度,光栅的有效长度应大于设备行程;并且,光栅应尽量安装在靠近设备工作台的床身基面上。

② 光栅测量元件一般由玻璃制成,容易受外界气温的影响产生误差,而且灰尘、切屑、油污、水汽等容易侵入,使光学系统污染变质,影响光栅信号的幅值和精度。因此,光栅必须采用与机床材料线胀系数接近的材料,并且加强维护与保养。测量精度较高的光栅一般应密封。

5.4.4 旋转变压器

旋转变压器是一种角位移测量元件,它具有结构简单,工作灵敏、可靠,对环境条件要求低,输出信号幅度大和抗干扰能力强等特点,因此广泛应用于半闭环控制的数控机床上。

(1) 旋转变压器的结构与工作原理

旋转变压器又称同步分解器,它是一种旋转式小型交流电机,由定子和转子组成。定子绕组为变压器的原边,转子绕组为变压器的副边。励磁电压接原边,常用的励磁频率有 400Hz、500Hz、1kHz、2kHz 及 5kHz。旋转变压器是根据互感原理工作的,当定子绕组通以交流励磁电压时,通过电磁耦合,转子绕组产生感应电动势,如图 5-47 所示。其输出电压随转子的角向位置呈正(余)弦规律变化。

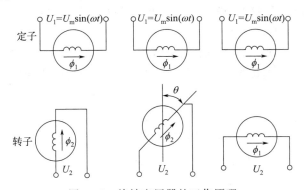

图 5-47 旋转变压器的工作原理

图 5-47 中,当转子绕组磁轴与定子绕组磁轴垂直,即 $\theta=0°$ 时,不产生感应电压;当两磁轴平行,即 $\theta=90°$ 时,感应电压最大;当两磁轴为任意角度时,感应电压为

$$U_2 = KU_1\sin\theta = KU_m\sin(\omega t)\sin\theta \tag{5-18}$$

式中　K——变压比,即转子绕组与定子绕组的匝数比;

　　　U_1——励磁电压;

　　　U_m——励磁电压的幅值;

　　　ω——励磁电压的角频率。

(2) 旋转变压器的工作方式

根据式 (5-18),测量转子绕组感应电压 U_2 幅值或相位的变化,可知 θ 角的变化。如

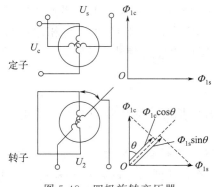

图 5-48 四极旋转变压器

果将旋转变压器装在数控机床的丝杠上,当 θ 角从 0°变化到 360°时表示丝杠转了一转,即螺母移动了一个导程,就间接测量了直线位移的大小。测量行程较长时,可加一个计数器,累计丝杠所转转数,折算成位移总长度。为了区别正反向,可加上一只相敏检波器以区别不同的转向。

数控机床常用四极旋转变压器(即正余弦旋转变压器),其定子和转子绕组中各有互相垂直的两个绕组,如图 5-48 所示。如果在定子的两个正交绕组中通以满足不同条件的电压,则可以得到两种典型的工作方法:鉴相型工作法和鉴幅型工作法。

① 鉴相型 在这种状态下,图 5-48 中旋转变压器定子的两相正交绕组分别加上幅值相等、频率相同而相位相差 90°的励磁交流电压,即

$$U_s = U_m \sin(\omega t) \tag{5-19}$$

$$U_c = U_m \cos(\omega t) \tag{5-20}$$

此两相励磁电压会产生旋转磁场,所以在除短接绕组外的另一转子绕组中,感应电动势为

$$\begin{aligned} U_2 &= U_s \sin\theta + U_c \cos\theta \\ &= KU_m \sin(\omega t)\sin\theta + KU_m \cos(\omega t)\cos\theta \\ &= KU_m \cos(\omega t - \theta) \end{aligned} \tag{5-21}$$

测量转子绕组输出电压的相位角 θ,便可测得转子相对于定子的空间转角位置。实际应用时,把对定子正弦绕组励磁的交流电压相位作为基准相位,与转子绕组输出电压相位作比较,来确定转子转角的位移。

② 鉴幅型 此时,图 5-48 中旋转变压器定子两相绕组的励磁电压为频率相同(励磁电压频率为 2~4kHz),相位相同而幅值分别按正弦、余弦规律变化的交变电压,即

$$U_s = U_m \sin\theta \sin(\omega t) \tag{5-22}$$

$$U_c = U_m \cos\theta \sin(\omega t) \tag{5-23}$$

定子励磁信号产生的合成磁通在转子绕组中产生感应电动势 U_2,其大小与转子和定子的相对位置 θ_M 有关,并与励磁电压幅值 $U_m \sin\theta$ 和 $U_m \cos\theta$ 有关,即

$$U_2 = KU_m \sin(\theta - \theta_m) \sin\omega t \tag{5-24}$$

如果 $\theta_m = \theta$,则 $U_2 = 0$。$\theta_m = \theta$ 表示定子绕组合成磁通 ϕ 与转子绕组的线圈平面平行,即没有磁力线穿过转子绕组线圈,故感应电动势为零;当 ϕ 垂直于转子绕组线圈平面,即 $\theta_m = \theta \pm 90°$ 时,转子绕组中感应电动势最大。

应用中根据转子误差电压的大小,不断修改定子励磁信号的 θ 角,使其跟踪 θ_m 的变化。当感应电动势 U_2 的幅值 $KU_m \sin(\theta - \theta_m)$ 为零时,说明 θ 角的大小就是被测角位移 θ_m 的大小。

普通旋转变压器精度较低,为了提高精度,在数控系统中广泛采用磁阻式多极旋转变压器,简称多极旋转变压器。这种旋转变压器是无接触式磁阻可变的耦合变压器,根据精度要求增加定子(或转子)的极对数,使电气转角为机械转角的倍数,从而提高精度。多极旋转变压器没有电刷和滑环的接触,因而能够连续高速运行,使用寿命长。

5.4.5 感应同步器

感应同步器是利用电磁感应原理将位移或转角转化成电信号的位置检测装置。按结构和运动形式的不同,感应同步器可分为直线式和旋转式两种。前者用来检测直线位移,用于大型、精密机床的自动定位、位移数字显示和数控系统中;后者用来检测转角位移,用于精密转台、各种回转伺服系统。两者的工作原理相同。

(1) 感应同步器的工作原理

如图 5-49 所示,直线式感应同步器由定子和滑尺两部分组成,定尺与滑尺平行安装,且保持一定间隙。定尺表面制有连续平面绕组(在基体上用绝缘的黏合剂贴上铜箔,用光刻或化学腐蚀方法制成方形开口平面绕组);滑尺上制有正弦和余弦两组分段绕组,这两段绕组相对于定尺绕组在空间错开 1/4 的节距,节距为 2τ。常用滑尺长度为 100mm,定尺长度有 250mm、1000mm 等,也可以将几根定尺连接起来,组合成需要长度的测量尺。安装时定尺组件与滑尺组件分别安装在机床的不动和移动部件上,例如工作台和床身。

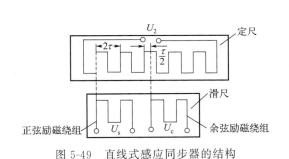

图 5-49 直线式感应同步器的结构　　图 5-50 感应同步器的工作原理

工作时在滑尺的任一绕组通以给定频率的励磁电压,由于电磁感应,在定尺绕组中会感应出相同频率的感应电压,感应电压的大小随定尺与滑尺的相对位置变化而变化。如图 5-50 所示,在 A 点时,滑尺与定尺绕组位置重合,这时感应电压最大;滑尺相对定尺做平行移动时,在 B 点刚好错开 1/4 个节距,感应电压为零;当移动 1/2 个节距到 C 点时,感应电压的大小与 A 点时相同,但其极性相反;移动 3/4 个节距到 D 点时,感应电压又变为零;移动一个节距到 E 点时,感应电压与 A 点处相同。

这样,滑尺移动一个节距的过程中,定尺感应电压变化了一个周期 2π 的余弦波形。滑尺不断地向右移动,则在定尺上感应出一个又一个余弦波的感应电压,这样就可以通过对感应电压的测量,精确地测量出机械位移量。如把一个周期的感应电压经 200 或 2000 等分,则可以测量 0.01mm 或 0.001mm 的尺寸。

(2) 感应同步器的工作方式

与旋转变压器相似,根据不同的励磁方式,感应同步器可分为鉴相和鉴幅两种工作方式。

① 鉴相方式　给滑尺的正弦绕组和余弦绕组分别通以频率相同、幅值相同但相位相

差 90°的交流励磁电压，即

$$U_s = U_m \sin(\omega t) \tag{5-25}$$

$$U_c = U_m \cos(\omega t) \tag{5-26}$$

根据叠加原理，定尺上的总感应电压 U_2 为

$$U_2 = KU_m \sin(\omega t)\cos\theta + KU_m \cos(\omega t)\cos(\theta + \pi/2) = KU_m \sin(\omega t - \theta) \tag{5-27}$$

式中　K——耦合系数；

　　　U_m——励磁电压的幅值；

　　　ω——励磁电压的角频率。

由式（5-27）可见，在鉴相方式中，由于耦合系数 K、励磁电压幅值 U_m 以及角频率 ω 均是常数，因此感应电压 U_2 就只随空间相位角 θ 的变化而变化。定尺上的感应电压与滑尺的位移值有严格的对应关系，通过鉴别定尺感应输出电压的相位，即可测量定尺和滑尺之间的相对位移。例如，定尺感应输出电压与滑尺励磁电压之间的相位差为 1.8°，当节距 $2\tau=2\text{mm}$ 时，滑尺移动了 0.01mm。

② 鉴幅方式　供给滑尺上正弦、余弦绕组以频率相同、相位相同但幅值不同的励磁电压，即

$$U_s = U_m \sin\alpha \sin(\omega t) \tag{5-28}$$

$$U_c = U_m \cos\alpha \sin(\omega t) \tag{5-29}$$

式中，α 为给定的电气角，则定尺绕组的总感应电压 U_2 为

$$\begin{aligned}U_2 &= KU_m \sin\alpha \sin(\omega t)\cos\theta - KU_m \cos\alpha \sin(\omega t)\sin\theta \\ &= \sin(\alpha - \theta)\sin(\omega t)\end{aligned} \tag{5-30}$$

式中，θ 为与位移对应的角度。

当 $\alpha - \theta$ 的数值很小时，定尺上的感应电压可近似表示为

$$U_2 = (\alpha - \theta)KU_m \sin(\omega t) \tag{5-31}$$

其中 $\alpha - \theta = \Delta x(2\pi/\tau)$，所以有

$$U_2 = KU_m \Delta x(2\pi/\tau)\sin(\omega t) \tag{5-32}$$

由式（5-31）可见，定尺感应电压实际上是误差电压。当位移增量 Δx 很小时，误差电压的幅值和 Δx 成正比，因此鉴幅工作方式是以感应电压的幅值大小来反映机械位移的数值，并以此作为位置反馈信号与指令信号进行比较，构成闭环伺服系统。若电气角 α 已知，只要测出 U_2 的幅值，便能求出与位移对应的角度 θ。实际测量时可不断调整 α，使幅值为零。

设初始位置时，$\alpha = \theta$，$U_2 = 0$，该点称为节距零点；当滑尺相对定尺移动后，随着 θ 的不断增加，$\alpha \neq \theta$，$U_2 \neq 0$；若逐渐改变 α 值，直至 $\alpha = \theta$，$E = 0$，此时 α 的变化量代表了 θ 对应的位移量，就可测得机械位移。

(3) 感应同步器的特点

① 检测精度高。定尺的节距误差有平均自补偿作用，因此尺子本身的精度能做得较高。直线感应同步器对机床位移的测量是直接测量，不经过任何机械传动装置，测量精度主要取决于尺子的精度。

② 测量长度不受限制。当测量长度大于 250mm 时，可采用多块定尺接长，相邻定尺间隔可用块规或激光测长仪进行调整，使总长度上的累积误差不大于单块定尺的最大偏差。因而适用于行程为几米到几十米的中大型机床工作台位移的直线测量。

③ 维护简单、寿命长，抗干扰性好，对环境的适应较强。感应同步器的定尺和滑尺

互不接触,因此无任何摩擦、磨损,使用寿命长,且无须担心元件老化等问题;在感应同步器绕组的每个周期内,任何时间都可以输出仅与绝对位置相对应的单值电压信号,不受干扰的影响。

④ 工艺性好,成本较低,便于复制和成批生产。

⑤ 感应同步器的输出信号较弱,需要放大倍数很高的前置放大器。还应注意,为了不影响测量信号的灵敏度,安装时定尺与滑尺之间的间隙一般为(0.02～0.25)mm±0.05mm;并且,在滑尺移动过程中,由于晃动所引起的间隙变化也必须控制在0.01mm之内。

5.4.6 磁栅传感器

磁栅传感器利用录音机原理,将一定波长(节距)的矩形波或正弦波电位信号用录磁磁头记录在磁性标尺(磁栅)的磁膜上,作为测量的基准尺。测量时,用拾磁磁头将磁性标尺上的磁化信号转化为电信号,然后送到检测电路中去,把磁头相对于磁性标尺的位置或位移量用数字显示出来或转化为控制信号输入数控机床。

与其他检测元件相比,磁栅传感器测量范围广(测量范围由0.001mm到几米),且制作工艺简单,安装、调整方便,在油污、粉尘较多的场合使用时有较好的稳定性,因而在大型机床的数字检测和自动控制方面得到了广泛应用。

(1) 磁栅传感器的结构

如图5-51所示,磁栅传感器由磁性标尺(磁栅)、读数磁头(拾磁磁头)和检测电路三部分组成。

① 磁性标尺 磁性标尺其基体采用不导磁材料制作,镀上一层10～30μm厚的高导磁材料,形成均匀磁膜;再用录磁磁头在磁性标尺上记录相等节距(节距通常为0.05μm、0.1μm、0.2μm、1mm等几种)的周期性磁化信号,以作为测量基准,信号可为正弦波、方波等;最后在表面涂上一层1～2μm厚的磁膜保护层。

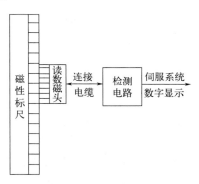

图5-51 磁栅传感器的结构

按磁性标尺的外形,磁栅可分为长磁栅和圆磁栅两大类。前者用于测量直线位移,后者用于测量角位移。其中,长磁栅又可分为尺形、带形、同轴形,目前用得比较广泛的是尺形磁栅和带形磁栅,而同轴形磁栅的结构特别小巧,可用于结构比较紧凑的场合。

② 读数磁头 读数磁头是一种磁电转换器,用来把磁尺上的磁化信号检测出来变成电信号送给检测电路。按读取信号的方式,读数磁头可分为动态磁头(速度响应型磁头)与静态磁头(磁通响应型磁头)。

动态磁头只有一组输出绕组,所以只有当磁头和磁尺有一定相对速度时才能读取磁化信号,并有电压信号输出。这种磁头用于录音机、磁带机的拾磁磁头,不能用于测量位移。

位置检测用的磁栅要求当磁尺与磁头相对运动速度很低或处于静止时亦能测量位移或位置,所以应采用静态磁头。静态磁头在普通动态磁头上加有带励磁线圈的可饱和铁芯,是一个利用可饱和铁芯的磁性二次谐波调制器。

如图5-52所示,静态磁头的铁芯由软磁性材料制成,铁芯上面有两个绕组:一个励磁绕组;一个拾磁绕组。一定幅值的高频励磁电流通过励磁绕组,产生磁通ϕ_1,与磁性

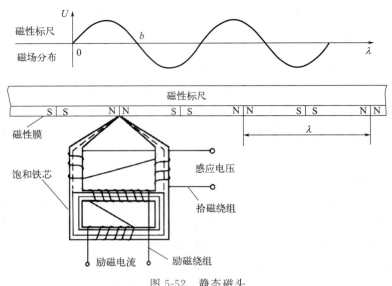

图 5-52 静态磁头

标尺作用于磁头的直流磁通 ϕ_0 叠加。由于方向不同，各分支路的磁通有的被加强，有的被减弱。当磁头位于图中的 b 点时，$\phi_0=0$，输出绕组中感应的信号 $e=0$。当磁头偏离这个位置时，$\phi_0\neq 0$，磁路工作点向不同的方向移动。因磁路具有非线性，可在输出绕组中得到高频励磁电流的二次谐波 $2f$ 的输出信号。输出电压 U_{sc} 为

$$U_{sc}=U_m\sin(\omega t)\sin(2\pi x/\lambda) \tag{5-33}$$

式中　U_m——电压信号的幅值；

　　　x——磁头在磁性标尺上的位移量；

　　　λ——磁性标尺上磁化信号的节距；

　　　ω——励磁电流角频率的两倍。

这种调制信号与磁头相对于磁性标尺的相对速度无关。只要计算出输出信号幅值的变化次数，并已知写入磁性标尺的磁信号的节距，便可计算出位移量。如磁性标尺写入磁信号的节距为 0.04mm，当把它细分为四等份时，其磁尺的分辨率可达 0.01mm。

(2) 磁栅传感器工作原理

根据对拾磁绕组输出电压信号的处理方式不同，磁栅传感器可做成鉴相工作方式和鉴幅工作方式。通常，鉴相工作方式应用较多，下面介绍鉴相式磁栅传感器的工作原理。

由于单个磁头输出信号小，且对磁性标尺上磁化信号的节距和波形要求也比较高。所以，实际中一般选用多个磁通响应型磁头串联起来做成一体应用，这样不仅可以提高灵敏度，而且能均化节距误差，使输出幅值均匀。为了辨别磁头移动方向，通常采用间距为 $(n+1/4)\lambda$ 的两组磁头（其中 $n=1,2,3,\cdots$），设其分别为 A 组磁头、B 组磁头。

鉴相方式检测时，在 A、B 两组磁头的励磁绕组中通以同频率、同相位、同幅值的励磁电流（设其幅值为 I_0，频率为 ω）

$$i_B=i_A=I_0\sin(\omega t/2) \tag{5-34}$$

取磁尺上某极点 N 为起点，设磁头离开该极点 N 的距离为 x，则 A、B 磁头上拾磁绕组输出的感应电压分别为

$$U_A=U_m\sin(\omega t)\sin(2\pi x/\lambda) \tag{5-35}$$

$$U_B=U_m\sin(\omega t)\cos(2\pi x/\lambda) \tag{5-36}$$

式中　U_m——磁头输出电压的幅值；
　　　x——磁头在磁性标尺上的位移量；
　　　λ——磁性标尺上磁化信号的节距。

将 A 磁头输出感应电压 U_A 中的调制信号 $U_\mathrm{m}\sin(\omega t)$ 移相，得到
$$U'_A = U_\mathrm{m}\cos(\omega t)\sin(2\pi x/\lambda) \tag{5-37}$$

将 U'_A 与 U_B 相加，得
$$\begin{aligned} U_\mathrm{sc} &= U'_A + U_B \\ &= U_\mathrm{m}\cos(\omega t)\sin(2\pi x/\lambda) + U_\mathrm{m}\sin(\omega t)\cos(2\pi x/\lambda) \\ &= U_\mathrm{m}\sin(\omega t + 2\pi x/\lambda) \end{aligned} \tag{5-38}$$

由式（5-38）可见，A 磁头输出电压信号中调制信号移相后所得的 U'_A 与 B 磁头输出电压信号 U_B 求和后的电压信号 U_sc，幅值恒定，相位与磁头相对于磁性标尺的位移 x 成正比。

5.5　位置控制系统

数控机床进给伺服系统需要对位置和速度进行精确控制，这是通过对位置环、速度环、电流环的控制来实现的。位置控制环和速度控制环是紧密相连的，速度控制环的给定值就来自位置控制环。位置控制环是伺服系统的基本环节，是其运动精度的重要保证。

位置控制环有两方面的输入：一方面来自轮廓插补器运算任一插补周期内插补运算输出的位置指令；另一方面来自位置检测元件反馈的机床移动部件的实际位置信号。将这两方面的输入在位置比较器中进行比较，得到位置偏差，位置控制单元再根据速度指令的要求及各环节的增益（放大倍数）对位置数据进行处理，把处理的结果送给速度环，作为速度环的给定值。

在数控机床的半闭环、闭环伺服系统，按位置反馈相比较方式不同，可分为脉冲比较、相位比较、幅值比较和全数字控制伺服系统。

5.5.1　数字脉冲比较伺服系统

数字脉冲比较伺服系统（也称脉冲比较伺服系统或数字比较伺服系统）是将来自于数控插补器的指令脉冲数与反馈脉冲数进行比较，比较后得到的位置数字偏差，再经数模转换和放大后给位置调节器、速度调节器和伺服电机执行，以减少和消除位置偏差。这种系统的优点是结构比较简单，易于实现数字化控制。

在半闭环脉冲比较伺服系统中，常用光电编码器作检测元件；在闭环脉冲比较伺服系统中，检测元件多用光栅。其中，以半闭环形式的脉冲比较伺服系统用得较为普遍。图5-53 为半闭环数字脉冲比较伺服系统的结构框图。

（1）数字脉冲比较伺服系统的结构及工作原理

以采用光电编码器为检测元件的半闭环位置控制系统为例，说明其工作原理。

如图 5-53 所示，当要求工作台向一个方向进给时，经插补运算得到一系列进给脉冲作为指令脉冲 P_c，其数量代表了工作台的指令进给量，频率代表了工作台的进给速度，方向代表了工作台的进给方向。光电编码器与伺服电机及滚珠丝杠直接连接，随着伺服电机的转动，光电编码器检测其角位移量，经脉冲处理环节后输出反馈脉冲 P_f，反馈脉冲 P_f 的频率将随着转速的快慢而升降。

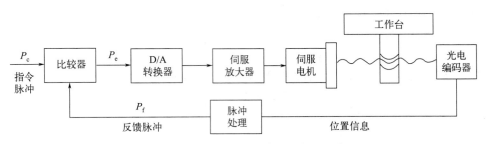

图 5-53 半闭环数字脉冲比较伺服系统

假设工作台当前处于静止状态，指令脉冲 $P_c=0$，这时反馈脉冲 P_f 亦为零，经数字脉冲比较器比较后，取得的位置偏差 $P_e=P_c-P_f=0$，则伺服电机的速度给定为零，工作台继续保持静止不动；随着指令脉冲的输出 $P_c\neq 0$，在工作台尚未移动之前反馈脉冲 P_f 仍为零，经数字脉冲比较器比较后，取得的位置偏差 $P_e=P_c-P_f\neq 0$。若指令脉冲为正向进给脉冲，则 $P_e>0$，由速度控制单元驱动电机带动工作台正向进给；随着电机运转，反馈脉冲 P_f 与指令脉冲 P_c 送入数字脉冲比较器进行比较，如果位置偏差 $P_e=P_c-P_f\neq 0$，工作台继续运动，不断进行反馈和比较，直到反馈脉冲数等于指令脉冲数时，即 $P_e=P_c-P_f=0$，工作台停在指令规定的位置上。如果继续给正向运动指令脉冲，工作台继续正向运动。当指令脉冲为反向运动指令脉冲时，控制过程与 P_c 为正时类似（只是此时 $P_e<0$，工作台做反向进给），最后，也应在指令所规定的反向某个位置，即在 $P_e=P_c-P_f=0$ 时准确停止。

(2) 数字脉冲比较器原理

数字脉冲比较器电路主要由两个部分组成：一是可逆计数器，二是脉冲分离电路，如图 5-54 所示。

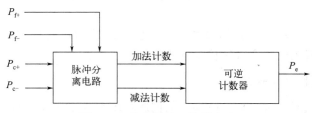

图 5-54 数字脉冲比较器电路

① 可逆计数器　可逆计数器实现脉冲比较的基本要求是：当输入指令脉冲 P_c 为正（P_{c+}）或反馈脉冲 P_f 为负（P_{f-}）时，可逆计数器做加法计数；当指令脉冲 P_c 为负（P_{c-}）或反馈脉冲 P_f 为正（P_{f+}）时，可逆计数器做减法计数。

② 脉冲分离电路　在脉冲比较过程中值得注意的问题是，指令脉冲 P_c 和反馈脉冲 P_f 到来的时刻可能错开或重叠。当这两路计数脉冲先后到来并有一定的时间间隔时，计数器无论先加后减，或先减后加，都能可靠地工作。但是，如果两路脉冲同时进入计数脉冲输入端，则计数器的内部操作可能会因脉冲的竞争而产生误操作，影响比较的可靠性。为此，必须在指令脉冲与反馈脉冲进入可逆计数器之前，进行脉冲分离处理。

脉冲分离电路是由硬件逻辑电路保证先做加法计数，然后经过几个时钟的延时再做减法计数，从而保证两路计数脉冲信号均不会丢失。

如果用绝对式脉冲编码器作为检测元件，通常需先将位置检测装置的反馈信号进行处理，使其经数码-数字转换后变成数字脉冲信号 P_f，再与指令脉冲信号 P_c 进行比较。

5.5.2 相位比较伺服系统

相位比较伺服系统的特点是：将指令脉冲信号和位置检测反馈信号都转换为相应的同频率的某一载波的不同相位的脉冲信号；在位置控制单元进行相位比较，得到二者的相位差 $\Delta\theta$，$\Delta\theta$ 反映了指令位置与实际位置的偏差。

相位比较伺服系统常用旋转变压器、感应同步器或磁栅作为位置检测元件，并且检测元件应工作在鉴相工作方式。由于旋转变压器、感应同步器和磁栅的检测信号为电压模拟信号，同时这些装置还有励磁信号，故相位比较首先要解决信号处理的问题，即怎样形成指令相位脉冲和实际相位脉冲，这主要由脉冲调相器及滤波、放大、整形电路等来实现。

（1）相位比较伺服系统的组成

图 5-55 为闭环相位比较伺服系统的框图，系统采用直线形感应同步器作为位置检测元件。系统由基准信号发生器、脉冲调相器（数字相位变换器）、鉴相器、位置和速度控制单元、伺服放大器、检测元件及信号处理电路和执行元件组成。

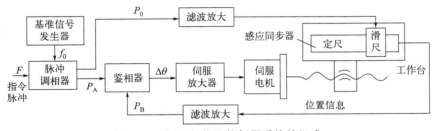

图 5-55 闭环相位比较伺服系统的组成

① 基准信号发生器　基准信号发生器输出一定频率的脉冲信号，为伺服系统提供相位比较的基准。

② 脉冲调相器　脉冲调相器将来自于插补器的进给脉冲信号转换成相位变化的信号，该相位变化信号可以用正弦信号或方波信号表示。如果插补器没有脉冲输出，则脉冲调相器输出的信号与基准信号发生器产生的基准信号同相，即两者没有相位差。若插补器输出一个正向或反向脉冲信号，则脉冲调相器输出的信号超前或滞后于基准信号一个相应的相位角 φ。如果 CNC 插补器输出 N 个正向进脉冲，则脉冲调相器输出的信号超前于基准信号的相位角为 $N\varphi$。

③ 鉴相器　鉴相器有两个同频率的输入信号 P_A 和 P_B，其相位均以与基准信号的相位差表示。P_A 为脉冲调相器的输出信号，表示工作台的指令位置；P_B 来自感应同步器输出的经滤波放大处理后的信号，表示工作台的实际位置。当工作台实际移动距离小于指令脉冲规定的距离时，两信号间就存在一个相位差 $\Delta\theta$（$\Delta\theta$ 代表工作台实际位置与指令位置之间的差），鉴相器就是用于鉴别这个误差的电路，鉴相器的输出是与相位差 $\Delta\theta$ 成正比的电压信号。

（2）相位比较伺服系统的工作原理

指令脉冲 F 经脉冲调相后，转换成相位和极性与 F 有关的脉冲信号 P_A；感应同步器定尺的相位检测信号经整形放大后得到位置反馈信号 P_B。两个同频率的脉冲信号 P_A 和 P_B 输入鉴相器进行比较得两者的相位差 $\Delta\theta$。伺服放大器和伺服电动机构成的调速系统接收相位差 $\Delta\theta$ 信号以驱动工作台朝指令位置进给，实现位置跟踪。

当指令脉冲 $F=0$ 且工作台处于静止时，P_A 和 P_B 应为两个同频同相的脉冲信号，经鉴相器比较后输出的相位差 $\Delta\theta=0$。此时，伺服放大器的速度给定为 0，输出到伺服电机的电枢电压也为 0，工作台维持静止状态。

当指令脉冲 $F \neq 0$ 时，设 F 为正，经过脉冲调相器，P_A 产生正的相移 $+\theta$，由于工作台静止，$P_B = 0$，因此鉴相器的输出 $\Delta\theta = +\theta > 0$，伺服驱动部分使工作台正向移动，此时 $P_B \neq 0$，经反馈比较，$\Delta\theta$ 变小，直到消除 P_A 与 P_B 的相位差；反之，若设 F 为负，则 P_A 产生负的相移 $-\theta$，在 $\Delta\theta = -\theta < 0$ 的控制下，伺服机构驱动工作台做反向移动。

5.5.3 幅值比较伺服系统

幅值比较伺服系统是以位置检测信号的幅值大小来反映机械位移的数值，并以此作为位置反馈信号，将其与指令信号进行比较构成的闭环控制系统。常用位置检测元件为旋转变压器或感应同步器，位置检测元件应工作在鉴幅方式。

（1）幅值比较伺服系统的组成

幅值比较伺服系统的组成如图 5-56 所示。该系统采用感应同步器作为位置检测元件，系统主要由五部分组成：比较器、由鉴幅器和电压频率（V/F）变换器组成的位置测量及信号处理电路、励磁电路、伺服放大器和伺服电机。

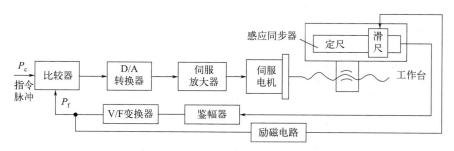

图 5-56　幅值比较伺服系统的组成

① 比较器　比较器的两路输入信号：一路来自数控装置插补器或插补软件的进给指令脉冲，代表数控装置要求工作台移动的位移量；另一路来自位置测量及信号处理电路的反馈数字脉冲，是由代表工作台位移的幅值信号转换来的。两路信号在比较器中直接进行脉冲数量比较。比较器比较的是数字脉冲量不是相位信号，所以不需要基准信号。

② 鉴幅器　幅值比较伺服系统中，鉴幅器即解调电路。它主要由低通滤波器、放大器和检波器组成。其功能是对位置检测元件输出的代表工作台实际位移的电压信号进行滤波、放大、检波、整流，变成正负与工作台移动方向相对应、幅值与工作台位移成正比的直流电压信号。

③ V/F 变换器　V/F 变换器的作用是根据输入的电压值产生相应的数字脉冲信号。输入电压为正时，输出正向脉冲；输入电压为负时，输出负向脉冲；输入电压为 0 时，不产生任何脉冲。因此，鉴幅后输出的模拟电压经 V/F 变换器后变换成相应的脉冲序列，该脉冲序列的频率与直流电压的电平高低成正比。V/F 变换器的输出一方面作为工作台的实际位移送入比较器，另一方面作为励磁信号送入励磁电路。

④ 励磁电路　励磁电路的任务是根据 V/F 变换器输出脉冲的多少和方向，生成检测元件所需的励磁电压信号 U_s、U_c 见式（5-28）及式（5-29）。

U_s 和 U_c 的频率及周期根据要求可用基准信号的频率和计数器的位数调整、控制。

（2）幅值比较伺服系统工作原理

幅值比较伺服系统的工作原理与相位比较伺服系统基本相同，最大的区别是幅值比较伺服系统的检测元件将测出的实际位置转换成测量信号的幅值大小，再通过信号处理电路将幅值大小转换成反馈脉冲频率的高低。

一路反馈脉冲信号进入比较器，与指令脉冲信号进行比较，从而得到位置偏差，经 D/A 转换、伺服放大后作为给定速度加到速度控制单元输入端，由速度控制单元控制伺服电机运动，从而驱动工作台移动；另一路进入励磁电路，控制产生幅值工作方式的励磁信号。

系统工作前均没有指令脉冲 P_c 与反馈脉冲 P_f，比较器输出为 0，这时伺服电机不转。当指令脉冲建立后比较器输出不再为 0，其数据经 D/A 转换、伺服放大后向速度控制单元发出电机运转信号，使电机转动并带动工作台移动。同时，位置检测元件将工作台的位置检测出来，经鉴幅器及 V/F 变换器处理，转换成相应的数字脉冲信号，其输出一路作为反馈脉冲 P_f，另一路送入励磁电路。随着工作台的移动，反馈脉冲数量不断增加，比较器输出逐渐减小。当 $P_c=P_f$ 时，比较器输出为 0，说明工作台实际位置与指令所要求的位置相同，伺服电机停止运转，工作台静止不动。

图 5-56 中采用的检测元件是感应同步器，在幅值比较过程中，随着工作台的不断移动，反馈脉冲不断产生，经比较器后得到偏差脉冲，直至指令脉冲等于反馈脉冲，即偏差脉冲为零时工作台停止在指令要求的位置上。如果采用的检测元件是旋转变压器，在幅值比较时，丝杠有一定的角位移增量，旋转变压器会检测到一定的反馈脉冲，其他原理同采用感应同步器的幅值比较系统。

5.5.4 全数字控制伺服系统

全数字式伺服系统是指系统中的控制信息全部用数字量处理。随着数字信号微处理器性能的提高，伺服系统的信息处理可完全用软件来实现。全数字伺服系统是一种离散控制系统，它由采样器和保持器两个环节组成。全数字控制伺服系统是用计算机软件实现数控系统中位置环、速度环和电流环的控制。

普通数控机床的伺服系统是根据传统的反馈控制原理设计的，很难达到无跟踪误差控制，即很难同时达到高速度和高精度。全数字控制伺服系统可以采用以下新技术，通过计算机软件实现最优控制，达到同时满足高速度和高精度的要求。

（1）前馈控制

有了前馈控制，实际上构成了具有反馈和前馈复合控制的系统结构。在理论上这种控制可以实现完全的无差调节，即同时消除系统的静态位置误差、速度与加速度误差以及外界扰动引起的误差。

（2）预测控制

预测控制是通过预测机床伺服系统的传递函数来调节输入控制量，以产生符合要求的输出。它是目前用来减小伺服系统跟踪误差的一种方法。

（3）学习控制（或重复控制）

学习控制方法适合于周期性重复操作控制指令情况的加工，可以获得高速、高精度的效果。学习控制是一种智能型的伺服控制，其工作原理是当系统跟踪第一个周期指令时产生伺服滞后误差，系统经过对前一次的学习，记住这个误差的大小，在第二次重复这个加工过程时能够做到精确、无滞后地跟踪指令。

目前，全数字控制伺服系统在数控机床中得到了越来越多的应用。其优点有：通过计算机控制，具有更高的动静态控制精度；在检测灵敏度、时间及温度漂移和抗干扰性能等方面优于其他伺服系统；采用总线通信方式，极大地减少了连接电缆，便于机床的安装、维护，提高了系统可靠性；具有丰富的自诊断、自测量和显示功能。

图 5-57 所示为采用数字 PID 控制的软件伺服系统。系统中，由位置、速度和电流构成的三环反馈实现全部数字化，由计算机处理，其校正环节的 PID 控制由软件实现，控制参数 K_P、K_I 和 K_D 可以自由设定、自由改变，非常灵活方便，因此，可以获得比硬件伺服更好的性能。

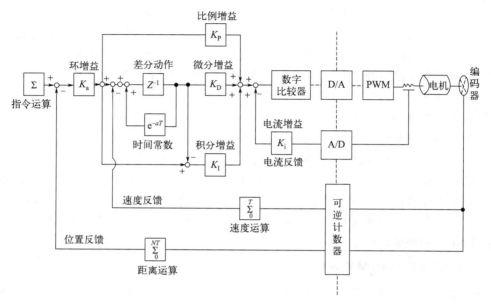

图 5-57 数字 PID 软件控制伺服系统原理

思考题与习题

5-1 伺服系统由哪些部分组成？数控机床对伺服系统的基本要求有哪些？

5-2 试对开环、半闭环和闭环伺服系统进行比较，并说明它们各自的特点和应用场合。

5-3 试比较分析数字脉冲比较伺服系统、相位比较伺服系统、幅值比较伺服系统和全数字伺服系统的特点。

5-4 简述反应式步进电机的工作原理，并说明开环步进电机驱动控制系统时是如何进行移动部件的位移量、速度和方向控制的。

5-5 什么是步距角？反应式步进电动机的步距角与哪些因素有关？步距角与脉冲当量之间的关系是什么？

5-6 若数控机床的脉冲当量 $\delta = 0.05\text{mm}$，快进时步进电动机的动作频率 $f = 2500\text{Hz}$。请计算快进进给速度 v。

5-7 计算题：某开环伺服系统采用步进电动机，电动机有 40 个齿，当采用三相六拍通电方式时，丝杠导程为 5mm。试求：

（1）步进电动机的步距角；

（2）当脉冲频率为 50Hz 时，步进电动机的输出转速 n；

（3）螺母带动的工作台平稳运行速度。

5-8 步进电动机的环形分配器和功率放大器分别有哪些形式？各有何特点？

5-9 可通过什么措施提高步进伺服系统精度？并说明其工作原理。

5-10 直流伺服电动机有哪几种？直流伺服电动机的调速方法有哪些？说明它们的实现原理。数控直流伺服系统主要采用哪种方法？

5-11 直流进给运动的 PWM 和晶闸管调速原理分别是什么？试比较它们的优缺点。

5-12 交流伺服电动机有哪几种？交流伺服电动机的调速方法有哪些？说明它们的实现原理。数控交流伺服系统主要采用哪种方法？

5-13 在交流伺服电动机变频调速中，为什么要同时调整电源电压和频率？

5-14 简述 SPWM 的调制原理，分析 SPWM 变频器的功率放大电路和 SPWM 变频调速系统的工作原理。

5-15 试说明直线电动机的类型、结构和工作原理，并简述直线电机驱动进给伺服系统的优点主要体现在哪些方面。

5-16 数控机床对主轴驱动的要求主要有哪些？

5-17 试说明交流主轴驱动系统的矢量控制调速基本思想。

5-18 主轴准停的作用是什么？主轴准停的方法有哪几种？各有何特点？

5-19 位置检测装置在数控机床控制中起什么作用？数控机床对位置检测装置的要求有哪些？

5-20 位置检测装置可按哪些方式分类？

5-21 绝对值式二进制编码器容易产生非单值性误差，采取什么措施可在一定程度上消除这种非单值性误差？说明理由。

5-22 试述光电式增量脉冲编码器的工作原理。

5-23 试述光栅检测装置的工作原理。

5-24 若光栅刻线密度为 50 线/mm，两块光栅线纹夹角为 1.14°，则莫尔条纹间距为多少？

5-25 数控车床车削螺纹时与主轴同步回转的脉冲编码器有何作用？

5-26 试述旋转变压器的工作原理。

5-27 叙述鉴相方式和鉴幅方式工作的感应同步器的工作原理。

5-28 磁通响应型磁头有何特点？

5-29 简述数字脉冲比较伺服系统和全数字伺服系统的基本工作原理。

第6章 数控机床的机械结构

在数控机床发展的最初阶段，其机械结构与普通机床相比并没有多大变化，只是在自动变速、刀架或工作台自动转位和手柄操作等方面做了一些改变。随着机械电子和计算机控制技术在机床上的普及应用，数控机床作为一种典型的机电一体化产品，其机械结构也在不断发展，因而数控机床的机械结构与普通机床有很多相似之处，但又有本质的区别，并形成了数控机床独特的机械结构体系。

本章主要介绍数控机床的机械结构的要求与总体布局、主传动系统、进给传动系统、导轨、自动换刀装置及其他辅助装置等几个主要的关键部件。

6.1 数控机床的结构要求与总体布局

由于普通机床的机械结构往往存在许多诸如刚性不足、抗振性差、热变形大、滑动面的摩擦阻力大、动静摩擦系数相差悬殊、传动元件之间的间隙较大、低速爬行现象严重、机械滞后现象严重等问题，这些问题使传统机床无法胜任数控机床对加工的高精度、高质量、高效率、高寿命等技术指标的要求。所以，现代数控机床，特别是加工中心的机械结构采用了许多新技术、新材料，无论是在整体布局、外观造型，还是在支承部件、主传动系统、进给传动系统、刀具系统、辅助系统等各方面，都提出了更高的要求。

数控机床的机械结构由以下主要部分组成：

① 主传动系统 它包括动力源、传动件及主运动执行件（主轴）等，其功用是将驱动装置的运动及动力传给执行件，以实现主切削运动。

② 进给传动系统 它包括动力源、传动件及进给运动执行件（工作台、刀架）等，其功用是将伺服驱动装置的运动与动力传给执行件，以实现进给切削运动。

③ 基础支承件 它是指床身、立柱、导轨、滑座、工作台等，其功用是支承机床的各主要部件，并使它们在静止或运动中保持正确的相对位置。

④ 辅助装置 辅助装置视数控机床的不同而异，如自动换刀系统、液压气动系统、润滑冷却装置、自动排屑装置等。

图 6-1 为 JCS-018 立式镗铣加工中心机床的外形图。床身 1、立柱 5 为该机床的基础部件，交流变频调速电动机将运动经主轴箱 9 内的传动件传给主轴 10，实现旋转主运动。3 个调速直流伺服电动机分别经滚珠丝杠副将运动传给工作台 3、滑座 2，实现 X、Y 坐标的进给运动，传给主轴箱 9 使其沿立柱导轨做 Z 坐标的进给运动。立柱左上侧的圆盘

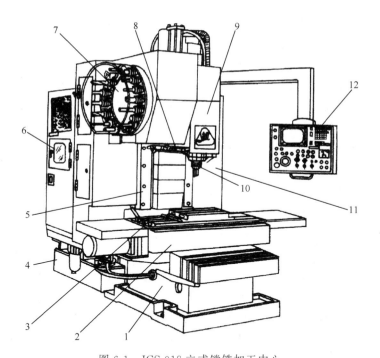

图 6-1 JCS-018 立式镗铣加工中心

1—床身；2—滑座；3—工作台；4—油箱；5—立柱；6—数控柜；7—刀库；8—机械手；
9—主轴箱；10—主轴；11—驱动电控柜；12—控制面板

形刀库 7 可容纳 16 把刀具，由机械手 8 进行自动换刀。立柱的左后部为数控柜 6，右侧为驱动电控柜 11，左下侧为润滑油箱 4。

该机床可在一次装夹零件后，自动连续完成铣、钻、镗、铰、攻螺纹等加工。由于工序集中，显著提高了加工效率，也有利于保证各加工面之间的位置精度。该机床可以实现旋转主运动及 X、Y、Z 三个坐标的直线进给运动，还可以实现自动换刀。

6.1.1 数控机床机械结构的特点与基本要求

（1）数控机床机械结构的特点

与普通机床的机械结构相比，数控机床的机械结构具有如下特点：

① 构件的高刚度化　床身、立柱等部件均采用静刚度、动刚度、热刚度特性都较好的支承构件。

② 传动机构的简约化　主轴转速由主轴的伺服驱动系统来调节和控制，取代了普通机床的多级齿轮传动系统，简化了机械传动结构。

③ 传动元件的精密化　采用刚度、精度和效率等各方面都较高的传动元件，如滚珠丝杠螺母传动副（滚珠丝杠副）、静压蜗轮蜗杆传动副（静压蜗杆副）以及带有塑料层的滑动导轨、滚动导轨、静压导轨等。

④ 辅助操作的自动化　采用多主轴、多刀架结构，刀具与工件的自动夹紧装置，自动换刀装置，自动排屑装置，自动润滑冷却装置，刀具破损检测、精度检测和监控装置等，改善了劳动条件，提高了生产率。

（2）数控机床机械结构的基本要求

数控机床和普通机床一样具有床身、立柱、导轨、工作台和刀架等主要部件，但数控机床是高精度、高效率的自动化加工机床，其加工过程中的一切动作、运动顺序、运动部件的坐标位置以及各种辅助功能，都是严格按预先编制的加工程序或手动输入数据方式提供的指令自动进行加工的，在加工过程中由于机械结构（如床身、立柱、导轨、工作台、刀架和主轴箱等）的几何精度及其变形产生的定位误差，操作者不可能像普通机床一样进行人工干预、随机调整和补偿。此外，为了使数控机床能具有高的加工精度和高的切削速度，机械结构的主要部件必须具有高精度、高刚度、低惯量、低摩擦、高谐振频率、适当的阻尼比等特性，使数控机床达到预定的各项性能指标。为此，对数控机床的机械结构应提出以下几个方面的基本要求。

① 较高的静刚度、动刚度　机床刚度是指机床抵抗由切削力和其他力引起变形的能力。有标准规定数控机床的刚度应比类似的普通机床高50%以上。由机床床身、立柱、导轨、工作台、刀架和主轴箱等部件的几何精度及其变化产生的误差取决于它们的结构刚度，所有这些都要求数控机床要比传统机床具有更高的静刚度、动刚度。

提高机床的静刚度、动刚度可以采用以下措施：

a. 正确选择截面形状和尺寸。构件承受弯曲和扭转载荷后，其变形大小取决于截面的抗弯和抗扭惯性矩，抗弯和抗扭惯性矩大的其刚度就高。

表6-1列出了在截面积相同（即重量相同）时各截面形状的惯性矩；从表中的数据可知：当截面积相同时，空心截面的刚度比实心截面的大；圆形截面的抗扭刚度比方形截面的大，抗弯刚度则比方形截面的小；封闭式截面的刚度比不封闭式截面的刚度大很多。

表6-1　截面积相同时截面形状与惯性矩的关系

序号	截面形状	上：惯性矩计算值/cm^4 下：惯性矩相对值		序号	截面形状	上：惯性矩计算值/cm^4 下：惯性矩相对值	
		抗弯	抗扭			抗弯	抗扭
1	⌀113	$\frac{800}{1.0}$	$\frac{1600}{1.0}$	6	100×100	$\frac{833}{1.04}$	$\frac{1400}{0.88}$
2	⌀113/⌀160	$\frac{2420}{3.02}$	$\frac{4840}{3.02}$	7	100/142×142	$\frac{2563}{3.21}$	$\frac{2040}{1.27}$
3	⌀160/⌀196	$\frac{4030}{5.04}$	$\frac{8060}{5.04}$	8	50×200	$\frac{3333}{4.17}$	$\frac{680}{0.43}$
4	⌀160/⌀196	$\frac{108}{0.07}$		9	85/200×235	$\frac{5867}{7.35}$	$\frac{1316}{0.82}$

续表

序号	截面形状	上：惯性矩计算值/cm⁴ 下：惯性矩相对值		序号	截面形状	上：惯性矩计算值/cm⁴ 下：惯性矩相对值	
		抗弯	抗扭			抗弯	抗扭
5	(I形截面 300×150, 10, 25)	$\dfrac{15517}{19.4}$		10	(H形截面 300×150, 10, 25)	$\dfrac{2720}{3.4}$	

b. 合理选择及布置隔板和肋条。合理布置支承件的隔板和肋条，可以改善受力情况，以减少受力变形及提高构件的静刚度、动刚度。如图 6-2 所示的几种立柱，在内部布置有纵、横和对角肋板等多种结构，对它进行静刚度、动刚度试验的结果表示，以交叉肋板[图 6-2（e）]的作用最好。

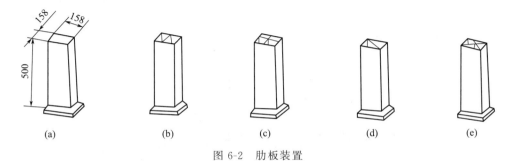

图 6-2 肋板装置

对于一些薄壁构件，为了减小壁面的翘曲和构件截面的畸变，可以在壁板上设置如图 6-3 所示的肋条，其中蜂窝状加强肋较好，如图 6-3（f）所示，它除了能提高构件刚度之外，还能减少铸造时的收缩应力。

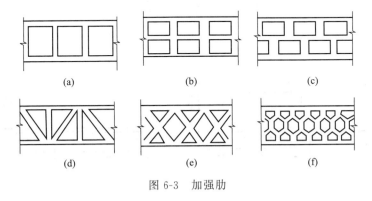

图 6-3 加强肋

如图 6-4（a）所示的主轴轴承座处易发生局部变形，图 6-4（b）所示的肋用来提高轴承处的局部刚度。

c. 选用焊接结构的构件。机床的床身、立柱等支承件，采用钢板和型钢焊接而成，具有重量轻、刚度高的显著优点。钢的弹性模量约为铸铁的 2 倍，在形状与轮廓尺寸相同的前提下，如果要求焊接件与铸件的自身刚度相同，则焊接的壁厚只需铸铁件一半；如果要

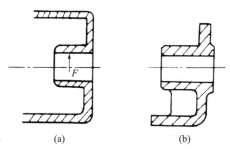

图 6-4 轴承座的结构

求局部刚度相同，因局部刚度与壁厚的三次方成正比，所以焊接件的壁厚只需铸铁件壁厚的 80% 左右。此外，无论是刚度相同以减轻质量，还是质量相同以提高刚度，都可以提高构件的固有频率，使共振不易发生。用钢板焊接有可能将构件做成完全封闭的箱形结构，也有利于提高构件的刚度。

d. 采取补偿构件变形的措施。如果能够测出着力点的相对变形的大小和方向，或者预知构件的变形规律，就可以采取相应的措施来补偿变形以消除它的影响，其结果相当于提高了机床的刚度。如图 6-5 所示的大型龙门数控铣床，当主轴部件移到横梁的中部时，横梁的弯曲变形（下凹）最大。如图 6-5（a）所示，如果将横梁导轨做成拱形，即中部凸起的抛物线形，或者通过在横梁内部安装辅助梁和预校正螺钉将主导轨预调校正为中凸抛物线形，就可以补偿主轴箱移动到横梁中部时引起的弯曲变形。如图 6-5（b）所示，也可以用加平衡重块或其他平衡力的办法，减少横梁因主轴箱自重而产生的变形。落地镗床主轴套筒伸出时的自重下垂，卧式铣床主轴滑枕伸出时的自重下垂，均可采用加平衡重的办法来减少或消除其变形。

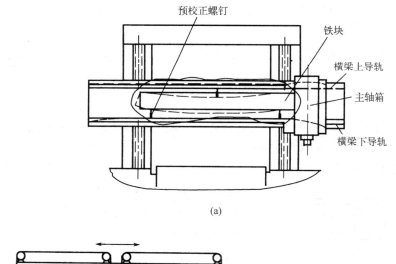

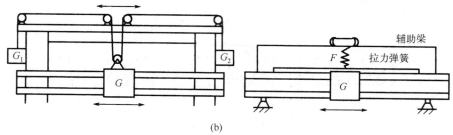

图 6-5 横梁弯曲变形补偿

② 良好的抗振性能　强迫振动和自激振动是机床工作时可能产生的两种形式的振动。机床的抗振性能指的是抵抗这两种振动的能力。切削过程中的振动不仅严重影响工件的加工精度和表面质量，而且还会降低刀具使用寿命，影响生产率。因此要求数控机床要有良好的抗振性能。

提高机床的抗振性可以采用以下措施：

a.减少机床的内部振源。机床的高速旋转主轴、齿轮、带轮等均应进行动平衡；装配在一起的旋转部件，应该保证同轴，并且要减少或消除其配合间隙；机床上的高速往复运动部件，应减少或消除传动间隙，还可以采用平衡装置和降低往复运动件的质量等措施，以减小可能产生的激振力；装在机床上的电动机或液压泵、液压马达等旋转部件需隔振安装；一些断续切削的机床，断续切削力本身就是激振力，可以在适当的部位上装上蓄能飞轮。减少机床的内部振源或降低激振力，就减少了产生强迫振动的可能性，相当于提高了机床的抗振性。

b.提高系统的静刚度。提高静刚度可以提高构件或系统的固有频率，从而避免发生共振，而且提高静刚度有利于改善系统的动刚度。对于抵抗自激振动来说，提高静刚度可以提高自激振动的稳定性极限。当然，如果为了提高静刚度而引起构件质量的增加，会使共振频率产生偏移，这是不利的，因此，在结构设计时应注重强调提高单位质量的刚度。

c.增加构件或结构的阻尼。增大阻尼也是提高动刚度和提高自激振动稳定性的有效措施。采用滑动轴承较滚动轴承有较大的阻尼，对滚动轴承适当预紧也能增大阻尼。将型砂或混凝土等阻尼材料填充在支承构件的夹壁中，可以有效地提高阻尼特性。阻尼材料的相对摩擦可以耗散振动能量，抑制振动。如图 6-6 所示为两种车床床身方案，其中图 6-6（b）为床身夹壁中的型砂不取出的方案，其抗弯曲振动的阻尼值大为提高（在水平方向提高约 10 倍，在垂直方向提高约 7 倍）。

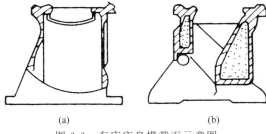

图 6-6　车床床身横截面示意图

③ 良好的热稳定性　机床的热变形，是影响加工精度的重要因素。引起机床热变形的热源主要是机床的内部热源（如主电动机、进给电动机发热、液压系统发热）、外部热源（如摩擦热以及切削热）等。热变形影响加工精度的原因，主要是机床在电动机发热、摩擦热、切削热等内外热源的影响下，各个构件受热变形以及热源分布不均匀，各处零部件的质量分布不均，形成各部位的温升不一致，从而产生不均匀的温度场和不均匀的热膨胀变形，使刀具与工件之间正确的相对位置关系遭到破坏，从而影响工件的加工精度。为了减少机床的热变形及其影响，让机床的热变形达到稳定状态，常常需要花费很长的时间来预热机床，这又影响了生产率。对于数控机床来说，热变形的影响就更突出。一方面，工艺过程的自动化及其精密加工的发展，对机床加工精度和精度的稳定性提出了越来越高的要求；另一方面，数控机床的主轴转速、进给速度以及切削量等也远远大于传统机床，而且常常是长时间连续加工，产生的热量也远远多于传统机床。因此对数控机床而言，更要特别重视采取措施减少机床的热变形及其影响。

减少机床的热变形及其影响可以采用以下措施：

a.减少机床内部热源和发热量。主运动采用直流或交流调速电动机，减少传动轴与传动齿轮；采用低摩擦系数的导轨和轴承；液压系统中采用变量泵等，可以减少摩擦和能耗发热。

b.改善散热和隔热条件。主轴箱或主轴部件用强制外循环润滑冷却，甚至采用制冷后的润滑油进行循环冷却；液压系统尤其是液压泵站是一个主要热源，最好放置在机床之外，如果必须放在机床上时，也应采取隔热或散热措施；切削过程发热量大，要进行冷却

（如采用多喷嘴大流量对切削部位进行强制冷却），并且要能自动及时排屑；对于发热大的部位，应加大其散热面积。

c. 均热。影响加工精度的，不仅仅是温升，更重要的是温度不均。有的支承件如床身，如果温度均匀，温升对导轨精度的影响是不大的。

d. 设计合理的机床结构和布局，减小热变形对精度的影响。同样的热变形，由于结构不同，对精度的影响是不同的。例如数控机床的主轴箱，应尽量使主轴的热变形发生在非误差敏感方向上，在结构上还应尽可能减少零件变形部分的长度，以减少热变形总量。目前，根据热对称原则设计的数控机床，取得了较好的效果。这种结构相对热源来说是对称的，在产生热变形时，工件或刀具的回转中心对称线的位置基本不变。例如卧式加工中心的立柱采用框式双立柱结构，热变形时主轴中心主要产生垂直方向的变化，它很容易进行补偿。

e. 采取热变形补偿措施。可以通过预测热变形的规律，建立变形的数学模型，或测定其变形的具体数值，并存入 CNC 系统中，用以控制输出值进行实时补偿校正。补偿用的数学模型包括：热力学模型、线性回归模型、多元回归模型、有限元模型、神经网络和模糊控制模型等。也可以在热变形敏感位置上安装相应的传感器元件，实测热变形量，经放大后送入 CNC 系统中，来进行实时修正补偿。如传动丝杠的热伸长误差、导轨平行度或平直度的热变形误差等，都可以采用软件进行实时补偿来消除其影响。

④ 较高的低速运动平稳性和较高的运动精度　数控机床的工作台通常需要在极低移动速度条件下仍能保持平稳移动，这就要求工作台对数控装置发出的指令能够快速准确地响应，既不能"过冲"也不能"丢步"，即避免出现低速"爬行"现象，以免影响零件的加工精度。

提高数控机床低速运动的平稳性可以采用以下措施：①用滚动摩擦（如滚动导轨和滚珠丝杠副）代替滑动摩擦。②用纯液体摩擦（如静压导轨或静压丝杠副）代替普通滑动摩擦，以减少静、动摩擦系数之差和改变动摩擦系数随速度变化的特性。图 6-7 不同导轨的摩擦力与运动速度的关系曲线。③采用低摩擦副材料如塑料导轨，塑料导轨具有良好的摩擦特性及良好的耐磨性。④采用高性能润滑油也可以改变摩擦特性，提高运动平稳性。

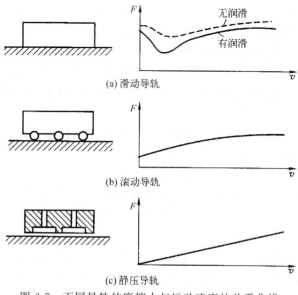

图 6-7　不同导轨的摩擦力与运动速度的关系曲线

对数控机床进给系统的另一个要求是无间隙传动。由于精密加工的需要，数控机床各坐标轴的运动往往需要双向运动，如果传动元件之间存在间隙，就会造成反向位移滞后，严重影响进给系统的运动精度。因此，必须采取措施消除进给传动系统中各组成环节（如齿轮副、丝杠副、蜗杆副等）的间隙。

⑤ 较高的定位精度　机床工作台的定位精度受到所有电气或机械装置及元件设计和制造精度的综合影响。由于加工的需要，数控机床各坐标轴的运动都是双向的，传动元件之间的间隙无疑会影响机床的定位精度及重复定位精度。此外，在机床使用过程中，定位精度进一步受到负载变化、振动、热变形、机床导轨和丝杠副的磨损以及数控装置元件特性变化等的影响。因此，必须采取措施消除进给传动系统中的间隙，如齿轮副、丝杠副的间隙等。

⑥ 充分满足人机工程学的要求　由于数控机床是一种高速、高效、自动化程度很高的机床，在单件的加工时间中，辅助时间也就是非切削时间占有较大比重，因此，压缩辅助时间可大大提高生产率。目前已有许多数控机床采用多主轴、多刀架及带刀库的自动换刀装置等，特别是加工中心，可在一次装夹下完成多工序的加工，节省大量装夹换刀的时间。由于切削加工及辅助过程不需要人工操作干预，故可采用封闭或半封闭式结构，以减少噪声、油污等对周围环境的污染。在机床的操作性方面，数控机床充分注意了各运动部件的互锁能力，确保工作准确安全可靠；从人机工程学的观点出发，要有明快、干净、协调的人机界面，最大限度地改善操作者的观察、操作和维修条件，将所有操作都集中在一个操作面板上，操作面板要一目了然，不要有太多的按钮和指示灯，以减少误操作。此外，机床造型要美观大方，色调和谐，使操作者感到在一个舒适的环境中工作。

对于上述各项技术、经济指标，在设计数控机床时应进行综合考虑并应根据不同的需要，有所侧重。

6.1.2　数控机床的总体布局

所谓机床的总体布局是指机床根据加工对象——工件的工艺分类所需要的运动及主要技术参数而确定各部件的相对位置，并保证工件和刀具的相对运动，保证加工精度，方便操作、调整和维修。机床的总体布局是满足总体设计要求的具体实施办法的重要一步，它直接影响机床的结构和使用性能。因此，布局也是一种总体的优化设计。基于上述特别要求，数控机床的布局大都采用机、电、液、气一体化布局，全封闭和半封闭保护。

另外，由于电子技术和控制技术发展，现代数控机床机械结构大大简化，制造维修都很方便，易于实现计算机辅助设计、制造和生产管理全面自动化。由于数控机床有不同的类型，根据不同类型的结构特点，数控机床有多种布局形式，下面仅就某些数控机床典型结构的布局思想作一简单介绍。

（1）满足多刀加工的布局

图 6-8 是具有可编程尾架座双刀架数控车床，床身为倾斜形状，位于后侧，有两个数控回转刀架，可实现多刀加工，尾座可实现编程运动，也可安装刀具加工。

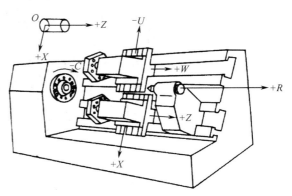

图 6-8　具有可编程尾架座的双刀架车床

（2）满足换刀要求的布局

加工中心都带有刀库，刀库的形式和布局影响机床的布局。图6-9是一种立式加工中心，刀库位于机床侧面。立柱、底座和工作台、主轴箱的布局与普通机床区别不大。图6-10是刀库安装在立柱顶部的卧式加工中心，盘式刀库，工作台和立柱与普通机床类同。

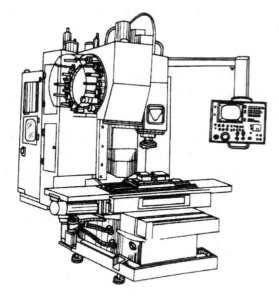

图6-9　刀库装在侧面的立式加工中心

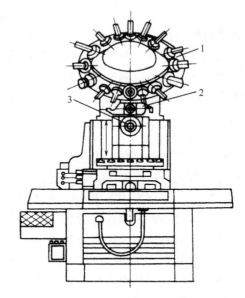

图6-10　刀库装在立柱顶部的卧式加工中心

1—刀库；2—机械手；3—主轴

（3）满足多坐标联动要求的布局

一般数控车床都可实现 X、Z 方向联动。所有的镗铣加工中心都可实现 X、Y、Z 三个方向运动，可实现二坐标或三坐标联动，有些机床可实现五坐标联动。

图6-11为双主轴立卧两用五轴联动的加工中心，有立式、卧式两个主轴，卧式加工时立式主轴退回，立式加工时卧式主轴退回，立式主轴前移，工作台可以上下、左右移动

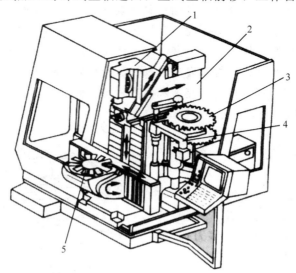

图6-11　双主轴立卧两用五轴联动加工中心

1—立轴主轴箱；2—卧轴主轴箱；3—刀库；4—机械手；5—工作台

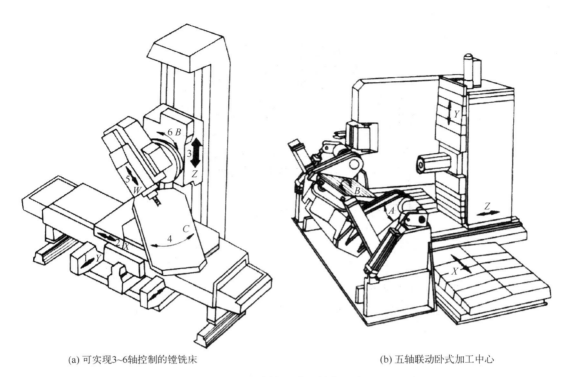

(a) 可实现3~6轴控制的镗铣床　　　　　　(b) 五轴联动卧式加工中心

图 6-12　多轴联动的数控机床

和在两个坐标方向转动，刀库为多盘式结构，位于立柱的侧面，该机床在一次装夹时可加工五个面，适用于模具、壳体、箱体、叶轮、叶片等复杂零件的加工。

图 6-12（a）是可实现 3～6 轴控制的镗铣床，可实现 X 轴（2）、Y 轴（1）、Z 轴（3）联动和 C 轴（4）、W 轴（5）、B 轴（6）的数控定位控制，可实现除夹紧面外的所有面加工。

图 6-12（b）为五轴联动卧式加工中心，立柱可在 Z 向和 X 向移动，主轴可沿立柱导轨做 Y 向移动，工作台可在两个坐标方向转动，实现五轴联动。除装夹面外，可对其他各面进行加工，并可对任意斜面进行加工。

(4) 适应快速换刀要求的布局

图 6-13 所示的加工中心无机械手，换刀时刀库移向主轴直接换刀，刀具轴线与主轴轴线平行，可减少换刀时间，提高生产率。

图 6-14 所示是用机械手和转塔头配合进行快速换刀的加工中心布局形式，转塔头上装有两把刀，其轴线成 45°角，当水平方向的主轴加工时，待换刀具的主轴换刀，换刀时间和加工时间重合，转塔回转 180°角，换上的刀具就可工作，提高了生产率。

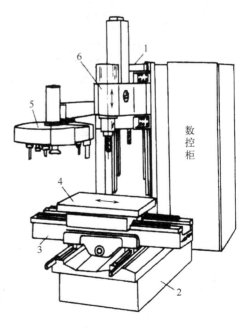

图 6-13　无机械手换刀的加工中心
1—立轴；2—底座；3—横向工作台；
4—纵向工作台；5—刀库；6—主轴箱

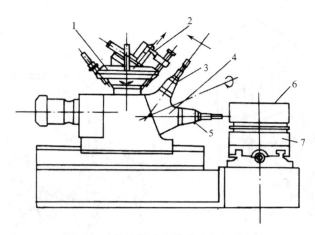

图 6-14 带机械手和转塔的加工中心
1—刀库;2—机械手;3,5—刀具主轴;4—转塔头;6—工件;7—工作台

(5) 适应多工位加工要求的布局

图 6-15 所示的加工中心有四个工位,三个工位为加工工位,一个工位为装卸工件工位,该机床可实现多面加工,因而生产率较高。

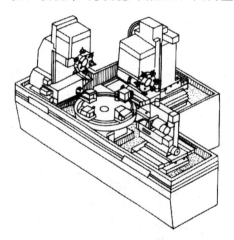

图 6-15 多工位加工的加工中心

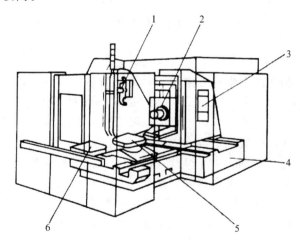

图 6-16 可换工作台的加工中心
1—机械手;2—主轴头;3—操作面板;
4—底座;5,6—托板

(6) 适应可换工作台要求的布局

图 6-16 为可换工作台的加工中心,一个工作台上的零件加工时,另一个工作台可装卸工件,使装卸工件时间和加工时间重合,减少了辅助时间,提高了生产率。

(7) 工件不移动的机床布局

当工件较大,移动不方便时,可使机床立柱移动,如图 6-17 所示。对于一些重型和超大型镗铣床,床身比工件重量轻,大多采用这种布局方式。

(8) 为提高刚度减小热变形要求的布局

卧式加工中心多采用框架式立柱,这种结构刚性好,受热变形小,抗振性高,如图 6-18 所示。主轴位于两立柱之间,当主轴发热时,由于两立柱温升相同,因而变形相同,对称的热变形,可使主轴的位置保持不变,因而提高了精度。

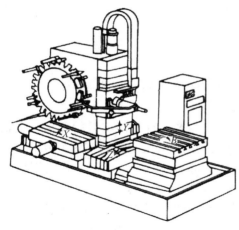

图 6-17 工件不移动的布局图

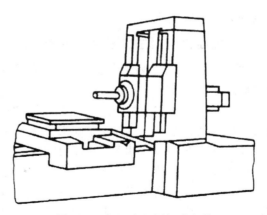

图 6-18 加工中心框架式立柱

（9）立式布局

图 6-19 是立式数控车床外观图，主轴采用 NN 系列轴承，能承受轴向、径向重负荷切削。形成小而坚实的强力刚性。加工可见性好，上下料与夹持容易，可提高加工精度。

（10）倒立式布局

倒立式数控车床外观如图 6-20 所示。夹紧装置直接从输送带上拿取并夹紧工件，悬挂式双主轴将工件倒挂使得工件加工时排屑异常通畅，工件加工完毕后，夹紧装置将其重新放回到输送带上。倒立式双主轴数控车床在一个加工区内配备两个悬挂式主轴，可同步加工两个工件，大幅提高了生产效率。

图 6-19 立式数控车床外观图

图 6-20 倒立式数控车床外观图

6.2 数控机床的主传动系统

数控机床的主传动系统包括主轴电动机、传动系统和主轴组件。与普通机床的主传动系统相比，在结构上比较简单，这是因为现代数控机床的主运动广泛采用无级变速传动，用交流调速电动机或直流调速电动机驱动，能方便地实现无级变速，省去了繁杂的齿轮变速机构，有些数控机床只有二级或三级齿轮变速系统用以扩大电动机无级调速的范围，传动链短，传动件少，提高了变速的可靠性，但制造精度要求很高。数控机床的主轴组件具有较大的刚度和较高的精度,由于多数数控机床具有自动换刀功能,其主轴还具有特殊的刀具安装和夹紧结构。

6.2.1 数控机床对主传动系统的要求

数控机床的工艺范围很宽,工艺能力很强,针对不同的机床类型和加工工艺特点,数控机床对其主传动系统提出了一些特定要求,具体要求如下。

① 调速功能的要求 为了适应不同工件材料、刀具及各种切削工艺的要求,主轴必须有一定的调速范围,以保证加工时选用最合理的切削速度,充分发挥高速刀具的最佳切削性能,从而获得最佳切削效率、加工精度和表面质量。不同的机床对调速范围要求不同:多用途、通用性大的机床要求主轴的调速范围宽,不但要有低速大转矩功能,还要有较高的速度,如车削加工中心;而对于专用数控机床就可能不需要较大的调速范围,如数控齿轮加工机床、为汽车工业大批量生产而设计的数控钻镗床;还有些数控机床,不但要能够加工黑色金属材料,还要加工铝合金等有色金属材料。这就要求调速范围较宽,且能超高速切削。

② 功率要求 要求主轴具有足够的驱动功率或输出扭矩,能在整个变速范围内提供切削加工所需的功率和扭矩,特别是满足机床强力切削加工时的要求。

③ 精度要求 主要指主轴的回转精度和运动精度。主轴的回转精度是指装配后,在无载荷、低速转动条件下,主轴前端或刀具部位的径向和轴向跳动值。主轴在工作速度回转时该跳动值称为运动精度(即主轴工作状态下的回转精度)。数控机床要求有较高的回转精度和运动精度。同时,要求主轴具有足够的刚度、抗振性。

④ 热变形要求 电动机、主轴及传动件都是机床的主要热源。低温升、小的热变形对主传动系统来说是重要指标。要求主轴具有较好的热稳定性,即主轴的轴向和径向尺寸随温度变化小。

⑤ 动态响应性能要求 要求升降速时间短,调速时运转平稳。有的机床需能同时实现正反转切削,还要求换向时均可进行自动加减速控制。

⑥ 主轴组件的耐磨性要求 数控机床的主传动系统应当具有长期精度保持性,这就要求主轴组件必须有足够的耐磨性。凡有机械摩擦的部件,如轴承、锥孔等都应有足够高的硬度,轴承部位还应保持良好的润滑,从而提高主轴组件的耐磨性。

6.2.2 主传动系统的传动方式

数控机床的调速是按照控制指令自动进行的,因此变速机构必须适应自动操作的要求。在现代数控机床的主传动系统中,广泛采用交流调速电机或直流调速电机作为驱动元件,随着电机性能的日趋完善,能方便地实现宽范围的无级变速,且传动链短,传动件少,变速的可靠性高。为扩大调速范围,适应低速大转矩的要求,也经常采用齿轮有级调速和电动机无级调速相结合的调速方式。

根据数控机床的类型与大小,其主传动系统主要有四种配置方式,如图6-21所示。

(1) 带有变速齿轮的主传动方式

如图6-21(a)所示,这是大中型数控机床较常采用的配置方式,通过少数几对齿轮传动,扩大调速范围,以满足主轴低转速时对输出扭矩特性的要求。由于电机在额定转速以上的恒功率调速范围(最高转速与最低转速之比)为2~5,当需扩大这个调速范围时常用变速齿轮的办法,滑移齿轮的移位大都采用液压拨叉或电磁离合器自动完成,或者直接由液压缸带动齿轮做轴向移动来自动实现。

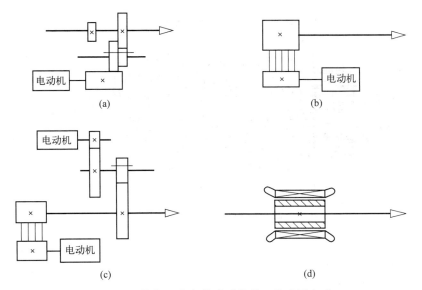

图 6-21 数控机床主传动系统的四种配置方式

（2）通过带传动的主传动方式

如图 6-21（b）所示，这种传动方式主要用在转速较高、调速范围不大的机床，通过带轮减速的主传动适用于高转速、低转矩特性要求的主轴，常采用三角带或同步齿形带进行传动。当调速电动机本身的调速范围已经能够满足使用要求时，不必再增加齿轮副来扩大调速范围，此时采用带轮传动可以避免齿轮传动引起的振动与噪声，使主轴运转更平稳。

（3）用两个电动机分别驱动主轴的主传动方式

如图 6-21（c）所示，这是上述两种方式的混合传动，具有上述两种性能。高速时，由一个电动机通过带传动直接驱动主轴；低速时，由另一个电动机通过齿轮变速驱动主轴，齿轮起到降速增扭和扩大调速范围的作用，这样就使恒功率区增大，扩大了调速范围，克服了低速时转矩不足和电动机功率不能充分利用的缺点。但两个电动机不能同时工作，增加了成本。

（4）由主轴电机直接驱动的主传动方式

如图 6-21（d）所示，电动机转子装在主轴上，该主轴本身就是电机的转子，主轴箱体与电机定子相连，省去了电动机和主轴的传动件，这种方式大大简化了主轴箱体与主轴的结构，主轴部件结构更紧凑，质量小，惯性小，有效地提高了主轴部件的刚度，可提高启动、停止的响应特性。但主轴只承受扭矩而不能承受弯矩，且主轴输出扭矩小，电机的发热对主轴精度影响较大，需专门有一套主轴冷却装置冷却。这种传动方式用于调速范围不大的高速主轴。

内装电动机主轴（电主轴）也是近年来高速加工中心主轴的一种发展趋势，图 6-22 所示为其结构示意图以及冷却油流经路线。

在带有齿轮传动的主传动系统中，齿轮的换挡主要靠液压拨叉来完成，图 6-23 是三位液压拨叉的工作原理图。

通过改变不同的通油方式可以使三联移动齿轮块获得三个不同的变速位置。该机构除液压缸和活塞杆外，还增加了套筒 4。当液压缸 1 通入压力油，而液压缸 5 卸压时［图 6-23（a）］，活塞杆 2 便带动拨叉 3 向左移动到极限位置，此时拨叉带动三联移动齿轮块移

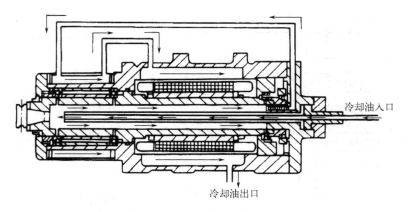

图 6-22 内装式电动机主轴

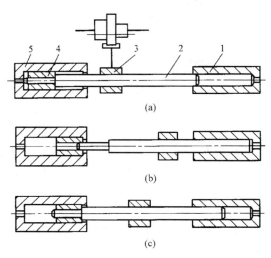

图 6-23 三位液压拨叉工作原理图
1,5—液压缸;2—活塞杆;3—拨叉;4—套筒

动到左端。当液压缸 5 通入压力油,而液压缸 1 卸压时[图 6-23(b)],活塞杆 2 和套筒 4 一起向右移动,在套筒 4 碰到油缸 5 的端部后,活塞杆 2 继续右移到极限位置,此时,三联移动齿轮块被拨叉 3 移动到右端。当压力油同时进入液压缸 1 和 5 时[图 6-23(c)],由于活塞杆 2 的两端直径不同,活塞杆处在中间位置。在设计活塞杆 2 和套筒 4 的截面直径时,应使套筒 4 的圆环面上的向右推力大于活塞杆 2 的向左的推力。液压拨叉换挡在主轴停车之后才能进行,但主轴停转时拨叉带动三联移动齿轮块移动又可能与其啮合的传动齿轮产生"顶齿"现象,因此在这种主运动系统中通常设置一台微电动机,在拨叉带动三联移动齿轮块的同时,微电机带动各传动齿轮做低速回转,使三联移动齿轮块与传动齿轮顺利啮合。

6.2.3 主轴箱与主轴组件

6.2.3.1 主轴箱与主轴部件的结构

数控机床的主轴箱与主轴部件主要包括主轴、主轴的支承轴承、安装在主轴上的传动件、密封件等。主轴部件是机床的重要部件,对加工质量有直接影响,其结构的先进性已成为衡量机床水平的标志之一。由于数控机床的转速高、功率大,并且在加工过程中不进行人工调整,因此要求主轴部件具有良好的回转精度、结构刚度、抗振性、热稳定性、耐磨性和精度的保持性。对于具有自动换刀装置的加工中心,为了实现刀具在主轴上的自动装卸和夹紧,还必须有刀具的自动夹紧装置、主轴准停装置等。

机床主轴的端部一般用于安装刀具、夹持工件或夹具。在结构上,应能保证定位准确、安装可靠、连接牢固、装卸方便,并能传递足够的扭矩。目前,主轴端部的结构形状都已标准化,图 6-24 所示为几种数控机床上通用的结构形式。

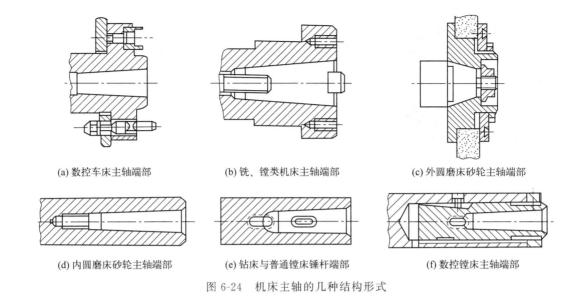

(a) 数控车床主轴端部　　(b) 铣、镗类机床主轴端部　　(c) 外圆磨床砂轮主轴端部

(d) 内圆磨床砂轮主轴端部　(e) 钻床与普通镗床锤杆端部　(f) 数控镗床主轴端部

图 6-24　机床主轴的几种结构形式

6.2.3.2　主轴部件的支承

机床主轴带着刀具或夹具在支承件中做回转运动，需要传递切削扭矩，承受切削抗力，并保证必要的旋转精度。数控机床主轴支承根据主轴部件的转速、承载能力及回转精度等要求的不同而采用不同种类的轴承。一般中小型数控机床（如车床、铣床、加工中心、磨床）的主轴部件多数采用滚动轴承；重型数控机床采用液体静压轴承；高精度数控机床（如坐标磨床）采用气体静压轴承；超高转速（2万～10万 r/min）的主轴可采用磁力轴承或陶瓷滚珠轴承。在各种类型的轴承中，以滚动轴承的使用最为普遍。

（1）主轴滚动轴承的配置形式

根据主轴部件的工作精度、刚度、温升和结构的复杂程度，合理配置轴承，可以提高主传动系统的精度。采用滚动轴承支承，有许多不同的配置形式，目前数控机床主轴轴承的配置主要有如图 6-25 所示的几种形式。

在图 6-25（a）所示的配置中，前支承采用双列短圆柱滚子轴承和 60°角接触球轴承组合，承受径向载荷和轴向载荷，后支承采用成对角接触球轴承，此种结构配置综合刚度高，可满足强力切削的要求，普遍应用于各类数控机床。

在图 6-25（b）所示的配置中，前支承采用角接触球轴承，由 2～3 个轴承组成一套，背靠背安装，承受径向载荷和轴向载荷，后支承采用双列短圆柱滚子轴承，这种配置适用于高速、重载的主轴部件。

在图 6-25（c）所示的配置中，前后支承均采用成对角接触球轴承，以承受径向载荷和轴向载荷，这种配置具有良好的高速性能，但它的承载能力较小，适用于高速、轻载和精密的数控机床主轴。

在图 6-25（d）所示的配置中，前支承采用双列圆锥滚子轴承，承受径向和轴向载荷，后支承采用单列圆锥滚子轴承，这种配置可承受重载荷和较强的动载荷，安装与调整性能较好，但这种结构限制了主轴转速和精度的提高，适用于中等精度、低速与重载荷的数控机床主轴。

（2）主轴滚动轴承的预紧

对主轴的滚动轴承进行预紧和合理选择预紧量，可有效提高主轴部件的回转精度、刚度

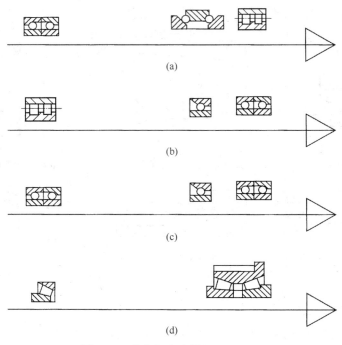

图 6-25 数控机床主轴的配置形式

和抗振性。滚动轴承间隙调整或预紧,通常是通过轴承内外圈的相对轴向移动来实现的。

① 移动轴承内圈的预紧方法　这种方法适用于锥孔双列圆柱滚子轴承。用螺母通过套筒推动内圈在锥形轴颈上做轴向移动,使内圈变形胀大,在滚道上产生过盈,从而达到预紧的目的。图 6-26 所示为几种移动轴承内圈的预紧形式,图 6-26（a）结构简单,但预紧量不易控制,常用于轻载机床主轴部件。图 6-26（b）用右端螺母限制内圈的移动量,易于控制预紧量。图 6-26（c）在主轴凸缘上均布数个螺钉以调整内圈的移动量,调整方便,但是用几个螺钉调整,易使垫圈歪斜。图 6-26（d）将紧靠轴承右端的垫圈做成两个半环,可以径向取出,修磨其厚度可控制预紧量的大小,调整精度较高。调整螺母一般采用细牙螺纹,便于微量调整,而且在调好后要锁紧防松。

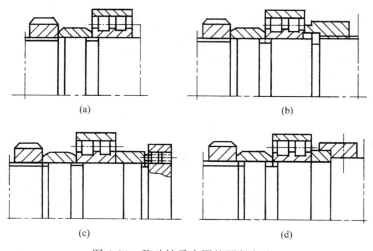

图 6-26 移动轴承内圈的预紧方法

② 修磨轴承座圈的预紧方法　通过修磨轴承的内外座圈，可以调整轴承的预紧力。图 6-27 所示为两种修磨的形式。图 6-27（a）所示为轴承外围宽边相对安装（背对背安装），这时修磨轴承内圈的内侧，使间隙 a 增大；图 6-27（b）所示为外围窄边相对安装（面对面安装），这时修磨轴承外圈的内侧。在安装时按图示的相对关系装配、并用螺母或法兰盖将两个轴承轴向压拢，使两个修磨过的端面贴紧，这样使两个轴承的滚道之间产生预紧。

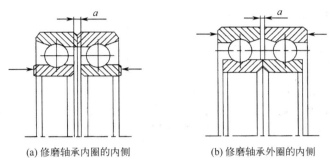

(a) 修磨轴承内圈的内侧　　　(b) 修磨轴承外圈的内侧

图 6-27　修磨轴承座圈

6.2.3.3　卡盘

为了减少辅助时间和劳动强度，适应自动和半自动加工的需要，数控车床的主轴广泛采用液压或气动驱动自定心卡盘装夹工件。

图 6-28 所示为数控车床主轴上采用的一种液压驱动自定心卡盘，卡盘体 3 用螺钉固定（短锥定位）在主轴前端上，液压缸 5 固定在主轴后端。改变液压缸左、右腔的通油状态，活塞杆 4 便可带动卡盘内的驱动爪 1 和卡爪 2 夹紧或放松工件，并通过行程开关 6 和 7 发出相应信号。

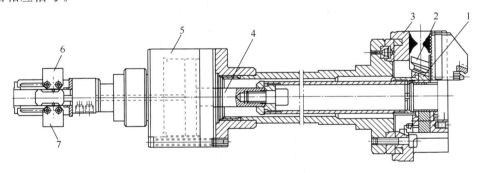

图 6-28　液压驱动自定心卡盘

6.2.4　主轴准停装置

主轴准停功能及控制方法已在 5.3.4 节进行了阐述。本节主要介绍两种典型的主轴准停装置的工作过程。

（1）磁性准停装置

磁性定向准停装置工作原理见图 6-29，主轴 5 的塔轮 1 上安装一个厚垫片 4，上装一个体积很小的永磁块 3，在主轴箱体的准停位置上，装一个磁传感器 2。当数控系统发出主轴停转信号后，主轴减速，以很低的转速慢转，至永磁块对准传感器，传感器 2 发出准停信号，电动机制动，主轴实现准停。这种准停装置机械结构简单，永磁块与磁传感器之

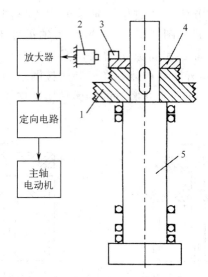

图 6-29 磁性定向准停装置的工作原理图

间没有接触摩擦,能够达到的主轴准停定位精度在 ±1° 范围内,能满足一般换刀要求,而且定向时间短,可靠性较高,所以应用比较广泛。

(2) 端面凸轮准停装置

如图 6-30 所示为端面凸轮准停装置,在主轴 1 上固定有一个定位滚子 2,主轴上空套有一个双向端面凸轮 3,该凸轮和液压缸 5 中的活塞杆 4 相连接,当活塞带动凸轮 3 向下移动时(不转动),通过拨动定位滚子 2 并带动主轴转动,当定位销落入端面凸轮的 V 形槽内时,便完成了主轴准停。因为是双向端面凸轮,所以能从两个方向拨动主轴转动以实现准停。这种双向端面凸轮准停机构动作迅速可靠,但是凸轮制造较复杂。

主轴准停装置保证了主轴准确地停止在某个固定的周向位置上,配合主轴内对刀具的自动松开和夹紧装置(其结构见 6.4.5 节),可以实现刀具在数控机床主轴上自动装卸。

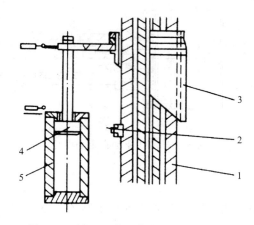

图 6-30 端面凸轮准停装置的工作原理
1—主轴;2—定位滚子;3—端面凸轮;4—活塞杆;5—液压缸

6.2.5 主轴组件的润滑和密封

(1) 主轴组件的润滑

为了保证主轴有良好的润滑,减少摩擦发热,同时又能把主轴组件的热量带走,通常采用循环式润滑系统。用液压泵供油强力润滑，在油箱中使用油温控制器控制油液温度。近年来有些数控机床的主轴轴承采用高级油脂密封方式润滑，每加一次油脂可使用7～10年，既降低了成本，又使维护保养简单。润滑脂的填充量不能过多，不能把轴承的空间填满，否则将引起过高的发热，并使润滑脂熔化流出，效果适得其反。高速主轴轴承润滑脂的填充量约为轴承空间的1/3。精密主轴轴承填充润滑脂时应该用注射针管注入，使滚道和每个滚动体都粘上润滑脂。不能用手指涂，因为手有汗，会腐蚀轴承。使用前最好把润滑脂薄薄地涂在洁净的玻璃上，检查是否混入杂质。

在使用中需防止润滑油和润滑脂混合，通常采用迷宫式密封方式。为了适应主轴转速向更高速化发展的需要，出现了新型润滑冷却方式，这些新型润滑冷却方式不但能减少轴承温升，还可减少轴承内外圈的温差，以使主轴热变形更小。下述两种新型润滑冷却方式。

① 油气润滑方式　如图6-31所示为油气润滑系统的原理图。这种润滑方式近似于油雾润滑方式，所不同的是，油气润滑是用压缩空气定时定量地把油雾送进轴承空隙中，油量大小可达最佳值，压缩空气有散热作用，润滑油可回收，这样既可以实现润滑，又不致因油雾太多而污染周围空气。而油雾润滑方式则是连续供给油雾。

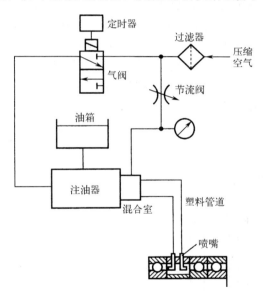

图6-31　油气润滑系统原理图

② 喷注润滑方式　如图6-32所示为喷注润滑系统的原理图。将较大流量的恒温油（每个轴承3～4L/min）喷注到主轴轴承上，以达到润滑、冷却的目的。这里要特别指出的是，较大流量喷注的油，不是自然回流，而是通过两台排油液压泵进行强制排油；同时，需要采用专用高精度大容量恒温油箱，把油温变动控制在±5℃。

（2）主轴部件的密封、防泄漏

对于用油润滑的主轴部件来讲，主轴部件密封为的是防止润滑油外漏和灰尘屑末、切削液等杂质进入；对于用润滑脂润滑的主轴部件来说，由于润滑脂不会外漏，主要是防止灰尘屑末、切削液以及齿轮箱内的润滑油进入主轴部件。后者防止外物进入的要求更高些，这是因为用油润滑时，循环油可起冲洗作用；而用润滑脂润滑时，灰尘屑末一旦进入，与脂混合将成为研磨膏，如油进入，则将把脂稀释甩离轴承。

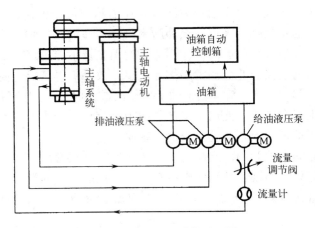

图 6-32 喷注润滑系统原理图

润滑油的防漏，对于循环润滑的主轴，主要不是靠"堵"，而是靠疏导。单纯地"堵"，例如用油毛毡，往往不能防漏。疏导的例子之一如图 6-33 所示为一种主轴轴承靠疏导防漏的结构。其润滑油流经前轴承后，向右经螺母 2 外溢。螺母 2 的外圆有锯齿形环槽，主轴旋转时的离心力把油甩向压盖 1 内的空腔，然后经回油孔流回主轴箱。锯齿方向应逆着油的流向，如图 6-34 所示。图中的箭头表示油的流动方向。环槽应有 2~3 条，因为油被甩至空腔后，可能有少量的油会被溅回到螺母 2，前面的环槽可以再甩。回油孔的直径，应大于 $\phi 6mm$ 以保证回油畅通。要使间隙密封结构能在一定的压力和温度范围内具有良好的密封防漏性能，必须保证法兰盘与主轴及轴承端面的配合间隙合理。

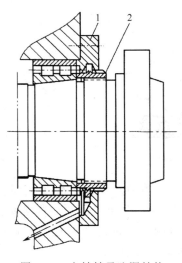

图 6-33 主轴轴承防漏结构
1—压盖；2—螺母

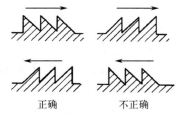

图 6-34 锯齿方向

① 法兰盘与主轴的配合间隙应控制在 0.1~0.2mm（单边）范围内。如果间隙过大，则泄漏量将按间隙的 3 次方扩大；若间隙过小，由于存在加工及安装误差，容易发生法兰盘与主轴局部接触，使主轴局部升温并产生噪声。

② 法兰盘内端面与轴承端面的间隙应控制 0.15~0.3mm 之间。小间隙可使外溢油直

接被挡住，并沿法兰盘内端面下部的泄油孔流回油箱。

③ 法兰盘上的沟槽应与主轴上的护油槽对齐，以保证被主轴甩至法兰盘沟槽内腔的油液能可靠地流回油箱。

这种主轴前端防漏密封结构也适用于普通卧式车床的主轴前端密封。在油脂润滑状态下使用该密封结构时，取消了法兰盘泄油孔及回油斜孔，并且适当放大有关配合间隙，经正确加工及装配后同样可达到较为理想的密封效果。

6.3 数控机床的进给传动机构

6.3.1 进给系统概述

数控机床进给系统的机械传动机构，是指将电动机的旋转运动传递给工作台或刀架以实现进给运动的整个机械传动链，包括齿轮传动副或带轮传动副、丝杠副或蜗杆副及其支承部件等。

数控机床的主运动多为提供主切削运动，它代表的是生产率。而进给运动是以保证刀具与工件之间相对位置关系为目的，被加工工件的轮廓精度和位置精度都受到进给运动的传动精度、灵敏度和稳定性的直接影响。不论是点位控制还是连续控制，其进给运动是数字控制系统的直接控制对象。对于闭环控制系统，还要在进给运动的末端加上位置检测系统，并将测量的实际位移反馈到控制系统中，以使运动更准确。

因此，为了保证数控机床进给系统的定位精度和静态、动态性能，在设计进给机械传动机构时应着重考虑以下几方面的要求：

① 较高的传动刚度　进给传动系统的刚度主要取决于传动件丝杠副（直线运动）或蜗杆副（回转运动）及其支承部件的刚度。如果它们的刚度不足，或者摩擦力不稳定，就会导致工作台产生爬行现象；如果传动副中存在传动间隙，就会造成反向死区，影响传动的准确性。缩短传动链，合理选择丝杠尺寸以及对丝杠副及支承部件等预紧是提高传动刚度的有效措施。

② 较小的摩擦　进给传动系统要求运动平稳，避免爬行现象，定位准确，快速响应特性好。因此，必须有效地减小运动件的摩擦阻力和动、静摩擦系数之差。进给系统虽有很多零部件，但摩擦阻力主要来源是导轨和丝杠。因此，改善导轨和丝杠结构使摩擦阻力减少是主要目标之一，在进给系统中，除了普遍采用塑料导轨、滚动导轨、静压导轨外，还普遍采用了滚珠丝杠副或静压丝杠副。

③ 较小的惯量　进给系统由于经常需要进行启动、停止、变速或反向，若机械传动装置惯量大，会增大负载并使系统动态性能变差。因此在满足强度与刚度的前提下，应尽可能减小运动执行部件的重量以及各传动元件的直径和重量，使它们的惯量尽可能小。

④ 系统中要有适度的阻尼　系统中的阻尼一方面能降低伺服系统的快速响应特性，另一方面能同时提高系统的稳定性。当刚度不足时，运动件之间的适度阻尼可消除工作台的低速爬行现象，进而提高系统的稳定性。

⑤ 消除传动间隙　进给系统的运动都是双向的，系统的传动间隙使工作台不能马上跟随指令运动，造成系统快速响应特性变差。传动间隙是进给系统降低传动精度、刚度和造成进给系统反向死区的主要原因之一。因此，在传动系统各个环节，包括滚珠丝杠、轴

承、齿轮、蜗轮蜗杆，甚至联轴器和键连接都必须采取相应的消除间隙措施。

⑥ 稳定性好、寿命长　稳定性是伺服进给系统能正常工作的基本条件，系统的稳定性包括在低速进给时不产生爬行、在交变载荷下不发生共振。稳定性与系统的惯性、刚性、阻尼及增益等多个因素有关。进给系统的寿命，是指保持数控机床传动精度和定位精度的时间。在设计时，应合理选择各传动件的材料、热处理方法及加工工艺，并采用适合的润滑方式和防护措施，以延长其使用寿命。

⑦ 使用维护方便　数控机床进给系统的结构应便于维护和保养，最大限度地减少维修工作量，以提高机床的利用率。

6.3.2　齿轮传动副

在数控机床的进给驱动伺服系统中，常采用机械变速装置将电机输出的高转速、低转矩转换成被控对象所需的低转速、大转矩，其中应用最广的就是齿轮传动副。在设计齿轮传动装置时，除应满足强度、刚度、精度之外，还应着重考虑齿轮副的传动级数和速比分配以及齿轮间隙的消除。

(1) 齿轮传动副的传动级数和速比分配

齿轮传动的传动级数和速比分配，一方面影响传动件的转动惯量大小，同时还影响执行件的传动效率。增加传动级数，可以减小转动惯量，但会导致传动装置的结构复杂，降低传动效率，增大噪声，同时也加大传动间隙和摩擦损失，对伺服系统不利。若传动链中齿轮速比按递减原则分配，则传动链的起始端的间隙影响较小，末端的间隙影响较大。因此，不能单纯根据转动惯量来选取传动级数，要综合考虑，选取最佳的传动级数和各级速比。

(2) 消除传动齿轮间隙

由于齿轮在制造中不可能达到理想齿面的要求，总是存在着一定的误差，数控机床进给系统的齿轮传动副就会存在间隙，在开环控制系统中会造成进给运动的位移值滞后于指令值；反向时，会出现反向死区，影响加工精度；在闭环系统中，由于有反馈作用，滞后量虽然可得到补偿，但反向时因伺服系统会产生振荡而不稳定。为了提高数控机床伺服系统的性能，在设计时必须采取相应的措施，使间隙减小到允许的范围内。通常可采用以下方法来减少或消除齿轮间隙。

① 刚性调整法　刚性调整法是指在调整后，暂时消除了齿轮间隙，但之后产生的齿侧间隙不能自动补偿的调整方法。因此，在调整时，齿轮的周节公差及齿厚要严格控制，否则传动的灵活性会受到影响。常见的方法有偏心轴套式调整法、轴向垫片式调整法、双薄片齿轮垫片调整法。这些调整方法结构比较简单，且有较高的传动刚度，但调整较费时。

图 6-35 所示为偏心轴套式调整间隙结构。齿轮 1 与齿轮 3 相互啮合，齿轮 1 装在电机 4 输出轴上，电机则安装在偏心轴套 2 上，偏心轴套 2 装在减速箱 5 的座孔内。通过调整偏心轴套 2 的转角，可以调整齿轮 1 和齿轮 3 之间的中心距，以消除齿轮传动副在正转和反转时的齿侧间隙。

图 6-36 所示为轴向垫片调整间隙的结构。图中两个啮合着的齿轮 1 和 2 的节圆沿齿宽方向稍有变化，其齿厚略呈锥度，通过改变调整垫片 3 的厚度，可使两齿轮 1 和 2 的轴向位置产生相对位移，从而调整或消除齿侧间隙。

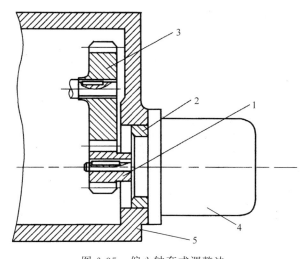

图 6-35 偏心轴套式调整法

1，3—齿轮；2—偏心轴套；4—电机；5—减速箱

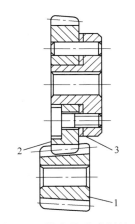

图 6-36 轴向垫片式调整法

1，2—齿轮；3—调整垫片

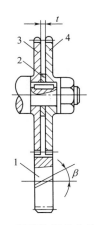

图 6-37 双薄片齿轮垫片调整法

1—宽斜齿轮；2—垫片；3，4—薄片斜齿轮

图 6-37 所示为双薄片齿轮垫片调整间隙的结构。图中两个薄片斜齿轮 3 和 4 套在带键的轴上，通过改变垫片 2 的厚度可使齿轮 3、4 的左右齿面分别与宽斜齿轮 1 的齿槽左、右齿侧面紧密接触，达到既能调整齿侧间隙又能使齿轮转动灵活的目的。这种调整方法无论正向还是反向回转，均只有一个薄齿轮承受载荷，故齿轮的承载能力较小。

② 柔性调整法　柔性调整法是指调整后，消除了齿轮间隙，而且随后产生的齿侧间隙仍可自动补偿的调整方法。一般是将相啮合的一对齿轮中的一个做成宽齿轮，另一个由两片薄齿轮组成，采取措施使一个薄齿轮的左齿侧和另一薄齿轮的右齿侧分别紧贴在宽齿轮齿槽的左右两侧，以此来消除齿侧间隙，反向时也不会出现死区。但这种结构较复杂，轴向尺寸大，传动刚度低，同时，传动平稳性也较差。

这里仅介绍直齿圆柱齿轮的周向拉簧调整法和斜齿圆柱齿轮的轴向压簧调整法。

图 6-38 所示为直齿圆柱直齿轮的周向拉簧调整法。两个齿数相同的薄片齿轮 1 和 2 与另一个宽齿轮相啮合，齿轮 1 空套在齿轮 2 上，可以相对转动。齿轮 2 的端面均布四个螺孔，装上凸耳 8，凸耳 8 穿过齿轮 1 端面上的四个通孔，在凸耳 8 上装有调节螺钉 7；

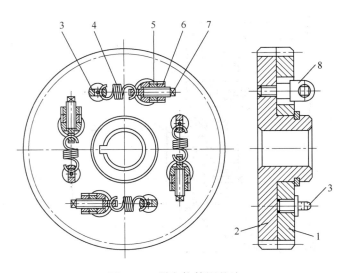

图 6-38 周向拉簧调整法

1，2—齿轮；3，8—凸耳；4—弹簧；5，6—旋转螺母；7—调节螺钉

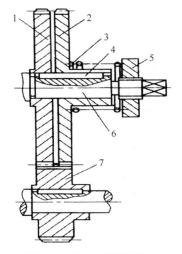

图 6-39 轴向压簧调整法

1，2—斜齿轮；3—压力弹簧；4—键；5—螺母；6—轴；7—宽斜齿轮

齿轮 1 的端面也均布四个螺孔，装上凸耳 3；弹簧 4 分别钩在调节螺钉 7 和凸耳 3 上。旋转螺母 5 和 6 调整弹簧 4 的拉力，使薄片齿轮错位，即两片薄齿轮的左、右齿面分别与宽齿轮齿槽的左、右两面贴紧，消除了齿隙。齿轮磨损后，产生的间隙在弹簧拉力的作用下仍会自动消除。

图 6-39 所示为斜齿圆柱齿轮的轴向压簧调整法。两个薄片斜齿轮 1 和 2 用键 4 滑套在轴 6 上，两个薄片斜齿轮间隔开一小段距离，用螺母 5 来调节压力弹簧 3 的轴向压力，使齿轮 1 和 2 的左、右齿面分别与宽斜齿轮 7 齿槽的左、右侧面贴紧，从而消除了齿隙。齿轮磨损后，产生的间隙在弹簧压力的作用下仍会自动消除。弹簧力调整应适当，使它能承受转矩，否则消除不了间隙；弹簧力过大则齿轮磨损过快。

6.3.3 丝杠副

数控机床的进给运动链中，将旋转运动转换为直线运动的方法很多，这里只介绍滚珠丝杠副和静压丝杠副。

6.3.3.1 滚珠丝杠副

滚珠丝杠副是数控机床的进给运动链中最常见的一种形式。滚珠丝杠副的结构原理如图 6-40 所示。在丝杠 3 和螺母 1 上都有半圆弧形的螺旋槽，当它们套装在一起时便形成了滚珠的螺旋滚道。螺母上有滚珠回路管道 b，将几圈螺旋滚道的两端连接起来构成封闭的循环滚道，并在滚道内装满滚珠 2。当丝杠旋转时，滚珠在滚道内既自转又沿滚道循环转动，因而迫使螺母（或丝杠）轴向移动。丝杠、螺母和滚珠均由轴承钢制成，经淬火、磨削，达到足够高的精度。螺纹的截面为圆弧形，其半径略大于滚珠半径。

滚珠丝杠副具有以下特点：

a.摩擦损失小，传动效率高，可达0.90~0.96；

b.丝杠螺母之间预紧后，可以完全消除间隙，提高了传动刚度；

c.摩擦阻力小，几乎与运动速度无关，动静摩擦力之差极小，能保证运动平稳，不易产生低速爬行现象；磨损小、寿命长、精度保持性好；

d.不能自锁，有可逆性，既能将旋转运动转换为直线运动，也能将直线运动转换为旋转运动，因此丝杠立式使用时，必须增加制动装置。

（1）滚珠丝杠副的结构

滚珠丝杠副的结构与滚珠的循环方式有关，按滚珠在整个循环过程中与丝杠表面的接触情

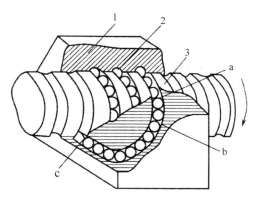

图6-40 滚珠丝杠副的结构原理
1—螺母；2—滚珠；3—丝杠
a，c—滚道；b—回路管道

况，滚珠丝杠副有两种结构形式：滚珠在循环过程中有时与丝杠脱离接触的称为外循环式；始终与丝杠保持接触的称为内循环式。

外循环方式中的滚珠在循环反向时，离开丝杠螺纹滚道，在螺母体内或体外做循环运动。如图6-41所示为插管式外循环方式，弯管1两端插入与螺纹滚道5相切的两个孔内，弯管两端部引导滚珠4进入弯管，形成一个循环回路，再用压板2和螺钉将弯管固定。插管式外循环结构简单，制造容易，但径向尺寸大，且弯管两端耐磨性和抗冲击性差。若在螺母外表面上开槽与切向孔连接，在螺纹滚道内装入两个挡珠器代替弯管，则为螺旋槽式外循环，螺母径向尺寸较小，但槽与孔的接口为非圆滑连接，滚珠经过时易产生冲击，甚至发生卡珠现象，噪声也比较大。若在螺母两端加端盖，端盖上开槽引导滚珠沿螺母上的轴向孔返回，则为端盖式外循环，这种方式结构简单，但滚道衔接和弯曲处不易做到准确而影响其性能，故应用较少。

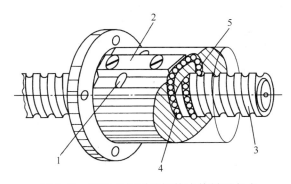

图6-41 滚珠丝杠副的插管式外循环方式
1—弯管；2—压板；3—丝杠；4—滚环；5—螺纹管道

如图6-42所示为内循环方式，滚珠在循环过程中始终与丝杠表面保持接触。在螺母2的侧面孔内装有接通相邻滚道的反向器4，利用反向器引导滚珠3越过丝杠1的螺纹顶部进入相邻滚道，形成一个循环回路，称为一列。一般在同一螺母上装有2~4个反向器，并沿螺母圆周均匀分布。内循环方式的优点是滚珠循环的回路短、流畅性好、效率高、螺母的径向尺寸也较小，但制造精度要求高，且不能用于多头螺纹传动。图6-42中的反向器为圆形带凸键，不能浮动，称为固定式反向器；若反向器为圆形，可在孔中浮动，外加

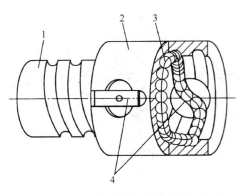

图 6-42 滚珠丝杠副的内循环方式
1—丝杠；2—螺母；3—滚珠；4—反向器

弹簧片令反向器压向滚珠，则为浮动式反向器，可以做到无间隙、可预紧，刚度较高，回珠槽进出口自动对接，通道流畅，摩擦特性好，但制造成本高。

（2）滚珠丝杠副轴向间隙的调整和预加载荷

为了保证滚珠丝杠副反向时的传动精度和传动刚度，必须消除滚珠丝杠副的轴向传动间隙。消除轴向传动间隙的基本原理是将滚珠丝杠副的螺母分为两段，用强迫外力使两段螺母产生轴向位移，使滚珠呈轻微过盈状态紧压在两螺母滚道的不同侧面上，从而使丝杠的轴向传动间隙消除，并且施加预紧力。采用这种预紧方法时应注意预紧力不宜过大（轴向位移量不宜过大），否则会使空载力矩增加，降低传动效率，缩短滚珠丝杠副的使用寿命。

常用的滚珠丝杠副轴向间隙的调整和预加载荷的方法如下。

① 双螺母垫片调整式 如图 6-43 所示，通过修磨调整垫片的厚度，使左右两螺母产生轴向位移，即可消除轴向间隙和产生预紧力。这种调整方法具有结构简单可靠、刚性好和装卸方便等优点，但调整较费时间，很难在一次修磨中完成调整，滚道出现磨损时不便于随时消除间隙和进行预紧。

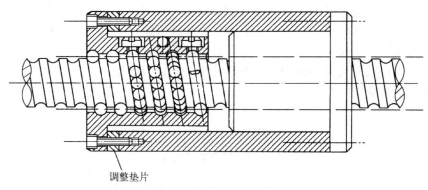

调整垫片

图 6-43 垫片调整间隙和施加预紧力的结构

② 双螺母螺纹调整式 如图 6-44 所示是利用两个锁紧螺母调整螺母的轴向位移来实现预紧的结构。两个滚珠螺母 3、4 靠平键 5 与外套 6 相连，其中左滚珠螺母 3 的外端制有凸缘，右滚珠螺母 4 的外端没有凸缘但制有外螺纹，并用两个锁紧螺母 1、2 与凸缘外螺纹旋合和锁紧实现右滚珠螺母 4 的轴向固定。由于平键限制了两个滚珠螺母在螺母座内的转动，调整时只要拧动锁紧螺母 1，即可使右滚珠螺母 4 出现轴向位移，从而消除间隙并产生预紧力，然后用锁紧螺母 2 锁紧。这种调整方法具有结构简单、工作可靠、调整方便等优点，故应用广泛。但调整位移量不易精确控制，因此，预紧力也不能准确控制。

③ 双螺母齿差调整式 如图 6-45 所示为双螺母齿差调整式结构。在两个螺母的凸缘上分别切出齿数相差一个的两个齿轮，这两个齿轮分别与两端相应的内齿轮相啮合，内齿轮紧固在螺母座上。预紧时脱开内齿圈，使两个螺母同向转过相同的齿数，然后再合上内齿圈。两螺母的轴向相对位移发生变化，从而实现间隙的调整和预紧力的施加。这种调整

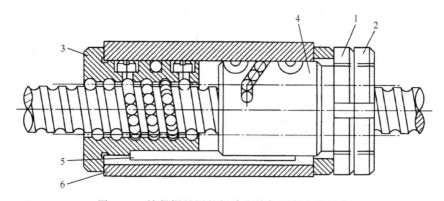

图 6-44 锁紧螺母调整间隙和施加预紧力的结构
1，2—锁紧螺母；3—左滚珠螺母；4—右滚珠螺母；5—平键；6—外套

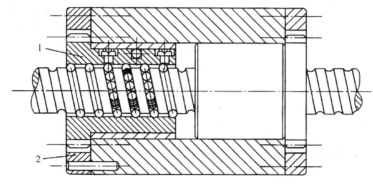

图 6-45 齿差调整间隙和施加预紧力的结构
1—外齿轮；2—内齿轮

方式的结构复杂，但调整方便、可靠，能够精确地调整预紧量，可实现定量精密微调，是目前应用较广的一种结构，多用于高精度的重要传动。

（3）滚珠丝杠副的支承方式

螺母座、丝杠的轴承及其支架等刚度不足将严重地影响滚珠丝杠副的传动刚度。因此螺母座应有加强肋，以减少受力后的变形，螺母与床身的接触面积宜大一些，其连接螺钉的刚度也应较高，定位销要紧密配合。

滚珠丝杠常用推力轴承支座，以提高轴向刚度（当滚珠丝杠的轴向负载很小时，也可用角接触球轴承支座），滚珠丝杠在机床上的安装支承方式如图 6-46 所示。

图 6-46（a）为一端安装推力轴承的结构。这种安装方式的承载能力小，轴向刚度低。只适用于行程较小的短丝杠，一般用于数控机床的调节环节或升降台式数控铣床的立向（垂直）坐标中。

图 6-46（b）为在固定端的两侧面安装推力轴承的结构。这种方法可以提高丝杠的轴向传动刚度，但丝杠的受热伸长变形十分敏感，轴承的寿命较两端均安装推力轴承与向心球轴承的结构低。

图 6-46（c）为一端安装推力轴承，另一端安装向心球轴承的结构。这种方式用于丝杠较长的场合，当热变形造成丝杠伸长时，其一端固定，另一端能做微量的轴向浮动。为了减少丝杠热变形的影响，推力轴承的安装位置应远离热源（如液压马达）及丝杠上的常用段。

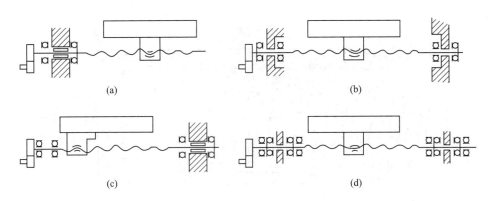

图 6-46 滚珠丝杠的支承方式

图 6-46（d）为两端均安装推力轴承与向心球轴承的结构。为了提高丝杠刚度，丝杠两端可用双重支承，如推力轴承加向心球轴承，并施加预紧拉力。这种结构方式不能精确地预先测定预紧力，因为预紧力的大小会因丝杠的温度变形转化而受影响。但设计时要求提高推力轴承的承载能力和支架刚度。由于两端均采用双重支承并施加预紧，使丝杠具有较大的刚度，故可用在传动载荷较大的场合。

（4）滚珠丝杠的制动方式

由于滚珠丝杠副的传动效率高，无自锁作用（特别是滚珠丝杠处于垂直传动时），为防止因自重而下降造成事故，故必须装有制动装置。

图 6-47 所示为数控卧式镗床的主轴箱进给滚珠丝杠制动装置示意图。机床工作时，电磁铁通电，使摩擦离合器脱开。运动自电动机经减速齿轮传给丝杠，使主轴箱上下移动。当加工完毕，或中间停车时，电动机和电磁铁同时断电，装置此时在压力弹簧的作用下摩擦离合器闭合，丝杠不能转动，主轴箱无法下落，从而起到制动作用。

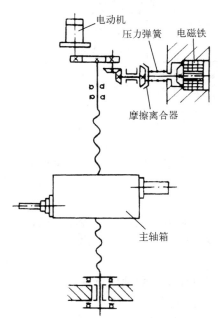

图 6-47 滚珠丝杠制动装置

（5）滚珠丝杠的预拉伸

滚珠丝杠副预紧后的摩擦力加大，在正常工作时滚珠丝杠会产生热量，逐渐使丝杠的温度高于床身。丝杠的温度升高后产生热膨胀将使丝杠的导程加大，影响定位精度。为了补偿热膨胀，可将丝杠预拉伸，预拉伸量应略大于热膨胀量。发热后，热膨胀量抵消了部分预拉伸量，使丝杠内的拉应力下降，但长度却没有变化，因而提高了定位精度，这就是滚珠丝杠预拉伸的目的和原理。

需进行预拉伸的丝杠在制造时应使其目标行程（螺纹部分在常温下的长度）等于公称行程（螺纹部分的理论长度，等于公称导程乘以丝杠上的螺纹圈数）减去预拉伸量。拉伸后恢复公称行程值，减去的量称为"行程补偿值"。

图 6-48 所示为滚珠丝杠预拉伸的一种结构图。丝杠两端由推力轴承和滚针组合轴承支承，拉伸力通过螺母 8、间隔套、推力轴承右侧轴圈 6、静圈 5、调整套 4 作用到支座上，当丝杠装到两个支座 1、7 上之后，拧紧螺母 8 使推力轴承左侧轴圈 3 靠在丝杠的台

肩上，再压紧压盖 9，使调整套 4 两端顶紧在支座 7 和静圈 5 上，用螺钉和销将支座 1、7 定位在床身上，然后卸下支座 1、7，取出调整套 4，替换上加厚的调整套。加厚量等于预拉伸量，再照原样装好，固定在床身上。

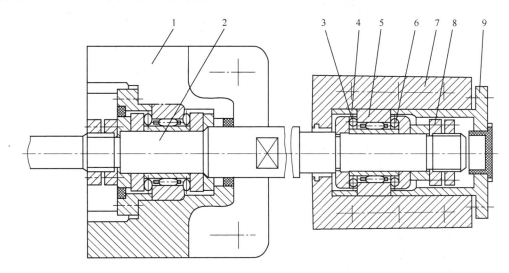

图 6-48 滚珠丝杠的预拉伸
1，7—支座；2—轴；3—推力轴承左侧轴圈；4—调整套；5—静圈；
6—推力轴承右侧轴圈；8—螺母；9—压盖

（6）中空强冷滚珠丝杠

为了减少滚珠丝杠的受热变形，可以将丝杠制成空心，通入冷却液强行冷却可以有效地散发丝杠传动中的热量，对保证定位精度大有益处，由此也可获得较高的进给速度。国外的铝合金加工端铣时，进给速度已经达到 70m/min，这在一般的滚珠丝杠传动中是难以实现的。图 6-49 所示为带中空强冷的滚珠丝杠传动图。为了减少滚珠丝杠受热变形，在支承法兰处通入恒温油循环冷却以使其保持在恒温状态下工作。

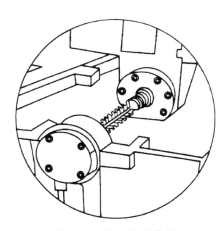

图 6-49 带中空强冷的滚珠丝杠传动图

6.3.3.2 静压丝杠副

静压丝杠副是在丝杠和螺母的螺旋工作面之间通入压力油，使其间保持具有一定厚度、一定刚度的压力油膜，从而在丝杠和螺母之间由边界摩擦变为纯液体摩擦的传动副。静压丝杠副已广泛应用于精密数控机床的进给机构中。

（1）静压丝杠副的工作原理

静压丝杠副的工作原理如图 6-50 所示。油腔在螺旋面的两侧，而且互不相通，压力油经节流器进入油腔，并从螺纹根部与端部流出。设供油压力为 p_H，经节流器后的压力为 p_i（即油腔压力 p_0、p_1、p_2）。当无外载时，螺纹两侧间隙 $h_1 = h_2$，从两侧油腔流出的流量相等，两侧油腔中的压力也相等，即 $p_1 = p_2$。这时，丝杠螺纹处于螺母螺纹的中间平衡状态的位置。

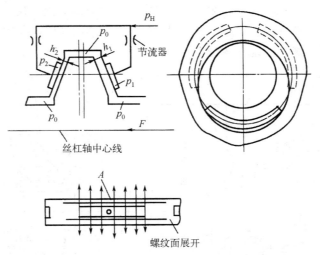

图 6-50 静压丝杠副的工作原理

当丝杠或螺母受到轴向力 F 的作用后，受压一侧的间隙减小，由于节流器的作用，油腔压力 p_2 增大。相反的一侧间隙增大，而压力 p_1 下降。因而形成油膜压力差 $\Delta p = p_2 - p_1$，以平衡轴向力 F。平衡条件近似地表示为

$$F = (p_2 - p_1)ANZ$$

式中　A——单个油腔在丝杠轴线垂直面内的有效承载面积；
　　　N——每扣螺纹单侧油腔数；
　　　Z——螺母的有效扣数。

油膜压力差会力图平衡轴向力，使间隙差减小并保持不变，这种调节作用总是自动进行。

（2）静压丝杠副的特点

a. 摩擦系数很小，仅为 0.0005，比滚珠丝杠的摩擦损失还小，因此启动力矩小，传动灵敏，有效地避免了爬行。

b. 油膜层可以吸振，提高了运动的平稳性，又由于油液不断流动，有利于散热和减少热变形，提高了机床的加工精度和表面质量。

c. 油膜层具有一定的刚度，大大减小了反向间隙，同时油膜层介于螺母与丝杠之间，对丝杠的误差有均化作用，使丝杠的传动误差比丝杠本身的制造误差还小。

d. 承载能力与供油压力成正比，与转速无关。

e. 静压丝杠副没有自锁性，当丝杠转动时可以通过油膜推动螺母直线移动，反之，螺母的直线移动也可能推动丝杠转动。

f. 静压丝杠副需要一套供油系统，特别是对油的清洁度要求较高，如果在运行过程中供油突然中断，将会造成不良后果。

（3）静压丝杠副的结构与类型

如图 6-51 所示为静压丝杠副的结构。8 为丝杠，节流器 7 装在螺母 1 的侧端面，并用油塞 6 堵住。螺母全部有效牙扣上的同侧同圆周位置上的油腔共用一个节流器控制，每扣同侧圆周分布有三个油腔，螺母全长上有四扣，则应有三个节流器，每个节流器并联四个油腔，因此，两侧共有六个节流器。节流器靠本身 1∶50 的圆锥面塞进螺母 1 内，锥度的配合要紧密贴合，以防渗油和影响节流比。从油泵来的油由螺母座 4 上的油孔 3 和 5 经节

流器 7 进入螺母 1 外圆面上的油槽 12，再经油孔 11 进入油腔 10，从油腔 10 流出的油，经螺纹顶部和根部的回油槽 9 从螺母 1 的两端面流出，然后将油导向回油箱。螺母座 4 与螺母 1 采用静配合连接，并用两个螺钉固紧，以防松动。油孔 2 接压力表，以显示节流前的油压。

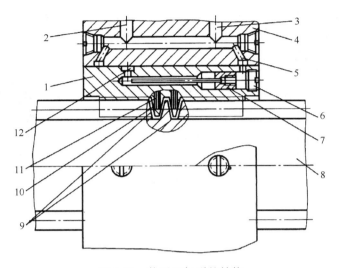

图 6-51 静压丝杠副的结构
1—螺母；2，3，5，11—油孔；4—螺母座；6—油塞；7—节流器；
8—丝杠；9，12—油槽；10—油腔

目前机床上采用的静压丝杠副的类型较多，其结构原理基本相同。按油腔开在螺纹面上的形式和节流控制方式的不同，可分为集中阻尼节流、分散阻尼节流、分散集中阻尼节流三种；按节流形式不同，可分为固定节流、可变节流两种。

6.3.4 导轨

机床导轨主要是用来支承和引导运动部件在外力（运动部件本身的重量、工件重量、切削力及牵引力等）的作用下能准确地沿着一定方向运动。在导轨副中，与运动部件连成一体的运动一方为动导轨，与支承件连成一体固定不动的一方为支承导轨，动导轨对于支承导轨通常是只有一个自由度的直线运动或回转运动。

机床导轨的质量对机床的刚度、加工精度和使用寿命有很大的影响。数控机床的导轨比普通机床的导轨要求更高，要求其在高速进给时不发生振动，低速进给时不发生爬行现象，要求导向精度更高、刚度更高、灵敏度高，且耐磨性及结构工艺性更好，可在重载荷下长期连续工作，精度保持性好等。这就要求导轨副具有良好的摩擦特性。

机床导轨按工作性质可分为主运动导轨、进给运动导轨；按运动轨迹可分为直线运动和圆周运动导轨；按受力情况可分为开式导轨和闭式导轨；按摩擦性质可分为滑动导轨、滚动导轨和静压导轨。现代数控机床采用的导轨主要有带有塑料层的滑动导轨、滚动导轨和静压导轨。

6.3.4.1 带有塑料层的滑动导轨

带有塑料层的滑动导轨是一种金属对塑料的摩擦形式，属滑动摩擦导轨，它是在动导轨的摩擦表面上附上一层由塑料等其他化学材料组成的塑料薄膜软带，以提高导轨的耐磨性，降低摩擦系数，而支承导轨则是淬火钢导轨。它摩擦系数低，且动、静摩擦系数差值小，不易产生爬行现象；接合面抗咬合磨损能力强，减振性好，具有良好的阻尼性；耐磨性好，有自润滑作用；化学稳定性好（耐水，耐油）；即使有硬粒落入导轨面上也可挤入塑料内部，避免了磨损和撕伤导轨；结构简单、可加工性能好、维修方便、成本低等。

数控机床采用的带有塑料层的滑动导轨有铸铁-塑料滑动导轨和嵌钢-塑料滑动导轨。根据加工工艺不同，带有塑料层的滑动导轨可分为注塑导轨和贴塑导轨，导轨上的塑料常用环氧树脂耐磨涂料和聚四氟乙烯导轨软带。

（1）注塑导轨

如图 6-52 所示为注塑导轨的结构，其注塑层塑料附着力强，具有良好的可加工性，可以进行车、铣、刨、钻、磨削和刮削加工；且具有良好的摩擦特性和耐磨性，塑料涂层导轨摩擦系数小，在无润滑油的情况下仍有较好的润滑和防爬行的效果；抗压强度高，固化时体积不收缩，尺寸稳定。特别是可在调整好固定导轨和运动导轨间的相关位置精度后注入塑料，可节省很多加工工时，特别适用于重型机床和不能用导轨软带的复杂配合型面。

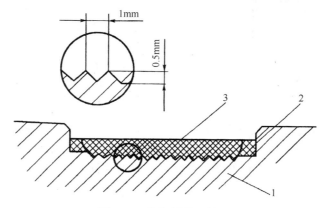

图 6-52 注塑导轨的结构
1—滑座；2—胶条；3—注塑层

（2）贴塑导轨

如图 6-53 所示的贴塑导轨，在导轨滑动面上贴一层抗磨的塑料软带，与之相配的导轨滑动面需经淬火和磨削加工。软带以聚四氟乙烯为基材，添加合金粉和氧化物制成。塑料软带可切成任意大小和形状，用接材料粘接在导轨基面上。由于这类导轨软带用粘接方法，故称为贴塑导轨。

6.3.4.2 滚动导轨

滚动导轨是在导轨面之间放置滚珠、滚柱（或滚针）等滚动体，使导轨面之间成为滚动摩擦而不是滑动摩擦。滚动导轨与滑动导轨相比，优点明显：灵敏度高，摩擦阻力小，且其动摩擦因数与静摩擦因数相差甚微，启动阻力小，不易产生冲击。尤其是低速运动稳定性好，不易出现爬行现象；定位精度高，重复定位误差可达 $0.2\mu m$；牵引力小，移动轻便；磨损小，精度保持性好，寿命长。但滚动导轨的抗振性较差，防护要求较高，且结构复杂，制造较困难，成本较高。

滚动导轨适用于机床的工作部件要求移动均匀、运动灵敏及定位精度高的场合。现代数控机床常采用的滚动导轨有滚动导轨块和直线滚动导轨两种。

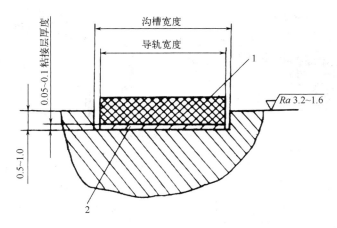

图 6-53 贴塑导轨的结构
1—导轨软带；2—粘接材料

(1) 滚动导轨块

滚动导轨块是一种以滚动体做循环运动的滚动导轨，其结构如图 6-54 所示。图 6-55 所示为一标准滚动导轨块的外形。在使用时，滚动导轨块安装在运动部件的导轨面上，每一导轨至少用两块滚动导轨块，导轨块的数目与导轨的长度和负载的大小有关，与之相配的导轨多用嵌钢淬火导轨。当运动部件移动时，滚柱 3 在支承部件的导轨面与本体 6 之间滚动，同时又绕本体 6 循环滚动，滚柱 3 与运动部件的导轨面不接触，所以运动部件的导轨面不需淬硬磨光。

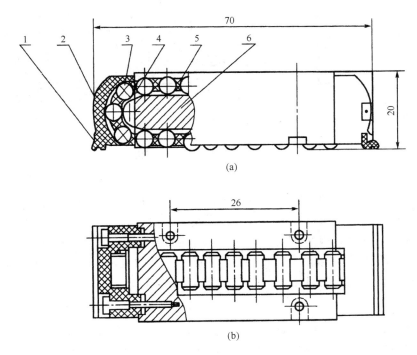

图 6-54 滚动导轨块的结构
1—防护板；2—端盖；3—滚柱；4—导向片；5—保持器；6—本体

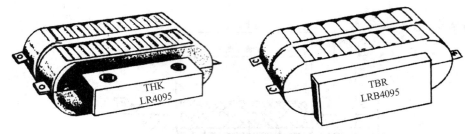

图 6-55 滚动导轨块的外形

滚动导轨块,通常是由专业厂家批量生产的标准化机电产品,它可以用螺钉固定在机床的移动工作台或立柱上,装卸十分方便,具有运动平稳、刚度高、承载能力大、效率高、寿命长、灵敏性好、润滑及维修调整方便等许多优点,因此已广泛应用于各类数控机床和加工中心机床上。

(2) 直线滚动导轨

直线滚动导轨的结构如图 6-56 所示,主要由导轨体 1、滑块 7、滚珠 4、保持器 3、端盖 6 等组成。由于它将支承导轨和运动导轨组合在一起,作为独立的标准导轨副部件由专门的生产厂家制造,故又称单元式直线滚动导轨。在使用时,导轨体固定在不运动的部件上,滑块固定在运动部件上。当滑块沿导轨体运动时,滚珠在导轨体和滑块之间的圆弧直槽内滚动,并通过端盖内的暗道从工作负载区到非工作负载区,然后再滚回到工作负载区,如此不断循环,从而把导轨体和滑块之间的滑动变成了滚珠的滚动。

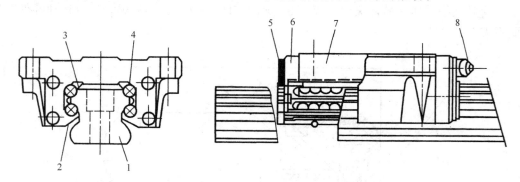

图 6-56 直线滚动导轨的结构

1—导轨体;2—侧面密封垫;3—保持器;4—滚珠;5—端面密封垫;6—端盖;7—滑块;8—润滑油杯

直线滚动导轨摩擦系数小,精度高,安装和维修都很方便。由于它是一个独立部件,对机床支承导轨的部分要求不高,既不需要淬硬也不需要磨削或刮研,只要精铣或精刨。由于这种导轨可以预紧,因而比滚动体不循环的滚动导轨刚度高,承载能力大,但又不如滑动导轨。抗振性也不如滑动导轨。为提高抗振性,有的机床装有抗振阻尼滑座。因而,有过大的振动和冲击载荷的机床不宜应用直线滚动导轨副。

6.3.4.3 静压导轨

静压导轨是将具有一定压力的油液,经节流器输送到导轨面上的油腔中,形成承载油膜,将相互接触的导轨表面隔开,实现液体摩擦。这种导轨的摩擦因数小,机械效率高,能长期保持导轨的导向精度。承载油膜有良好的吸振性,低速下不易产生爬行,所以在数控机床上得到了日益广泛应用。这种导轨的缺点是结构复杂,且需备置一套专门的供油系统。

静压导轨可分为开式和闭式两大类。图 6-57 所示为开式液体静压导轨的工作原理。来自液压泵的压力油，其压力为 p_0，经节流器后压力降至 p_1，进入导轨的各个油腔内，借助油腔内的压力将动导轨浮起，使导轨面间以一厚度为 h_0 的油膜隔开，油腔中的油不断地穿过各油腔的封油间隙流回油箱，压力降为零。当动导轨受到外力载荷 W 工作时，使动导轨向下产生一个位移，导轨间隙由 h_0 降为 h（$h<h_0$），使油腔回油阻力增大，油腔中压力也相应增大变为 p_0（$p_0>p_1$），以平衡负载，使导轨仍在纯液体摩擦下工作。

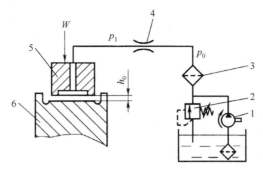

图 6-57 开式液体静压导轨的工作原理
1—液压油；2—溢流阀；3—过滤器；4—节流器；5—运动导轨；6—床身导轨

图 6-58 所示为闭式液体静压导轨的工作原理。闭式静压导轨各方向导轨面上都开有油腔，所以闭式导轨具有承受各方面载荷和倾覆力矩的能力。设油腔各处的压强分别为 p_1、p_2、p_3、p_4、p_5、p_6，当受倾覆力矩为 M 时，p_1、p_6 处间隙变小，则 p_3、p_4 处间隙变大，而 p_2、p_5 基本不变，可形成一个与倾覆力矩成反向的力矩，从而使导轨保持平衡。

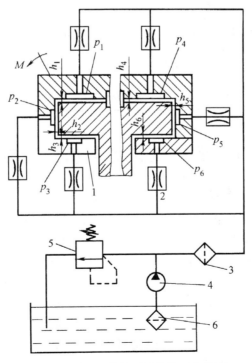

图 6-58 闭式液体静压导轨的工作原理
1—导轨；2—节流器；3，6—过滤器；4—液压泵；5—溢流阀

另外，静压导轨还有以空气为介质的空气静压导轨，亦称气浮导轨。它不仅摩擦力低，而且还有很好的冷却作用，可减小热变形。

各种导轨的特点及其应用范围如表 6-2 所示。

表 6-2　各种导轨的特点及其应用范围

导轨类型			特点	应用范围
滑动导轨		普通滑动导轨	结构简单，制造方便，刚度高，抗振性高，缺点是在低速运动时易出现爬行现象并降低运动部件的定位精度	广泛应用于各种类型普通机床，在数控机床中仅少量应用在精度要求不高的开环系统及小功率闭环系统中
	带有塑料层的滑动导轨	注塑或塑料涂层导轨	（1）摩擦因数小，动、静摩擦因数差值小，运动平稳性和抗爬性能较铸铁导轨副好 （2）减振性好，具有良好的阻尼性；优于接触刚度较低的滚动导轨和易漂浮的静压导轨 （3）耐磨性好，有自润滑作用，无润滑油也能工作，灰尘磨粒的嵌入性好 （4）化学稳定性好，耐磨、耐低温、耐强酸、强碱、强氧化剂及各种有机溶剂 （5）维修方便，经济性好	目前在大型和重型机床上应用很多
		贴塑导轨		不仅适用于数控机床，还适用于其他各种类型机床导轨，应用广泛。在机床维修和数控化改装中还可以减少机床结构的修改，具有较显著的技术经济效益
滚动导轨			优点是灵敏度高，摩擦阻力小，动、静摩擦因数小，因而运动均匀，低速运动时不易出现爬行现象；定位精度高，重复定位误差达 0.2μm；牵引力小，移动轻便；磨损小，精度保持好，寿命长 缺点是抗振性差，对防护要求较高，结构复杂，制造比较困难，成本较高	广泛应用于各类数控机床和加工中心机床上
静压导轨			导轨之间为纯液体摩擦，不产生磨损，精度保持性好，摩擦因数低（一般为 0.0005～0.001），低速不易产生爬行，承载能力大，刚性好；承载油膜有良好的吸振作用，抗振性好 缺点是结构复杂且需要配置一套专门的供油系统	在现代数控机床上得到日益广泛的应用

6.4　数控机床的自动换刀装置

6.4.1　自动换刀装置的分类

为了进一步提高数控机床的加工效率，现代数控机床正向着功能复合化（工件在一台机床上经一次装夹可完成多道工序或全部工序加工）的方向发展，这样既可缩短辅助时间，又可减少多次安装工件所引起的误差，从而出现了各种类型的加工中心机床，如车削中心、镗铣加工中心、钻削中心等。这类多工序加工的数控机床，在加工过程中为了完成不同工序的加工工艺，需要使用多种刀具，因此必须有自动换刀装置，以便选用不同刀具，完成不同工序的加工工艺。自动换刀装置应当具备换刀时间短，刀具重复定位精度高、刀具的储备量足够、占地面积小、结构紧凑及安全可靠等特性。

各类数控机床的自动换刀装置的结构取决于机床的类型、工艺范围、使用刀具的种类和数量。现代数控机床常用的自动换刀装置的主要类型、特点、适用范围见表 6-3。

表 6-3　自动换刀装置的主要类型、特点、适用范围

类型		特点	适用范围
转塔型	回转刀架	多为顺序换刀，换刀时间短，结构简单紧凑，容纳刀具较少	各种数控机床，车削加工中心
	转塔头	顺序换刀，换刀时间短，刀具主轴都集中在转塔头上，结构紧凑。但刚性较差，刀具主轴数受限制	数控钻、镗、铣床
刀库式	刀库与主轴之间直接换刀	换刀运动集中，运动部件少。但刀库容量受限且运动多，布局不灵活，适应性较差	各种类型的自动换刀数控机床，尤其是对使用回转类刀具的数控镗铣、钻镗类立式、卧式加工中心机床，要根据工艺范围和机床特点，确定刀库容量和自动换刀装置类型。也用于加工工艺范围广的立式、卧式车削加工中心
	用机械手配合刀库进行换刀	刀库只有选刀运动，机械手进行换刀运动，刀库容量大，比刀库直接换刀的运动惯性小，速度快	
	用机械手、运输装置配合刀库进行换刀	换刀运动分散，由多个部件实现，运动部件多，布局灵活，适应性好	
有刀库的转塔头换刀装置		弥补转塔头换刀数量不足的缺点，换刀时间短	工艺范围广的各类转塔式数控机床

（1）自动回转刀架换刀装置

自动回转刀架是数控车床上使用的一种简单的自动换刀装置。根据不同的加工对象，有四方刀架、六角刀架和八工位（或更多）的圆盘式轴向装刀刀架等多种形式。回转刀架上分别安装有四把、六把或更多的刀具，并按数控装置的指令进行换刀。

回转刀架在结构上必须具有较高的强度和刚度，以承受粗加工时切削抗力和减少刀架在切削力作用下的位移变形，提高加工精度。由于车削加工精度在很大程度上取决于刀尖位置，对于数控车床来说，加工过程中刀架不能进行人工调整，因此更有必要选择可靠的定位方案和合理的定位结构，以保证回转刀架在每次转位之后具有高的重复定位精度（一般为 0.001~0.005mm）。

回转刀架按其结构可分为立式和卧式两种，立式回转刀架的回转轴与机床主轴成垂直布置，结构比较简单，经济型数控车床多采用这种刀架。回转刀架按其工作原理可分为机械螺母升降转位、十字槽轮转位、凸台棘爪式、电磁式及液压式等多种工作方式。但其换刀的过程一般均为刀架抬起、刀架转位、刀架压紧并定位等几个步骤。

图 6-59 所示为螺旋升降式四方刀架的结构，它的换刀过程如下：

① 刀架抬起　当数控装置发出换刀指令后，电机 22 正转，并经联轴套 16、轴 17，由滑键（或花键）带动蜗杆 18、蜗轮 2、轴 1、轴套 10 转动。轴套 10 的外圆上有两处凸起，可在套筒 9 内孔中的螺旋槽内滑动，从而举起与套筒 9 相连的刀架 8 及上端齿盘 6，使上端齿盘 6 与下端齿盘 5 分开，完成刀架抬起动作。

② 刀架转位　刀架抬起后，轴套 10 仍在继续转动，同时带动刀架 8 转过 90°（如不到位，刀架还可继续转位 180°、270°、360°），并由微动开关 19 发出信号给数控装置。具体转过的角度由数控装置的控制信号确定，刀架上的刀具位置一般采用编码盘来确定。

③ 刀架压紧　刀架转位后，由微动开关 19 发出信号使电机 22 反转，销 13 使刀架 8 定位而不随轴套 10 回转，于是刀架 8 向下移动，上下端齿盘 5、6 合拢压紧。蜗杆 18 继

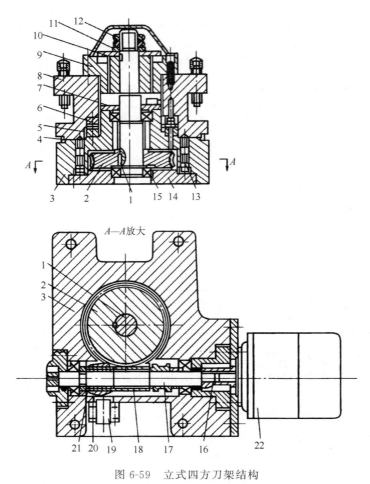

图 6-59 立式四方刀架结构

1，17—轴；2—蜗轮；3—刀座；4—密封圈；5，6—齿盘；7—压盖；8—刀架；9，20—套筒；
10—轴套；11—垫圈；12—螺母；13—销；14—底盘；15—轴承；16—联轴套；18—蜗杆；
19—微动开关；21—压缩弹簧；22—电机

续转动则产生轴向位移，压缩弹簧 21，套筒 20 的外圆曲面上的微动开关 19 使电机 22 停止旋转，从而完成一次转位，即完成一次换刀。

(2) 转塔头式换刀装置

带有旋转刀具的数控机床常采用转塔头式换刀装置，如数控镗钻床的多轴转塔头等。转塔头上装有几个主轴，每个主轴上均装有一把刀具，加工过程中转塔头可根据控制指令自动转位实现自动换刀。主轴转塔头就相当于一个转塔刀库，其优点是结构简单，换刀时间短，仅为 2 秒左右。由于受空间位置的限制，主轴数目不能太多，主轴部件结构也不能设计得十分坚实，这就影响了主轴系统的刚度，通常只适用于工序较少、精度要求不太高的机床，如数控钻床、数控镗铣床等。

用机械手和转塔头配合刀库进行换刀的自动换刀装置如图 6-14 所示。它实际上是转塔头换刀装置和刀库式换刀装置的结合。其工作原理如下：转塔头 4 上有两个刀具主轴 3 和 5，当用刀具主轴 5 上的刀具进行加工时，可由机械手 2 将下一步需用的刀具换至不工作的刀具主轴 3 上，待本工序完成后，转塔头 4 回转 180°，即完成换刀。因其换刀时间大部分和加工时间重合，真正换刀时间只需转塔头转位的时间。这种换刀方式主要用于数控钻床和数控镗铣床。

（3）带刀库的自动换刀系统

由于回转刀架、转塔头式换刀装置容纳的刀具数量不能太多，往往不能满足复杂零件的加工需要，因此，自动换刀的数控机床多采用带刀库的自动换刀装置。由于有了刀库，机床只要一个固定主轴夹持刀具，有利于提高主轴部件的刚度，以满足精密加工要求。独立的刀库可安装在主轴箱的侧面或上方，能较好地隔离各种影响加工精度的干扰。另外，刀库内刀具数量较大，有利于扩大机床的功能，因而能够进行复杂零件的多工序加工，大大提高了机床的适应性和加工效率。带刀库的自动换刀系统适用于数控钻削中心和加工中心。

按照换刀过程有无机械手参与，刀库式换刀分成有机械手换刀和无机械手换刀两种情况。①带刀库的自动换刀装置由刀库和换刀机构组成，换刀过程较为复杂。首先要把加工过程中使用的全部刀具分别安装在标准刀柄上，在机外进行尺寸预调整后，按一定的方式放入刀库。在有机械手换刀的过程中，使用一个机械手将加工完毕的刀具从主轴中拔出，与此同时，另一机械手将在刀库中待命的刀具从刀库拔出，然后两者交换位置，完成换刀过程。②无机械手换刀时，刀库中刀具存放方向与主轴平行，刀具放在主轴可到达位置。换刀时，主轴箱移到刀库换刀位置上方，利用主轴 Z 向运动将加工用毕刀具插入刀库中要求的空位处，然后刀库中待换刀具转到待命位置，主轴 Z 向运动将待用刀具从刀库中取出，并将刀具插入主轴。

有机械手的换刀系统在刀库配置、与主轴的相对位置及刀具数量上都比较灵活，换刀时间短。无机械手的换刀方式结构简单，但换刀时间较长。

6.4.2 刀库

刀库式自动换刀装置是由刀库和刀具交换机构组成，目前它是多工序数控机床上应用最广泛的换刀方式。刀库的作用是储备一定数量的刀具，刀库的容量和刀库的形式可根据数控机床的总体布局和工艺范围来确定，刀库可装在主轴箱上、工作台上或机床的其他部件上。

（1）刀库的容量

为保证加工工序范围尽量大，缩短加工的循环时间及增强加工能力，应着重考虑刀库主要特性，即储存刀具的数量、传送刀具的时间（包括分度运动时间）、储存刀具的直径和重量。

刀库大，自然就存储刀具多。但庞大的刀库（如密集型的多层子母式刀库）一是结构复杂，二是对机床的总体布局有影响。至于在FMS（柔性制造系统）中所用的加工中心，由于加工工件复杂，原刀库所存放的刀具有时不能满足加工需要，采用了中央刀库的设计考虑予以解决。

当刀库小、存储刀具少时，则又往往不能满足复杂工件的切削要求。对大量工件切削加工所需用刀具数及刀库容量的统计资料表明，刀库存储刀具量在20～40把范围的居多。少于12把刀或超过60把刀的不常用。

（2）刀库的类型

刀库的结构类型有很多种，按其形式可分为鼓轮式刀库、链式刀库和格子盒式刀库等。在诸多形式刀库中鼓轮式刀库用得最为普遍，其次为链式刀库，格子盒式刀库应用较少。

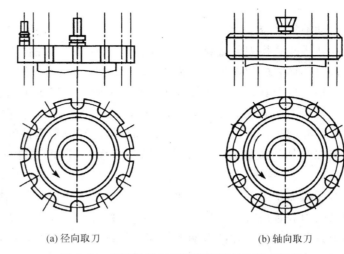

(a) 径向取刀　　　　　　　　　　(b) 轴向取刀

图 6-60　刀具轴线与刀库轴线平行的鼓式刀库

① 鼓轮式刀库

a. 刀具轴线与刀库轴线平行的鼓轮式刀库。如图 6-60 所示，在刀库中刀具呈圆环形排列，有径向取刀和轴向取刀两种形式。两者的刀座、刀套结构不同。鼓式刀库的结构简单，在刀库容量不大的情况下经常被采用。但空间利用率低，当所需容纳的刀具数量很多时，由于刀库直径大大增加，转动惯量很大，选刀所需时间也很长，此时为了提高刀库的利用率，可以改为采用双圈刀具排列或多圈刀具排列的刀库形式，但此类刀库的结构相对要复杂一些。

b. 刀具轴线与刀库轴线不平行的鼓式刀库。图 6-61 是刀具轴线与刀库轴线的夹角为锐角的鼓式刀库，这种刀库通常安装在数控机床的主轴箱上，可以随同主轴箱上下移动，共同完成换刀动作过程。也可根据数控机床总体布局的要求安排刀库的位置，但刀库的容量不宜过大。

图 6-62 是刀具轴线与刀库轴线的夹角为直角的盘式刀库，这种刀库需要占用较大的空间。因受刀库安装位置与刀库容量的限制，这种刀库的应用较少。但这种刀库将它置于卧式主轴的机床顶部，不妨碍操作，并且可用一单臂双机械手对主轴直接进行刀具交换，减少机械手的动作，换刀时间短，所以机械手的结构相对简单。

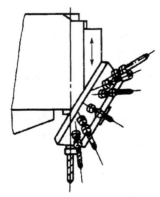

图 6-61　刀具轴线与刀库轴线的
夹角为锐角的鼓式刀库

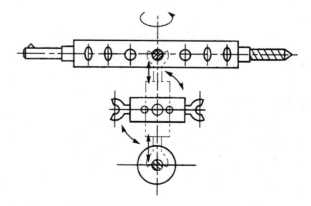

图 6-62　刀具轴线与刀库轴线的
夹角为直角的盘式刀库

② 链式刀库 如图 6-63 所示为单环链式刀库，它的优点是结构紧凑，布局灵活，刀库容量大，可存放 30～240 把刀具。链环可根据机床的总体布局要求配置成适当形式以利于换刀机构的工作，通常为轴向取刀方式。在刀库容量要求很大（刀具数量在 30～120 把及以上）时，可采用多环链式刀库，或加长链式刀库，如图 6-64 所示。相比于其他形式刀库，大容量链式刀库外形更紧凑，占用空间更小，选刀时间短。

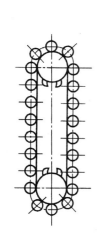

图 6-63 单环链式刀库

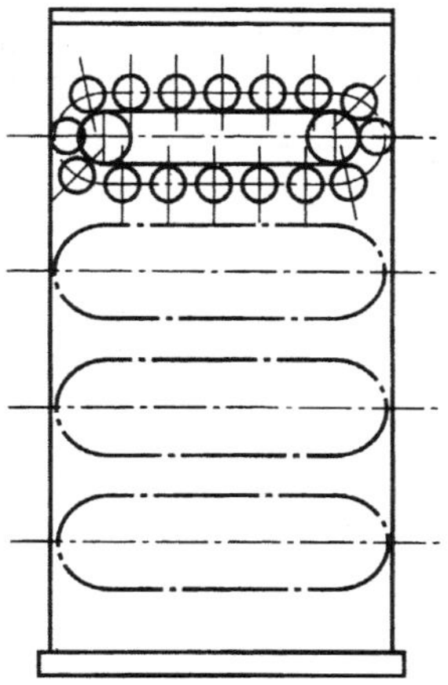

(a) 多环链式刀库 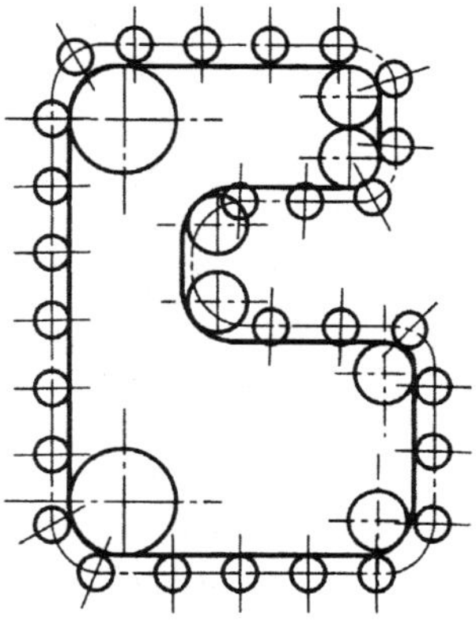　　(b) 加长链式刀库

图 6-64 大容量链式刀库

链式刀库在增加刀库容量时，可增加链条长度，而不增加链轮直径，因而链轮的圆周速度不增加，刀库的运动惯量不像鼓轮式刀库增加得那样多。

③ 格子盒式刀库 如图 6-65 所示为固定型格子盒式刀库。刀具分几排直线排列，由纵向、横向移动的取刀机械手来完成选刀运动，再将选取的刀具送到固定的换刀位置刀座上，然后由换刀机械手交换刀具。

这种刀库通常安置在工作台上，由于刀具排列密集，空间的利用率很高，故刀库的容量很大。但换刀时间长，布局不灵活，故应用较少。

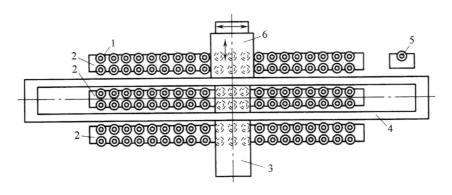

图 6-65 固定型格子盒式刀库

1—刀座；2—刀具固定板架；3—取刀机械手横向导轨；4—取刀机械手纵向导轨；
5—换刀位置刀座；6—换刀机械手

6.4.3 刀具的选择与识别

6.4.3.1 刀具的选择

刀具的选择是指数控机床在加工过程中，根据数控系统的刀具选择指令，将所需要的刀具从刀库中准确挑选出来的方法，通常称为自动选刀。

常用的选刀方式有顺序选刀和任意选刀两种，各自的类型、特点和适用范围见表6-4。

表6-4 选刀方式的类型、特点、适用范围

类型	特点	适用范围
顺序选刀方式	优点： ① 刀库的控制与驱动简单； ② 无须刀具识别装置； ③ 维护简单。 缺点： ① 当加工零件改变后，刀库中的刀具顺序需按照新零件的工艺顺序重新排列，降低了系统的柔性； ② 当工艺过程中有些工步所用的刀具相同时，也不允许重复使用同一把刀具，必须按加工顺序排列几把相同的刀具，增加了刀具数量和刀库储存量； ③ 刀具交换时间长	适合加工批量较大、工件品种数量较少、刀具数量不多的中小型数控机床
任意选刀方式	优点： ① 刀库中刀具的排列顺序与加工零件的加工顺序无关，无论加工任何零件，都不必改变刀具在刀库中原有的排列顺序，这就增加了系统的柔性； ② 同一刀具可供不同工件、不同工步共同使用，减少了刀具数量，刀库相应也可小些； ③ 刀具交换时，不必寻找送回地址，可以节省换刀时间。 缺点： ① 需设置刀具检测装置； ② 维护比顺序选刀的方式要复杂	适合于多品种小批量的随机生产，并可加工较复杂的零件

（1）顺序选刀方式

顺序选刀方式首先要求刀库中的刀具位置必须严格按照所加工零件的加工顺序排列。加工时，按加工顺序的工艺要求依次选刀，且必须将使用后的刀具放回原位置。

（2）任意选刀方式

任意选刀方式是预先把刀库中每把刀具（或刀座）都编上代码，按照编码选刀，刀具在刀库中不必按工件的加工顺序排列，可按照刀具编码方式、刀座编码方式或计算机记忆方式等任意选择刀具。

① 刀具编码方式 这种选择方式采用了一种特殊的刀柄结构，并对每把刀具进行编码。换刀时通过编码识别装置，根据换刀指令代码，在刀库中寻找出所需要的刀具。由于每一把刀具都有自己的代码，因而刀具可以放入刀库的任何一个刀座内，这样不仅刀库中的刀具可以在不同的工序中多次重复使用，而且换下来的刀具也不必放回原来的刀座，这对装刀和选刀都十分有利。

刀具编码的具体结构如图6-66所示。在刀柄尾部的拉紧螺杆1上套装着一组等间隔的编码环3，并由锁紧螺母2将它们固定。编码环的外径有大小两种不同的规格，每个编码环的大小分别表示二进制数的"1"和"0"。通过对两种圆环的不同排列，可以得到一系列的代码。例如图中所示的7个编码环，就能够区别出127种刀具（2^7-1）。通常全部为0的代码不许使用，以免与刀座中没有刀具的状况相混淆。

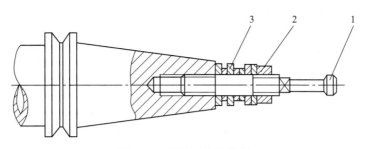

图 6-66 编码刀具示意图
1—拉紧螺杆；2—锁紧螺母；3—编码环

② 刀座编码方式 这种方式是对刀库各刀座预先编码，每把刀具放入相应刀座之后，就具有了相应刀座的编码，即每把刀具在刀库中的位置都是固定的。在编程时，要指出哪一把刀具放在哪一个刀座上。必须注意的是，这种编码方式必须将用过的刀具放回原来的刀座内，不然会造成事故。由于这种编码方式取消了刀柄中的编码环，使刀柄结构大大简化，刀具识别装置的结构就不受刀柄尺寸的限制，可放置在较为合理的位置。刀具在加工过程中可重复多次使用，缺点是必须把用过的刀具放回原来的刀座内。

③ 计算机记忆方式 目前在加工中心上一般采用计算机记忆式选刀，其工作原理是在刀库上安装位置检测装置，只要将刀具号和刀库地址对应记忆在数控系统的存储器中，刀库分度、刀具交换的同时每次改变存储器的内容来控制换刀装置。

计算机记忆方式是现代数控机床应用最多的一种选刀方式，特点是刀具号和存刀位置或刀座号（地址）对应地记忆在计算机的存储器或可编程控制器的存储器内，不论刀具存放在哪个地址，都始终记忆着它的踪迹，这样刀具可以任意取出，任意送回。刀柄采用国际通用的形式，没有编码条，结构简单，通用性能好。刀座上也不需编码，但刀库上必须设有一个机械原点（又称零位），对于圆周运动选刀的刀库，每次选刀正转或反转都不超过 180°的范围。

6.4.3.2 刀具的识别

刀具（刀座）识别装置是自动换刀系统的重要组成部分，其结构原理因选刀方式的不同而有所不同，常用的有下列几种。

(1) 接触式刀具识别装置

接触式刀具识别装置应用较广，特别适用于空间位置较小的刀具编码，其识别原理如图 6-67 所示。图中有 5 个编码环 4，在刀库附近固定一刀具识别装置 1，从中伸出几个触针 2，触针数量与刀柄上的编码环个数相等。每个触针与一个继电器相联，当编码环是小直径时与触针不接触，继电器不通电，其数码为"0"；当编码环是大直径时与触针相接触，继电器通电，其数码为"1"。当各继电器读出的数码与所需刀具的编码一致时，选刀完毕，由控制装置发出信号，使刀库停转，等待换刀。

接触式编码识别装置的结构简单，但容易磨损，可靠性较差，寿命较短，而且不能快速选刀。

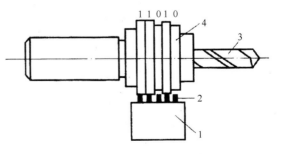

图 6-67 接触式刀具识别
1—刀具识别装置；2—触针；3—刀具；4—编码环

（2）非接触式刀具识别装置

非接触式刀具识别采用磁性或光电两种方法。

磁性识别方法是利用磁性材料和非磁性材料的磁感应强弱不同，通过感应线圈读取代码。编码环分别由软钢和黄铜（或塑料）制成，前者代表"1"，后者代表"0"，将它们按规定的编码排列。

图 6-68 所示为一种用于刀具编码的磁性识别装置。图中刀具 2 的刀柄上装有编码环 3，编码环由导磁材料的软钢和非导磁材料的黄钢（或塑料）制成，分别代表二进制码"1"和"0"，将它们按规定的编码排列。与编码环相对应的是由一组检测线圈 4 组成的非接触式识别装置 1。当编码环通过线圈时，只有对应于软钢圆环的那些绕组才能感应出高电位，其余绕组则输出低电位，然后通过识别电路选出所需要的刀具。磁性识别装置没有机械接触和磨损，因此可以快速选刀，而且具有结构简单、工作可靠、寿命长等优点。

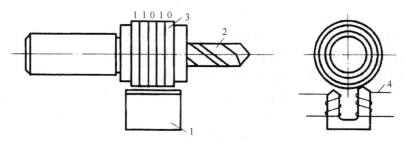

图 6-68 非接触式刀具识别
1—刀具识别装置；2—刀具；3—编码环；4—线圈

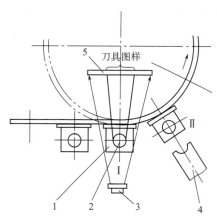

图 6-69 光电式刀具识别
1—刀座；2—刀具；3—投光器；
4—机械手；5—屏板

光电识别方法的原理如图 6-69 所示。链式刀库带着刀座 1 和刀具 2 依次经过刀具识别位置 Ⅰ，在此位置上安装了投光器 3，通过光学系统将刀具的外形及编码环投影到由无数光敏元件组成的屏板 5 上形成了刀具图样。装刀时，屏板 5 将每一把刀具的图样转换成对应的脉冲信息，经过处理将代表每一把刀具的"信息图形"记入存储器。选刀时，当某一把刀具在识别位置出现的"信息图形"与存储器内指定刀具的"信息图形"相一致时，便发出信号，使该刀具停在换刀位置，由机械手 4 将刀具取出。这种识别系统不但能识别编码，还能识别图样，因此给刀具的管理带来了方便。

6.4.4 机械手的形式及其夹持结构

在加工中心的自动换刀系统中，机械手是用于主轴装卸刀具的机构，是机械手具体执行刀具的自动更换。当主轴上的刀具完成加工后，依靠机械手把已用过的刀具送回刀库，同时把所需的新刀具自刀库取出，然后装入主轴的端部。对其要求是动作迅速可靠、协调准确，换刀时间短。

（1）机械手的形式

由于加工中心机床的刀库和主轴的相对位置及距离不同，相应的换刀机械手的结构、换刀过程也不尽相同，因而机械手有各种形式。常见的机械手有以下几种。

① 单臂单爪回转式机械手　机械手的手臂可回转不同角度来进行自动换刀，手臂上一个卡爪要执行刀库和主轴上的装卸刀动作，更换刀具所花时间较长。

② 单臂双爪回转式机械手　在它的手臂上有两个卡爪，其中一个卡爪执行从主轴上取下"旧刀"放回刀库动作，另一个卡爪则执行从刀库取出"新刀"装入主轴动作，换刀时间比单爪机械手短。

③ 双臂双爪回转式机械手　俗称扁担式，这种机械手的两臂各有一个卡爪，可同时抓取刀库及主轴上的刀具，在回转180°之后又同时将刀具归位刀库及装入主轴，是目前加工中心机床上最为常用的一种形式，换刀时间要比前两种都短。这种机械手在有些设计中还采用了可伸缩的臂。

图6-70为上面三种机械手的示意图。

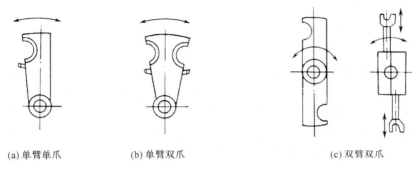

(a) 单臂单爪　　　(b) 单臂双爪　　　(c) 双臂双爪

图6-70　前三种机械手示意图

④ 双机械手　相当于两个单臂单爪机械手，经配合一起执行自动换刀，其中一个机械手执行拔"旧刀"放回刀库，另一个机械手执行从刀库取"新刀"插入机床主轴上。

⑤ 双臂往复交叉式机械手　这种机械手两臂可往复运动并交叉成一定角度，两个手臂分别称作装刀手和卸刀手。卸刀手完成往主轴上取下"旧刀"放回刀库，装刀手执行从刀库取出"新刀"装入主轴。整个机械手可沿导轨或丝杠做直线移动或绕某个转轴回转，以实现刀库与主轴之间的运送刀具工作。

⑥ 双臂端面夹紧式机械手　它仅在夹紧部位上和前述几种不同，前述几种机械手均靠夹紧刀柄的外圆表面来抓住刀具，而此种机械手则是夹紧刀柄的两个端面。

图6-71为后三种机械手的示意图。

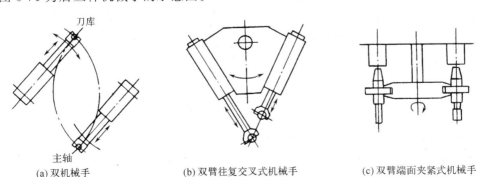

(a) 双机械手　　　(b) 双臂往复交叉式机械手　　　(c) 双臂端面夹紧式机械手

图6-71　后三种机械手示意图

(2) 机械手的夹持结构

机械手的夹持结构与刀柄的结构紧密相关。关于刀柄这里仅介绍与机械手夹持刀具有关的内容。

如图 6-72 所示。图中 3 为刀柄定位及夹持部位，2 为机械手抓取部位，1 为键槽，用于传递切削扭矩，4 为螺孔，用以安装可调节拉杆供拉紧力刀柄用，刀具的轴向尺寸和径向尺寸应先在调刀仪上调整好，才可装入刀库中。丝锥、铰刀要先装入浮动夹具内再装入标准刀柄内。

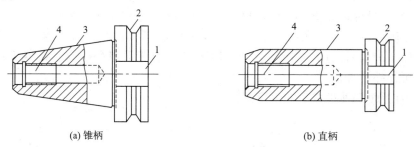

(a) 锥柄　　　　　　　　　　　　　　(b) 直柄

图 6-72　刀柄的结构

圆柱形刀柄在使用时需在轴向和径向夹紧，因而主轴结构复杂，柱柄安装精度高，但磨损后不能自动补偿。而锥柄稍有磨损也不会过分影响刀具的安装精度。在换刀过程中，由于机械手抓住刀柄要做快速回转，做拔、插刀具的动作，还要保证刀柄键槽的角度位置对准主轴上的驱动键，因此，机械手的夹持部分要十分可靠，并保证有适当的夹持力，其活动爪要有锁紧装置，以防止刀具在换刀过程中转动或脱落。机械手夹持刀具的方法有以下两类。

① 柄式夹持（轴向夹持）　刀柄前端有 V 形槽，供机械手夹持用，目前我国数控机床较多采用这种夹持方式。如图 6-73 所示为机械手手掌柄式夹持刀具结构示意图。由固定爪 7 及活动爪 1 组成，活动爪 1 可绕轴 2 回转。其一端在弹簧柱塞 6 的作用下，支靠在挡销 3 上，调整螺栓 5 可以保持手掌适当地夹持刀柄，防止刀具在交换过程中松脱。锁紧销 4 还可轴向移动，放松活动爪 1，以便插刀从刀柄 V 形槽中退出。

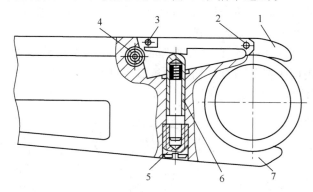

图 6-73　机械手手掌柄式夹持刀具结构示意图

② 法兰盘式夹持　法兰盘式夹持，也称径向夹持或碟式夹持，如图 6-74 所示。1 为拉杆，在刀柄 2 的前端有供机械手夹持用的法兰盘 3，如图 6-74（b）所示的法兰盘采用带洼形肩面 4。如图 6-75 所示为机械手法兰盘式夹持刀具的原理图，上图为松开状态，下图为夹持状态。采用法兰盘式夹持的突出优点是：当采用中间搬运装置时，可以很方便地从一个机械手过渡到另一个辅助机械手上去，如图 6-76 所示。法兰盘夹持方式，换刀动作较多，不如柄式夹持方式应用广泛。

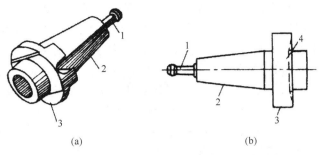

图 6-74　法兰盘式夹持

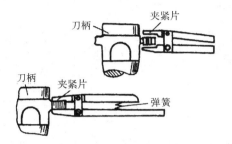

图 6-75　机械手法兰盘式夹持刀具的原理图

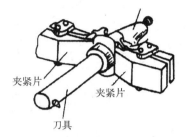

图 6-76　中间辅助机械手

（3）有机械手的换刀系统换刀过程示例

图 6-77 为 JCS-013 卧式加工中心自动换刀装置示意图，它的换刀装置由链式刀库和双臂往复交叉式机械手构成。四排链式刀库独立安装在机床左侧，在刀库与主轴之间装有机械手，机械手的滑座沿导柱上、下移动，能在四排刀链的任意一排刀链上选择所需刀具。

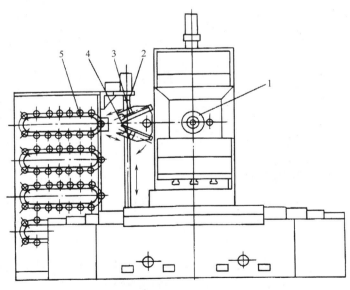

图 6-77　JCS-013 卧式加工中心自动换刀装置示意图
1—主轴；2—升降丝杠；3—装刀机械手；4—卸刀机械手；5—刀库

自动刀具交换过程由图 6-78 所示的步骤给出。

第一阶段：完成主轴的刀具交换。主轴停止切削工件，主轴箱上升，立柱后退，把主轴箱带到换刀位置，同时主轴定位准停。待换刀指令发出后，即进行换刀，如图6-78中①～⑦所示。主轴换刀后，即由主轴箱带着它快速接近工件，以进行下一工序的加工。

第二阶段：把用过的刀具送还刀库。如图6-78中⑧～⑩所示。

第三阶段：选取新刀，为下一换刀过程做准备，如图6-78中⑪～⑲所示。

图6-78的过程完成了把已选取的下一工序使用的刀具09安装到主轴上；同时把已用过的刀具05放回对应的刀座中；并预选好再下一工序使用的刀具46，并把它从刀库中取出放在装刀机械手中等待下一次换刀指令的到来。

至此，加工中心机床完成了一次自动刀具交换（ATC）动作。

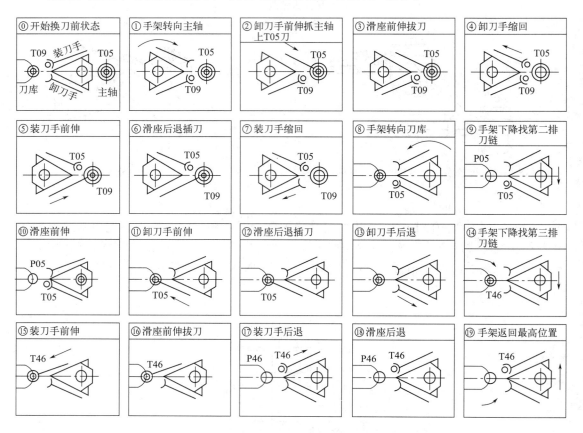

图6-78 JCS-013卧式加工中心换刀过程示意图

6.4.5 主轴刀具自动夹紧装置

为了实现刀具在数控机床的主轴上进行自动装卸，一方面要保证主轴能在准确的位置停下来，这由前述的主轴准停装置来实现；另一方面，还需要有相应的主轴刀具自动松开和夹紧装置。

图6-79所示为带自动换刀功能的数控镗铣床的主轴部件，主轴前端采用国际上通用的7:24锥孔，用于装夹锥柄刀具或刀杆。主轴的端面键用于传递切削扭矩，也可用于刀具的周向定位。主轴的前支承由锥孔双列圆柱滚子轴承2和双向向心球轴承3组成，可以通过修磨前端的调整半环1和轴承3的中间调整环4进行预紧。后支承采用两个向心推力球轴承8，可以通过修磨中间的调整环9实现预紧。

在自动交换刀具时要求能自动松开和夹紧刀具。图6-79所示为刀具的夹紧状态，碟

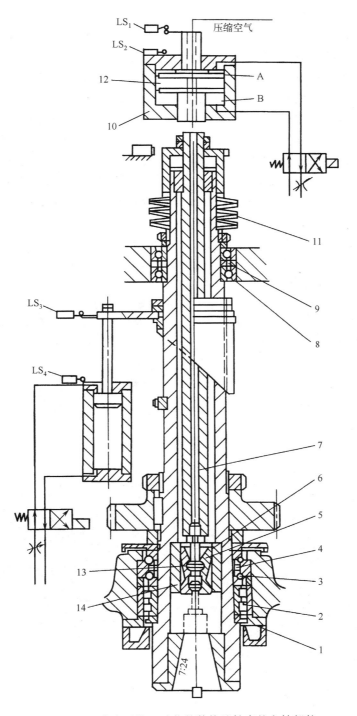

图 6-79 具有自动换刀功能的数控镗铣床的主轴部件
1—调整半环；2—锥孔双列圆柱滚子轴承；3—双向向心球轴承；4，9—调整环；
5—双瓣弹性卡爪；6—弹簧；7—拉杆；8—向心推力球轴承；10—油缸；
11—碟形弹簧；12—活塞；13—喷气头；14—套筒

形弹簧 11 通过拉杆 7、双瓣弹性卡爪 5，在套筒 14 的作用下，通过锥面的定心和摩擦作用，将刀具柄拉紧于主轴的锥部（始终保持约 20000N 的拉力）。当需要换刀时，要求松开刀柄，电气控制指令给液压系统发出信号，此时，在主轴上端油缸 10 的上腔 A 通入压力油，活塞 12 的端部推动拉杆 7 向下移动，同时压缩碟形弹簧 11，当拉杆 7 下移到使双瓣弹性卡爪 5 的下端移出套筒 14 时，在弹簧 6 的作用下，卡爪张开，喷气头 13 的端部将刀柄顶松，刀具即可由机械手拔出。在机械手将新刀装入之前，压缩空气从喷气头 13 中喷出，把锥孔内的切屑或脏物吹除干净，以保证刀柄与主轴配合面的清洁度和刀具的装夹精度。当机械手把新刀具装入主轴之后，电气控制指令给液压系统发出信号，此时，油缸 10 的下腔 B 通入压力油，活塞 12 向上移，碟形弹簧 11 伸长将拉杆 7 和双瓣弹性卡爪 5 拉着向上，双瓣弹性卡爪 5 重新进入套筒 14，将刀柄拉紧。至此，完成了自动松开和夹紧刀具的整个过程。活塞 12 移动的两个极限位置都有相应的行程开关（LS_1，LS_2）控制，以提供刀具松开和夹紧的状态信号。

图 6-79 所示的活塞 12 对碟形弹簧的压力如果作用在主轴上，并传至主轴的支承，将使它承受附加的载荷，这样不利于主轴支承的工作。因此采用了卸荷措施，使对碟形弹簧的压力转化为内力，而不传递到主轴的支承上去。图 6-80 所示为其卸荷结构，油缸 7 与连接座 4 固定在一起，但是连接座 4 由螺钉 6 通过压缩弹簧 5 压紧在箱体 3 的端面上，连接座 4 与箱孔为滑动配合。在油缸的右端通入高压油使活塞 8 向左推压拉杆 9 并压缩碟形弹簧 2 的同时，油缸的左端面也同时承受相同的液压力，因此，整个油缸连同连接座 4、压缩弹簧 5 向右移动，使连接座 4 上的垫圈 11 的右端面与主轴上的螺母 1 的左端面压紧，因此，松开刀柄时对碟形弹簧的液压力就成了在活塞 8、油缸 7、连接座 4、垫圈 11、螺母 1、碟形弹簧 2、套环 10、拉杆 9 之间的内力，因而使主轴支承不再承受液压推力。

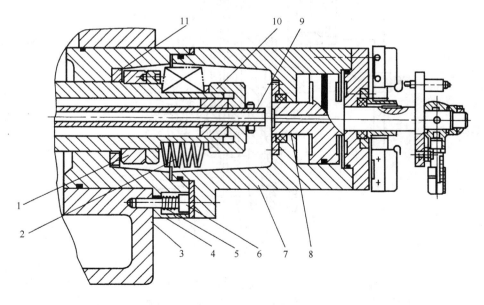

图 6-80 卸荷结构
1—螺母；2—碟形弹簧；3—箱体；4—连接座；5—压缩弹簧；6—螺钉；
7—油缸；8—活塞；9—拉杆；10—套环；11—垫圈

6.5 数控机床的辅助装置

数控机床的辅助装置主要有自动排屑装置、回转工作台、液压和气动装置、自动润滑系统、冷却装置、对刀仪、刀具破损检测装置、精度检测装置和监控显示装置等。限于篇幅,本章主要介绍回转工作台和自动排屑装置。

6.5.1 自动排屑装置

数控机床在单位时间内的金属切削量大大高于普通机床。工件在加工过程中会产生大量的切屑,这些切屑占据一定的加工区域,如果不及时排除,就会覆盖或缠绕在工件或刀具上,妨碍机械加工的顺利进行。并且,炽热的切屑会引起机床或工件的热变形,影响加工精度。因此,在数控机床上必须配备排屑装置,它是现代数控机床必备的附属装置。排屑装置的作用就是快速地将切屑从加工区域排出数控机床之外;当切屑中混合着切削液时,排屑装置的另一个作用就是从切削液中分离出切屑,并将它们送入切屑收集箱(车)内,而切削液则被回收到冷却液箱。

(1) 切削区的排屑方法

实现切削区的排屑,要充分利用机床上已有的运动和机床的结构。常用的方法有:

① 斜置床面,利用重力使切屑自动掉入排屑槽中,然后再回收冷却液并排出切屑。例如数控车床就是将排屑装置装在回转工件下方,切屑自动掉入排屑槽中。

② 利用大流量冷却液的冲刷,将切屑强制性冲离切削区,进入排屑槽内。例如在数控铣床、加工中心和数控镗铣床上,就是利用大流量冷却液将切屑冲离刀具、夹具和工作台,使之掉入工作台台面两侧的槽中,然后再回收冷却液并排出切屑。

③ 利用压缩空气吹扫,使切屑掉入排屑槽中,然后再排出切屑。

(2) 常见的自动排屑装置

排屑装置是一种具有独立功能的附件,它的工作可靠性和自动化程度随着数控机床技术的发展而不断提高。各主要工业国家都已研究开发了各种类型的排屑装置,并广泛应用在各类数控机床上。这些装置已逐步标准化和系列化,并由专业工厂生产。数控机床排屑装置的结构和工作形式应根据机床的种类、规格、加工工艺特点、工件的材质和使用的冷却液种类等来选择。常见的自动排屑装置有以下几种:

① 平板链式排屑装置 平板链式排屑装置如图 6-81 (a) 所示,该装置以滚动链轮牵引钢质平板链带在封闭箱中运转,加工中的切屑落到链带上,链板使切屑在箱式封闭槽中运动到出屑口被带出机床。这种装置能排除各种形状的切屑,适应性强,各类机床都能配套使用。在数控车床和磨床上它还能和冷却液的回收相结合,简化机床的结构。

② 刮板式排屑装置 刮板式排屑装置如图 6-81 (b) 所示,它的传动原理及结构与平板链式排屑装置相似,只是链板不同,带有刮板链板。采用刮板运送切屑,可提高短小切屑的排屑能力,但因负载较大,需采用较大功率的驱动电机,适合排除各种短小切屑。对于铁质材料加工产生的短小切屑,在平板链式排屑装置的基础上加上电磁铁,将细碎的切屑也带出机床体,效果较好。

③ 螺旋式排屑装置 螺旋式排屑装置如图 6-81 (c) 所示,该装置是采用电机经减速装置驱动安装在沟槽中的一根绞笼式长螺旋杆进行工作的。螺旋杆转动时,沟槽中的切屑由螺旋杆推动连续向前运动至出屑口,最终排入切屑收集箱。这种装置占据空间小,适于

安装在机床与立柱间空隙狭小的位置上。螺旋式排屑装置结构简单，排屑性能良好，但只适用于沿水平或小角度倾斜的直线方向排运切屑，不能大角度倾斜、提升和转向排屑。

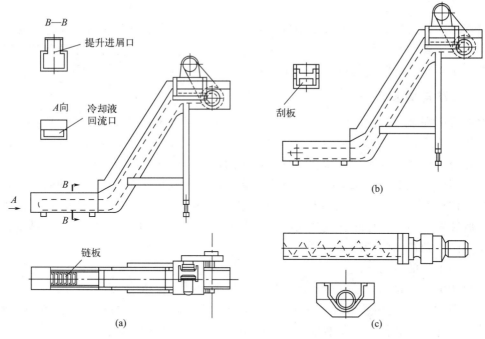

图 6-81　自动排屑装置示意图

6.5.2　回转工作台

回转工作台是数控铣床、数控镗铣床和加工中心等数控机床不可缺少的重要部件，常用的回转工作台有分度工作台和数控回转工作台，它们的功用各不相同。分度工作台的功用只是将工件转位换面，和自动换刀装置配合使用，在加工过程中实现工件一次安装、多个面加工的工序集中式加工，因此，大大提高了工作效率。而数控回转工作台除了分度和转位的功能之外，还能实现圆周进给运动。

6.5.2.1　分度工作台

分度工作台的分度、转位和定位工作，是按照控制系统的指令自动进行的，分度工作台通常不能实现 0°～360° 范围内任意角度的分度，每次转位只限于某些规定的角度（如 90°、60°、45°等）。为了保证加工精度，分度工作台的定位（定心和分度）精度要求很高，需要使用专门的定位组件来保证。常用的定位方式有插销定位、反靠定位、齿盘定位和钢球定位等几种。这里主要介绍插销定位式和齿盘定位式两种分度工作台。

（1）插销定位的分度工作台

图 6-82 所示为一种用于数控卧式镗铣床的插销定位分度工作台的结构。这种分度工作台采用定位销和定位套作为定位元件，定位精度取决于定位销和定位套的位置精度和配合间隙，最高精度可达±5″。因此，定位销和定位套要精度高、硬度高和耐磨性好。

工作台下方有八个均布的圆柱定位销 7 和定位套 6 及一个马蹄形环形槽。定位时，只有一个定位销插入定位套的孔中，其余七个则进入马蹄形环形槽中。因为定位销之间的分布角度为 45°，故这种分度工作台只能实现 45°等分的分度定位。

当需要分度时，首先由机床控制系统发出指令，使六个均布于固定工作台圆周上的夹

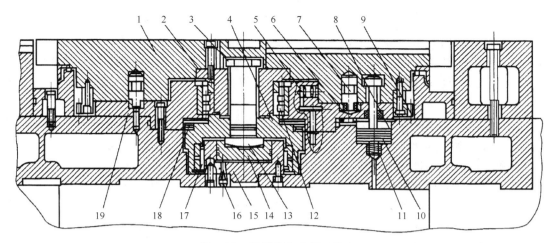

图 6-82 插销定位分度工作台

1—工作台；2—转台轴；3—六角螺钉；4—轴套；5，10，14—活塞；6—定位套；7—定位销；
8，15—液压缸；9—齿轮；11—弹簧；12，17，18—轴承；13—止推螺钉；16—管道；19—转台座

紧液压缸 8（图中只画出了一个）上腔中的压力油流回油箱。在弹簧 11 的作用下，推动活塞上升 15mm，使分度工作台放松。同时中央液压缸 15 从管道 16 进入压力油，于是活塞 14 上升，通过止推螺钉 13、止推轴套 4 将推力圆柱滚子轴承 18 向上抬起 15mm 而顶在转台座 19 上。再通过六角螺钉 3、转台轴 2 使分度工作台 1 也抬高 15mm。与此同时，定位销 7 从定位套 6 中拔出，完成了分度前的准备工作。控制系统再发出指令，使液压马达回转，并通过齿轮传动（图中未表示出）使和工作台固定在一起的大齿轮 9 回转，分度工作台便进行分度，当其上的挡块碰到第一个微动开关时减速，然后慢速回转，碰到第二个微动开关时准停。此时，新的定位销 7 正好对准定位套的定位孔，准备定位。分度工作台的回转部分，由于在径向有双列滚柱轴承 12 及滚针轴承 17 作为两端径向支承，中间又有推力球轴承，故运动平稳。分度运动结束后，中央液压缸 15 的油液流回油箱，分度工作台下降定位，同时夹紧液压缸 8 上端进液压油，活塞 10 下降，通过活塞杆上端的台阶部分将工作台夹紧。

在工作台定位之后、夹紧之前，活塞 5 顶向工作台，将工作台转轴中的径向间隙消除后再夹紧，以提高工作台的分度定位精度。

(2) 齿盘定位的分度工作台

这种分度工作台也称为端面多齿盘或鼠牙盘定位方式，采用这种方式定位的分度工作台能达到较高的分度定位精度，一般为 ±3″，最高可达 ±0.4″。它能承受很大的外载，定位刚度高，精度保持性好。实际上，由于齿盘啮合脱开相当于两齿盘对研过程，随着齿盘使用时间的延续，其定位精度还有不断提高的趋势。

图 6-83 所示为齿盘定位分度工作台的一种结构。该分度工作台的分度转位动作过程包括下面三大步骤。

a. 工作台抬起。当需要分度时，控制系统发出分度指令，压力油通过管道进入分度工作台 9 中央的升降液压缸 12 的下腔，于是活塞 8 向上移动，通过推力球轴承 10 和 11 带动工作台 9 也向上抬起，使上齿盘 13 与下齿盘 14 相互脱离，液压缸上腔的油则经管道排出，完成分度前的准备工作。

b. 回转分度。当分度工作台 9 向上抬起时，通过推杆和微动开关发出信号，压力油从管道进入 ZM16 液压马达使其转动。通过蜗杆副 3、4 和齿轮副 5、6 带动工作台 9 进行分

度回转运动。工作台分度回转角度的大小由指令给出,共有八个等分,即为45°的整数倍。当工作台的回转角度接近所要分度的角度时,减速挡块使微动开关动作,发出减速信号,工作台停止转动之前其转速已显著降低,为准确定位创造条件。当工作台的回转角度达到所要求的角度时,准停挡块压动微动开关,发出信号,进入液压马达的压力油被堵住,液压马达停止转动,工作台完成准停动作。

c.工作台下降定位夹紧。工作台完成准停动作的同时,压力油从管道进入升降液压缸上腔,推动活塞8带动工作台下降,于是上下齿盘又重新啮合,完成定位夹紧。在分度工作台下降的同时,推杆使另一微动开关动作,发出分度运动完成的回答信号。

分度工作台的传动蜗杆副3、4具有自锁性,即运动不能从蜗轮4传至蜗杆。但当工作台下降,上下齿盘重新啮合,齿盘带动齿轮5时蜗轮产生微小转动。如果蜗轮蜗杆锁住不动,则上下齿盘下降时就难以啮合并准确定位。为此,将蜗杆轴设计成浮动结构(见图6-83左图),即其轴向用上下两个推力球轴承2抵在一个螺旋弹簧1上面。这样,工作台做微小回转时,蜗轮带动蜗杆压缩弹簧1做微量的轴向移动。

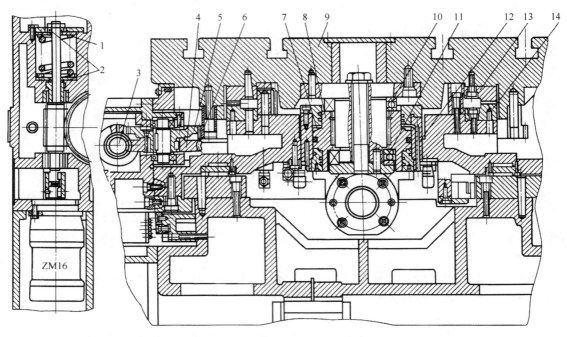

图6-83 齿盘定位分度工作台
1—弹簧;2,10,11—轴承;3—蜗杆;4—蜗轮;5,6—齿轮;7—管道;
8—活塞;9—工作台;12—液压缸;13,14—齿盘

(3) 钢球定位的分度工作台

钢球定位的分度工作台一般具有自动定位的作用。此外,它也具有较高的分度精度,因此,其应用也越来越广泛。它具有齿盘定位的一些优点,自动定心和分度精度高,且制造简单,钢球可以外购,尺寸较小的高精度回转工作台采用钢球定位也很理想。

6.5.2.2 数控回转工作台

为了适应某些零件加工的需要,必须扩大数控机床的加工性能。对三坐标以上的数控机床的进给运动,除 X、Y、Z 三个坐标轴的直线进给运动之外,还可以有绕 X、Y、Z 三个坐标轴的旋转圆周进给运动,分别称为 A、B、C 轴。数控机床的圆周进给运动,一般由数控回转工作台（简称数控转台）来实现。数控回转工作台除了可以实现圆周进给运动之外，还可以完成分度运动，例如加工分度盘的轴向孔，若采用间歇分度转位结构进行分度，由于它的分度数有限，因而会带来极大不便，若采用数控转台进行加工就比较方便。

数控回转工作台的外形和分度工作台没有多大区别，但在结构上则具有一系列的特点。由于数控回转工作台能实现自动进给，所以它在结构上和数控机床的直线进给驱动机构有许多共同之点。不同之处在于数控回转工作台实现的是圆周进给运动。数控回转工作台分为开环和闭环两种。

（1）开环数控回转工作台

开环数控回转工作台和开环直线进给机构一样，都可以用功率步进电动机来驱动。图 6-84 所示为数控立式镗铣床开环数控回转工作台的结构。

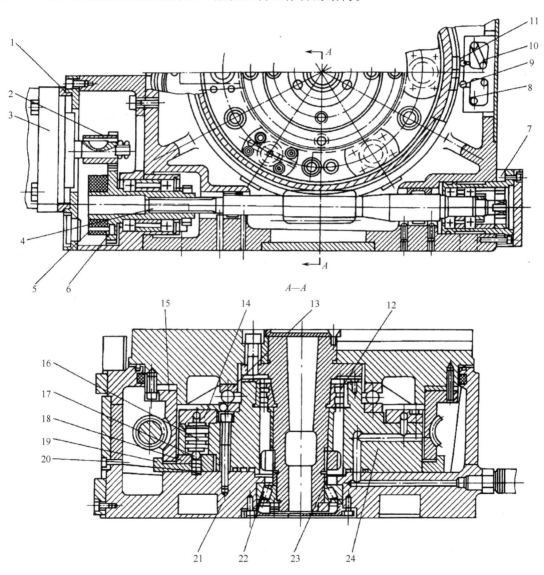

图 6-84 开环数控回转工作台

1—偏心环；2，6—齿轮；3—电动机；4—蜗杆；5—垫圈；7—调整环；8，10—微动开关；9，11—挡块；12，13—轴承；14—液压缸；15—蜗轮；16—柱塞；17—钢球；18，19—夹紧瓦；20—弹簧；21—底座；22—圆锥滚子轴承；23—调整套；24—支座

步进电动机 3 的输出轴上齿轮 2 与齿轮 6 啮合，啮合间隙由调整偏心环 1 来消除。齿轮 6 与蜗杆 4 用花键结合，花键结合间隙应尽量小，以减小对分度精度的影响。蜗杆 4 为双导程蜗杆，可以用轴向移动蜗杆的办法来消除蜗杆 4 和蜗轮 15 的啮合间隙。调整时，只要将调整环 7（两个半圆环垫片）的厚度尺寸改变，便可使蜗杆沿轴向微小移动。

蜗杆 4 的两端装有滚针轴承，左端为自由端，可以伸缩，右端装有两个角接触球轴承，承受蜗杆的轴向力。蜗轮 15 下部的内、外两面装有夹紧瓦 18 和 19，数控回转工作台的底座 21 上固定支座 24 内均布 6 个液压缸 14。液压缸 14 上端进压力油时，柱塞 16 下行，通过钢球 17 推动夹紧瓦 18 和 19 将蜗轮夹紧，从而将数控回转工作台夹紧，实现精确分度定位。当数控回转工作台实现圆周进给运动时，控制系统首先发出指令，使液压缸 14 上腔的油液流回油箱，在弹簧 20 的作用下把钢体球 17 抬起，夹紧瓦 18 和 19 就松开蜗轮 15。柱塞 16 到上位发出信号，功率步进电动机启动并按指令脉冲的要求，驱动数控回转工作台实现圆周进给运动。当转台做圆周分度运动时，先分度回转再夹紧蜗轮，以保证定位的可靠，并提高承受负载的能力。

数控回转工作台的分度定位和分度工作台不同，它是按控制系统所制定的脉冲数来决定转位角度，没有其他的定位元件。因此，要求开环数控回转工作台的传动精度高、传动间隙尽量小。数控控制台设有零点，当它作回零控制时，先快速回转运动至挡块 11 压合微动开关 10，发出"快速回转"变为"慢速回转"的信号，再由挡块 9 压合微动开关 8 发出从"慢速回转"变为"点动步进"信号，最后功率步进电动机停在某一固定的通电相位上（称为锁相），从而使转台准确地停在零点位置上。

数控回转工作台的圆形导轨采用大型推力滚柱轴承 13 时，回转灵活。径向导轨由滚子轴承 12 及圆锥滚子轴承 22 保证回转精度和定心精度。调整轴承 12 的预紧力，可以消除回转轴的径向间隙。调整轴承 22 的调整套 23 的厚度，可以使圆导轨上有适当的预紧力，保证导轨有一定的接触刚度。这种数控回转工作台可做成标准附件，回转轴可水平安装也可垂直安装，以适应不同工件的加工要求。

数控回转工作台脉冲当量是每个脉冲信号最终驱动工作台所回转的角度，现有的数控回转工作台的脉冲当量在 $0.001°$/脉冲到 $2'$/脉冲之间，使用时根据加工精度的要求和数控转台的直径大小来选定。

（2）闭环数控回转工作台

闭环数控回转工作台的结构与开环数控回转工作台大致相同，其区别在于闭环数控回转工作台有转动角度的测量元件（圆光栅或圆感应同步器）。所测量的结果经反馈与指令值进行比较，按闭环原理进行工作，使转台分度精度更高。

图 6-85 所示为闭环数控回转工作台结构。直流伺服电动机 15 通过减速齿轮 14、16 及蜗杆 12、蜗轮 13 带动工作台 1 回转，工作台的转角位置用圆光栅 9 测量。测量结束发出的反馈信号与数控装置发出的指令信号进行比较，若有偏差经放大后控制伺服电动机朝消除偏差方向转动，使工作台精确运转或定位。当工作台静止时，必须处于锁紧状态。台面的锁紧用均布的八个小液压缸 5 来完成，当控制系统发出夹紧指令时，液压缸上腔进压力油，活塞 6 下移，通过钢球 8 推动夹紧瓦 3 及 4，从而把蜗轮 13 夹紧。当工作台 1 回转时，控制系统发出指令，液压缸 5 上腔的压力油流回油箱，在弹簧 7 的作用下，钢球 8 抬起，夹紧瓦松开，不再夹紧蜗轮 13。然后按数控系统的指令，由直流伺服电动机 15 通过传动装置实现工作台的分度转位、定位、夹紧或连续回转运动。

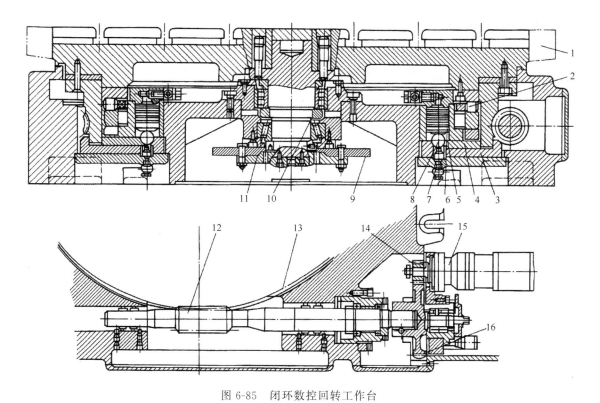

图 6-85 闭环数控回转工作台

1—工作台；2—镶钢滚柱导轨；3,4—夹紧瓦；5—液压缸；6—活塞；7—弹簧；8—钢球；9—圆光栅；10,11—轴承；12—蜗杆；13—蜗轮；14,16—齿轮；15—电动机

转台的中心回转轴采用圆锥滚子轴承 11 及双列圆柱滚子轴承 10，并预紧消除其径向和轴向间隙，以提高工作台的刚度和回转精度。工作台支承在镶钢滚柱导轨 2 上，运动平稳而且耐磨。

思考题与习题

6-1 数控机床从机械结构来说，由哪几部分组成？

6-2 和普通机床相比，数控机床在机械结构上有哪些特点？

6-3 对数控机床进行总体布局时，需要考虑哪些方面的问题？

6-4 斜床身和平床身斜滑板这种布局形式具有什么特点？

6-5 采用哪些方法可以提高数控机床的结构刚度？试举例进行说明。

6-6 数控机床的进给系统由哪几部分组成？简述数控机床对进给系统机械传动机构的要求。举例说明进给系统的工作原理。

6-7 在设计和选用机械传动结构时，必须考虑哪些问题？

6-8 加工中心根据主轴在加工时的空间位置不同可以分为哪几类？

6-9 对于数控机床的主轴，在设计和使用时有哪些具体要求？

6-10 数控机床的主轴变速方式有哪几种？如何实现主轴的分段无级变速功能及控制？

6-11 数控机床为什么常采用滚珠丝杠副作为传动元件，它有什么特点？

6-12 滚珠丝杠副的滚珠循环方式可分为哪两类？在结构上有何区别？各应用于哪些场合？

6-13 滚珠丝杠副为什么要预紧？具体有哪几种调整间隙的预紧方法？

6-14 滚珠丝杠副为什么要预拉伸？试说明预拉伸的具体操作方法。

6-15 加工中心机床的主轴为什么需要有准停装置？试举例说明准停装置的工作原理。

6-16 数控机床为什么必须消除齿轮传动副的侧隙？其方法有哪些？试举例说明。
6-17 数控机床对导轨有何要求？常用的导轨有哪几种？各有什么特点？
6-18 加工中心的选刀方式有哪几种？各有什么特点？
6-19 在自动换刀系统中，刀具交换装置起什么作用？它有哪些主要结构？常见的刀库类型有哪些？
6-20 刀具识别装置有哪几种？各有什么特点？
6-21 自动换刀装置中，换刀方式有哪些？各有什么特点？
6-22 自动换刀装置中，机械手夹持刀具的方法有哪几类？
6-23 简述插销定位分度工作台的工作原理。
6-24 简述齿盘定位分度工作台的工作原理。

第 7 章　应用 Creo 软件自动编程

数控程序编制的方法，一般分为手工编程和自动编程两种。对于几何形状简单、数值计算较方便的零件，采用手工编程显得经济、高效、便捷。然而对于形状复杂的零件，由于编程数值计算工作量太大，采用手工编程不仅耗费时间长，而且很容易出错，甚至不可能实现复杂繁冗的数值计算。随着计算机技术和 CAD/CAM 技术的迅速发展，编程人员利用计算机借助 CAD/CAM 软件可比较方便准确地对复杂零件实现自动编程。使用此种编程方法，只要在计算机中建立了零件模型，然后调用数控编程模块，采用人机交互的方式在计算机屏幕上指定被加工的部位，再输入相应的加工工艺参数，计算机便可自动进行必要的数学处理，并得出数控加工程序，同时还可进行加工仿真。

目前，可进行数控编程的 CAM 软件很多，常用的主要有 Creo、MaterCAM、UG、CATIA、PowerMill、Cimatron 等。

Creo 是美国参数技术公司的三维 CAD/CAM 软件系统，Creo NC 是 Creo 中的 CAM 模块，它衔接零件设计模块和模具设计模块，直接利用零件模块和模具模块的设计结果作为制造文件的参考模型，再设置加工制造中的机床、夹具、刀具、加工方式和加工参数来进行产品的制造规划。在设计人员制定好规划后由计算机生成刀具的 CL（cutter location，刀具位置）数据，设计人员在检查加工轨迹符合要求后，利用 Creo NC 的后处理程序生成机床能识别的 NC 代码。利用 Creo NC 的加工仿真功能，可以进行干涉和过切检查。

Creo NC 加工不仅可以满足 3～5 轴的数控铣床和加工中心的编程要求，而且能满足车床、线切割机床、车铣复合加工的编程要求。受篇幅所限，本章仅介绍应用 Creo 8.0 软件进行铣削和车削自动编程的方法。

7.1　Creo 软件自动编程基础

7.1.1　基本流程

Creo 软件自动编程遵循的基本流程如图 7-1 所示。

NC 序列的创建是 Creo 软件自动编程的核心内容，它主要包括以下几方面。

① NC 序列类型的选择，如选择表面铣削方式、体积块铣削方式、轮廓铣削方式、钻孔、攻螺纹等；

② 加工刀具的确定，如确定刀具类型、刀具几何参数等；

③ 制造参数的设置，如进给速度、跨度、切削深度、主轴转速、加工余量等；

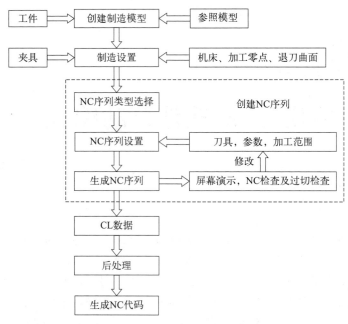

图 7-1　Creo 软件自动编程基本流程

④ 加工范围的设定，如创建或选取铣削体积块、铣削窗口、铣削曲面以及在模型或工件上选取加工几何；

⑤ 刀具路径的屏幕演示、NC 检查及过切检查；

⑥ 对加工刀具、制造参数及加工范围的修改。

7.1.2　Creo NC 术语

（1）制造模型

进行 Creo NC 加工的第一步是创建制造模型，为后续的加工制造设计准备必要的几何模型数据。常规的制造模型由参照模型（reference model）和工件（workpiece）组成，除此之外，也可以在制造模型中添加夹具、工作面板等其他附件，以便定义更加完整的加工环境。随着加工过程的进行，可以对工件执行刀具轨迹演示、加工模拟和过切检测。在加工过程结束时，工件几何应与设计模型的几何一致。

在 Creo 制造模块中，制造模型一般由三个文件组成：

- 参照模型文件：一般为零件类型文件，后缀为 .prt（也可由组件组成，后缀为 .asm）。
- 工件文件：一般为零件类型文件，后缀为 .prt（也可由组件组成，后缀为 .asm）。
- 制造模型文件：后缀为 .asm。

注：为管理文件方便起见，每创建一个制造模型则新建一个目录，以便存放该模型的各组成文件。

（2）参照模型

参照模型在 Creo NC 中代表所设计制造的最终产品，它是所有制造操作的基础。在参照模型上选取特征、曲面或边作为每一刀具轨迹的参照，由此建立参照模型与工件间的关联性。当参照模型改变时，所有相关的加工操作都会被更新。

Creo 基本模块产生的零件（.prt）、组件（.asm）和钣金件（.prt）可以用作参照模型。

（3）工件

工件在 Creo NC 中代表加工所需的毛坯，它的使用在 Creo NC 中是可选的。使用工件的优点在于：

① 在创建数控加工轨迹时，限定刀具轨迹范围。

② 可以动态地仿真加工过程，并进行干涉检查。

③ 可以计算加工过程中材料的去除量。

工件可以代表任何形式的毛坯，如棒料或铸件，通过复制参照模型、修改尺寸或删除/隐含特征可以很容易地创建工件，也可以参考参照模型的几何尺寸，直接在制造模式中创建工件。

制造模式中的工件作为 Creo 的零件（.prt），可以与其他任何零件一样进行修改和重定义。

7.1.3 Creo NC 加工环境及设置

（1）新建制造文件

运行 Creo 应用程序，进入 Creo 的主界面，单击"文件"→"设置工作目录"，以便将文件保存在指定的目录中。单击"文件"→"新建"命令，打开"新建"对话框，在左侧"类型"选项栏内选中"制造"单选按钮，右侧"子类型"栏内默认"NC 装配"，修改文件名称：NCMODEL。

（2）设置单位模板

制造模型的尺寸单位应与参考模型、工件的尺寸单位保持一致。我国制图的标准单位采用公制单位，而 Creo 各模块中缺省的单位为英制单位，因此，在创建制造文件时，可采用以下两种途径进行公制单位模板设置。

① 新建文件时设置公制单位模板　新建文件时默认选中"使用缺省模板"复选框，表示使用 Creo 制造模型文件的缺省模板为英制单位模板。单击该复选框取消"使用缺省模板"，然后单击"确定"按钮，出现"新文件选项"对话框，选择"mmns_mfg_nc_abs"选项，表示使用公制单位模板，单位使用毫米、牛顿、秒（绝对精度）。单击"确定"，进入如图 7-2 所示的数控加工操作界面（NC 主界面）。

注：使用此种设置方法，在每次创建制造文件时，都需要进行设置。

② 使用配置文件将 Creo NC 的缺省模板设置为公制单位模板　若使用配置文件将 Creo NC 的缺省模板设置为公制单位模板，那么，今后创建制造文件就不必再进行模板设置了。步骤如下：

单击主菜单"文件"→"选项"→"配置编辑器"，弹出"Creo Parametric 选项"对话框，如图 7-3 所示，再单击"添加"，在选项名称文本框内输入"template_mfgnc"，单击"查找"，打开"查找选项"对话框，在设置值文本框中将"inlbs"替换为"mmns"，单击"添加/更改"→"关闭"，返回"选项"对话框。单击"确定"之后，系统提示："...是否要将这些设置保存到配置文件？"单击"是"按钮，将配置文件保存在启动目录下，文件名为 config.pro，单击"关闭"。这样，每次启动 Creo 进入加工模块时，在"使用缺省模板"被选中的情况下，系统自动选择公制模板。

注：使用配置文件的方法，选择相应的配置文件同样可以将零件模块、组件模块的缺省模板设置为公制模板。

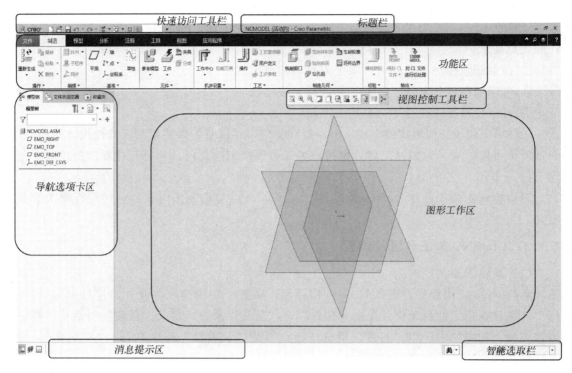

图 7-2　Creo NC 的主界面

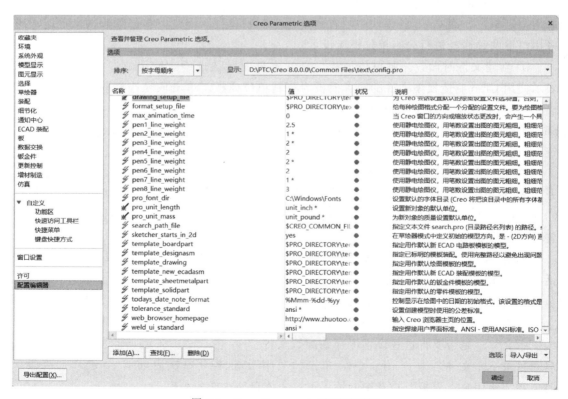

图 7-3　Creo Parametric 选项对话框

（3）Creo 数控加工操作界面

在图 7-2 所示的数控加工操作界面主要包括快速访问工具栏、标题栏、功能区、导航选项卡区、视图控制工具栏、图形工作区、消息提示区和智能选取栏，简要介绍如下。

① 快速访问工具栏 快速访问工具栏为快速进入命令及设置工作环境提供了极大方便。快速访问工具栏中默认包含新建、打开、保存、撤销、重做、重新生成模型和关闭窗口命令。用户还可以根据具体情况定制快速访问工具栏。

② 标题栏 标题栏显示了软件版本以及当前活动的制造模型文件名称。

③ 功能区 功能区显示了 Creo 中的所有功能按钮，并以选项卡的形式进行分类。用户可以自己定义各功能选项卡中的按钮，也可以自己创建新的选项卡，将常用的命令按钮放在自定义的功能选项卡中。

数控加工中常用的"制造"功能选项卡如图 7-4 所示，包含创建制造模型后的相关管理功能，按功能划分为"操作""编辑""基准""元件""机床设置""工艺""制造几何""校验"和"输出"。

图 7-4 "制造"功能选项卡

在"元件"功能设置了参考模型和工件，在"操作"中设置加工坐标系，在"工艺"功能的"操作"中选择"制造设置"→"铣削"（或"车削"），这时功能区将相应新增"铣削"功能或"车削"功能选项卡，分别如图 7-5 和图 7-6 所示，显示创建铣削加工路径或车削加工路径的相关管理功能。

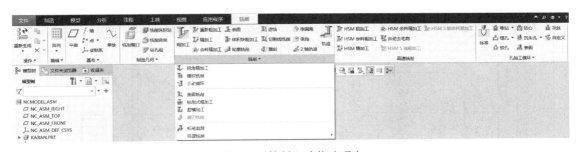

图 7-5 "铣削"功能选项卡

图 7-6 "车削"功能选项卡

④ 导航选项卡区 导航选项卡区包括三个页面选项："模型树""文件夹浏览器""收藏夹"。

"模型树"中列出了活动文件中的所有零件及特征，并以"树"的形式显示模型结构。根对象（活动零件或组件）显示在模型树的顶部，其从属对象（零件或特征）位于根对象之下。例如：在活动装配文件中，"模型树"列表的顶部是组件，组件下方是每个元件零件的名称。在活动零件文件中,"模型树"列表的顶部是零件,零件下方是每个特征的名称。若打开多个 Creo 模型,则"模型树"只反映活动模型的内容。

"文件夹浏览器"类似于 Windows 的资源管理器,用于浏览文件。

"收藏夹"用于有效组织和管理个人资源。

⑤ 视图控制工具栏　视图控制工具栏是将"视图"功能选项卡中部分常用的命令按钮集成到一个工具栏中,以便随时调用。

⑥ 图形工作区　图形工作区是用于对模型进行操作和显示模型的工作区域。

⑦ 消息提示区　在用户操作软件的过程中,消息提示区会即时地显示有关当前操作步骤的提示等消息,以引导用户的操作。若要增加或减少可见消息行的数量,可将鼠标指针置于边线上,按住鼠标左键,然后将其向上或向下拉动调整位置。

⑧ 智能选取栏　智能选取栏也称过滤器,主要用于快速选取某种类型的图形要素,如坐标系、基准平面、曲面、特征等。

7.2　Creo 铣削自动编程

数控铣削加工是数控加工中最常用的加工方法之一,它适合加工具有复杂形状和较高精度要求的箱体类、盘类、筋板类、叶片类和模具类零件。Creo NC 的铣削加工方法如图 7-5 "铣削"功能选项卡所示,其中列出了 20 余种一般铣削加工方式、7 种高速铣削加工方式和 10 余种各类孔的加工方式,功能非常强大。限于篇幅,本节将结合一个铣削实例介绍铣削自动编程的一般方法和步骤。

例 7-1　编制如图 7-7 所示零件的数控加工程序(材料为 45 钢,单件小批生产)。

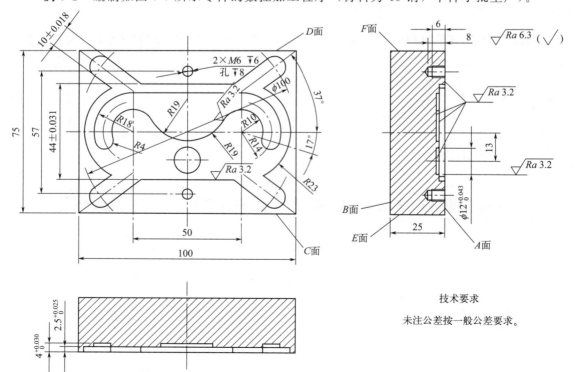

图 7-7　零件图样

7.2.1 零件分析

首先对零件图样进行分析,该零件结构相对较简单,其表面为平面,3处凹槽侧壁均为直壁。零件前侧表面 A 面为工作表面、设计基准。根据加工精度要求,零件尺寸精度和表面粗糙度要求较高的部位有零件前侧表面 A 面(工作表面、设计基准)、3 处凹槽的侧面和底面,公差等级为 IT9,表面粗糙度为 $Ra3.2\mu m$。加工部位为前侧表面 A、3处凹槽和 2 个螺纹孔。凹槽内轮廓圆弧最小半径为 $R4$,要求铣凹槽内轮廓刀具半径要小于 $R4$。

毛坯采用冷拉扁钢切块,为了充分提高数控机床的利用率,毛坯各表面已在普通机床上预先加工到尺寸 $75mm \times 27mm \times 100mm$,各表面精度达一般公差要求。前侧工作表面 A 留有 2mm 加工余量,分两次走刀,第一次切削深度为 1.6mm,第二次 0.4mm。

以零件轮廓的一个侧面 E 面和一个底面 B 面为定位基准,采用平口虎钳装夹零件,毛坯高出钳口至少 8mm。X、Y 加工原点设在 A 面中心位置(X 方向平行于 100mm 长边),采用分中对刀方式,Z 加工坐标原点设在 A 面向上偏移 2mm 的毛坯表面上。

综合考虑零件轮廓的几何形状、尺寸的大小、加工部位和加工精度等条件,选用数控加工机床为 VMC650 小型立式加工中心,配置 FANUC 数控系统,具有自动换刀功能,工件一次装夹后,能自动地完成铣、钻、攻螺纹所有加工工序。

该零件加工工序内容相对较简单,按照先粗后精、先整体后局部、先面后孔、工序集中的加工原则安排加工工步内容。根据 2.3.3 节中关于数控加工刀具选择的相关原则和方法选择刀具类型、规格、材料等,根据 2.3.6 节介绍的切削用量的选择原则和选择方法选择切削用量,具体数值根据机床说明书、刀具说明书、切削用量手册及加工经验而定。

综合以上分析,结合 Creo 软件铣削的 NC 序列加工方式,确定该零件的数控铣削加工工序卡如表 7-1 所示。

表 7-1 数控铣削加工工序卡

单位名称	华东交通大学	产品名称或代号		零件名称		零件图号	
				槽类零件		ECJTU22-001	
工序号		程序编号	夹具名称		使用设备		数控系统
			平口虎钳		VMC650 立式加工中心		FANUC
工步号	工步内容	刀具号	刀具规格名称	主轴转速 /(r/min)	进给速度	背吃刀量或最大步距深度 /mm	Creo 加工方式
1	粗铣、精铣 A 面至 AB 面距离 25mm,$Ra3.2\mu m$	T0001	$\phi 80$ 可转位硬质合金面铣刀	600	1200mm/min	1.6	表面铣削
2	粗铣 3 处凹槽,侧面和底面留 0.3mm 余量	T0002	$\phi 7$ 高速钢 2 刃直柄立铣刀	1200	210mm/min	1	体积块粗加工
3	精铣 3 处凹槽侧面和底面,$Ra3.2\mu m$	T0003	$\phi 7$ 高速钢 4 刃直柄立铣刀	1600	160mm/min	1	体积块粗加工
4	钻 2 个 $\phi 5$ 螺纹底孔	T0004	$\phi 5$ 高速钢直柄麻花钻	500	75mm/min	—	标准钻孔
5	攻 2 个 M6 螺纹孔	T0005	M6 高速钢机用丝锥	200	1mm/r		攻螺纹(固定)
编制		审核	批准		年 月 日	共 页	第 页

7.2.2　Creo 制造模型及操作设置

按图样建好的零件三维模型（加工编程的参考模型）如图 7-8 所示，将其复制到工作目录中。进入软件后设置工作目录，创建制造文件，选择公制模板后进入 Creo NC 主界面。

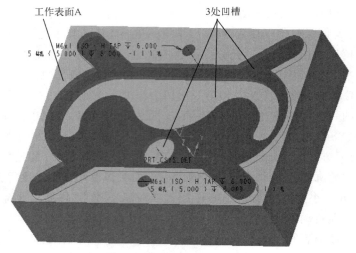

图 7-8　铣削零件的三维模型（加工编程的参考模型）

（1）创建制造模型

① 装配参考模型　单击 [参考模型]，在工作目录中选择参考模型文件，约束选择默认放置。

② 创建工件　单击 [工件] 创建自动工件，在选项里设置前侧表面 2mm 余量，如图 7-9 所示。

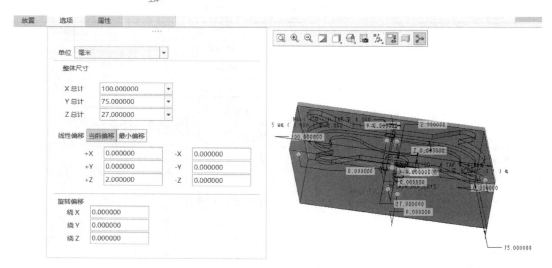

图 7-9　创建自动工件（设置 2mm 余量）

创建的制造模型如图 7-10 所示，其中绿色透明的为工件。保存当前的制造模型文件。

（2）操作设置

单击 [操作] 进入如图 7-11 所示的操作面板。

① 选择加工类型　单击 [制造设置]，选择"铣削"→"确定"。

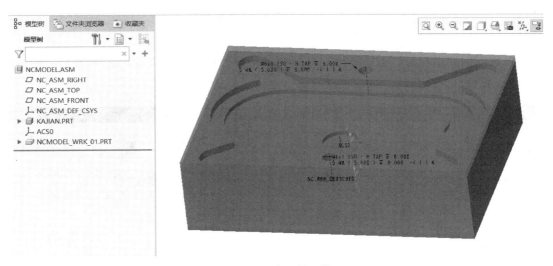

图 7-10 创建的制造模型

图 7-11 操作面板

② 创建加工坐标系 单击 ,创建坐标系。按住 Ctrl 键依次选择图 7-12 中的相互垂直的三个平面（注意按图中①、②、③顺序）建立加工坐标系。查看坐标轴的方向，确保 Z 轴垂直于毛坯的上表面并且正方向向上。在"坐标系"对话框中单击"确定"。

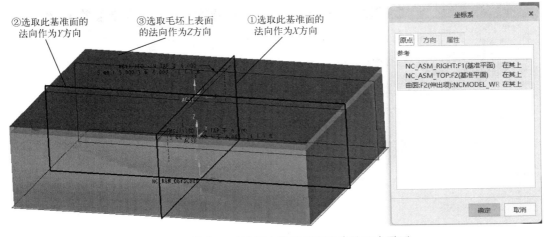

图 7-12 按住 Ctrl 键依次选择相互垂直的三个平面

注：若加工坐标系与机床坐标系方向不一致，单击"坐标系"对话框中的"方向"标签进行调整。

③ 选择加工坐标系　单击操作面板上▶退出暂停模式，在模型树或图形工作区选择刚创建好的坐标系 ACX1，如图 7-13 所示。

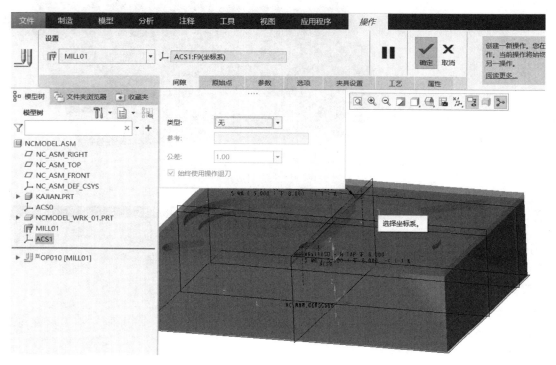

图 7-13　选择加工坐标系

④ 创建退刀平面　单击 ，创建基准面。选择毛坯上表面向上偏移 20mm 作为退刀平面，单击操作面板上▶退出暂停模式，在"间隙"选项卡中选择"平面"类型，参考选择刚创建的基准平面作为操作退刀平面，如图 7-14 所示。单击面板上 ✓ 建立操作 OP010 [MILL01]。此时功能区菜单中出现了"铣削"功能选项卡。保存制造模型文件。

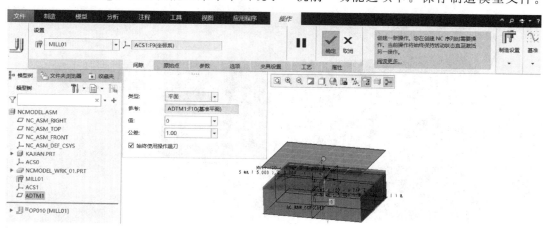

图 7-14　创建的操作退刀平面

7.2.3 创建铣削 NC 序列

（1）创建表面铣削 NC 序列——粗铣、精铣 A 面

在"铣削"的功能选项卡中，单击 表面 进入"表面铣削"功能选项面板，如图 7-15 所示。

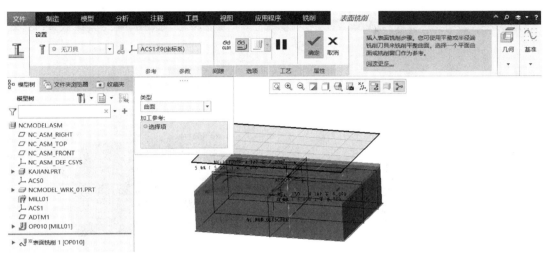

图 7-15 "表面铣削"功能选项面板

① 刀具设定　单击 进入"刀具设定"对话框，设置刀具。单击 新建刀具 T0001，类型为端铣削，直径 80mm。刀盘宽度尺寸以及刀杆高度尺寸都设 20mm（实际为盘铣刀，此处尺寸设定不影响刀具轨迹），单击"应用"，如图 7-16 所示，再单击"确定"。

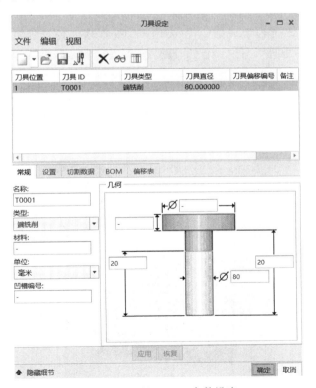

图 7-16 刀具 T0001 参数设定

② 加工参考选择　选择参考模型的工作面 A。

③ 参数设置　在"参数"选项卡中，系统根据已选刀具预设了参数，只需要修改关键参数即可。步进深度设为"1.6"，扫描类型设为"类型1"，主轴速度设为"600"，冷却液选项设为"开"。其他参数默认，如图7-17所示。单击"确定"，完成表面铣削 NC 序列创建，保存制造模型文件。

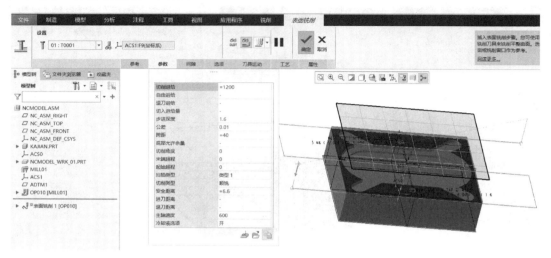

图7-17　表面铣削参数设定

④ CL 数据、后处理及 NC 代码　CL 数据即刀具位置数据，用于描述刀具在加工中的位置和运动路径，也称为加工轨迹数据。系统从图形文件中提取编程信息，根据 NC 序列设置进行分析计算，将节点数据转换为刀具位置数据，生成刀位文件（.ncl）。后置处理（post processing，简称后处理）是指将刀位文件转换成指定数控系统能执行的数控程序的过程，该过程生成 NC 代码文件。Creo 软件自身配置了当前世界上比较知名的数控厂家的后处理文件，比如 HAAS VF8，Mazak 400 Ⅳ、FADAL VMC15、FUNUC 16M 等。

注：在选择后处理器时，一定要明确工作机床配备的是何种数控系统。

在模型树上右键单击"表面铣削1"NC 序列，然后选择 播放刀具路径，弹出"播放路径"对话框，单击 ▶ 即可播放屏幕演示轨迹，如图7-18所示（可单击 ▶ CL数据 显

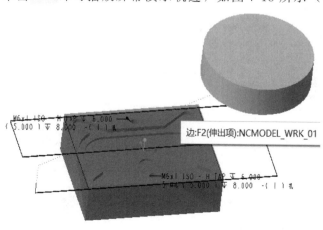

图7-18　播放屏幕演示轨迹

示刀具路径数据,如图 7-19 所示)。如果刀具轨迹不合理,则需要查找问题原因,返回修改。如果刀具轨迹合理,则输出 NC 代码文件,以传送到 NC 机床上自动运行。

单击"播放路径"对话框中"文件"→"另存为 MCD",在弹出的"后置管理选项"对话框中单击"输出",在弹出的"保存副本"对话框中单击"确定",会弹出含有"后置处理列表"的"菜单管理器"对话框,如图 7-20 所示。鼠标放置在某个列表上,左下角消息栏中会相应显示后处理器名称。根据所选用的 VMC650 立式加工中心配置的 FANUC 数控系统,选用"UNCX01.P20":LEBLOND/MAKINO FANUC 16M 后处理器。弹出如图 7-21 所示的信息窗口,该窗口记录了所使用的后处理器的名称、输入的刀位文件名称、文件生成时间、加工所需时间等信息。生成的"表面铣削_1n.tap"文件自动保存在工作目录中,用记事本打开,便可以看到生成的 NC 代码,如图 7-22 所示。

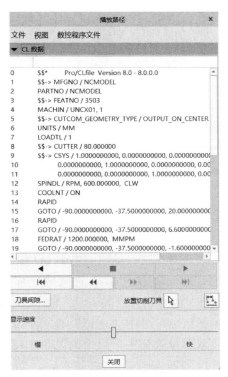

图 7-19 显示刀具路径数据

图 7-20 含有"后置处理列表"的"菜单管理器"对话框

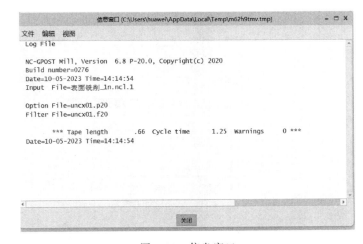

图 7-21 信息窗口

因各种机床的数控系统都有所差异,不能完全满足用户要求。因此,Creo 软件允许用户重新创建后处理器或修改已有的后处理器,以满足不同系统的加工要求。创建或修改后处理器前必须认真阅读机床附带的机床说明书、编程说明书等相关技术文件。进入创建和修改状态途径:在主菜单中单击"应用程序"→"NC 后处理器",进入后处理器界面,便可以创建或修改后处理器。

(2) 创建体积块粗加工 NC 序列——粗铣 3 处凹槽

① 刀具设定 在"铣削"功能选项卡中,单击 体积块粗加工进入"体积块铣削"功能

选项面板，单击 进入"刀具设定"对话框，设置刀具。单击 新建刀具 T0002，设置刀具类型及尺寸，单击"应用"，如图 7-23 所示，再单击"确定"。

② 加工参考选择　单击选项卡 下拉工具栏中 创建铣削窗口，窗口平面选择参考模型的工作平面 A（可用右键单击切换加亮 A 面后左键单击选择），如图 7-24 所示。单击 完成铣削窗口创建。单击▶退出当前命令暂停模式。在"参考"选项卡中"加工参考"处选择模型树上刚创建好的"铣削窗口 1"。

③ 参数设置　单击"参数"选项进入"参数"对话框，该对话框已给出参数默认值，可根据需要进行更改，也可单击下方 进入编辑序列参数"体积块铣削 1"的对话框。可单击"显示细节"显示部分参数的图解。可单击"全部"显示全部参数，通常情况下，只要设置基本参数中的几个关键参数即可，修改的关键参数如图 7-25 所示。单击 完成 NC 序列创建，保存制造模型文件。

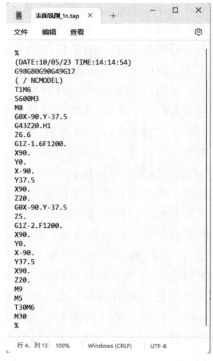

图 7-22　生成的 NC 代码

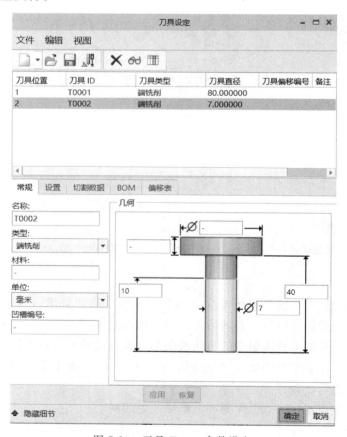

图 7-23　刀具 T0002 参数设定

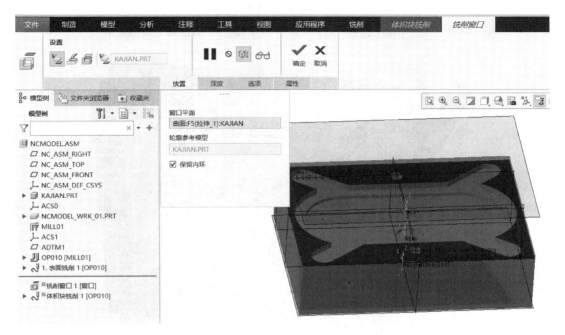

图 7-24　创建铣削窗口

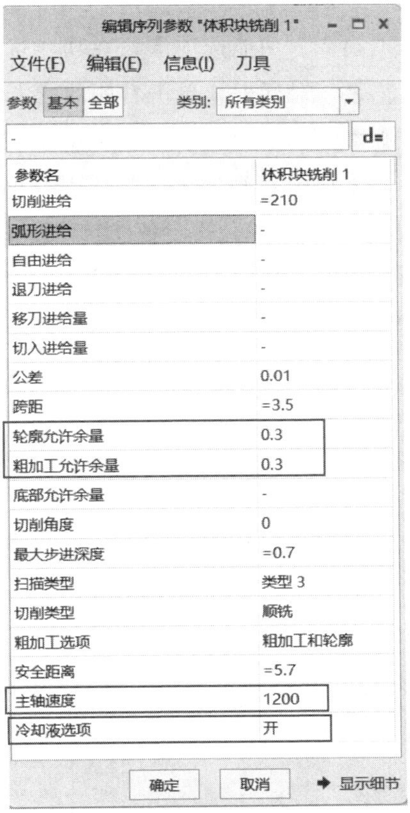

图 7-25　体积块粗加工参数设定

④ 播放刀具路径 右键单击模型树上的"体积块铣削 1" NC 序列，然后选择 播放刀具路径，在弹出的"播放路径"对话框中，单击 ▶ 播放路径，如图 7-26 所示。

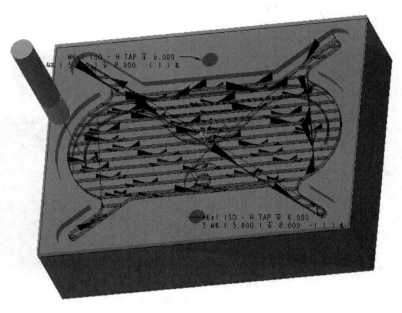

图 7-26 粗铣 3 处凹槽刀具路径

⑤ 查看加工时间 单击"制造"功能选项卡，在功能选项卡中单击 工艺管理器，打开如图 7-27 所示的"制造工艺表"对话框，单击右侧的 打开如图 7-28 所示的"工艺视图构建器"对话框，展开左侧"不显示""组"后的 选择"制造信息参数"，再选择"加工时间（分钟）"，再单击 >> 添加到右侧"显示"栏中。再按住 Ctrl 键把"显示"栏中的一些不需要显示的项"夹具""切割单位""备注""设置时间（分钟）"选中，使用 << 使其不显示。单击"确定"，在"制造工艺表"对话框中显示加工时间信息如图 7-29 所示。关闭"制造工艺表"对话框，保存制造模型文件。

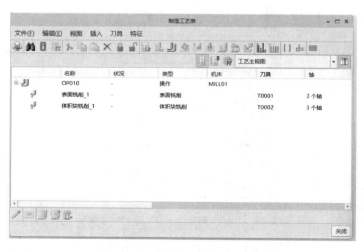

图 7-27 "制造工艺表"对话框

图7-28 "工艺视图构建器"对话框

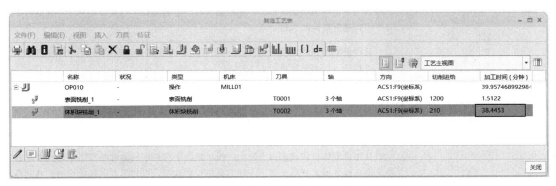

图7-29 "制造工艺表"对话框中显示加工时间信息

⑥ 优化加工参数，提高粗加工效率 "体积块粗加工"铣削方式的"扫描类型"和"粗加工选项"两个加工参数中有多种选项，有些参数选项在"显示细节"有效时会出现图解，鼠标放置在某个参数选项上还会出现相应的解释说明，分别如图7-30和图7-31所示。

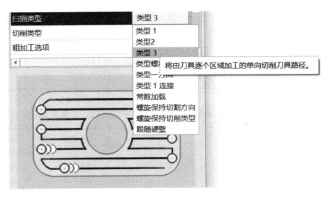

图7-30 "扫描类型"参数各选项

"扫描类型"和"粗加工选项"加工参数中常用选项意义说明分别见表7-2和表7-3所示。

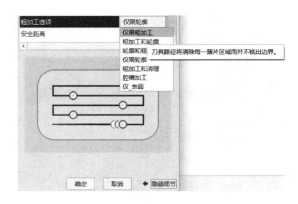

图 7-31 "粗加工选项"参数各选项

表 7-2 "扫描类型"加工参数中常用选项意义说明

序号	参数选项	意义说明
1	"类型 1"	刀具在铣削体积块或窗口内产生一组平行的刀具路径,遇到岛屿❶时刀具退到退刀平面,避开岛屿后再进行加工
2	"类型 2"	刀具在铣削体积块或窗口内产生一组平行的刀具路径,遇到岛屿时刀具将不退刀,直接绕过岛屿轮廓进行加工
3	"类型 3"	刀具在铣削体积块或窗口内产生一组平行的刀具路径,遇到岛屿时刀具将不退刀,直接沿岛屿轮廓而非绕过岛屿轮廓进行加工
4	"类型螺纹"	刀具在铣削体积块或窗口内生成螺旋形刀具路径
5	"类型—方向"	刀具在铣削体积块或窗口内产生一组单向、平行切削的刀具路径,在每段刀具路径的终止位置退刀并返回到下一段刀具路径的起点,以相同方向进行切削;遇到岛屿时,刀具将退到退刀平面,避开岛屿后再进行加工
6	"类型 1 连接"	刀具在铣削体积块或窗口内产生一组单向、平行切削的刀具路径,在每段刀具路径的终止位置退刀并返回到当前段刀具路径的起点,再移动到下一段路径的起点位置以相同方向进行切削;遇到岛屿时,刀具将退到退刀平面,避开岛屿后再进行加工
7	"螺旋保持切割方向"	刀具在铣削体积块或铣削窗口内产生螺旋扫描的刀具路径,始终保持同一个切割方向
8	"螺旋保持切削类型"	刀具在铣削体积块或铣削窗口内产生螺旋扫描的刀具路径,始终保持同一个切削类型
9	"跟随硬壁"	刀具沿铣削体积块壁的形状或铣削窗口边界的形状,以固定的间距进行偏移所形成一系列刀具轨迹

表 7-3 "粗加工选项"加工参数中常用选项意义说明

序号	参数选项	意义说明
1	"仅限粗加工"	生成不带轮廓加工的体积块粗加工刀具路径
2	"粗加工和轮廓"	生成带轮廓加工的体积块粗加工刀具路径,此刀具路径先粗切削体积块,再加工体积块轮廓

---

❶ 岛屿指零件表面未被加工到的小区域,一般为了保证加工安全高效,防止刀具与岛屿相撞,刀具要避开岛屿。

续表

序号	参数选项	意义说明
3	"轮廓和粗加工"	生成带轮廓加工的体积块粗加工刀具路径，此刀具路径先粗切削体积块轮廓，再粗切削体积块
4	"仅限轮廓"	生成的精加工刀具路径仅在加工轮廓上
5	"粗加工和清理"	生成不带轮廓加工的体积块粗加工刀具路径。如果扫描类型设置为"类型3"，那么每个层切面内的水平连接移动将沿体积块的壁进行。如果扫描类型设置为"类型—方向"，那么在切入和退刀时，刀具将沿着体积块的壁垂直移动
6	"腔槽加工"	生成精加工的刀具路径，只在体积块的内外轮廓上和体积块底平面上
7	"仅_表面"	生成精加工刀具路径，只在体积块内平行于退刀平面的平面上

"仅限粗加工""粗加工和轮廓""轮廓和粗加工"和"粗加工和清理"4个选项适合于体积块铣削的粗加工，而"仅限轮廓""腔槽加工"和"仅_表面"3个选项则适合于半精加工和精加工。"扫描类型"和"粗加工选项"不同选项进行组合，可产生不同的粗加工和精加工刀具路径。

结合本例参照模型3处凹槽的形状和尺寸，"扫描类型"和"粗加工选项"分别选择"类型螺纹"和"仅限粗加工"组合，以缩短轮廓走刀路径，减少加工时间，从而提高加工效率。

右键单击模型树上的"体积块铣削1"NC序列，然后选择 ✎ 编辑参数，将"扫描类型"和"粗加工选项"分别修改为"类型螺纹"和"仅限粗加工"。重新演示刀具路径如图7-32所示。

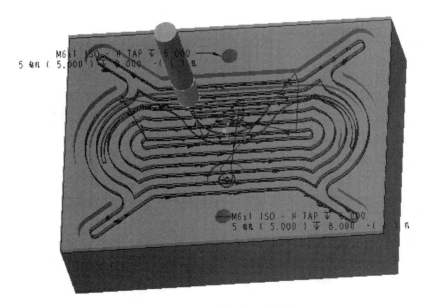

图7-32 重新演示刀具路径

在"制造工艺表"对话框中选择"体积块铣削1"NC序列，然后单击 ⟲ 重新计算加工时间，结果如图7-33所示。

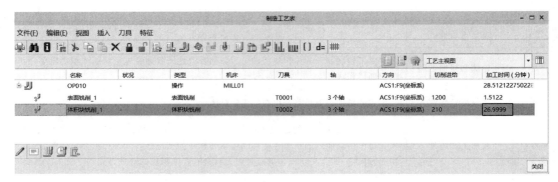

图 7-33 "类型螺纹"和"仅限粗加工"选项组合后加工时间计算结果

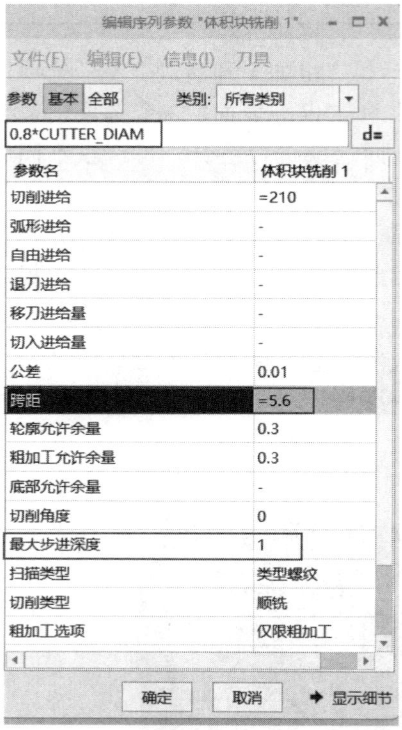

另外,根据切削用量的选择原则,粗加工时一般以提高生产效率为主,考虑经济性和加工成本,优先选取尽可能大的背吃刀量(对应软件参数为"最大步距深度",即分层铣削时每一层在 Z 方向的铣削深度),以尽量保证较高的金属切除率。在粗加工中切削宽度 b_D(对应软件参数为"跨距",即相邻两条刀具路径之间的距离)取得大也有利于提高加工效率,在使用平底刀进行切削时,一般 b_D 的取值范围为 $(0.6\sim0.9)D$(D 为刀具直径)。因此,调整"最大步距深度"和"跨距"值,如图 7-34 所示,再次计算加工时间,结果如图 7-35 所示。

经两次参数调整后,3 处凹槽的粗加工时间变化为 $38.4\text{min}\rightarrow 27.0\text{min}\rightarrow 15.2\text{min}$,由此可见,进行合理的参数优化可以大大缩短加工时间,大幅提高加工效率。

⑦ CL 数据、后处理及 NC 代码 进行后处理后生成 NC 代码文件,并保存制造文件。

注:由于所有 NC 序列 CL 数据、后处理及 NC 代码输出步骤均相同,故不再赘述。后续章节均侧重于 NC 序列的创建和修改。

图 7-34 调整"跨距"和"最大步距深度"值

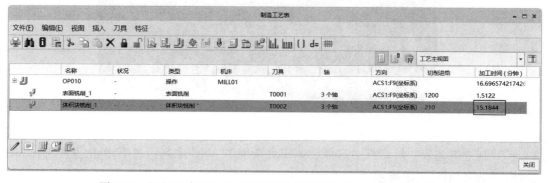

图 7-35 调整"跨距"和"最大步距深度"值后加工时间计算结果

（3）创建体积块粗加工 NC 序列——精铣 3 处凹槽的侧面和底面

① 刀具设定 在"铣削"功能选项卡中，单击 体积块粗加工 进入"体积块铣削"功能选项面板。单击 进入"刀具设定"对话框设置刀具，刀具类型及尺寸与粗加工的刀具相同，但精加工切削刃数目和精度不同。因此需要单击 新建刀具 T0003，设置尺寸后单击"应用"，再单击"确定"。

② 加工参考选择 选择模型树上的"铣削窗口 1"。

③ 参数设置 单击"参数"选项进入"参数"对话框，修改关键参数如图 7-36 所示。单击 完成 NC 序列创建，保存制造模型文件。

图 7-36 精铣 3 处凹槽的侧面和底面参数设置

④ 屏幕演示刀具路径 如图 7-37 所示，可观察刀具在加工不连续区域时退刀到操作退刀平面，为减少空走刀，可修改序列的移刀平面。在模型树上右键单击该序列名称，选择 修改序列，在"移刀平面"选项卡中"参考"后文本框内单击，再选择参考模型的工作面 A，如图 7-38 所示，单击 完成修改。保存制造文件。

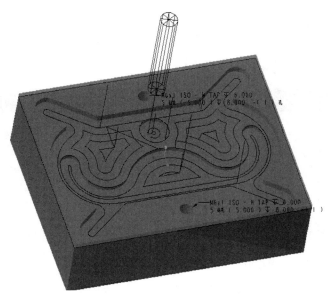

图 7-37 屏幕演示刀具路径

⑤ 材料移除仿真 单击"制造"功能选项卡中的 工艺管理器 打开"制造工艺表"对话框，可以看到已经创建好的 3 个 NC 序列。为了更清楚地观察材料移除情况，先进行前两个 NC 序列的材料移除仿真：选中前两个 NC 序列，按右键在弹出的菜单中选择"NC 检查"，如图 7-39 所示。在功能区出现的"材料移除"选项卡中单击 进行材料移除仿真，

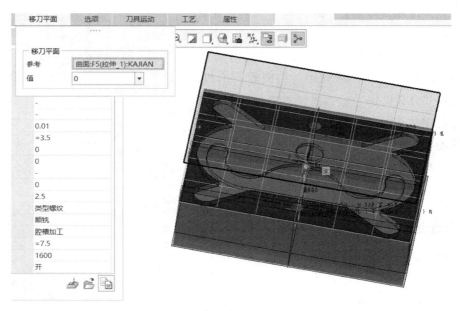

图 7-38 修改序列的移刀平面

移开"制造工艺表",在"播放仿真"中单击 ▶ 播放,仿真结果如图 7-40 所示。单击 坯件模型 ▼ 选择"保存处理中的坯件",输入文件名"粗加工 3 处槽",将仿真结果文件保存在工作目录中以便后续 NC 序列进行材料移除仿真时调用。关闭"播放仿真"对话框,单击选项卡中 ✕ 关闭"材料移除仿真"选项卡。

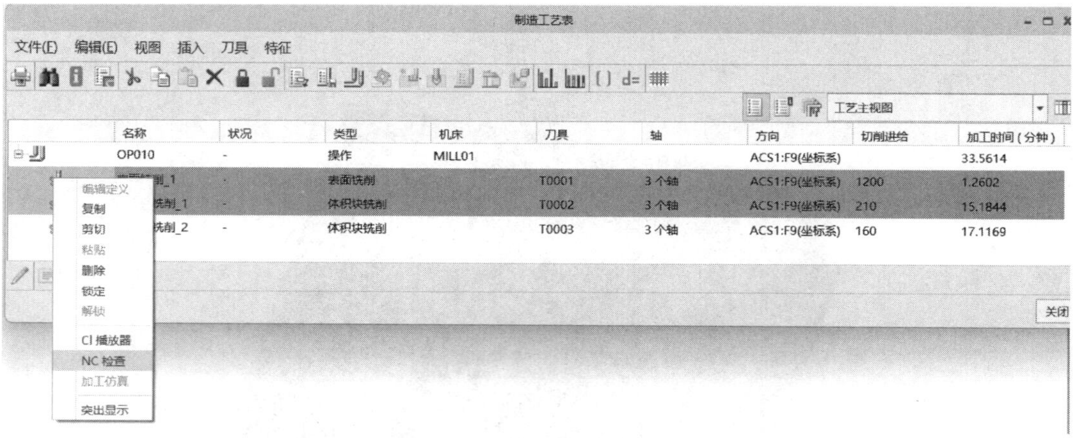

图 7-39 选中前两个 NC 序列进行"NC 检查"(材料移除仿真)

在"制造工艺表"对话框中选中第三个 NC 序列进行"NC 检查",在"材料移除"选项卡中单击 坯件模型 ▼ 选中"打开处理中的坯件",选中文件名"粗加工 3 处槽.bin"打开,调出前两个 NC 序列的材料移除仿真结果,单击 进行材料移除仿真,调慢播放显示速度开始仿真,仔细观察材料去除情况,发现 3 处槽的侧壁存在重复走刀情况,但不影响材料移除。仿真结果如图 7-41 所示。单击 坯件模型 ▼ 选择"保存处理中的坯件",输入文件名"精加工 3 处槽",将仿真结果文件保存在工作目录中以便后续 NC 序列进行材料移除仿真时调用。关闭"播放仿真"对话框和"材料移除仿真"选项卡。

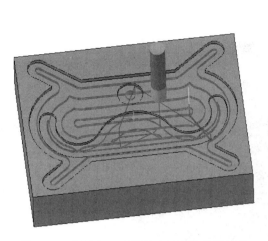 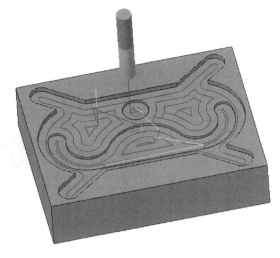

图 7-40　前两个 NC 序列材料移除仿真结果　　　　图 7-41　第三个 NC 序列材料移除仿真结果

⑥ 针对 3 处槽侧壁重复走刀问题进行刀具路径优化

方法一：首先尝试将序列参数"粗加工选项"修改为"仅表面"。然后进行材料移除仿真，虽然避免了侧壁的重复走刀情况，但由于参考模型上圆凹槽离大凹槽侧壁距离较近，因此材料移除不完全，仿真结果如图 7-42 所示。由于此参考模型结构尺寸的特殊性，修改"仅表面"选项优化结果不理想，不采用此方法。

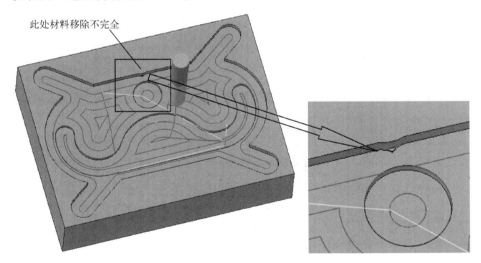

图 7-42　"粗加工选项"修改为"仅表面"的材料移除情况

方法二："粗加工选项"仍为"腔槽加工"，采取在加工参考中排除重复走刀的侧壁面的方法。编辑定义 NC 序列的"参考"，在"排除的曲面"后单击"细节"，弹出"曲面集"对话框，按住 Ctrl 键选择重复走刀的侧壁（不包括图 7-42 中材料移除不完全的侧壁），如图 7-43 所示（也可用添加环曲面的方式选择），单击"曲面集"对话框中的"确定"，再单击"体积块铣削"功能选项卡中的"确定"完成 NC 序列的修改。再进行材料移除仿真，查看刀具路径和材料移除情况，此时已避免了侧壁的重复走刀。打开"制造工艺表"对话框，选中第三个 NC 序列"体积块铣削 2"，单击 🔄 重新计算加工时间，结果如图 7-44 所示。由此可见，加工时间由 17.1min 变为 13.8min，优化了刀具路径，提高了加工效率。

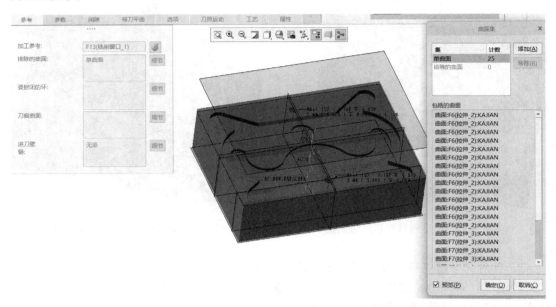

图 7-43 选中重复走刀的侧壁（不包括材料移除不完全的侧壁）

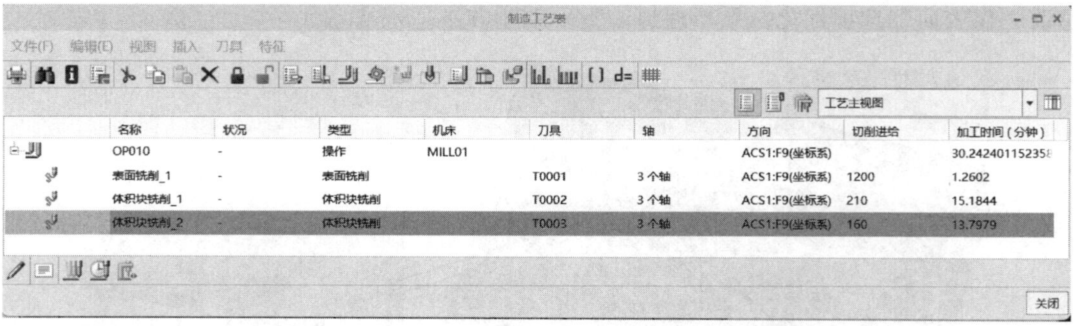

图 7-44 排除重复走刀的侧壁后加工时间计算结果

（4）创建标准钻孔 NC 序列——钻 2 个 $\phi5$ 螺纹底孔

在"铣削"功能选项卡中单击 ，功能区出现"钻孔"功能选项卡。新建刀具如图 7-45 所示，在"参考"选项卡中按住 Ctrl 键在参考模型上选择两个孔的轴线，参数设置如图 7-46 所示，单击 完成 NC 序列设置。保存制造文件。

（5）创建攻螺纹（固定）NC 序列——攻 2 个 M6 螺纹孔

在"铣削"功能选项卡中单击 进入"攻丝❶"功能选项卡，新建刀具如图 7-47 所示，在"参考"选项卡中按住 Ctrl 键在参考模型上选择两个孔的轴线，参数设置如图 7-48 所示，单击 完成 NC 序列设置。

至此，所有的 NC 序列已设置完成，保存制造文件。

---

❶ 攻丝即为攻螺纹俗称，软件中"攻丝"皆指攻螺纹。

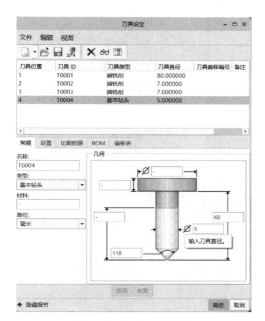

图 7-45 钻孔刀具设定

图 7-46 钻孔参数设置

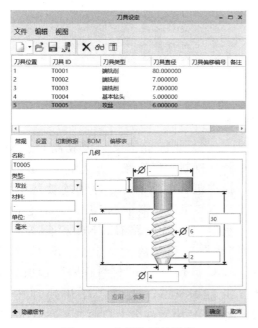

图 7-47 攻螺纹刀具设定

图 7-48 攻螺纹参数设置

7.2.4 使用制造工艺表查看和处理相关信息

① 查看相关信息 打开"制造工艺表",如图 7-49 所示。

② 处理相关信息 在"制造工艺表"中可对 NC 序列进行重命名、查看和修改。可将需要显示的信息或不需要显示的信息通过 视图构建器调整,如在"工步参数"组中将"主轴速度"显示,将"状况"不显示。修改调整后的"制造工艺表"信息如图 7-50 所示。

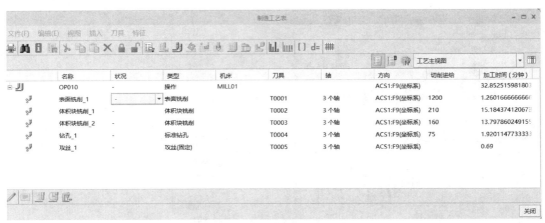

	名称	状况	类型	机床	刀具	轴	方向	切削进给	加工时间（分钟）
	OP010	-	操作	MILL01			ACS1:F9(坐标系)		32.852515981803
	表面铣削_1	-	表面铣削		T0001	3个轴	ACS1:F9(坐标系)	1200	1.260166666666
	体积块铣削_1	-	体积块铣削		T0002	3个轴	ACS1:F9(坐标系)	210	15.18437412067
	体积块铣削_2	-	体积块铣削		T0003	3个轴	ACS1:F9(坐标系)	160	13.79786024915
	钻孔_1	-	标准钻孔		T0004	3个轴	ACS1:F9(坐标系)	75	1.920114773333
	攻丝_1	-	攻丝(固定)		T0005	3个轴	ACS1:F9(坐标系)		0.69

图 7-49　查看“制造工艺表”信息

	名称	类型	机床	刀具	轴	方向	主轴速度	切削进给	加工时间（分钟）
	OP010	操作	MILL01			ACS1:F9(坐标系)			32.8525
	表面铣削_1_粗、精铣A面	表面铣削		T0001	3个轴	ACS1:F9(坐标系)	600	1200	1.2602
	体积块铣削_1_粗铣3处凹槽	体积块铣削		T0002	3个轴	ACS1:F9(坐标系)	1200	210	15.1844
	体积块铣削_2_精铣3处凹槽	体积块铣削		T0003	3个轴	ACS1:F9(坐标系)	1600	160	13.7979
	钻孔_1_钻2个Φ5螺纹底孔	标准钻孔		T0004	3个轴	ACS1:F9(坐标系)	500	75	1.9201
	攻丝_1_攻2个M6螺纹孔	攻丝(固定)		T0005	3个轴	ACS1:F9(坐标系)	200		0.69

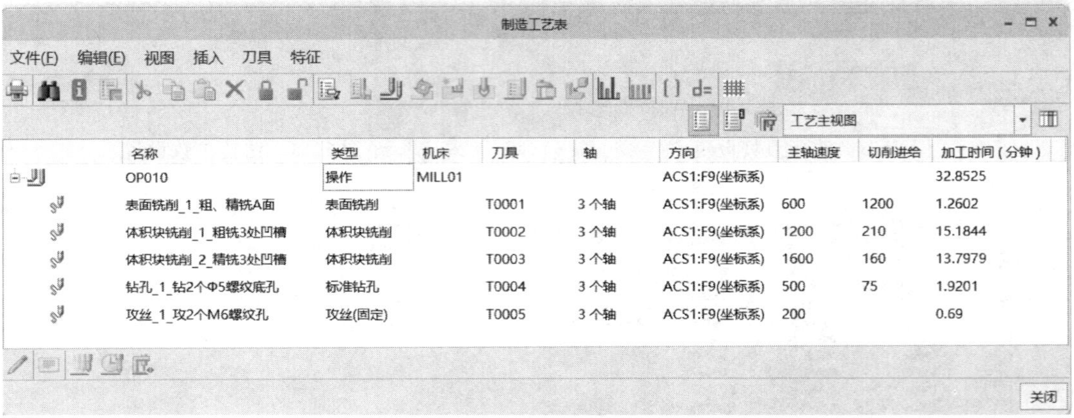

图 7-50　修改调整后的“制造工艺表”信息

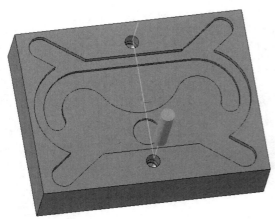

图 7-51　所有 NC 序列材料移除仿真最终结果

③ 进行重定义、播放路径、NC 检测、复制、删除等　可选中某个操作（该操作包含的所有 NC 序列均被选中）、某个 NC 序列或多个 NC 序列，对它们进行重定义、播放路径、NC 检测等。选中“钻孔”和“攻丝”2 个 NC 序列进行“NC 检查”，在“材料移除”选项卡中单击 坯件模型 ▾，选中“打开处理中的坯件”，选中文件名“精加工 3 处槽. bin”打开，调出前三个 NC 序列的材料移除仿真结果，单击进行材料移除仿真，仿真结果如图 7-51 所示。

如选中“OP010”（单击其左侧图标）播放路径，则其包含的所有 NC 序列路径连续播放，可单击“播放路径”对话框中“文件”→“另存为 MCD”生成该操作（包含的所有 NC 序列）的 NC 代码文件，默认文件名“OP010. tap”，保存在工作目录中。

④ 输出 NC 序列　在制造工艺表中，单击“文件”→“导出表（CSV）”，可直接以 Excel 表格形式输出 NC 序列的相关信息。

7.3 Creo 车削自动编程

车削数控加工是数控加工中重要的加工方法之一,它适合于加工轮廓形状较复杂或加工精度及表面粗糙度要求较高的回转体类零件,能够加工内外圆柱面、内外圆锥面、内外环槽、球面、螺纹及孔。Creo NC 的车削加工方法主要有区域车削、轮廓车削、槽车削、螺纹车削和各种孔加工等方法(其工具见图 7-6 所示的"车削"功能选项卡)。本节将结合一个车削实例介绍 Creo 车削加工自动编程的一般方法和步骤。

例 7-2 编制如图 7-52 所示轴类零件的数控加工程序(材料为 45 钢,单件小批生产,未注公差按一般公差要求)。

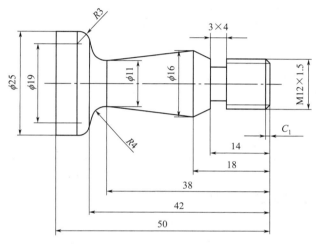

图 7-52 某轴类零件图样

7.3.1 零件分析

首先对零件图样进行分析,该零件结构相对较简单,最大外圆直径为 $\phi25$,总长为 50mm,右侧螺纹为"M12×1.5",退刀槽的尺寸"3×$\phi8$",零件材料为 45 钢,未注公差按一般公差要求。需要对零件粗车外圆表面、精车外圆表面、车退刀槽、车螺纹以及最后切断。毛坯直径方向留有 3mm 加工余量,粗车外圆表面后为精车留有 0.5mm 余量。毛坯采用 $\phi28$ 的圆钢型材,采用三爪卡盘装夹,留出切断操作空间,即零件右端面距卡爪端面距离为 60mm,再预留卡盘装夹长度,因此,毛坯长度不得少于 80mm,待零件全部加工完用切槽刀切断。加工坐标系原点设在模型右端面与回转中心的交点处,Z 轴沿回转中心轴线方向,并且正方向为远离零件方向。

综合考虑零件轮廓的几何形状、尺寸的大小、加工部位和精度等条件,选用小型数控车床,型号为 TK36S,配置 FANUC 数控系统,配有四工位后置刀架,可装夹 4 种车刀。

该零件加工工序内容相对较简单,根据 2.3.3 节中关于数控加工刀具选择的相关原则和方法选择刀具类型、规格、材料等,根据 2.3.6 节介绍的切削用量的选择原则和选择方法选择切削用量,具体数值根据机床说明书、刀具说明书、切削用量手册及加工经验而定。

综合以上分析,结合 Creo 软件车削的 NC 序列加工方式,确定该零件的数控车削加工工序卡如表 7-4 所示。

表 7-4 数控车削加工工序卡

单位名称	华东交通大学	产品名称或代号		零件名称		零件图号	
				轴类零件		ECJTU22-101	
工序号	程序编号	夹具名称		使用设备		数控系统	
		三爪卡盘		TK36S		FANUC	
工步号	工步内容	刀具号	刀具类型	主轴转速/(r/min)	进给速度/(mm/r)	背吃刀量或最大步距深度/mm	Creo加工方式
1	粗车外圆表面	T0001	硬质合金外圆粗车刀	800	0.3	1.5	区域车削
2	精车外圆表面	T0002	硬质合金外圆精车刀	1000	0.15		轮廓车削
3	车退刀槽	T0003	硬质合金切槽刀	350	0.1		槽车削
4	车螺纹	T0004	硬质合金外螺纹车刀	200	1.5		螺纹车削
5	切断	T0003	硬质合金切槽刀	350	0.1		槽车削
编制		审核		批准		年 月 日	共 页 第 页

7.3.2 Creo 制造模型及操作设置

按图样建好的零件三维模型（加工编程的参考模型）如图 7-53 所示，将其复制到工作目录中。进入软件后设置工作目录，创建制造文件，选择公制模板后进入 Creo NC 主界面。

图 7-53 车削零件的三维模型（加工编程的参考模型）

① 装配参考模型　单击 [参考模型]，在工作目录中选择参考模型文件，约束选择默认放置。

② 创建工件　单击 [工件] 创建自动工件，系统默认的毛坯如图 7-54 所示为长方体。由于此零件的毛坯形式为圆钢型材，需要单击选项卡中的 [工具] 工具，系统默认选中坐标系建立工件形式如图 7-55 所示，虽然毛坯形式变为圆形的，但建立的工件包络不正确。

此时，需要创建一个加工坐标系，坐标原点建立在参照模型右端面的回转中心上，Z 轴为参照模型的回转轴线，Z 轴正方向要远离工件。单击选项卡右侧工具 [基准]，选择建立坐标系，在模型上或模型树上依次选取"NC_ASM_TOP"面"NC_ASM_FRONT"

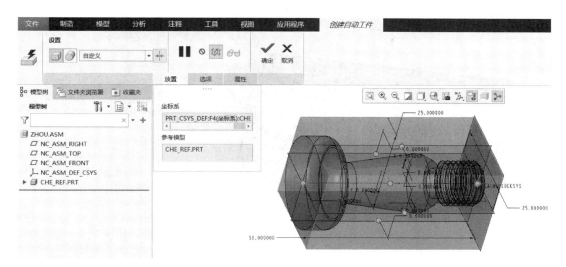

图 7-54 系统默认的长方体自动工件

面和参照模型的右端面,如图 7-56 所示,在"坐标系"对话框中单击"确定"。单击模型树上刚建好的加工坐标系 ACS0,在制造模型上查看建好的坐标系是否满足车削加工坐标系的要求,即是否加工坐标系原点在模型右端面与回转中心的交点处,Z 轴为回转中心轴线方向并且正方向指向模型外。若不满足要求则需要调整坐标方向或重新建立坐标系。

在"创建自动工件"面板的右侧单击 ▶ 激活自动工件面板,创建的坐标系 ACS0 便显示在"放置"选项卡"坐标系"标签中,同时工件也自动更新,如图 7-57 所示。

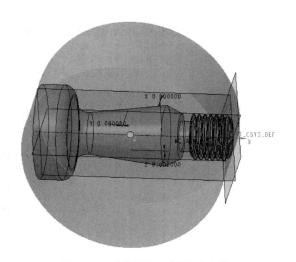

图 7-55 系统默认坐标系建立的圆形工件形式

由于毛坯直径为 $\phi 28mm$,右端面留有 2mm 余量,长度不得少于 80mm。因此在"设置"里将工件形式改为"自定义",在"选项"选项卡中设置工件尺寸,"当前偏移"标签下设置直径为 3mm,长度(+)为 0,长度(-)为 30mm,如图 7-58 所示。

单击 ✓ 完成自动工件的创建,制造模型如图 7-59 所示,其中绿色透明的为工件。保存当前的制造模型文件。

注:实际加工的毛坯长度可根据加工零件数量进行调整,适当取长些可用作多个毛坯。

单击 进入"操作"功能选项卡,单击 ,选择"车削"→"确定"。在模型树上选择 ACS0 作为加工坐标系,单击 ✓ 完成操作设置。此时功能区菜单中出现了"车削"功能选项卡。保存制造模型文件。

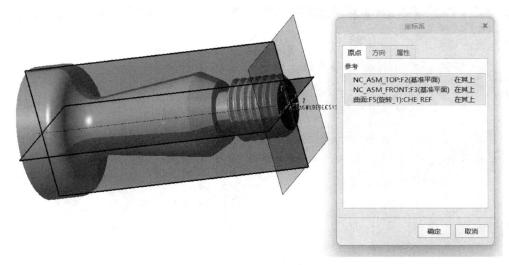

图 7-56 依次选取 3 个平面建立加工坐标系

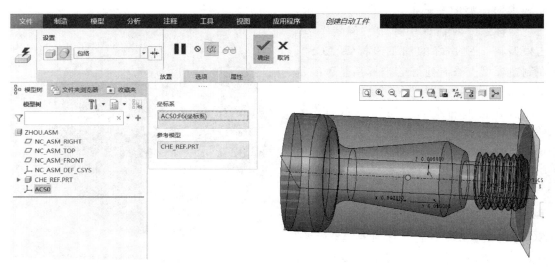

图 7-57 自动更新的工件

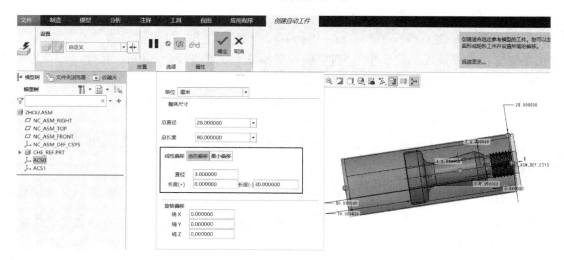

图 7-58 设置完成的工件

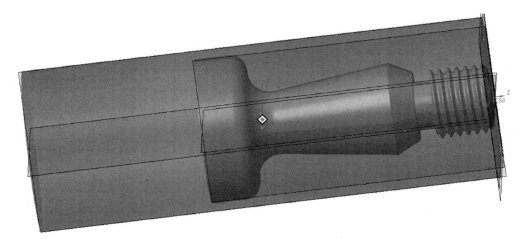

图 7-59 制造模型

7.3.3 创建车削 NC 序列

（1）创建区域车削 NC 序列——粗车外圆表面

在"车削"的功能选项卡中，单击 进入"区域车削"功能选项面板。

① 刀具设定 单击 进入"刀具设定"对话框，设置刀具，单击 新建刀具 T0001，类型为车削，设置外表面粗车刀参数，单击"应用"，如图 7-60 所示，再单击"确定"。

② 参数设定 在"参数"选项卡中，切削进给的单位为 mm/min（单击 → "全部"参数查看），需要进行单位换算。切削进给值为 0.3mm/r×800r/min=240mm/min，参数设定如图 7-61 所示。

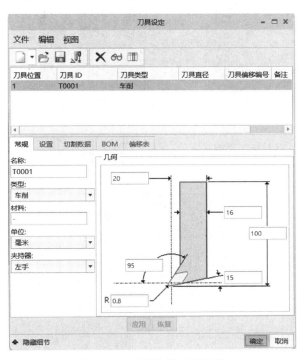

图 7-60 区域车削刀具设定

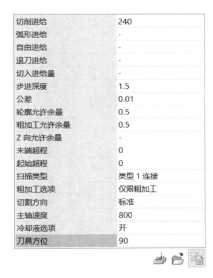

图 7-61 区域车削参数设定

③ 创建车削轮廓，设置刀具运动　单击选项卡右侧 ▢，选择 ▢ 创建车削轮廓，系统默认提取参照模型的轮廓如图 7-62 所示。由于车退刀槽工序在车外圆之后，以及切入切出段要处理，因此选择草绘的方式创建车削轮廓。单击 ▢ 选择草绘方式，再单击 ▢ 进入草绘模式草绘，添加零件右端面作为尺寸参考，为方便查看可将视图显示改为消隐模式，使用 ▢投影 工具提取零件关键的轮廓线，再草绘出需要的轮廓线，注意在刀具切入点和切出点位置延长 2～3mm，选中轮廓线右侧端点按右键改变起点，如图 7-63 所示。单击 ✓确定 后如图 7-64 所示，偏向轮廓线外侧的箭头表示材料去除的方向，单击 ✓确定 完成车削轮廓的创建。单击 ▶ 激活区域车削功能，在"刀具运动"选项卡中选中"区域车削"，弹出"区域车削"对话框，在模型树上选择刚创建的"车削轮廓 1"，在车削轮廓的起点和终点出现自动延伸的方向如图 7-65 所示。由于草绘轮廓已延伸方向，故在"区域车削"对话框中将"开始延伸"和"结束延伸"均改为"无"，单击"确定"，在"区域车削"选项卡中单击 ✓确定 完成 NC 序列设置。保存制造文件。

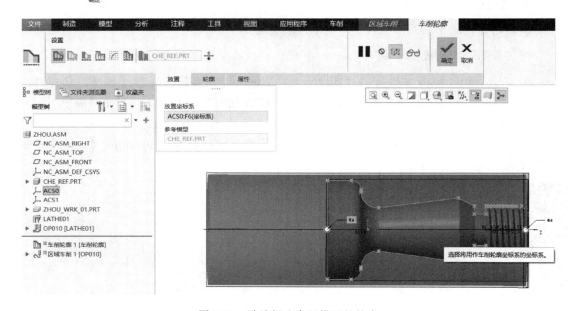

图 7-62　默认提取参照模型的轮廓

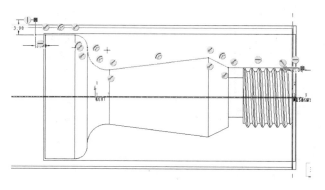

图 7-63　草绘车削轮廓

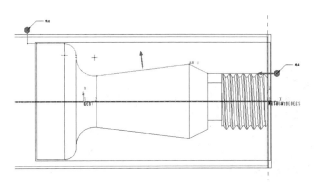

图 7-64 材料移除方向

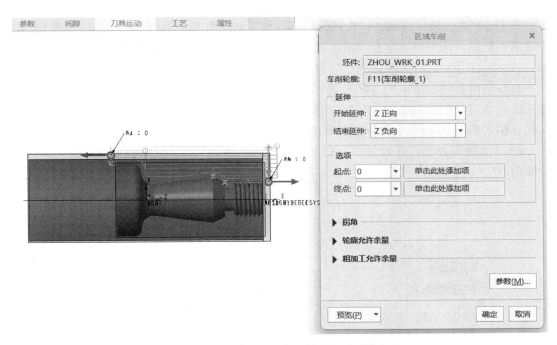

图 7-65 系统默认的起点和终点自动延伸方向

④ 演示刀具路径以及材料移除仿真结果 分别如图 7-66 和图 7-67 所示。保存仿真结果。

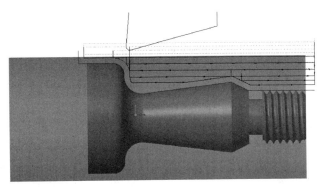

图 7-66 区域车削刀具路径

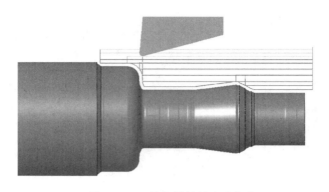

图 7-67 区域车削材料移除仿真

⑤ CL 数据的输出以及 NC 代码的生成　与前面介绍的铣削 NC 序列输出步骤相同的步骤不再赘述，所不同的是在"菜单管理器"对话框中，单击⬇将其向下展开，其后面 5 种（UNCL01.P××）为车床的后处理器名称，如图 7-68 所示。

根据所用数控车床上配备的数控系统选择相应的后处理器。在此应选择 FUNUC 数控系统，选择"UNCL01.P11"后置处理器。弹出的信息窗口记录了所使用的后处理器的名称、输入的刀位文件、文件生成时间、加工所需时间等信息。同时，生成的"区域车削_1.tap"文件保存在工作目录中。打开工作目录，将该文件用记事本打开，便可以看到生成的 NC 代码，如图 7-69 所示。

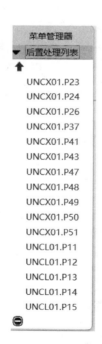

图 7-68 展开"后置处理列表"

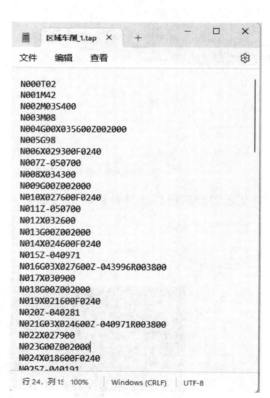

图 7-69 区域车削 NC 代码文件

（2）创建轮廓车削 NC 序列——精车外圆表面

在"车削"功能选项卡中，单击 轮廓车削 进入"轮廓车削"功能选项面板。

① 刀具和参数设定　新建刀具 T0002，类型为车削，设置外表面粗车刀参数，单击"应用"，如图 7-70 所示，再单击"确定"。轮廓车削参数设定如图 7-71 所示。

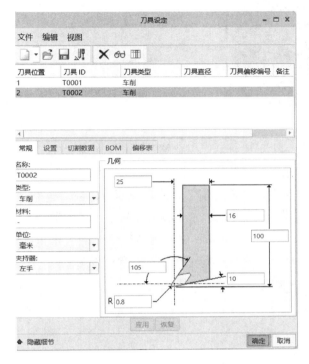

图 7-70　轮廓车削刀具设定

图 7-71　轮廓车削参数设定

② 创建车削轮廓，设置刀具运动　由于精车外圆时需将 C1 倒角一并加工，因此草绘车削轮廓线时需要提取倒角线并适当延长，使刀具沿倒角切入。草绘如图 7-72 所示。在"刀具运动"设置中，选择模型树上刚创建好的"车削轮廓 2"，如图 7-73 所示。单击"确定"，完成 NC 序列设置。保存制造文件。

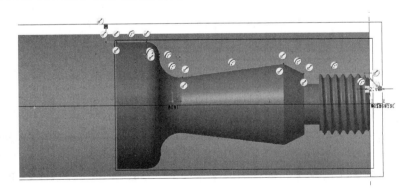

图 7-72　创建精车外圆表面的车削轮廓

③ 演示刀具路径以及材料移除仿真　查看结果，若确认无误，保存材料移除仿真结果。

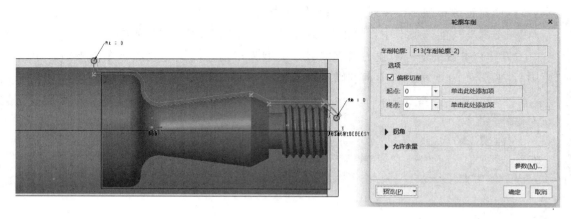

图 7-73 设置精车外圆表面的"车削轮廓 2"

(3) 创建槽车削 NC 序列——车退刀槽

在"车削"功能选项卡中,单击 槽车削 进入"槽车削"功能选项面板。

① 刀具及参数设定 新建槽车削加工类型刀具如图 7-74 所示。基本加工参数设定如图 7-75 所示。车退刀槽时,为使槽底加工光整,需在槽底设置进给暂停时间。单击 打开编辑序列参数对话框,选择"全部"展开全部参数,将"延迟"参数值设为"0.5"。

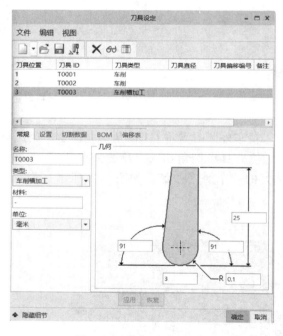

图 7-74 槽车削刀具设定

图 7-75 槽车削基本参数设定

② 创建槽车削的车削轮廓,设置刀具运动 在"刀具运动"设置中,单击"插入",弹出"槽车削"对话框,此时,需单击 使用曲面建立槽车削轮廓。选取退刀槽的右侧端面,再按住 Ctrl 键选取退刀槽的左侧端面,如图 7-76 所示,单击 后如图 7-77 所示,将"槽车削"对话框"开始延伸"和"结束延伸"均设为"X 正向",单击"确定"以及 完成槽车削 NC 序列的创建。保存制造文件。

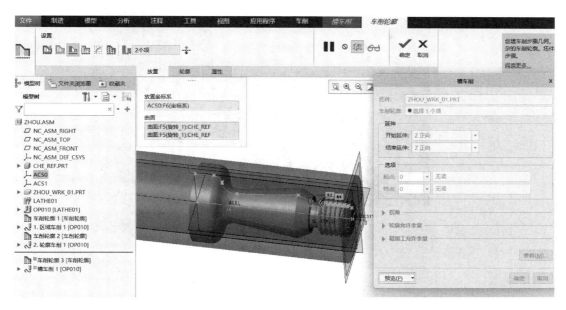

图 7-76　选取退刀槽的两个侧面

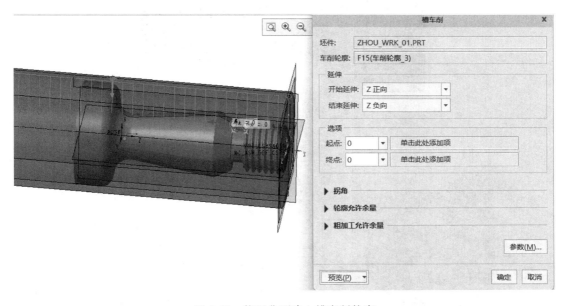

图 7-77　使用曲面建立槽车削轮廓

③ 演示刀具路径以及材料移除仿真　结果分别如图 7-78 和图 7-79 所示。若确认无误，保存材料移除仿真结果。

(4) 创建螺纹车削 NC 序列——车螺纹

在"车削"功能选项卡中，单击 [螺纹车削] 进入"螺纹车削"功能选项面板。

① 刀具设定　M12×1.5mm 螺纹属性和截面如图 7-80 所示，螺距值为 1.5mm，其截面为正三角形，螺纹牙底圆角半径为 0.33mm。新建螺纹车削刀具并使用 [预览] 预览刀具，如图 7-81 所示。

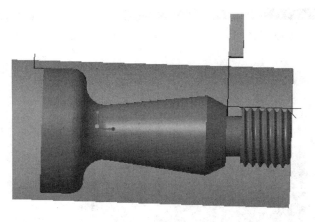

图 7-78　槽车削刀具路径演示结果

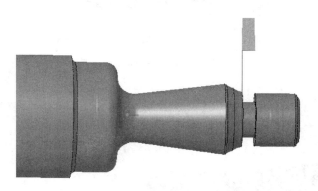

图 7-79　槽车削材料移除仿真结果

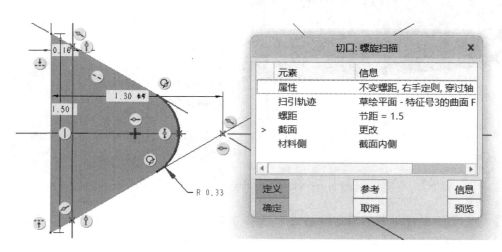

图 7-80　M12×1.5mm 螺纹属性和截面

② 加工参数设定　螺纹车削默认的参数如图 7-82 所示。除需要设置黄色加亮显示的 4 个参数外，还需要修改"螺纹进给单位""螺纹深度方法"和"序号切割"（加工到螺纹深度的切削次数）。"序号切割"值在"螺纹深度方法"设置为"按切口"时才有效。车螺纹的切削进给值应设为螺距值 1.5mm，其进给单位为"MMPR"（毫米每转），加工参数设定如图 7-83 所示。

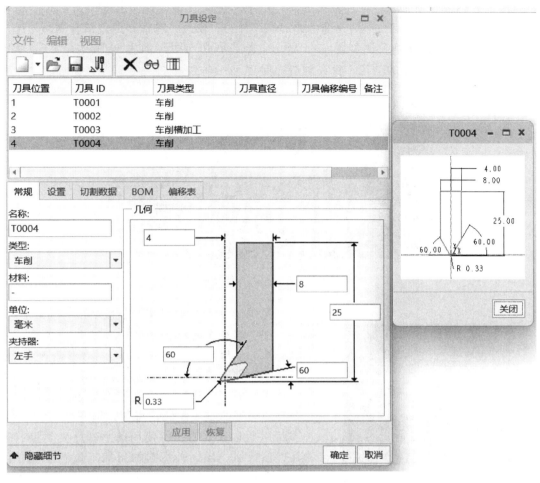

图 7-81 设定螺纹车削刀具及刀具预览

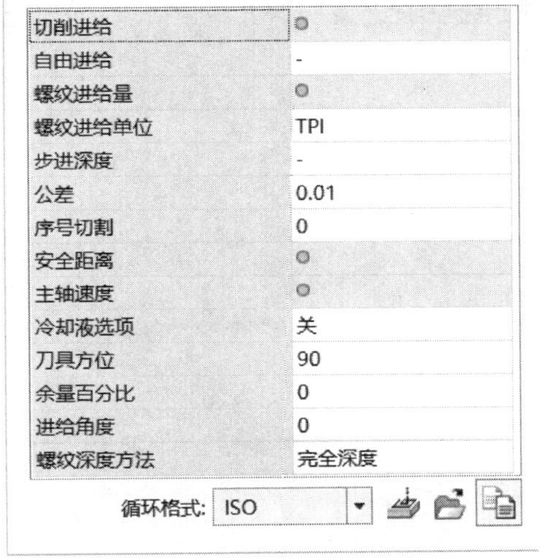

图 7-82 螺纹车削默认的参数

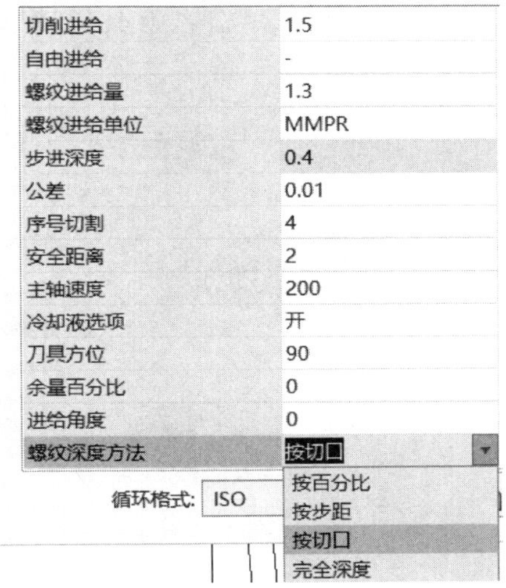

图 7-83 螺纹车削加工参数设定

③ 创建螺纹车削轮廓，设置刀具运动　由于车螺纹时切入和切出都需要留有一段距离，因此使用草绘方式定义车削轮廓。添加螺纹外径、模型右端面和退刀槽右端面为尺寸参照，草绘出的螺纹车削轮廓如图 7-84 所示，切入和切出距离都为 1.5mm。完成草绘，并单击 ✓ 完成车削轮廓的创建。保存制造文件。

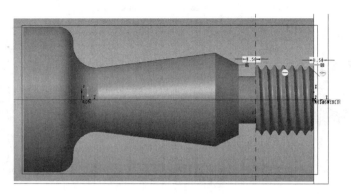

图 7-84　草绘螺纹车削轮廓

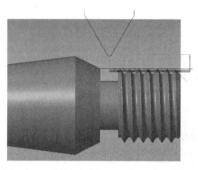

图 7-85　螺纹车削刀具路径演示结果

④ 演示刀具路径结果　如图 7-85 所示。

注：螺纹车削材料移除仿真后显示不出移除材料后的螺纹效果，可不必进行材料移除仿真。

（5）创建槽车削 NC 序列——切断

零件加工完成后，从毛坯上切下，切断位置在参照模型的左端面处，需创建槽车削 NC 序列。切断和车退刀槽工序所使用的 NC 序列类型、刀具、参数均一样，所不同的是加工位置不同，可以通过先复制粘贴车退刀槽 NC 序列，之后再修改刀具运动来设置切断 NC 序列。

在模型树上选择"槽车削 1"NC 序列按右键选"复制"→"粘贴"，进入"槽车削"的功能选项面板，单击"刀具运动"，选择 1. 槽车削 id 1087 删除，如图 7-86 所示，按"是"确认删除。

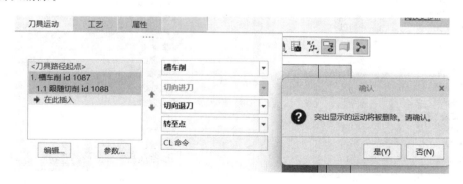

图 7-86　删除 NC 序列的刀具运动

单击选项卡右侧 ⬚，选择 ⬚ 创建车削轮廓。使用草绘方式定义车削轮廓如图 7-87 所示，退出草绘后，确认箭头方向指向去除材料侧，单击 ✓ 完成车削轮廓的创建。单击

▶激活槽车削功能，在"刀具运动"选项卡中单击"槽车削"，然后在模型树上选择刚创建好的"车削轮廓5"，工作区显示默认的延伸方向如图7-88所示，延伸方向均选"无"，单击"确定"，然后单击单击✓完成NC序列设置，选择保存制造文件。

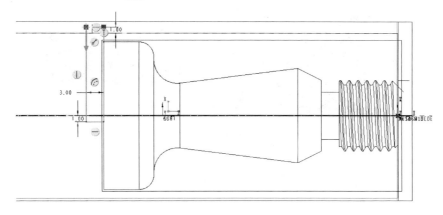

图7-87 草绘切断的车削轮廓

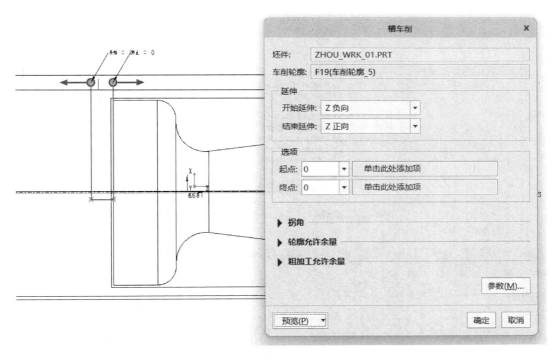

图7-88 定义切断车削轮廓的延伸方向

进行材料移除仿真，结果如图7-89所示。

至此，全部NC序列设置完成，并且显示在模型树中，如图7-90所示。

7.3.4 使用制造工艺表查看和处理相关信息

使用制造工艺表可以修改各NC序列名称，并可以通过设置将主要信息显示在制造工艺表中，如图7-91所示。修改后关闭制造工艺表，模型树上的NC序列名称随之更新。

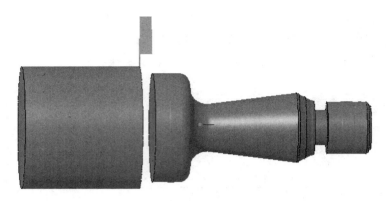

图 7-89　切断材料移除仿真结果

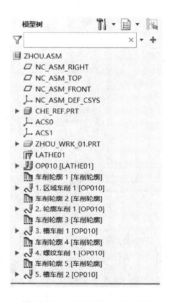

图 7-90　模型树上显示所有完成的 NC 序列

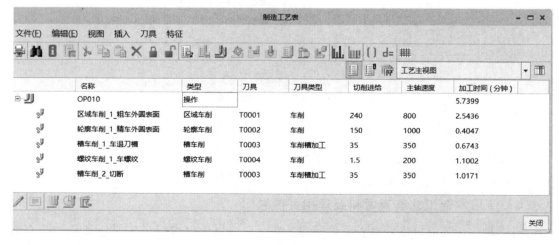

图 7-91　通过制造工艺表查看相关信息

思考题与习题

7-1 应用 Creo 软件编制如题图 7-1 所示零件的数控铣削加工程序（材料为 45 钢，单件小批生产，未注公差按一般公差要求）。毛坯为宽 62mm×厚 18mm 的扁钢型材。

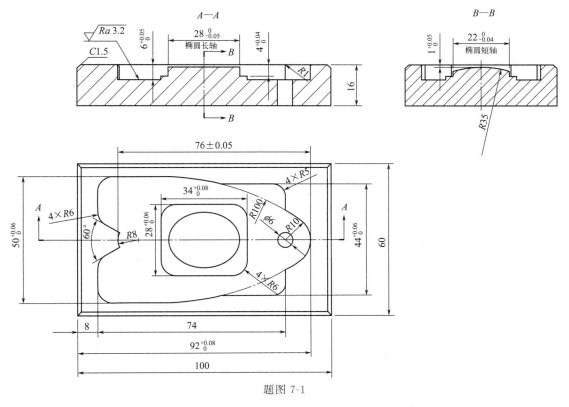

题图 7-1

7-2 应用 Creo 软件编制如题图 7-2 所示零件的数控车削加工程序（材料为 45 钢，单件小批生产，未注公差按一般公差要求）。毛坯为 φ54 圆钢型材。

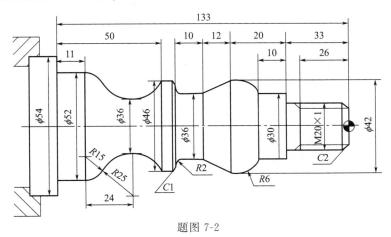

题图 7-2

参 考 文 献

[1] 何雪明，吴晓光，刘有余. 数控技术 [M]. 4版. 武汉：华中科技大学出版社，2021.

[2] 胡占齐，杨莉. 机床数控技术 [M]. 3版. 北京：机械工业出版社，2014.

[3] 马宏伟. 数控技术 [M]. 2版. 北京：电子工业出版社，2014.

[4] 朱晓春. 数控技术 [M]. 3版. 北京：机械工业出版社，2019.

[5] 刘伟. 数控技术 [M]. 北京：机械工业出版社，2019.

[6] 任同. 数控加工工艺学 [M]. 西安：西安电子科技大学出版社，2008.

[7] 许德章，刘有余. 机床数控技术 [M]. 安徽：中国科学技术大学出版社，2011.

[8] 李体仁. 数控加工与编程技术 [M]. 北京：北京大学出版社，2011.

[9] 晏初宏，胡细东，刘让贤，等. 实用数控加工程序编制技术 [M]. 上海：上海科学技术出版社，2008.

[10] 李体仁，孙建功. 数控手工编程技术及实例详解 [M]. 北京：化学工业出版社，2007.

[11] 顾京. 数控机床加工程序编制 [M]. 北京：机械工业出版社，2002.

[12] 魏斯亮，黎旭初. 机床数控技术 [M]. 3版. 大连：大连理工大学出版社，2015.

[13] 陈蔚芳，王宏涛. 机床数控技术及应用 [M]. 北京：科学出版社，2019.

[14] 唐晓红，肖乾，付伟. Pro/ENGINEER Wildfire 5.0 模具设计与制造实用教程 [M]. 北京：中国电力出版社，2012.

[15] 余英良. 数控工艺与编程技术 [M]. 北京：化学工业出版社，2007.

[16] 徐宏海. 数控加工工艺 [M]. 2版. 北京：化学工业出版社，2008.

[17] 陈吉红，胡涛，李民，等. 数控机床现代加工工艺 [M]. 武汉：华中科技大学出版社，2009.

[18] 施晓芳. 数控加工工艺 [M]. 北京：电子工业出版社，2011.

[19] 武汉华中数控股份有限公司. 世纪星车床数控系统编程说明书 [EB/OL]. https://www.huazhongcnc.com/UploadFiles/Files/yuhao/201710/世纪星车床数控系统编程说明书.pdf.

[20] 武汉华中数控股份有限公司. 世纪星车削数控装置 HNC-21T 操作说明书 [EB/OL]. https://www.doc88.com/p-3167132619598.html.

[21] 武汉华中数控股份有限公司. 世纪星铣床数控系统编程说明书 [EB/OL]. https://www.huazhongcnc.com/UploadFiles/Files/yuhao/201710/世纪星铣床数控系统编程说明书.pdf.

[22] 武汉华中数控股份有限公司. HNC-21M 世纪星铣削数控装置操作说明书 [EB/OL]. https://max.book118.com/html/2015/1113/29423341.shtm.

[23] 武汉华中数控股份有限公司. 世纪星数控装置连接说明书 [EB/OL]. https://www.doc88.com/p-9942007672480.html.

[24] 新华社. 我国数控机床领域新增产值超 700 亿元 破解多项"卡脖子"问题 [EB/OL]. https://www.gov.cn/xinwen/2017-06/26/content_5205705.htm.

[25] 绿色切削技术是世界数控机床新技术特征 [EB/OL]. https://i4.cechina.cn/16/0126/07/20160126073723.htm.